计算机基础课程系列教材

Access 2010数据库
程序设计教程

熊建强 吴保珍 黄文斌 主编

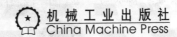

机械工业出版社
China Machine Press

图书在版编目（CIP）数据

Access 2010 数据库程序设计教程 / 熊建强，吴保珍，黄文斌主编 . —北京：机械工业出版社，2013.9
（2018.1 重印）
（计算机基础课程系列教材）

ISBN 978-7-111-43681-2

I. A··· II. ①熊··· ②吴··· ③黄··· III. 关系数据库系统－高等学校－教材 IV. TP311.138

中国版本图书馆 CIP 数据核字（2013）第 188448 号

本书以 Access 2010 中文版为数据库及其应用程序设计的工具，介绍如何建立、使用和维护数据库，以及设计数据库应用系统。本书共分为 8 章，并且配有相应的习题与实验，主要内容包括数据库基础知识，如数据模型、关系规范化、关系型数据库和关系运算等；Access 数据库和表的各种创建方法和基本操作；创建和编辑选择查询、参数查询、交叉表查询、操作查询和 SQL 查询；结构化查询语言 SQL；创建和编辑窗体、创建切换面板或导航窗体；创建和编辑报表；宏、模块、VBA 面向对象程序设计的基础知识；创建和发布 Web 数据库，以及数据库日常管理。

本书主要作为大专院校非计算机专业学生的计算机基础教育类数据库程序设计教材，也可以作为 Access 及等级考试的学习参考书。

机械工业出版社（北京市西城区百万庄大街 22 号 邮政编码 100037）
责任编辑：佘 洁
北京市荣盛彩色印刷有限公司印刷
2018 年 1 月第 1 版第 5 次印刷
185mm×260mm·22 印张
标准书号：ISBN 978-7-111-43681-2
定 价：39.00 元

凡购本书，如有缺页、倒页、脱页，由本社发行部调换
客服热线：（010）88378991 88361066 投稿热线：（010）88379604
购书热线：（010）68326294 88379649 68995259 读者信箱：hzjsj@hzbook.com

前　言

计算机科学的发展极大地加快了社会信息化的进程，其中数据库技术越来越广泛地应用于各行各业。学习和掌握数据库的基本知识和技能，利用数据库系统进行数据处理是大学生必须具备的能力之一。针对非计算机专业学生的特点，以及结合多年从事该课程教学的经验，在何宁等老师编写的《数据库技术应用教程》与《数据库技术应用实验教程》的基础上，我们精心组织数据库理论知识扎实和实践经验丰富的骨干教师编写了本教材。

Access 2010 数据库管理系统是 Microsoft Office 办公软件的一个组成部分，它是一个基于关系数据模型且功能强大的数据库管理系统。与许多优秀的关系数据库管理系统一样，Access 数据库可以有效地组织、管理和共享数据库的信息，并且能方便地将数据库与 Web 结合在一起。

为了与目前全国计算机等级考试使用的版本一致，本书以 Access 2010 中文版为数据库及其应用程序设计的工具或开发环境，介绍如何建立、使用和维护数据库，以及设计数据库应用系统。本书重点介绍了 Access 2010 关系型数据库的各项功能和操作方法。

本书共分为 8 章，从数据库的基础理论开始，由浅入深、循序渐进地介绍 Access 2010 各种对象的功能及创建方法，以及宏和 VBA 面向对象程序设计的基本知识。

第 1 章介绍数据库的基础知识，包括数据模型、关系型数据库及关系运算等知识和数据库应用系统设计的一般步骤。

第 2 章介绍 Access 2010 数据库和表的各种创建方法，详细讲述数据库和表的基本操作，以及创建索引和表间关系等。

第 3 章介绍如何利用 Access 2010 创建和编辑选择查询、参数查询、交叉表查询、操作查询和 SQL 查询。

第 4 章介绍关系数据库标准语言——结构化查询语言 SQL。

第 5 章介绍如何利用 Access 2010 创建和编辑窗体、切换面板窗体和导航窗体。

第 6 章介绍如何利用 Access 2010 创建和编辑报表。

第 7 章介绍 Access 中宏的基本概念、创建、调试和运行，以及模块和 VBA 面向对象程序设计的基础知识。

第 8 章与第 2～7 章创建桌面数据库及其程序设计相似，介绍如何利用 Access 2010 创建和发布 Web 数据库，以及数据库日常管理。

本教材第 1 章由吴保珍编写，第 2 章由张帆编写，第 3 章由黄文斌编写，第 4 章由赵莉编写，第 5 章由谭玲丽、熊建强编写，第 6 章由黄苏雨编写，第 7 章由熊素萍、陈燕萍编写，第 8 章由宋麟编写。实验 1 由吴保珍编写，实验 2～4 由张帆编写，实验 5～6 由黄文斌编写，实验 7～8 由赵莉编写，实验 9～11 由谭玲丽、夏金刚编写，实验 12～13 由黄苏雨编写，实验 14～16 由熊素萍、徐玲编写。全书由熊建强、吴保珍和黄文斌统稿。

在本书的编写和出版过程中，得到了各级领导和机械工业出版社的大力支持，在此表示衷心的感谢。

为了便于教学，我们为选用本教材的任课教师免费提供电子教案和习题参考答案，请登录华章网站（www.hzbook.com）免费下载或通过电子邮件（xjq@whu.edu.cn）与我们联系。

由于编者水平所限，教材中难免有疏漏和欠缺之处，敬请广大读者提出宝贵意见。

编　者

2013 年 7 月于武汉

教 学 建 议

教学内容	教学要求	授课学时	实验学时
第1章 数据库基础知识 实验1 图书借阅管理系统需求分析	了解数据库的基础知识和数据库应用系统设计的一般步骤 掌握数据模型、关系型数据库和关系运算	6	4
第2章 数据库和表的基本操作 实验2 创建 Access 数据库和数据表 实验3 数据表的常用操作 实验4 创建表间关系	掌握 Access 2010 数据库和表的各种创建方法 了解数据库和表的基本操作	6	6
第3章 查询 实验5 选择查询 实验6 参数查询和操作查询	掌握如何利用 Access 2010 创建和编辑选择查询 了解参数查询、交叉表查询、操作查询和 SQL 查询	4	4
第4章 关系数据库标准语言 SQL 实验7 SQL 查询语句 实验8 SQL 数据定义和数据操作语句	了解数据库的标准语言——结构化查询语言 SQL 掌握 SQL 的核心语句 SELECT 的功能与编写	4	4
第5章 窗体 实验9 创建窗体 实验10 创建主–子窗体和切换面板窗体 实验11 创建导航窗体	掌握如何利用 Access 2010 创建和编辑窗体 了解如何利用 Access 2010 创建和编辑切换面板窗体和导航窗体	6	6
第6章 报表 实验12 自动创建与修改报表 实验13 高级报表	掌握如何利用 Access 2010 创建和编辑报表	2	2
第7章 宏、模块和 VBA 程序设计 实验14 创建宏 实验15 创建条件宏 实验16 窗体模块及其事件过程	了解 Access 中宏的基本概念以及宏的创建、调试和运行 掌握模块和 VBA 面向对象程序设计的基础知识	6	6
第8章 Web 数据库及数据库管理	了解如何利用 Access 2010 创建和发布 Web 数据库，以及数据库管理	2	2
合计		36	34

目　录

X

第1章　数据库基础知识

20世纪60年代末，计算机的主要应用领域从科学计算转移到数据事务处理，促使数据库技术应运而生，使数据管理技术飞跃发展。数据库是一个关于特定主题或用途的信息的集合。数据库也是一门研究数据管理的技术，具有较强的理论性和实践性，早已形成理论体系，成为计算机软件的一个重要分支。数据库技术体现了当代先进的数据管理方法，使计算机应用真正渗透到国民经济各个部门，在数据处理领域发挥着越来越大的作用。近年来，数据库技术和计算机网络技术的发展相互渗透与促进，已成为当今计算机领域发展迅速且应用广泛的两大领域。

本章将介绍数据库系统的基本概念、数据库系统体系结构与数据模型、关系数据模型和数据库应用系统设计的一般过程。

1.1　数据库系统的基本概念

1.1.1　信息与数据

信息（information）泛指人类社会传播的一切内容。信息是客观事物存在、联系、作用和发展变化的反映。具体含义如下：

1）信息是一个有特定含义的专门术语。
- 信息与消息比较，消息是信息的外壳，信息是消息的内核。
- 信息与信号相比，信号是信息的载体。
- 信息与数据相比，数据是信息存在的一种形态或一种记录形式。数据经过解释并赋予一定的意义之后，便成为信息。提供决策的有效数据也是信息。
- 信息与知识相比，知识是事物运动状态和方式在人们头脑中一种有序的、规律性的表达，是信息加工的产物。

2）信息是客观事物存在、联系、作用和发展变化的反映。
3）有效信息的获得取决于认知主体的认识能力。
4）信息是人赖以生存和发展的基本资源。
5）信息是成功与失败的主导因素。

信息不仅是可见的具体实体，而且还包括不可见的抽象概念。

数据（data）是承载或记录信息的按一定规则排列组合的物理符号。数据有多种形式，譬如数字、文字、图形图像、声音、视频或计算机代码等。数据往往包括两个方面：数据形式（数据的"类型"）和数据内容（数据的"值"）。数据受数据类型和取值范围的约束。数据类型不同，数据的表示形式、存储方式和操作运算也各不相同。数值型数据可表示成绩、身高等；字符型数据可以表示姓名、联系地址等；还有特殊类型的数据，如图像、声音等。

由于信息可以用数据描述和记载，即数据化，而数据本身也包含了各种信息，很多地方信息和数据难以分辨。所以，有时也将数据和信息作为同一个概念。

1.1.2　数据管理技术

1. 数据管理

数据处理主要包括数值计算和数据管理。随着计算机日益普及，数值计算所占比重越来越小，通过计算机进行数据或信息管理已成为主要的应用。数据管理是数据处理的核心。

数据管理是利用计算机硬件和软件技术对数据进行有效的收集、存储、处理和应用的过程。其目的在于充分有效地发挥数据的作用。计算机数据管理主要包括 8 个方面：

1）数据采集：采集所需的信息。

2）数据转换：把信息转换成机器能够接收的形式。

3）数据分组：按有关信息进行有效的分组。

4）数据组织：整理数据或用某些方法安排数据，以便进行处理。

5）数据计算：进行各种算术和逻辑运算，以便得到进一步的信息。

6）数据存储：将原始数据或计算的结果保存起来，供以后使用。

7）数据检索：按用户的要求找出有用的信息。

8）数据排序：将数据按一定次序排列。

2. 数据管理的三个发展阶段

随着计算机技术的发展，数据管理经历了人工管理、文件管理、数据库系统三个发展阶段。

（1）人工管理阶段

20 世纪 50 年代中期以前，计算机主要用于科学计算，这一阶段数据管理的主要特征是：

1）数据不保存。由于当时计算机主要用于科学计算，一般不需要将数据长期保存，只是在计算某一课题时将数据输入，用完就撤走。不仅对用户数据如此处置，对系统软件有时也是这样的。

2）应用程序管理数据。数据需要由应用程序自己设计、说明和管理，没有相应的软件系统负责数据的管理工作。

3）数据不共享。数据是面向应用程序的，一组数据只能对应一个程序，因此程序与程序之间有大量的冗余。

4）数据不具有独立性。数据的逻辑结构或物理结构发生变化后，必须对应用程序做相应的修改，这就加重了程序员的工作负担。该阶段程序与数据之间的关系如图 1-1 所示。

（2）文件管理阶段

20 世纪 50 年代后期到 60 年代中期，硬件方面已经有了磁盘、磁鼓等直接存取存储设备；软件方面，操作系统中已经有了专门的数据管理软件，一般称为文件系统；处理方式上不仅能够联机交互处理，而且有了批处理。用文件系统管理数据具有如下特点：

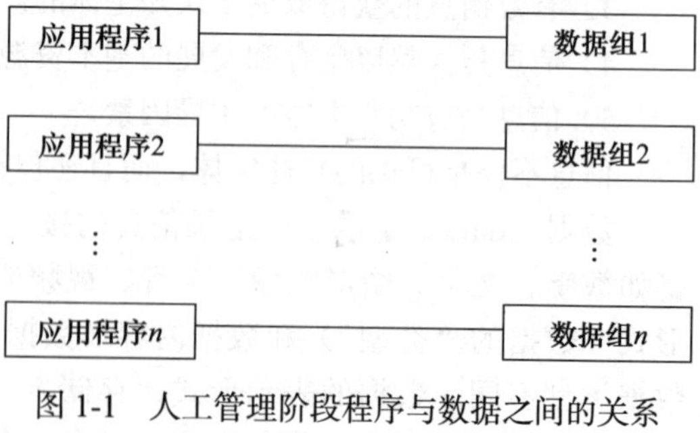

1）数据可以长期保存。由于大量用于数据处理，数据需要长期保留在外存上反复进行查询、修改、插入和删除等操作。

2）由文件系统管理数据。

图 1-1　人工管理阶段程序与数据之间的关系

文件系统也存在一些缺点，其中主要是数据共享性差、冗余度大。在文件系统中，一个文件基本上对应于一个应用程序，即文件仍然是面向应用的。当不同的应用程序具有部分相同的数据时，也必须建立各自的文件，而不能共享相同的数据，因此数据冗余度大，浪费存储空间。同时，由于相同数据的重复存储、各自管理，容易造成数据的不一致性，给数据的修改和维护带来了困难。该阶段程序与数据之间的关系如图 1-2 所示。

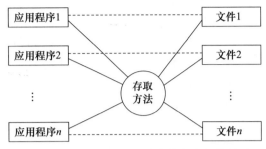

图 1-2　文件管理阶段程序与数据之间的关系

（3）数据库系统阶段

20 世纪 60 年代后期以来，计算机管理的对象规模越来越大，应用范围也越来越广泛，数据量急剧增长，同时多种应用、多种语言互相覆盖地共享数据集合的要求越来越强烈，数据库技术便应运而生，出现了统一管理数据的专门软件系统——数据库管理系统。

用数据库系统来管理数据比文件系统具有明显的优点，从文件系统到数据库系统，标志着数据库管理技术的飞跃。实现数据有效管理的关键是数据组织。在数据库系统中所建立的数据结构，更充分地描述了数据间的内在联系，便于数据修改、更新与扩充，同时保证了数据的独立性、可靠性、安全性与完整性，减少了数据冗余，提高了数据共享程度及数据管理效率。数据库系统的主要特点如下：

1）数据结构化。

2）数据独立性高。

3）数据的共享性好、冗余度低。

4）由专门的数据管理软件即数据库管理系统对数据进行统一管理。

该阶段程序与数据之间的关系如图 1-3 所示。

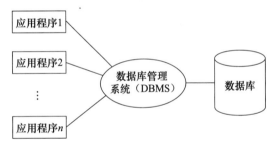

图 1-3　数据库系统阶段程序与数据之间的关系

1.1.3　数据库系统的组成

数据库系统（DataBase System，DBS）是指具有管理和控制数据库功能的计算机应用系统。数据库系统由三大部分组成：硬件系统、软件系统（包括操作系统、数据库管理系统、数据库应用系统等）和人员。数据库系统的组成如图 1-4 所示。

数据库系统的核心是数据库管理系统。数据库管理系统在计算机系统中的地位如图 1-5 所示。

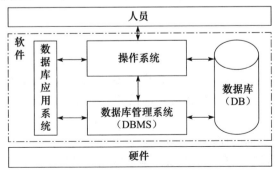

图 1-4　数据库系统

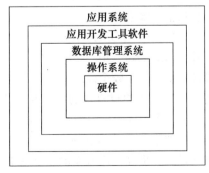

图 1-5　数据库管理系统在计算机系统中的地位

下面介绍数据库系统的几个基本概念。

1. 数据库管理系统

数据库管理系统（DBMS）是指帮助用户建立、使用、管理和维护数据库的一种计算机系统软件，如微软公司设计的 Access 和 SQL Server、Oracle 公司设计的 Oracle 等数据库管理系统。使用数据库管理系统可以建立数据库，以便按一定的规则将相关的数据集中在一起，方便地存取所需的数据。

DBMS 有 6 项功能：数据定义、数据操纵、数据库运行管理、数据的组织存储和管理、数据库的建立与维护、数据通信接口（与其他软件系统交换数据）。DBMS 有 4 个组成部分：数据定义语言及其翻译处理程序、数据操纵语言及其翻译处理程序、数据库运行控制程序（如安全性、并发控制程序）、实用程序（如数据转储、转换、数据库恢复程序）。

数据定义功能对应的是数据描述语言（Data Description Language，DDL），用来描述数据库的结构。

数据操纵功能对应的是数据操纵语言（Data Manipulation Language，DML），供用户对数据库进行数据查询、统计、存储、维护、输出等操作。

运行管理和控制功能主要是对数据库系统提供必要的控制和管理功能，如数据的修复及备份功能，对用户权限的赋予及安全性检查等。

目前有许多数据库产品，如 Oracle、Sybase、Informix、Microsoft SQL Server、Microsoft Office Access、Visual FoxPro 等产品各以自己特有的功能，在数据库市场上占有一席之地。下面简要介绍几种常用的数据库管理系统。

（1）Oracle

Oracle 数据库是 Oracle（中文名称：甲骨文）公司的核心产品，Oracle 数据库是一个适合于大中型企业的基于对象的关系型数据库管理系统。Oracle 作为一个通用的数据库管理系统，不仅具有完整的数据管理功能，还是一个分布式数据库系统，支持各种分布式功能，特别是支持 Internet 应用。作为一个应用开发环境，Oracle 提供了一套界面友好、功能齐全的数据库开发工具。Oracle 使用 PL/SQL 语言执行各种操作，具有可开放性、可移植性和可伸缩性等功能。目前较新的版本是 Oracle 11g。

（2）Microsoft SQL Server

Microsoft SQL Server 是一种典型的关系型数据库管理系统，可以在许多操作系统上运行，它使用 Transact-SQL 语言完成数据操作，不提供应用程序开发工具。由于 Microsoft SQL Server 是开放式系统，其他系统可以与它进行完好的交互操作。目前较新的版本是 Microsoft SQL Server 2008，它具有可靠性、可伸缩性、可用性和可管理性等特点，为用户提供完整的中小型数据库服务器。

（3）Microsoft Office Access

作为 Microsoft Office 组件之一的 Access 数据库是在 Windows 环境下流行的关系型数据库管理系统，适于较全面地学习和掌握数据库技术知识与方法。使用 Access 数据库无需编写任何代码，只需通过直观的可视化操作就可以完成大部分数据管理任务。在 Access 数据库中，包括许多组成数据库的基本要素。

这些要素是存储信息的表、显示人机交互界面的窗体、有效检索数据的查询、信息输出载体的报表、提高应用效率的宏和功能强大的模块工具等。Access 兼有数据库管理系统和程序开发工具的功能，技术先进，常用于创建中小型数据库应用系统，将创建的内容作为数据库对象，保存到一个数据库文件 .accdb 中。

它不仅可以与其他数据库相连，实现数据交换和共享，还可以与 Word、Excel 等办公软件进行数据交换和共享，并且通过对象链接与嵌入技术在数据库中嵌入和链接声音、图像等多媒体数据。

2. 数据库应用系统

数据库应用系统包括数据库及其应用程序，由系统分析员和程序员用 DBMS 和（或）应用程序开发工具设计与创建。数据库（DataBase，DB）是指存储在计算机存储设备上、大量结构化的、可共享的相关数据的集合。

3. 数据库管理员

数据库管理员（DataBase Administrator，DBA）是对数据库系统进行日常管理、维护和集中控制的人。

1.2 数据库体系结构与数据模型

尽管各个数据库的类型和规模不同，但是其体系结构却大体相同。并且，计算机不能直接处理现实世界的具体事物，所以人们必须先把具体事物转换为抽象的数据模型，进而转换为计算机可以处理的数据。计算机以模拟的方式实现对现实世界事物的处理。该数据模型应能真实反映现实世界，容易被人理解，便于在计算机中实现。

1.2.1 数据库体系结构

人们为数据库设计了一个严谨的体系结构，数据库领域公认的标准结构是三级模式结构。很显然，不同层次（级别）的用户所看到的数据库是不相同的。美国国家标准协会（American National Standard Institute，ANSI）的数据库管理系统研究小组于 1978 年提出了标准化的建议，将数据库结构分为三级：面向用户或应用程序员的用户级（外部层）、面向数据库设计和维护人员的概念级（概念层）、面向系统程序员的物理级（内部层），如图 1-6 所示。

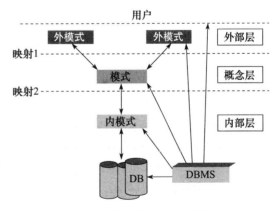

1. 外模式

外模式又称子模式或用户模式。它是某个或某几个用户所看到的数据库的数据视图或窗体，是与某一应用有关的数据的逻辑表示。外模式是从模式导出的一个子集，包含模式中允许特定用户使用的部分数据。可以利用数据操纵语言（Data Manipulation

图 1-6　数据库三级模式结构

Language，DML）对这些数据记录进行查询和操作。外模式反映了数据库的用户观。

2. 模式

模式又称概念模式或逻辑模式。它是由数据库设计者综合所有用户的数据构造的全局逻辑结构，是对数据库中全部数据的逻辑结构和特征的总体描述，是所有用户的公共数据视图（全局视图）。它是由数据库管理系统提供的数据描述语言（Data Description Language，DDL）描述或定义的，体现和反映了数据库的整体观。

3. 内模式

内模式又称存储模式。它是数据库中全体数据的内部表示或底层描述，它描述了数据在存储介质上的存储方式和物理结构，对应于实际存储在外存储介质上的数据库。内模式由内模式描述语言描述或定义，它是数据库的存储观。

在一个数据库系统中，数据库是唯一的，作为描述数据库存储结构的内模式和描述数据库逻辑结构的模式，也是唯一的。但是，数据库应用则是非常广泛而多样的。所以，对应的外模式（视图或窗体）不是唯一的，也不可能是唯一的。

在上述三级模式中，只有内模式才是真正存储数据的，模式和外模式仅是一种逻辑表示数据的方法。它们相互间的转换由 DBMS 的映射功能实现。采用映射的好处是：

1）保证了数据的独立性。

2）保证了数据共享。

3）方便了数据库管理员和用户使用与维护数据库。

4）有利于数据的安全和保密。

1.2.2　数据模型

数据模型是数据库系统中最重要的概念之一，必须通过理论和实践，逐步掌握数据模型的概念和作用。数据模型是数据库系统的基础。

1. 基本概念

（1）数据模型

数据（data）是描述事物的符号记录，模型（model）是现实世界的抽象。数据模型（data model）是数据特征的抽象，是数据库管理的数学形式框架，是数据库系统中用以提供信息表示和操作手段的形式构架。数据模型也是数据库设计中对现实世界进行抽象的工具。它有描述数据和数据联系两方面的功能。

数据模型用于精确地描述数据库的静态特性、动态特性和数据完整性约束条件。因此，数据模型可由数据结构、数据操作和数据约束三部分组成。

1）数据结构：数据模型中的数据结构主要描述数据的类型、内容、性质以及数据间的联系等。数据结构是数据模型的基础，数据操作和约束都建立在数据结构上。不同的数据结构具有不同的操作和约束。

2）数据操作：数据模型中数据操作主要描述在相应的数据结构上的操作类型和操作方式。

3）数据约束：数据模型中的数据约束主要描述数据结构内数据间的语法、词义联系、制约和依存关系，以及数据动态变化和有效性规则，以保证数据的正确、有效和相容。

可以把数据模型简记为：

DM={E，R}

其中，DM 是数据模型英文缩写，E 代表实体的集合，R 代表不同实体联系的集合。

任何一个 DBMS 都以某一个数据模型为基础，或者说支持某一个数据模型。数据库系统中，模型有不同的层次。根据模型应用的不同目的，可以将模型分成三类或者说三个层次：第一类是概念模型，它是按用户的观点来对数据和信息建模，用于信息世界的建模，强调语义表达能力，概念简单清晰；第二类是逻辑模型，它是按计算机系统的观点对数据建模，用于机器世界，人们可以用它定义和操纵数据库中的数据，一般需要有严格的形式化定义和一组严格定义了语法和语义的语言，并有一些规定和限制，便于在机器上实现；第三类是物理模型，它是 DBMS 提供的存储结构和存取方法。

数据模型以现实世界为基础，要经历三个领域的演变过程：现实世界→信息世界→计算机世界。现实世界指客观事物及其联系之实际存在；信息世界指现实世界在人脑中形成的概念，建立概念模型如实体 – 联系模型；计算机世界指人脑观念的数据化，进入计算机领域，建立逻辑模型如关系模型、物理模型（即存储模型）。

从现实世界到信息世界，再到计算机世界，经过三次抽象或转换，可建立三种数据模型：概念模型（E-R 图）→逻辑模型（关系模型）→物理模型（DBMS 实现）。

1）把现实世界中的客观对象转换为信息世界与某 DBMS 无关的概念模型——常常采用"实体 – 联系图"（E-R 图），由数据库应用设计人员建立。

2）把概念模型转换为计算机世界某 DBMS 支持的逻辑模型——层次模型、网状模型或关系模型。常常采用关系模型，由数据库应用设计人员建立。

3）把逻辑模型转换为计算机世界某 DBMS 支持的物理模型——存储模型，由 DBMS 建立。

（2）基本术语

在三个世界领域中，人们沿用不同的名词术语，如图 1-7 所示。

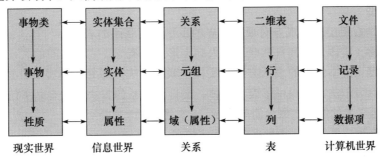

图 1-7　不同领域不同术语的对应关系

1）实体：现实世界任何可相互区别的、各不相同的事物。不论是实际存在的人或物（如学生、电视机），还是概念性的东西（如产品质量），或是事物与事物之间的联系（如一场球赛），一律统称为实体。例如，教师、学生、课程，教师和课程之间的授课关系、学生与课程之间的选课关系等。

同一类型的实体集合称为实体集。从事物到实体，是人认识世界的一次飞跃，不再关心事物叫什么名字，关键是这个事物有什么特征、性质或特性，即属性或数据。

2）属性：指实体或联系所具有的特性。一个实体可以有若干个属性来刻画。例如学生信息实体是由学号、姓名、性别、出生日期、专业编号等属性组成，如（201204004101，宇文拓，男，1994-2-14，12）。

3）键（key）：唯一标识实体的属性集，也称为实体键或关键字。当有多个属性可作为键，而选定其中一个时，则称它为该实体的主键（primary key）。例如，学生信息的键为学号，学生选课信息的键为"学号 + 课程号"等。

4）域（domain 或 field）：属性的取值范围即值域。域可以是整数、实数、字符串、日期、逻辑真假等。如年龄的域 {22, 23, …, 100}，学生学号的域 {12 位数字集合}，姓名的域 {汉字集合}，下雪与否的域 {True, False}，等等。显然，同一实体集合中，各实体值相应的属性有着相同的域。

5）联系：反映实体内部和外部之间的联系。实体内部的联系主要表现在实体内部各属性之间的联系，例如学号和入学时间有一定的联系。实体间的联系是指一个实体集中可能出现的每一个实体与另一实体集中多少个具体实体存在联系。实体之间的联系有三种类型：

- 一对一联系。如果两个不同型实体集中，任一方的一个实体只与另一方的一个实体相对应，称这种联系为一对一联系，记为 1:1。例如，一个班只有一个班长，而班长只在一个班任职，则班级与班长之间有一对一联系。
- 一对多联系。如果两个不同型实体集中，一方的一个实体对应另一方若干个实体，而另一方的一个实体只对应本方的一个实体，称这种联系为一对多联系，记为 $1:n$。例如，班长与学生的联系，一个班长对应多个学生，而本班每个学生只对应一个班长。同样实体集学生和实体集选课之间也具有一对多联系。
- 多对多联系。如果两个不同型实体集中，两实体集中任一实体均与另一实体集中若干个实体对应，称这种联系为多对多联系，记为 $m:n$。例如，教师与学生的联系，一位教师为多个学生授课，每个学生也有多位任课教师。同样实体集学生与实体集课程之间也具有多对多联系。

实际上，一对一联系是一对多联系的特例，而一对多联系又是多对多联系的特例。

2. 概念模型

概念模型是按照用户的观点对现实世界的事物及其联系的表示，与具体的 DBMS 无关。即它是客观事物（实体）及其自然联系在人脑中形成的概念。实体之间的联系反映实体之间的语义关系。概念模型常用的表示方法是实体 – 联系方法，即 E-R 模型或 E-R 图。E-R 图是概念模型的图形表示法，它提供了表示实体、属性和联系的方法。它有利于信息世界建立逻辑模型，强调语义表达能力，概念简单清晰。E-R 图的画法如下：

1）"实体"用矩形表示，矩形框内写明实体名。

2）"属性"用椭圆形表示，用实线将其与对应的实体联系起来（如图 1-8 所示）。

图 1-8　实体及其属性

3）"联系"用菱形表示，菱形框内写明联系名，并用实线与有关实体连接起来，同时在旁标上联系的类型（1:1、$1:n$、$m:n$）（如图 1-9 所示）。特别强调的是，联系也有自己的属性。

3. 逻辑模型

逻辑模型是在概念模型的基础之上，对客观事物及其联系的数据描述，与具体的 DBMS 有关。它按计算机系统的观点对数据建模，用于机器世界。人们可以用它定义和操纵数据库中的数据。在数据库系统中，常用的逻辑数据模型有层次模型、网状模型、关系模型和面向对象模型四种。

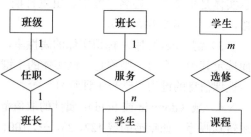

图 1-9　实体之间的联系

（1）层次模型

层次模型是数据库系统中最早出现的数据模型，最典型的代表是 1968 年 IBM 公司研制的商用数据库管理系统 IMS（Information Management System），它是世界上第一个 DBMS 产品。

层次模型用树型（层次）结构来表示各实体及实体间的联系。现实世界中许多实体之间的联系就呈现出一种自然的层次关系。如图 1-10 就是以学校的组织机构为例的层次模型。

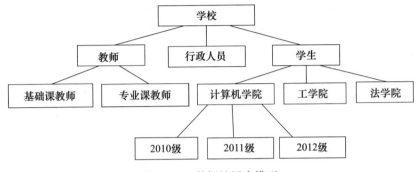

图 1-10　数据的层次模型

层次模型的特点如下：

1）有且仅有一个结点位于最高层，称为根结点。根结点只有子结点（下层结点），没有父结点（上层结点、双亲结点）。

2）其他结点有且仅有一个父结点（上层结点、双亲结点）。

层次模型的优点是：结构本身比较简单，层次清晰，易于实现；向下寻找数据容易，与日常生活的数据类型相当。

层次模型的缺点是：只适合处理 1∶1 和 1∶n 的关系，因而难以实现复杂数据关系的描述；寻找非直系的结点非常麻烦，必须先通过父结点由下而上，再由上往下寻找，搜寻的效率很低。

（2）网状模型

最典型的网状模型是 DBTG（DataBase Task Group）系统，也称为 CODASYL 系统。它是 20 世纪 70 年代数据库系统语言研究会（Conference On Data System Language，CODASYL）下属的数据库任务组（DataBase Task Group）提出的一个系统方案。

网状模型用有向图结构表示实体和实体之间的联系。以图书管理数据库系统为例，网状模型的结点间可以任意发生联系，因而能够表示各种复杂的联系，如表示学生、图书、借书、还书之间的这种多对多的联系，如图 1-11 所示。

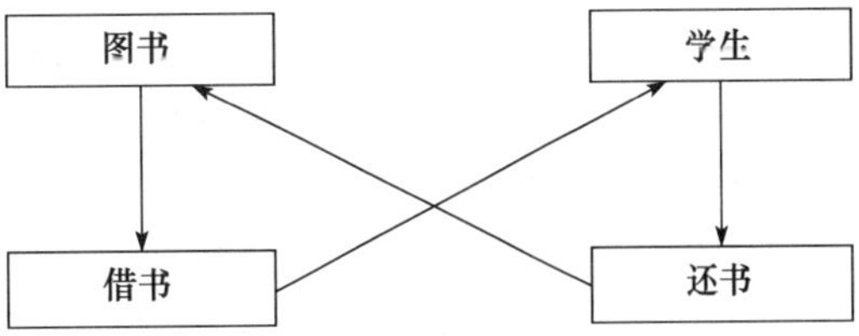

网状模型的特点如下：

1）至少有一个结点有多于一个的父结点。

图 1-11　数据的网状模型

2）可以有一个以上的结点无父结点，即可以有多个根结点。

网状模型的优点是：可以处理两个结点之间 $m∶n$ 联系，因此可以更加普遍地去描述现实世界中的数据结构；子结点之间的关系较接近，具有良好的性能，存取效率较高。

网状模型的缺点是：其有向图的灵活性以数据结构的复杂化为代价，随着应用环境的扩大，编写应用程序比较复杂，当加入或删除数据时，牵动的相关数据很多，不易维护与重建。

事实上，层次模型是网状模型的一个特例，它们在本质上是类似的，都是用结点表示实体，用连线表示实体间的联系。在计算机中具体实现时，每一个结点都是一个存储的数据或记录，而用链接指针来实现数据或记录之间的联系；这种用指针将数据或记录联系在一起的方法，很难对整个数据集合进行修改和扩充。

（3）关系模型

关系数据库理论出现于 20 世纪 60 年代末到 70 年代初。1970 年，IBM 公司的研究员 E.F.Codd 发表了题为《大型共享数据库数据的关系模型》论文，第一次提出了"关系模型"的概念，开创了数据库关系方法和关系数据理论的研究，继而诞生了关系型数据库系统（Relational DataBase System，RDBS）。

关系模型是用二维表的形式表示实体和实体间联系的数据模型。其中行与列构成的二维表称为关系，用关系表示的数据模型就称为关系模型。在关系模型中，实体和实体间的联系都是用关系表示的，也就是说，二维表中既存放着实体本身的数据，又存放着实体间联系的数据。表 1-1 中的学生信息表就是一个关系。

表 1-1　学生信息表

学号	姓名	性别	出生日期	入学时间	入学成绩	专业编号	团员否	照片	简历
201204004101	宇文拓	男	1994-2-14	2012-9-1	521	12	0		
201204004102	陈靖仇	男	1994-5-1	2012-9-1	615	11	−1		
201204004103	郭小白	女	1994-5-1	2012-9-1	522	12	0		
201204004105	司徒钟	男	1994-5-1	2012-9-1	543	42	−1		
201204004107	于小雪	女	1994-11-2	2012-9-1	615	01	0		
201204004108	张烈	男	1995-3-23	2012-9-1	634	04	0		
201204004110	燕惜若	女	1993-5-29	2012-9-1	522	01	0		
201204004111	杨恒	男	1995-6-30	2012-9-1	535	03	−1		
201204004113	宇文枫	男	1994-11-11	2012-9-1	546	04	−1		
201204004114	苏星河	男	1994-4-1	2012-9-1	568	12	−1		
201204004116	周芷若	女	1994-7-1	2012-9-1	578	11	0		
201204004117	袁紫衣	女	1995-4-13	2012-9-1	623	12	−1		
201204004119	林仙儿	女	1995-1-30	2012-9-1	560	01	0		
201204004120	程灵素	女	1994-6-15	2012-9-1	538	12	−1		
201304004104	黄小仙	女	1994-5-1	2013-9-1	563	01	−1		
201304004106	李雨轩	男	1994-7-1	2013-9-1	508	03	−1		
201304004109	陈辅	男	1995-3-16	2013-9-1	543	11	−1		
201304004112	谢婉莹	女	1994-4-22	2013-9-1	605	12	0		
201304004115	王语嫣	女	1993-9-10	2013-9-1	521	01	−1		
201304004118	李沉舟	男	1994-2-22	2013-9-1	518	04	−1		

与层次模型和网状模型相比，关系模型有如下特点：

1）数据结构简单。关系模型中，不管是实体还是实体之间的联系，都用关系来表示，而关系都对应一张二维数据表，数据结构简单、清晰。正是这种表示方式可直接处理两实体间 $m:n$ 的联系。

2）关系规范化。构成关系的基本规范要求关系中每个属性是最小的、不可再分割，同时关系建立在具有坚实的理论基础的严格数学概念基础上。

3）概念简单，操作方便。关系模型的数据操作是从原有的二维表得到新的二维表，其数据操作是集合操作，即操作对象和结果是若干元组的集合，同时关系模型向用户隐藏存取路径，用户只需要指出要做什么，而不必详细地指出如何做，大大提高了数据的独立性和系统效率。

关系模型最大的优点就是简单，用户容易理解和掌握，用户只需用简单的查询语言就能对数据库进行操作。因而关系模型诞生以后发展迅速，深受用户欢迎，目前已得到广泛的应用。

（4）面向对象模型

RDBMS 即关系数据库管理系统，是建立实体之间的联系，最后得到的是关系表。例如，Access、SQL Server。ORDBMS 即对象关系数据库管理系统，在实质上还是关系数据库。而OODBMS 即面向对象数据库管理系统，将所有实体都看成对象，并将这些对象类进行封装，对象之间的通信通过消息。

自 Oracle 9i 以来，Oracle 就不再是单纯的关系数据库管理系统，它在关系数据库模型的基础上，添加了一系列面向对象的特性。所以，Oracle 是基于对象的关系型数据库。Oracle 也是用表的形式对数据进行存储和管理，只是在 Oracle 的操作中添加了一些面向对象的思想。Oracle 的对象体系遵循面向对象思想的基本特征，许多概念同 C++ 和 Java 中类似，具有继承、重载和多态等特征，但又有自己的特点。

目前，市场上广泛采用的还是关系数据库。面向对象的数据库只在某些特定领域用到，最典型的就是地理信息系统。

1.3 关系数据模型

关系数据库是支持关系数据模型的数据库系统，现在普遍使用的数据库系统都是关系数据库系统。

关系数据模型是用一组关系或者关系模式表示的实体及实体间的联系，它可按概念模型建立。

一个关系是一张二维表（称为"表"），表的列称为关系的"属性"、"字段"，表的行称为"元组"、"记录"，每个元组表示一个"实体"，每个表表示一个"实体集"。

一个关系模式描述一种关系，即表的结构。

1.3.1 关系的特点和类型

1. 基本概念

（1）关系

关系（relation）是建立在集合论的基础之上的，是笛卡儿积（见 13.3 节）的子集。一个关系是若干相关数据项构成的一张二维表。每个关系都有一个关系名。

关系的结构称为关系模式。其形式为：

关系名（属性名 1，属性名 2，…，属性名 n）

在关系数据库中，可按照关系模式设计或创建"表"结构：

表名（字段名 1，字段名 2，…，字段名 n）

显然，一个关系模式可以对应于结构相同的多个关系。

（2）元组

关系中水平方向的行称为元组（tuple）。在数据表中，一个元组对应一条记录，如学生信息表中的一行对应一条学生记录。一个关系就是若干个元组的集合。

（3）属性

关系中垂直方向的列称为属性（attribute）。每一列有一个属性名。在数据表中，一个属性对应着一个字段，属性名即字段名，每个字段对应的数据类型和宽度在定义表的结构时规定。如学生信息表中的学号、姓名、性别等字段及其相应的数据类型组成了学生信息表的表结构。

（4）域

属性的取值范围称为域（domain）。域作为属性值的集合，其类型与范围由属性的性质及其所表示的意义确定。同一属性只能在相同域中取值。如学生信息表中的"姓名"字段的取值范围是文字字符，"性别"字段的取值范围是汉字"男"或"女"，逻辑型（又称为布尔型）字段"团员否"只能从"真"和"假"两个值中取值。

（5）元数（又称为目、度）

关系模式中属性的数目称为关系的元数，又称为关系的目或称为关系的度（degree）。如学生信息表是十元关系。只有一个属性的关系称为一元关系，只有两个属性的关系称为二元关系。

（6）候选关键字

凡在关系中能够唯一区分与确定不同元组的属性或属性组合，称为候选关键字（candidate key）。

（7）主关键字

一个关系或表只能有一个主关键字（primary key），简称为主键。主键包含唯一标识表中存储的每条记录的一个或多个字段。可选定一个候选关键字作为该关系的主关键字。在关系中，主关键字的值必须唯一，并且非空。例如，学生信息表中的学号字段可以唯一地标识一条学生记录，该字段是学生信息表的主关键字。由于可能存在相同姓名的学生，因此姓名这个字段就不能作为学生信息表的主关键字。

（8）外部关键字

一个关系或表可以有一个或多个外部关键字（foreign key），简称为外键。外键的值对应于其他表的主键的值。主关键字和外部关键字之间值的对应关系是表间关系的基础。使用表间关系可以组合或综合查询相关表中的数据。

例如，给出以下三个关系：

学生信息（<u>学号</u>，姓名，性别，出生日期，专业编号，……）

课程（<u>课程编号</u>，课程名称，学分，课时，……）

学生选课（<u>学号，课程编号</u>，成绩）

其中，画线的字段是关系的主关键字。学生选课表的主关键字是属性组合（学号，课程编号），学号或课程编号中的任何一个都不能唯一地确定学生选课成绩表中的记录。由于它们分别是学生信息表和课程表的主关键字，所以学生选课表的学号或课程编号分别是学生选课表的外部关键字。

注意：外部关键字一般为同名属性，但不同表中的同名属性不一定是外部关键字。要成为本表的外部关键字，它必须是另一个表的主关键字。例如，给出两个关系模式如下：

学生信息（<u>学号</u>，姓名，……，籍贯）

教师（<u>教师编号</u>，姓名，……，籍贯）

其中，籍贯是两个关系的同名属性。由于它只是一个普通的属性，不能唯一确定一个元组。所以，它不是任何关系的主关键字，更不是外部关键字。

2. 关系的特点

关系数据库中的关系是一张由行列构成的二维表，人们日常手工处理的各种表格并不能简单地照原样输入到数据库中去，必须满足以下特点。

1）关系必须规范化（参见 1.3.4 节）。关系模型要求关系必须是规范化的。其中，最基本的一条就是关系的每一个分量必须是不可再分的数据项。

例如，表 1-2 的教师工资表是嵌套表，不是二维表，不能直接作为数据库中关系。存入数据表时需要分解应发工资和应扣工资两个表项。在报表输出时，可以根据需要设计输出格式。

表 1-2 教师工资表

工号	姓名	应发工资			应扣工资			实发工资
		基本工资	奖金	其他	社保	公积金	税费	

2）同一关系中不允许相同的属性名。即在定义表结构时，不能出现重复的字段名。因为关系中的属性名是用来标识列的，如果属性名重复，则会产生列标识混乱问题。不同的关系可以存在同名属性，如学生信息表中的"籍贯"和教师表中的"籍贯"。

3）关系中不允许出现相同的元组。即数据表中任意两行不能完全相同。否则不仅会增加数据量，造成数据的冗余（重复存储），而且会造成数据查询和统计的错误，产生数据不一致问题。因此，应绝对避免元组重复现象，确保实体的唯一性和完整性。

4）关系中同一列的数据类型必须相同，即同一属性的数据具有同质性。指数据表中任一字段的取值范围应属于同一个域。例如，学生选课表中成绩的属性值不能有的是百分制，有的是五分制，而必须统一为一种语义（比如都用百分制），否则会出现数据存储和操作错误。

5）关系中行、列的次序任意。即数据表中元组和字段的顺序无关紧要。任意交换两行或两列的位置并不影响数据的实际含义。我们在使用中可以按各种排序要求对元组的次序重新排列，例如，可以分别对学生信息表中的数据按学号升序、按年龄降序重新排序。由一个关系可以派生出多种排序表形式。

3. 关系的类型

关系数据库中的关系可分为基本表、视图表和查询表三种类型。这三种类型的关系以不同的身份保存在数据库中，其作用和处理方法也各不相同。

1）基本表：它是关系数据库中实际存在并独立的表，是实际存储数据的逻辑表示。

2）视图表：它是从基本表或其他视图中导出的表，是数据库的一部分。视图表是为了方便数据查询和处理而设计的数据虚表，它不对应实际存储的数据，在数据库中只存储视图的定义，而没有存储对应的数据。由于视图表依附于基本表，我们可以利用视图表进行数据查询，或利用视图表对基本表进行数据维护，但视图表本身不需要进行数据维护。

3）查询表：它是对基本表进行查询所得到的结果表。由于关系运算是集合运算，在关系操作过程中会产生一些查询结果，称为查询表。尽管这些查询表是实际存在的表，但其数据可以从基本表中再抽取，且一般不再重复使用，所以查询表具有冗余性和一次性，可以认为它们是关系数据库的派生表。

1.3.2　关系的完整性

关系完整性用于保证数据库中数据的正确性和相容性。完整性通常包括实体完整性、参照完整性和用户定义完整性，可以对关系模型制定某种约束条件或规则。其中，实体完整性和参照完整性规则是关系模型必须满足的完整性约束条件，常由关系数据库系统自动支持。

1. 实体完整性

实体完整性（entity integrity）是关系中的主关键字不能取空值或重复值。

因为关系中主关键字唯一标识一个元组，所以关系模型必须满足实体完整性规则。一个基本关系对应着现实世界的一个实体集，而现实世界的实体是可区分的（独立的）。若一个关系的主关键字值为空或者出现重复值，则说明存在某个不可标识或不可区分的实体，这与实体独立性相矛盾。

例如，在学生信息表中，主关键字为学号，那么"学号"的取值不能为空或取重复值，否则就不能唯一标识一条学生记录。学生信息表中其他属性可以是空值，如"出生日期"字段或"性别"字段如果为空，则表明不清楚该学生的这些特征值。

又如在学生选课表中，主关键字为字段组合（学号，课程编号），那么"学号"和"课程编号"两个字段都不能取空值。但是单独的"学号"字段或"课程编号"字段可以重复，表明一个学生可以选多门课，一门课程可以被多个学生选。

2. 参照完整性

参照完整性（referential integrity）是关系中的外部关键字必须为空值或等于主关键字的值，以保证两个表（被参照表和参照表）中对应的元组正确关联。

如果属性（集）S 是关系 $R1$ 的主关键字，同时是关系 $R2$ 的外部关键字。那么，在关系 $R2$ 中，外部关键字 S 的值必须满足下面两种情况之一。

1）为空值。

2）等于关系 $R1$ 中某个元组的主关键字的取值。

例如，以下两个关系：

学生信息（学号，姓名，性别，出生日期，专业编号，……）

专业（专业编号，专业名称）

其中，"专业编号"字段是专业表的主关键字，是学生信息表的外部关键字。显然，学生信息表中"专业编号"字段的取值必须是确实存在的专业编号，即在专业表中有该专业的记录。那么，在学生信息表中，"专业编号"字段的值要么为空，表示学生暂时还没有确定专业；要么为专业表中某个记录的主关键字值（学生已经确定了专业，且该专业存在），而不可能取其他值。

3. 用户定义完整性

用户定义完整性（user-defined integrity）是根据应用环境的要求和实际的需要，对某一具体应用所涉及的数据提出约束性条件。所以，又称为域完整性，包括字段有效性约束、记录有效性约束。

例如，学生的考试成绩必须在 0 ～ 100 之间，学生的学号必须是 12 位，在职职工的年龄不能大于 60 岁等，都是针对具体关系提出的完整性条件。

关系数据库管理系统应提供定义和检验这类完整性的机制，以便能用统一的方法处理它们，而不是由应用程序承担这一功能。

1.3.3 关系运算

关系代数和关系演算是研究关系数据语言的数学工具。关系代数用关系运算表达查询要求；关系演算用谓词表达查询要求。

关系代数分为两类：一类是传统的集合运算，包括并、交、差、笛卡儿积等运算；另一类是专门的关系运算，包括选择、投影、连接等运算。关系运算的运算对象和结果都是关系。关系演算是以数理逻辑中的谓词演算为基础的。本书仅介绍关系运算和 SQL（结构化查询语言——关系数据库的标准语言）。

1. 传统的集合运算

传统的集合运算包括并、交、差和笛卡儿积等运算。其中，进行并、交、差集合运算的两个关系必须是同质的，即具有相同的关系模式。

设关系 R 和关系 S 具有相同的元数 n（即两个关系都有 n 个属性），且相应属性的取值来自同一个域。

（1）并（Union）

关系 R 与 S 的并运算记为 $R \cup S$，它是由属于 R 或者属于 S 的元组组成的集合。其运算结果仍为 n 元关系。即有 $R \cup S = \{t | t \in R \lor t \in S\}$。

例如，给出两个同质的学生关系 $R1$ 和 $R2$（$R1$ 为 4 元关系，有 3 个元组；$R2$ 为 4 元关系，有 4 个元组），见表 1-3 和表 1-4。

表 1-3　关系 $R1$

学号	姓名	性别	入学成绩
201204004101	宇文拓	男	521
201204004102	陈靖仇	男	615
201204004103	郭小白	女	522

表 1-4　关系 $R2$

学号	姓名	性别	入学成绩
201204004101	宇文拓	男	521
201204004105	司徒钟	男	543
201204004107	于小雪	女	615
201204004108	张烈	男	634

则 $R1 \cup R2$ 的结果为如表 1-5 所示关系。

表 1-5　$R1 \cup R2$

学号	姓名	性别	入学成绩
201204004101	宇文拓	男	521
201204004102	陈靖仇	男	615
201204004103	郭小白	女	522
201204004105	司徒钟	男	543
201204004107	于小雪	女	615
201204004108	张烈	男	634

需要注意的是：在并运算中，重复的元组取且仅取一次。

（2）交（Intersection）

关系 R 与 S 的交运算记为 $R \cap S$，它为既属于 R 又属于 S 的元组组成的集合。其运算结果仍为 n 元关系。即有 $R \cap S = \{t | t \in R \land t \in S\}$。

在上例中，$R1 \cap R2$ 的结果为如表 1-6 所示关系。

表 1-6 $R1 \cap R2$

学号	姓名	性别	入学成绩
201204004101	宇文拓	男	521

（3）差（Difference）

关系 R 与 S 的差运算记为 $R–S$，它是由属于 R 而不属于 S 的所有元组组成的集合。其运算结果也为 n 元关系。即有 $R–S = \{t | t \in R \land t \notin S\}$

差运算 $R1–R2$ 的结果如表 1-7 所示。

表 1-7 $R1–R2$

学号	姓名	性别	入学成绩
201204004102	陈靖仇	男	615
201204004103	郭小白	女	522

需要注意的是：在差运算中，运算对象的次序不同，运算结果也不同。该例中，$R1–R2$ 和 $R2–R1$ 的结果是不相同的。请同学们自己计算一下差运算 $R2–R1$ 的结果是多少。

（4）笛卡儿积（Cartesian Product）

进行笛卡儿积运算的两个关系不必具有相同的元数。

两个分别为 r 目和 s 目的关系 R 和 S 的广义笛卡儿积记为 $R \times S$，它是一个（$r+s$）目的关系。关系中每个元组的前 r 个分量（属性值）来自 R 的一个元组，后 s 个分量来自 S 的一个元组。即 $R \times S = \{\widehat{t_r t_s} | t_r \in R \land t_s \in S\}$。

如果 R 有 i 个元组，S 有 j 个元组，则 $R \times S$ 有（$i \times j$）个元组。

给出必修课关系 $R3$ 如表 1-8 所示。

表 1-8 关系 $R3$

课程编号	课程名称	课程性质
01	英语	必修
02	高等数学	必修

则笛卡儿积 $R1 \times R3$ 的结果如表 1-9 所示。

表 1-9 $R1 \times R3$

学号	姓名	性别	入学成绩	课程编号	课程名称	课程性质
201204004101	宇文拓	男	521	01	英语	必修
201204004101	宇文拓	男	521	02	高等数学	必修
201204004102	陈靖仇	男	615	01	英语	必修
201204004102	陈靖仇	男	615	02	高等数学	必修
201204004103	郭小白	女	522	01	英语	必修
201204004103	郭小白	女	522	02	高等数学	必修

进行笛卡儿积运算的两个关系可以是一元关系，相当于两个属性域之间的运算，事实上，

笛卡儿积的严格数学定义正是多个域（集合）之间的运算，而关系则是多个域进行笛卡儿积运算后所得结果的一个子集。

2. 专门的关系运算

专门的关系运算包括选择、投影和连接等运算。其中，选择和投影是单目运算，连接是双目运算。选择运算是从关系中查找符合指定条件元组的操作。投影运算是从关系中选取若干个属性的操作。连接运算是将两个关系模式的若干属性拼接成一个新的关系模式的操作，对应的新关系中，包含满足连接条件的所有元组。

（1）选择（Selection）

从一个关系中查找满足指定条件或指定范围的所有元组的操作称为选择。选择运算是从行的角度进行的操作，即水平方向抽取元组。经过选择运算得到的结果形成新的关系，其关系模式不变，但其中元组的数目小于或等于原来关系中元组的个数，它是原关系的一个子集。

选择运算记作：

$$\sigma_F(R) = \{t | t \in R \wedge F(t) = \text{'真'}\}$$

其中 F 表示选择条件。

例如，在关系 $R1$ 中，查询入学成绩高于 600 分的学生记录：

$$\sigma_{入学成绩 > 600}(R1)$$

结果如表 1-10 所示。

表 1-10　$\sigma_{入学成绩 > 600}(R1)$

学号	姓名	性别	入学成绩
201204004102	陈靖仇	男	615

（2）投影（Projection）

从关系中挑选指定的属性组成新的关系称为投影。投影是从列的角度进行的运算，即对关系进行垂直分解。经过投影得到的新关系所包含的属性个数往往比原关系少（元数减小）。另外，如果新关系中出现重复元组，则要删除重复元组。

投影运算记作：

$$\Pi_A(R) = \{t[A] | t \in R\}$$

其中 A 为 R 中的属性列表。

例如，查询关系 $R1$ 中所有学生的学号、姓名信息：

$$\Pi_{学号, 姓名}(R1)$$

结果如表 1-11 所示。

表 1-11　$\Pi_{学号, 姓名}(R1)$

学号	姓名
201204004101	宇文拓
201204004102	陈靖仇
201204004103	郭小白

（3）连接（Join）

按照一定的连接条件将两个关系横向结合在一起，生成一个更宽的新关系的操作称为连接。连接条件通常为一个逻辑表达式，即通过比较两个关系中指定属性的值来连接满足条件的元组。

例如，给出必修课成绩关系 R4（见表 1-12）。查询 R1 中每个学生的学号、姓名和必修课成绩。

表 1-12　R4

学号	英语	高等数学
201204004101	76	64
201204004105	89	57
201204004102	92	89
201204004107	71	93
201204004103	92	52

由于学号、姓名属性在关系 R1 中，而英语、高等数学属性在关系 R4 中，需要将 R1 和 R4 连接起来，连接条件为两个关系的学号属性对应相等；然后再对连接的结果按照所需要的属性进行投影。结果如表 1-13 所示。

表 1-13　连接 R1 和 R4

学号	姓名	英语	高等数学
201204004101	宇文拓	76	64
201204004102	陈靖仇	92	89
201204004103	郭小白	92	52

由上例可以看出，不同的关系之间通过公共属性即相同的部分来体现相互之间的联系。

在连接运算中，连接条件为对应属性的值相等的连接操作称为等值连接。自然连接是去掉重复属性的等值连接，它是连接运算的一个特例，是最常用的连接运算。当需要连接多个关系时，应两两进行连接后再进行连接。

在关系查询中，利用关系的投影、选择和连接运算可以方便地分解或构造新的关系。

1.3.4　关系规范化

在数据库设计中，可以应用关系规范化规则（范式）对关系模型进行优化，即使用这些规则确定表的结构设计是否正确合理。将这些规则应用到数据库设计的过程，称为关系规范化，或直接称为规范化。在表示了所有数据项并完成了初步设计时，规范化过程最有用，它有助于确保将数据项划分到恰当的表中。

规范化无法确保一开始就拥有所有的正确数据项。需要在每个步骤中持续应用这些规则，以确保设计达到"范式"要求。范式至少有五个：第一范式到第五范式。所谓"第几范式"依次表示关系达到的某一种级别，在满足低一级范式后，逐级提高。下面介绍第一范式到第三范式，因为大部分数据库设计都要求使用这三个范式。

1. 第一范式（1NF）

第一范式要求：表中每个行和列的交叉处只存在一个值，而绝不是值的列表。即表由不可再分的行列数据项组成，不允许嵌套表。如果将行与列的每个交叉点看作一个单元格，则每个单元格中只能包含一个值。例如，不能在一个名为"价格"的字段中放置多个"定价"。

2. 第二范式（2NF）

第二范式要求：每个非主键列完全依赖于整个主键，而不仅仅依赖于主键的一部分。

此规则适用主键由多个列组成时。例如，假定"订单表"设计如下，其中"订单 ID"列和"产品 ID"列联合构成主键：

订单表（<u>订单 ID，产品 ID</u>，产品名称）

此关系设计违反了第二范式，因为"产品名称"依赖于"产品 ID"，但并不依赖于"订单 ID"，即没有依赖于整个主键。应该将"产品名称"从表中删除，使它属于不同的表，即属于"产品表"。于是，将上列订单表分解为两个表：

订单表（<u>订单 ID，产品 ID</u>）

产品表（<u>产品 ID</u>，产品名称）

此组关系设计均满足第二范式。

3. 第三范式（3NF）

第三范式要求：不仅每个非主键列依赖于整个主键，而且非主键列要互相独立。或者说，每个非主键列必须且只能依赖于主键。

例如，销售表设计如下：

销售表（<u>产品 ID</u>，产品名称，定价，折扣）

假定"折扣"依赖于"定价"，此关系就违反了第三范式。因为非主键列"折扣"依赖于另一个非主键列"定价"。应该将"折扣"移到另一个以"定价"为主键的表中。于是，将上列销售表分解为两个表：

销售表（<u>产品 ID</u>，产品名称，定价）

价格表（<u>定价</u>，折扣）

此组关系设计均满足第三范式。

按相关表或主题规范化地分隔数据具有以下好处：

1）一致性。因为每项数据只在一个表中记录一次。所以，可减少出现模棱两可或不一致情况的可能性。例如，在"产品表"中只存储一次"产品名称"，而非在包含订单数据的表中重复（且可能不一致地）存储它。

2）提高效率。只在一个位置记录数据意味着使用的磁盘空间减少。另外，与较大的表相比，较小的表往往可以更快地提供数据。如果不对单独的主题使用单独的表，则会向表中引入空值（不存在数据）和冗余，这两者都会浪费空间和影响性能。

3）易于理解。如果按表正确分隔主题，则数据库的设计更易于理解。

1.4 数据库应用系统设计

数据库应用系统设计的基本原则是设计一个能满足用户要求、性能良好的数据库及其应用程序。其基本任务是根据用户的数据需求、处理需求和数据库的支持环境完成设计。

数据库应用系统主要包括数据的录入、修改、查询和统计等工作。

数据库应用系统的开发或设计一般要经过下列几个阶段：

1）需求分析。

2）系统设计。

3）系统实现。

4）系统调试。

5）系统运行和维护。

其中，需求分析和系统设计可以自顶向下，逐步细化；系统实现可以自底向上，逐个创建；系统调试可以先分调，后联调。

1.4.1 需求分析

需求分析是整个开发任务的开始，是最困难、最耗时的一步。需求分析是否做得充分与准确，决定了在其基础上构建数据库与应用系统的速度和质量。需求分析做得不好，还会导致整个系统重做。

需求分析是通过详细调查现实世界要处理的对象，充分了解原系统（手工系统或计算机系统）的工作概况，明确用户的各种数据和业务需求，然后在此基础上确定新系统的功能。新系统必须充分考虑今后可能的扩充和改变，不能仅仅按当前应用需求设计。系统需求包括对数据的需求分析和对应用功能的需求分析，对数据的需求分析结果是建立数据库的依据，对应用功能需求分析的结果是设计系统功能的依据。

需求分析的重点是调查、收集与分析用户在数据管理中的信息要求、处理要求、安全性与完整性要求。确定用户的最终需求是一件很困难的事。一方面，用户缺少计算机知识，开始无法确定计算机究竟能为自己做什么，不能做什么，无法一下子准确地表达自己的需求，他们提出的需求往往会不断地变化。另一方面，设计人员缺少用户的专业知识，不易理解用户的真正需求，甚至误解用户的需求。因此在需求分析阶段应该让最终用户更多地参与，随时接受用户的反馈意见，调整需求，以使需求更符合用户的实际情况，如图 1-12 所示。

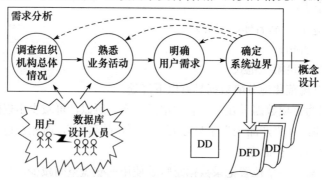

图 1-12 需求分析

在此阶段，要完成数据流图（DFD）、数据字典（DD）设计，明确各项功能和安全性需求，形成需求分析说明书。数据流图表达了数据和处理的关系，如图 1-13 所示，可以自顶向下，按子系统分块或分层绘制，逐步细化。

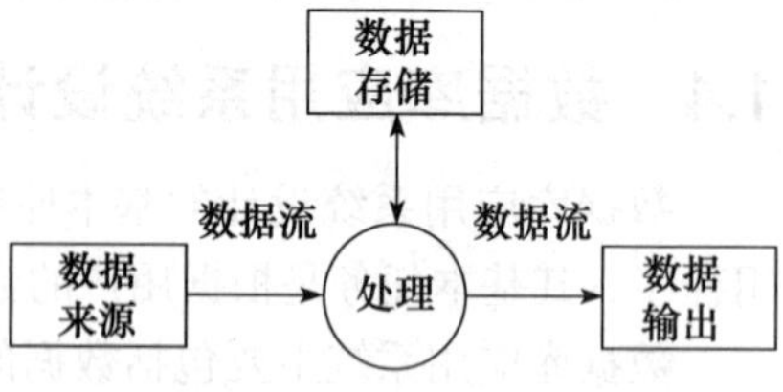

数据字典通常包括数据库所有的数据项、数据结构、数据流、数据存储和处理过程 5 个部分。

还要明确数据库应用系统的架构是下列哪一种：

1）单机版桌面数据库。

2）网络版桌面数据库（C/S：客户端 / 服务器模式）。

3）Web 数据库（B/S：浏览器 / 服务器模式，网站数据库）。

4）C/S 和 B/S 混合架构。

本书先介绍如何设计和创建单机版桌面数据库，然后推广到 C/S、B/S 架构。

图 1-13 数据流图

1.4.2 系统设计

数据库应用系统设计包括数据库及其应用程序设计。由于这两方面的需求往往相互制约，应用程序设计时将受到数据库结构的约束。所以，设计数据库结构时也应考虑应用程序的实现问题。

1. 数据库设计

（1）概念结构设计

概念结构设计是整个数据库设计的关键。通过对用户数据和业务需求进行综合、归纳与抽象，形成一个独立于具体 DBMS 的概念数据模型，要绘制一整套 E-R 图。

（2）逻辑结构设计

逻辑结构设计是将概念结构转换为 DBMS 所支持的逻辑数据模型，并对其进行规范化或优化。常用的逻辑数据模型是关系模型。可按照 E-R 图，确定建立一个还是多个关系数据库；确定数据库中包含的表及其字段，要列出一整套关系模式或表结构，明确表间关系、主键、外键和完整性。

（3）物理结构设计

物理结构设计是按照所选的计算机硬件、逻辑数据模型、安全性和应用程序设计工具等，选取一个最适合的数据库管理系统。

2. 应用程序设计

应用程序设计步骤如下：

1）应用程序功能模块结构设计。

2）应用程序功能模块算法（如程序流程图）设计。

3）用户界面和程序代码设计。用户界面主要包括窗体和报表等。一个数据库应用系统应该做到界面友好、整洁美观、风格统一。

系统设计可以分为总体设计和详细设计两步，形成总体设计和详细设计说明书。与此同时，良好的数据库应用系统设计应该做到：

1）将信息划分到基于主题的表中，以减少冗余数据。

2）向 DBMS 提供"根据需要连接表中数据时所需的信息"。

3）支持和确保信息的准确性和完整性。

4）满足数据处理和报表需求。

1.4.3　系统实现

使用数据库管理系统和程序开发工具创建数据库和每个软件单元。现在，数据库管理系统和程序开发工具人都采用面向对象的设计方法。所以，重点是创建数据、处理和操作对象。

1. 创建数据库

按照系统设计阶段对数据库的设计，可用 Access 新建"空数据库"，即创建桌面数据库；或者新建"空白 Web 数据库"，即创建 Web 数据库。

2. 创建数据库对象

可用 Access 提供的设计工具创建下列数据库对象：

1）表——用于存放数据。包括定义字段、主键、表间关系和参照完整性约束。输入必要的实验数据，供调试用。

2）查询——用于查询一个或多个表，甚至另一个查询。表和查询常常用作窗体和报表的数据源。

3）窗体和报表——用作用户界面。主要工作包括：

①创建窗体和报表，在其中添加操作对象，即控件。

②设置对象的属性。

3. 创建应用程序

可用 Access 提供的宏命令和 VBA 程序设计语言编写：

1）对象的事件处理过程。

2）其他计算过程和程序模块。

1.4.4　系统调试

在应用程序设计过程中，需要对菜单、表单、报表等程序模块进行测试和调试。通过测试找出错误，再通过调试来纠正错误，最终实现预定的功能。测试一般分为模块测试和综合测试两个阶段，最后形成测试报告。

通过测试后的应用程序可以投入试运行。即把数据库和应用程序一起装入计算机，交付用户进行试运行，从功能和数据两个方面进行测试。若不能满足要求，还需返回前面的步骤再次进行需求分析或修改。

1.4.5　应用程序发布

可用 Access 提供的"保存与发布"文件命令，将创建的桌面数据库（.accdb 文件）保存到另一种数据库文件 .accde 中，只能在 Access 环境下供用户使用，不能修改设计；或者将创建的 Web 数据库（.accdb 文件）发布到 SharePoint 服务器中，供用户在浏览器中浏览。

1.4.6　系统运行和维护

程序试运行一段时间后，即可投入正式运行。此时，程序的开发工作基本结束，进入系统维护阶段，包括对数据库的维护和对应用程序的稍许改动。

本章小结

本章主要介绍了数据库的基础知识，数据库系统体系结构、数据模型和关系型数据库，以及关系运算等知识。最后，介绍了数据库应用系统设计的一般步骤。

数据库系统由三大部分组成：硬件系统、软件系统（包括操作系统、数据库管理系统、数据库应用系统等）和人员。数据库的三级体系结构对数据库的组织从内到外分为三个层次：内模式、模式和外模式。

为了方便数据库的概念、逻辑和物理设计容易被大家理解和计算机实现，数据模型经历了"现实世界→信息世界→计算机世界"三个领域的演变过程。概念模型（如 E-R 图，它与具体 DBMS 无关）和逻辑模型（如关系模型，它与具体 DBMS 有关）由数据库应用系统设计人员依次建立；物理模型（即存储模型）由 DBMS 建立，数据库应用系统设计人员只要选用 DBMS。

现在普遍使用的数据库系统都是关系数据库系统。关系数据库是支持关系数据模型的数据库系统。关系数据模型由一组关系或者关系模式组成。一个关系是一张二维表，表的列称为关系的"属性"或"字段"，表的行称为"元组"或"记录"，每个元组表示一个"实体"，每个表表示一个"实体集"。一个关系模式描述一种关系或表的结构。

关系代数和关系演算是研究关系数据语言的数学工具。关系运算的运算对象和结果都是关系。

思考题

1. 数据管理技术经历了哪几个阶段？各有什么特点？

2. 数据库系统由哪几个部分组成？分别是什么？

3. 简要说明数据库具有哪些功能。

4. 数据模型由哪几个部分组成？层次、网状、关系型数据模型各有什么特点？

5. 传统的集合运算包括哪几种？专门的关系运算包括哪几种？

6. 简要说明数据库应用系统的设计过程。

自测题

一、单项选择题（每题1分，共40分）

1. 在软件开发中，下面任务不属于设计阶段的是_____。

    A. 数据结构设计   B. 给出系统模块结构

    C. 定义模块算法   D. 定义需求并建立系统模型

2. 在关系数据模型中，用来表示实体关系的是_____。

    A. 字段   B. 记录   C. 表   D. 指针

3. 数据库系统的核心是_____。

    A. 数据模型   B. 数据库管理系统

    C. 软件工具   D. 数据库

4. 关系数据是用_____实现数据之间联系的。

    A. 关系   B. 指针   C. 表   D. 公共属性

5. 1970年，美国IBM公司的研究员E.F.Codd提出了数据库的_____。

    A. 层次模型   B. 网状模型   C. 关系模型   D. 实体 – 联系模型

6. 在下面列出的数据模型中，_____是概念数据模型。

    A. 关系模型   B. 层次模型   C. 网状模型   D. 实体 – 联系模型

7. 用二维表来表示实体及实体之间联系的数据模型是_____。

    A. 实体 – 联系模型   B. 层次模型   C. 网状模型   D. 关系模型

8. 下列叙述中正确的是_____。

    A. 数据库是一个独立的系统，不需要操作系统的支持

    B. 数据库设计是指设计数据库管理系统

    C. 数据库技术的根本目标是要解决数据共享的问题

    D. 数据库系统中，数据的物理结构必须与逻辑结构一致

9. 数据库管理系统常用的数据模型有_____三种。

    A. 网状模型、链状模型和层次模型   B. 层次模型、环状模型和关系模型

    C. 层次模型、网状模型和关系模型   D. 层次模型、网状模型和语义模型

10. 在数据库中能唯一地标识一个元组的属性或属性的组合称为_____。

    A. 记录   B. 字段   C. 域   D. 关键字

11. 在关系数据模型中，域是指_____。

    A. 字段   B. 记录   C. 属性   D. 属性的取值范围

12. 关系表中的每一横行称为一个_____。

A. 元组　　　　　　　　B. 字段　　　　　　　　C. 属性　　　　　　　　D. 码

13. 在关系理论中，把二维表表头中的栏目称为_____。

A. 数据项　　　　　　　B. 元组　　　　　　　　C. 结构名　　　　　　　D. 属性名

14. 下列模式中，能够给出数据库物理存储结构与物理存取方法的是_____。

A. 内模式　　　　　　　B. 外模式　　　　　　　C. 概念模式　　　　　　D. 逻辑模式

15. 关系模型中，如果一个关系中的一个属性或属性组能够唯一标识一个元组，那么称该属性或属性组是_____。

A. 外码　　　　　　　　B. 主码　　　　　　　　C. 候选码　　　　　　　D. 联系

16. 在关系 R（R#，RN，S#）和 S（S#，SN，SD）中，R 的主关键字是 R#，S 的主关键字是 S#，则 S# 在 R 中称为_____。

A. 外部关键字　　　　　B. 候选关键字　　　　　C. 主关键字　　　　　　D. 超键

17. 下述关于数据库系统的叙述中正确的是_____。

A. 数据库系统减少了数据冗余

B. 数据库系统避免了一切冗余

C. 数据库系统中数据的一致性是指数据类型的一致

D. 数据库系统比文件系统能管理更多的数据

18. 一门课程可以由多个学生选修，一个学生可以选修多门课程，课程与学生间的联系属于_____。

A. 一对一的联系　　　　B. 一对多的联系　　　　C. 多对一的联系　　　　D. 多对多的联系

19. 用树型结构来表示实体之间联系的模型称为_____。

A. 关系模型　　　　　　B. 层次模型　　　　　　C. 网状模型　　　　　　D. 数据模型

20. 关系型数据库管理系统中所谓的关系是指_____。

A. 各条记录中的数据彼此有一定的关系

B. 一个数据库与另一个数据库之间有一定的关系

C. 数据模型符合满足一定条件的二维表格式

D. 数据表中各个字段之间彼此有一定的关系

21. 在关系中，下列说法正确的是_____。

A. 元组的顺序很重要

B. 属性名可以重名

C. 任意两个元组不允许重复

D. 每个元组的一个属性可以由多个值组成

22. 在数据管理技术的发展过程中，经历了人工管理阶段、文件管理阶段和数据库系统阶段。其中数据独立性最高的阶段是_____。

A. 数据库系统　　　　　B. 文件管理　　　　　　C. 人工管理　　　　　　D. 数据项管理

23. 传统的集合运算不包括_____。

A. 并　　　　　　　　　B. 差　　　　　　　　　C. 交　　　　　　　　　D. 乘

24. 设有选修"计算机基础"的学生关系 R，选修"数据库 Access"的学生关系 S，求既选修了"计算机基础"又选修了"数据库 Access"的学生，则需进行_____运算。

A. 并　　　　　　　　　B. 差　　　　　　　　　C. 交　　　　　　　　　D. 或

25. 设有选修"计算机基础"的学生关系 R，选修"数据库 Access"的学生关系 S，求选修了"计算机基础"而没有选修"数据库 Access"的学生，则需进行_____运算。

A. 并　　　　　　　B. 差　　　　　　　C. 交　　　　　　　D. 或

26. 参加差运算的两个关系_____。

    A. 属性个数可以不相同　　　　　　　　B. 属性个数必须相同

    C. 一个关系包含另一个关系的属性　　　　D. 属性名必须相同

27. 关系运算中花费时间可能最长的运算是_____。

    A. 投影　　　　　　B. 选择　　　　　　C. 笛卡儿积　　　　D. 除

28. 从关系模式中，指定若干属性组成新的关系称为_____。

    A. 选择　　　　　　B. 投影　　　　　　C. 连接　　　　　　D. 自然连接

29. 要从学生关系中查询学生的姓名和性别，则需要进行的关系运算是_____。

    A. 选择　　　　　　B. 投影　　　　　　C. 连接　　　　　　D. 求交

30. 选取关系中满足某个条件的元组的关系运算称为_____。

    A. 选中运算　　　　B. 选择运算　　　　C. 投影运算　　　　D. 搜索运算

31. 对一个关系做投影操作后，新关系的元数_____原来关系的元数。

    A. 小于　　　　　　B. 小于或等于　　　　C. 等于　　　　　　D. 大于

32. 如果要改变一个关系中属性的排列顺序，应使用的关系运算是_____。

    A. 重建　　　　　　B. 选取　　　　　　C. 投影　　　　　　D. 连接

33. 选择操作是根据某些条件对关系做_____。

    A. 垂直分割　　　　B. 选择权　　　　　C. 水平分割　　　　D. 分解操作

34. 关系数据库管理系统能实现的专门关系运算包括_____。

    A. 排序、索引、统计　　　　　　　　　B. 选择、投影、连接

    C. 关联、更新、排序　　　　　　　　　D. 显示、打印、制表

35. 对学生关系 S（$S\#$, SN, AGE, SEX），写一条规则，把其中的 AGE 属性限制在 13 ～ 30 之间，这条规则属于_____。

    A. 实体完整性规则　　　　　　　　　　B. 参照完整性规则

    C. 用户定义的完整性规则　　　　　　　D. 以上都不对

36. 关系数据库中，实现主码标识元组的作用是通过_____。

    A. 实体完整性规则　　　　　　　　　　B. 参照完整性规则

    C. 用户定义的完整性规则　　　　　　　D. 属性的值域

37. 关系数据库中，实现表与表之间的联系是通过_____。

    A. 实体完整性规则　　　　　　　　　　B. 参照完整性规则

    C. 用户定义的完整性规则　　　　　　　D. 属性的值域

38. 数据库设计包括两个方面的设计内容，它们是_____。

    A. 概念设计和逻辑设计　　　　　　　　B. 模式设计和内模式设计

    C. 内模式设计和物理设计　　　　　　　D. 结构特性设计和行为特性设计

39. 在下列关于数据库系统的叙述中，正确的是_____。

    A. 数据库中只存在数据项之间的联系

    B. 数据库的数据项之间和记录之间都存在联系

    C. 数据库的数据项之间无联系，记录之间存在联系

    D. 数据库的数据项之间和记录之间都不存在联系

40. 数据模型的三要素_____。

A. 外模式、概念模式和内模式

B. 关系模式、网状模式、层次模式

C. 1∶1的联系、1∶n的联系、n∶m的联系

D. 数据结构、数据操作和数据的约束条件

二、填空题（每空1分，共20分）

1. 关系数据库中每个关系的形式是_____。

2. 用二维表的形式来表示实体之间联系的数据模型称为_____。

3. 数据库管理系统通常由数据描述语言、_____、管理和控制程序组成。

4. 数据管理技术经历了人工处理阶段、_____和数据库系统三个发展阶段。

5. DBMS基于不同的_____，可以分为层次型、网状型和关系型。

6. DBMS所支持的数据模型有层次模型、网状模型和关系模型等，其中，_____模型是当今最流行、使用最广泛的一种数据模型。

7. 信息世界的概念模型的表示方法是_____模型，即E-R图。

8. 二维表中的列称为关系的字段，二维表中的行称为关系的_____。

9. 关系数据库采用_____数据模型。

10. 关系数据库中，关系是一张_____，两个关系间的联系通过公共属性来实现。

11. "关系"术语来自数学中的集合概念，因此，关系中任意两个元组不能_____。

12. 在关系中，水平方向的行称为_____。

13. 一个关系中垂直方向的列称为_____。

14. 每个属性，有一个取值范围，这叫属性的_____。

15. 在关系A（S，SN，D）和B（D，CN，NM）中，A的主关键字是S，B的主关键字是D，则D在S中称为_____。

16. 通过主表的主关键字和从表的_____关键字建立表之间联系，即表间关系。

17. 一个关系数据库是由若干个相互关联的表组成，对关系数据库的操作是通过RDBMS实现的，用户或设计人员不必涉及数据库复杂的物理细节，这实现了_____。

18. 关系代数中，从两个关系中找出相同元组的运算称为_____运算。

19. 若关系R有m个属性、关系S有n个属性，则$R×S$有_____个属性。

20. 关系模型可以提供3种数据完整性约束，即实体完整性、参照完整性和_____。

三、判断题（每题1分，共20分，正确的写"T"，错误的写"F"）

（　　）1. 能唯一决定一个元组且又无多余属性的属性集称为候选关键字。

（　　）2. 数据库技术的奠基人之一E.F.Codd从1970年起发表过多篇论文，主要论述的是关系数据模型。

（　　）3. 在关系数据模型中，实体以及实体之间的联系统一用二维表来表示。

（　　）4. 同一个关系模型的任两个元组值可以完全相同。

（　　）5. 一个关系中的主关键字的取值可以为空值（Null）。

（　　）6. 外部关键字一定是同名属性，且不同表中的同名属性也一定是外部关键字。

（　　）7. 关系模式中属性的数目称为关系的元数，又称为关系的目。

（　　）8. 在关系理论中，把能够唯一地确定一个元组的属性或属性组合称为域。

（　　）9. 关系中同一列的数据类型可以相同，也可以不同。

（　　）10. 关系运算的运算对象一定是关系，但运算结果不一定是关系。

（　　）11. 设有关系 $R1$ 和关系 $R2$，经过关系运算得到结果 S，则 S 是一个表单。

（　　）12. 在并运算中，重复的元组取且仅取一次。

（　　）13. 对一个关系做选择操作后，新关系的元组个数小于或等于原来关系的元组个数。

（　　）14. 投影操作是对表进行水平方向的分割。

（　　）15. 在关系数据库的基本操作中，把两个关系中相同属性值的元组连接到一起形成新的二维表的操作称为连接。其等值连接和自然连接是一回事。

（　　）16. 在关系查询中，利用关系的投影、选择和连接运算可以方便地分解或构造新的关系。

（　　）17. 关系数据库管理系统应能实现的专门关系运算包括：排序、索引和统计。

（　　）18. 建立数据库表时，将年龄字段值限制在 18 ～ 25 岁之间，这种约束属于参照完整性约束。

（　　）19. 关系模型中有三类完整性约束，并且关系模型必须满足这三类完整性约束条件。

（　　）20. 对数据库的维护包括保持数据的完整性、一致性和安全性。

四、简答题（每题 5 分，共 20 分）

1. 数据管理经历了哪三个阶段？

2. 数据库系统由哪几个部分组成？

3. 在哪些领域分别可以建立哪些数据模型？

4. 简要说明数据库应用系统的设计过程。

第2章 数据库和表的基本操作

关系数据库是一种存储数据的仓库。为了避免冗余，该数据仓库分成了多个较小的数据集合，称为表。这些较小的数据集合又基于一些共同信息，称为字段，而关联在一起。随着计算机技术的高速发展，数据库管理系统软件应运而生，如 Access、SQL Server、MySQL 和 Oracle 等。虽然这些数据库管理系统软件的功能不尽相同，界面操作也有很大差异，但是它们都建立在关系数据模型基础上，都属于关系型数据库管理系统。

本章主要介绍关系型数据库管理系统 Access 2010 的特点、启动与退出、Access 窗口组成、数据库的创建和数据表的创建等一系列操作。

2.1 概述

2.1.1 Access 2010 的特点

Access 是美国 Microsoft 公司开发的数据库管理系统软件，是 Microsoft Office 办公套件中主要的软件之一。不管是处理网站的用户资料还是银行繁琐的金融数据，都可以用它实现。Access 的出现有效地替代了过去繁琐的数据处理工作，也是当今市场上开发中小型数据库首选的数据库软件之一。

自从 1992 年 11 月推出第一个供个人使用的数据库系统 Access 1.0，Access 历经多次升级改版，到目前最新推出的 Access 2010 版本，其得到了广泛应用。Access 与 Office 其他成员 Word、Excel、PowerPoint 在操作界面和使用方式上等高度一致，使许多初学者或企业客户很容易掌握。

Access 2010 的主要特点如下：

1. 界面友好、操作简易

Access 2010 具有 Microsoft Windows 完全一致的操作风格、友好的用户界面、方便的操作向导、具有详细的 Access 帮助和使用方法等。而且 Access 2010 提供了主题工具，使用主题工具可以快速设置、修改数据库外观模式。利用具有吸引力的 Office 主题，可以更好地自定义主题形式，制作出更为美观的窗体界面、表格及报表。

2. 功能强大

Access 2010 虽然是小型的数据库管理系统，但它提供了很多功能强大的设计工具，如表设计器、查询设计器、窗体设计器和报表设计器，以及表向导、查询向导、窗体向导、报表向导和表达式生成器和 Visual Basic 编辑器等。

3. 支持 Web 功能的信息集成

Access 2010 具有 Web 功能的应用，它可以使 Access 用户通过企业内部网 Intranet 简便地实现信息共享，它极大地增强了通过 Web 网络共享数据库的功能。另外，它还提供了一种将 Access Web 应用程序部署到 SharePoint 服务器的新方法。Web 功能的应用可以更方便地共享跨平台及不同用户级别的数据，也可以作为企业级后台数据库的前台客户端。

4. 数据交互

Access 2010 提供了与其他数据库系统的接口，支持 ODBC，利用 Access 2010 强大的 DDE（动态数据交换）和 OLE（对象链接和嵌入）特性，可以在一个数据表中嵌入声音、Excel 表格、Word 文档，还可以建立动态的数据库报表和窗体等。

5. 提供程序开发功能

Access 2010 提供了程序开发语言 VBA（Visual Basic for Application），使用它可以方便地开发用户应用程序。

6. 文件功能丰富

Access 2010 的数据库文件中包含表、查询、窗体、报表、宏和模块六种对象。

7. 新增计算数据类型

在 Access 2010 中新增加的计算数据类型，可以实现原来需要在查询、控件、宏或 VBA 代码中进行的计算。例如，在数据表中计算：[单价] * [数量]，则在 Access 2010 中，可以使用计算数据类型在表中创建计算字段。这样，可以在数据库中更灵活方便地显示和使用计算结果。Access 2010 计算数据类型功能把 Excel 优秀的公式计算功能移植到 Access 中，给数据库用户带来了极大的方便。

2.1.2 Access 2010 启动和退出

由于 Access 是 Office 组件的一部分，所以 Access 同其他 Office 应用程序一样，在安装完毕 Office 后，要创建和使用 Access 数据库时，首先要打开 Access 窗口，再打开需要使用的数据库文件，然后进行相应的操作步骤。

1. Access 2010 的启动

Access 2010 的启动可以使用下列两种方式之一。

1）如果用户成功安装 Office 2010 后，会在计算机桌面上看到已创建完成的 Access 2010 快捷图标，双击快捷图标，启动 Access 2010，出现如图 2-1 所示"Microsoft Access"窗口。

2）如果使用"开始"菜单启动 Access，操作步骤如下：

①在任务栏上单击"开始"菜单，选择"程序"。

②在"程序"菜单中选择"Microsoft Office"。

③在"Microsoft Office"子菜单中，选择"Microsoft Office Access 2010"，启动 Access 2010，出现 Microsoft Access 窗口，如图 2-1 所示。

2. Access 2010 的退出

当用户操作 Access 2010 工作完成之后，为防止意外导致数据库文件中数据表等信息丢失，需要先关闭打开的数据库文件再退出 Access 2010。

总之，Access 2010 的退出可以使用下列 5 种方式之一：

1）单击 Access 右上角的"关闭"按钮 ×。

2）选择"文件"菜单中的"退出"命令。

3）使用键盘快捷键 Alt+F4。

4）单击 Access 窗口左上角的 A 图标，选择"关闭"命令。

5）双击 Access 窗口左上角的 A 图标。

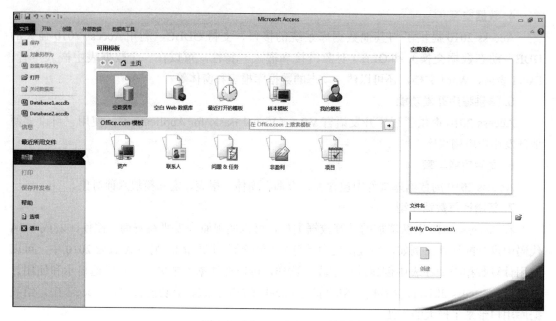

图 2-1   Microsoft Access 窗口

2.1.3   Access 2010 窗口组成

　　Access 2010 与 Microsoft Office 组件中的其他程序一样，具有简约的图形化界面。Access 2010 启动后，屏幕出现 Access 窗口，如图 2-2 所示。Access 窗口主要包含标题栏、功能区、Backstage 视图等。

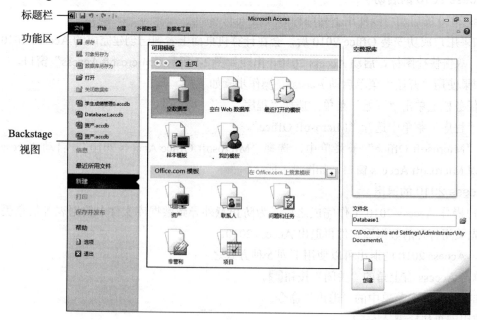

图 2-2   Access 窗口

1. 标题栏

　　标题栏主要用于显示控制 Access 窗口的变化和对应图标。其中，在标题栏的最右端的三

个按钮 □ ⌐ ⊠ 分别为最小化、最大化（还原）和关闭按钮。

2. 功能区

功能区是提供 Access 2010 中主要命令的界面。它替代了 Access 2003 的菜单和工具栏。它主要包括"文件"、"开始"、"创建"、"外部数据"和"数据库工具"基本常用选项。每个选项都包含多组相关命令，这些命令组展现了一组相关的操作。

3. Backstage 视图

Backstage（幕后）视图取代了早期 Access 版本中的分层菜单、工具栏及任务窗格构成的系统。它是功能区"文件"菜单上显示的命令集合，还包含用于整个数据库文件的其他命令。在打开 Access 2010 但未打开数据库时，可以看到 Backstage 视图，通过它可以可快速访问常见功能。例如，"打开"、"新建"、"空白 Web 数据库"以及"帮助"等选项。

"文件"选项卡取代了"Office 按钮" ⊙ 以及早期版本的 Microsoft Office 中使用的"文件"菜单。

此外，若单击"文件"选项卡右边其余的选项卡，则在 Access 窗口的左侧显示数据库对象的导航窗格；Access 能自动按照用户当前的操作，动态地出现上下文选项卡。每个选项卡包含多组相关的命令按钮，这些命令按钮组展现了一组组相关的操作。

2.1.4 Access 2010 的系统结构

作为一个中小型数据库管理系统，Access 2010 通过各种数据库对象来管理和处理信息。Access 2010 数据库分别由数据库对象和组两部分组成。

Access 2010 的数据库对象包括表、查询、窗体、报表、宏和模块共 6 种，对数据的管理和处理也都是通过这 6 种对象完成的。唯一取消了数据访问页对象，从 Office Access 2007 开始，不再支持创建、修改或导入数据访问页的功能，更改为分别创建桌面数据库和 Web 数据库。在 Access 2010 系统中，数据库文件的扩展名更改为 .accdb。

组是一系列数据库对象，并且将一个组中不同类型的相关联对象保存于此。组中实际包含的是数据库对象的快捷方式。Access 2010 数据库导航窗格直观地列举所有 Access 对象和按组筛选，如图 2-3 所示。下面分别简单介绍这 6 种数据库对象。

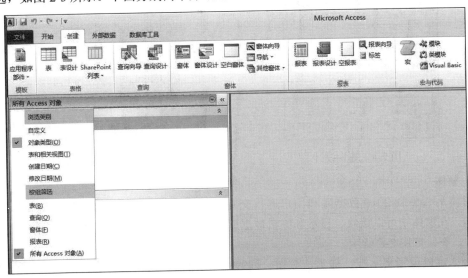

图 2-3　数据库 6 种对象和组

1. 表

由于 Access 2010 是典型的关系数据库管理系统。所以，它通过二维表存储数据，表是数据库的基础，也是数据库中其他对象的数据来源。每一个数据库中可以包含一张或多张表，类型不同的数据也可以保存到不同的表中。每张表中一列称为一个字段，一行称为一条记录，一条记录包含一条完整的基本信息，由一个或多个不同字段组成。

一张表就是一个关系。例如，常见的学生管理系统、进销存管理系统等。在学生管理系统中，学生信息、课程和学生选课组成了 3 张不同的数据表。这 3 张表互有关联，多表之间通过关联进行相关数据库的处理。

2. 查询

查询是对数据库中所需特定数据的查找。使用查询可以按照不同的方式查看、更改和分析数据，也可以将查询作为窗体和报表的数据源。

查询可以建立在表的基础上，也可以建立在其他查询的基础上。查询到的数据记录集合称为查询的结果集，结果集以二维表的形式显示出来，但它们不是基本表。

Access 2010 使用的是一种称为 QBE（Query By Example，通过例子查询）的查询技术。这种技术的意思是指定一个返回的数据例子，就能告诉用户要查询的数据。用户可以使用查询设计器（Query Designer）构造查询。例如，查询"学生信息"表中"性别"为"男"的记录，可以创建如图 2-4 所示的查询设计。

在如图 2-4 所示的查询设计窗口的上半部分含有查询中所涉及的表，而窗口的下半部分定义查询准则。QBE 网格（在窗口的下部分）分成几列，每一列有一些行，每一列含有一个字段。这个字段来自查询设计窗口上半部分的表，用户通过设置字段来控制查询的结果。用户还可以选择字段所在的表。在查询准则中用户可以输入一定的表达式，Access 2010 便可以在选定的表中查询满足表达式条件的字段，查询结果如图 2-5 所示。

图 2-4　查询设计

图 2-5　查询结果

3. 窗体

窗体是 Access 2010 数据库和用户进行交互操作的图形界面，窗体的数据源可以是表或者查询。在窗体中可以接收、显示和编辑数据库中的数据，用户通过窗体便可对数据进行增、删、改、查，如图 2-6 所示。

窗体对象包括文本框、标签、按钮、列表框等各种对象，在应用程序开发时称为控件，Access 2010 提供了丰富的控件属性，同时还提供一些与数据库操作相关的控件，可以将某数据源字段和控件相绑定，方便操作数据库中的内容。

图 2-6　窗体设计图

4. 报表

Access 2010 中使用报表对象来显示和打印格式化数据，它将数据库中的表、查询的数据进行组合，形成报表。用户还可以在报表中增加多级汇总、统计比较以及添加图片和图形。利用报表不仅可以创建计算字段，而且可以对记录进行分组，计算各组的汇总及计算平均值或者其他统计，甚至还可以用图表来显示数据。

5. 宏

宏是 Access 2010 数据库对象中的一个基本对象。它是指一个或多个操作的集合，其中每一个操作实现特定的功能。例如，打开某一个窗体或打印某一张报表，宏对象可以使某些需要多个指令连续执行的任务能够通过一条指令自动地完成。

宏可以由一系列操作组成，也可以是一个宏组。宏组是存储在同一个宏名下的相关宏的集合。该集合通常只作为一个宏引用。

Microsoft Office 提供的所有办公软件都提供宏对象功能。利用宏对象可以简化大量重复性操作，从而使管理和维护 Access 数据库更加简单，如图 2-7 所示。

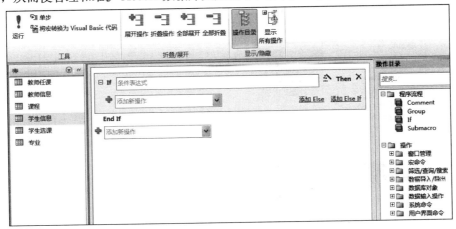

图 2-7　宏对象设计

6. 模块

Access 2010 有两种程序模块对象：

1）模块：也称为标准模块。它是 Access 2010 数据库对象，由用户在"模块（代码）"窗口里编写，用作多个窗体或报表的公用程序模块，包含一些公用变量声明和通用过程。

2）类模块：它是 Access 2010 数据库对象，由用户在"类（代码）"窗口里编写，用于扩充功能，包含用户自定义的类模块。

此外，Access 2010 内置的"窗体"类模块和"报表"类模块，不属于 Access 2010 导航窗格里的"对象",由用户在"窗体(代码)"窗口里编写,包含事件处理过程和一般过程。

2.2　创建数据库

　　用 Access 2010 新建某个数据库时,会建立一个扩展名为 .accdb 的数据库文件。然后,在该数据库文件中创建的数据库对象都存放在其中。一个数据库可以包含多个表对象,及其表间关系。在建立了表对象之后,其他对象如查询、窗体、报表、宏或模块,可在表对象的基础上建立,最终形成完备的数据库应用系统。

　　当用户真正了解设计数据库的目的、规划好所需数据表的信息、确定好数据表字段及确定表之间的关系后,就可以开始创建数据库。

　　创建数据库常用的方法有两种:一是先建立一个空数据库,然后向其中添加数据表、查询、窗体等对象。另一种方法是使用模板创建 Web 数据库,通过模板创建数据库是最快捷方式,还可以利用 Internet 网上的资源,如果在 Office.com 的网站搜索到所需要模板后,只需把模板下载到本地计算机中,就可以按照自己意愿创造所需数据库形式。两种方法创建的数据库都可以在任何时候进行编辑和扩展。下面分别对这两种方法进行介绍。

2.2.1　直接创建空数据库

　　启动 Access 2010 后,直接创建空数据库的操作步骤如下:

　　1)进入 Backstage 视图。在左侧导航窗格中单击"新建"命令,接着在中间窗格中单击"空数据库"选项,如图 2-8 所示。

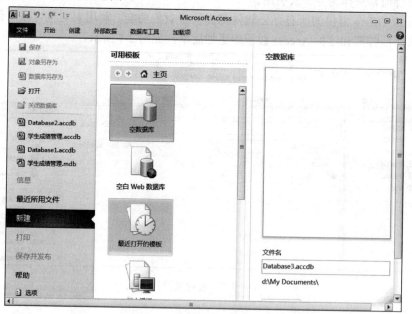

图 2-8　"新建文件"任务窗格

　　2)在右侧窗格中的"文件名"文本框中输入新建文件的名称,如图 2-9 所示。

　　3)在"文件名"文本框中输入要保存的数据库文件名,如输入"学生信息 .accdb"。

　　4)单击"文件名"文本框右侧文件夹选项图标 📂 ,可选择数据库的保存位置。

　　5)单击"创建"按钮,出现如图 2-10 所示的"数据库窗口",在磁盘指定位置创建了一个空数据库。至此,直接创建空数据库操作完毕。

图 2-9　创建数据库窗口

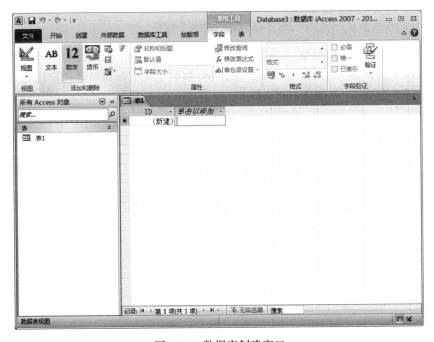

图 2-10　数据库创建窗口

2.2.2　利用模板创建 Web 数据库

启动 Access 2010，在利用模板创建 Web 数据库提示中，Access 2010 本身自带了一些基本的数据库模板。利用这些模板可以方便、快捷地创建数据库文件，Access 2010 自带模板中包括数据表、查询、窗体和报表，但数据库表中不包含任何数据。一般情况下，在使用模板创建 Web 数据库之前，应先从"样本模板"中找出与用户所建数据库匹配的模板形式。如果所选的数据库模板不匹配要求,可以在建立之后再进行调整。

下面介绍如何利用 Access 2010 提供的模板创建 Web 数据库,操作步骤如下:

1)启动 Access 2010 后,在启动窗口中看见"可用模板"窗格,如图 2-11 所示,单击"样本模板"图标,出现 Access 2010 提供的 12 个示例模板。

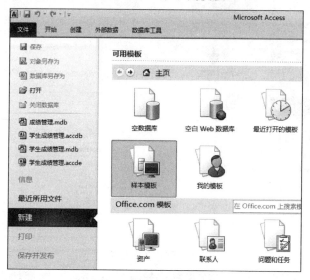

图 2-11 "可用模板"窗格

12 个示例模板分为两组类型,一组是 Web 数据库模板,另一组是传统数据库模板。Web 数据库是 Access 2010 新增功能。这一组可用 Web 数据库模板,让新老用户比较容易快速地掌握 Web 数据库的创建,如图 2-12 所示。

图 2-12 "样本模板"窗口

2)在"样本模板"窗口选择"联系人 Web 数据库",如图 2-13 所示,保存位置默认为 Windows 操作系统安装时所确定的"我的文档"中。

3)用户也可以自己指定文件名,如果要更改文件名,直接在"文件名"文本框中输入自定义的文件名即可。也可以根据需要更改数据库文件的保存路径，如果要更改数据库保存位置，只需单击"浏览"文件夹图标，在弹出的"文件新建数据库"对话框中，选择数据库的保存位置。

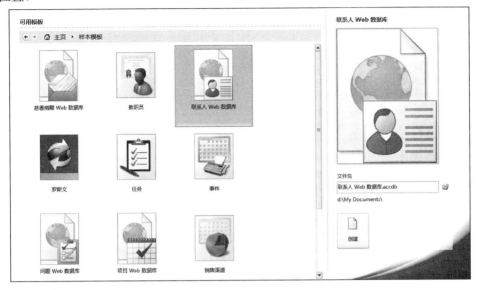

图 2-13   "联系人 Web 数据库"窗口

4）单击"创建"按钮，开始自动创建数据库。

5）数据库创建完成后，自动打开"联系人 Web 数据库"，并在标题栏中显示"联系人"，如图 2-14 所示。

图 2-14   联系人 Web 数据库

2.2.3   数据库的基本操作

数据库创建后，通常要对数据库进行基本操作，常用的数据库基本操作包括打开数据库、关闭数据库和数据库版本的转换等。

1. 打开数据库

用户对数据进行录入、编辑、查询及报表打印输出前，都要打开数据库文件。在 Access 2010 中，打开已经创建的数据库，操作步骤如下：

1）在"文件"选项卡下单击"打开"命令，如图 2-15 所示，出现"打开"对话框，如图 2-16 所示。

2）在"查找范围"的下拉列表框中选择数据库所在的驱动器或文件夹。

图 2-15 "文件"的"打开"命令

3）选中要打开的数据库文件，单击"打开"按钮，即可打开数据库。

4）单击"打开"按钮右侧下拉列表符号 📷，打开的方式也可以进行选择，共 4 种打开方式，分别为：共享方式打开数据库、只读方式打开数据库、独占方式打开数据库、独占只读方式打开数据库。

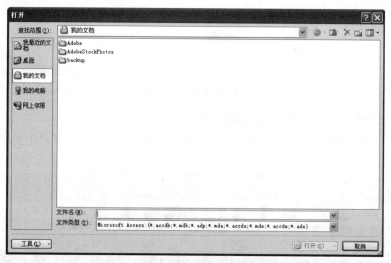

图 2-16 "打开"对话框

2. 关闭数据库

数据库操作结束后，要及时关闭数据库，谨防数据丢失。关闭数据库有下列 4 种方式：

1）单击数据库文档窗口右上角的关闭按钮 ✖ 。

2）双击数据库文档窗口左上角的控制菜单图标 🄰 。

3）单击数据库文档窗口左上角的控制菜单图标 🄰 ，在弹出的菜单中选择关闭命令。

4）单击"文件"|"关闭"命令。

注意，选择第 4 种方式代表只关闭数据库文件而不退出 Access，如果是在关闭数据库文件的同时也退出 Access，可以选择"文件"|"退出"命令，或者选择关闭数据库的前三种方式。

3. 数据库版本的转换

在 Access 2010 版本之前，已有 Access 2000、Access 2003 和 Access 2007。Access 作为 Office 组件的一部分，随着 Office 版本不断更新。这些版本的数据库文件之间互有差异，为实现版本不同的数据库文件能够共享，用户可以对数据库文件进行版本转换，形成新的 Access 数据库文件。

Access 2010 提供将数据库文件转换为低版本的工具。操作步骤如下：

1）打开所需转换数据库文件，单击"文件"选项卡，在左侧窗格中，单击"保存并发布"。

2）在右侧"数据库文件类型"窗格中，单击需要转换数据库版本，如图 2-17 所示。

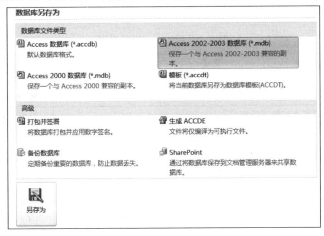

图 2-17   "数据库另存为"窗格

3）单击下面的"另存为"按钮弹出"另存为"对话框，选择转换数据库文件所要存放的本地磁盘位置。

4）单击"保存"按钮，即可完成数据库文件的转换。

2.3 创建数据表

表（table）又称为数据表，是存储数据的基本单位，是操作整个数据库工作的基础，也是所有查询、窗体、报表的数据来源。数据表设计的好坏，特别是多表之间的相互关联会影响到数据库的整体性能，它在很大程度上影响着实现数据库功能的各对象的复杂程度。下面具体介绍数据表的创建及数据表的基本操作。

2.3.1 表的构成及表结构的定义

在 Access 数据库中，数据表由表结构和表内容（记录）两部分构成。在对数据表进行操作时，设计表结构和表内容是分别进行的。

表结构是指数据表的框架，包括表名、字段名称、数据类型和字段属性。

1. 表名

表名是该表存储在磁盘上的唯一标识，也可以理解为是用户访问数据的唯一标识，其命名规则与字段的命名规则类似。

2. 字段名称

字段的命名规则如下：

1）字段名称可以长达 64 个字符，一个汉字计为一个字符。

2）字段名称可以包含汉字、字母、数字、空格和特殊字符，但不能以空格开头，也不能包含句点（.）、感叹号（!）、撇号（'）、方括号（[和]）和控制字符（ASCII 码值为 0 ～ 31 的字符）。

3）同一表中的字段名称不能相同，也不要与 Access 内置函数或者属性名称（如 Name 属性）相冲突。

3.数据类型

数据类型决定了数据的存储方式和使用方式。Access 允许 10 种不同的数据类型，如表 2-1 所示。其中包括文本、备注、数字、日期 / 时间、货币、是 / 否、OLE 对象、超链接和查阅向导等类型。

表 2-1　Access 数据类型

数据类型	用途	大小
文本	存储文本、数字或文本和数字的组合	最多为 255 个字符，默认字符个数为 50
备注	长文本或文本和数字的组合	最多为 65535 个字符
数字	用于数学计算的数值数据	1、2、4 或 8 字节
日期 / 时间	存储日期和时间数，从 100 到 9999 年的日期与时间值	8 字节
货币	货币值或用于数学计算的数值数据	8 字节
附件	任何受支持的文件类型，是 Access 2010 创建的新类型，它可以将图像、电子表格文件、文档等各种文件附加到数据库记录中	取决于附件大小
是 / 否	可以使用 YES 和 NO 值存储逻辑型数据。例如，是否团员	1 位
OLE 对象	是指对象链接与嵌入技术，在其他应用程序中创建的、可链接或嵌入 Access 数据库中的对象	最多为 1GB（受可用磁盘空间限制）
超链接	保存超链接地址。可以是某个文件的路径或 URL，如 E-mail、网页等	该数据类型的三个部分的每一部分最多只能包含 2048 个字符
查阅向导	创建字段，该字段可以使用列表框或组合框从另一个表或值列表中选择一个值	4 字节

4.字段属性

字段属性是指字段的特征，用于指定主键、字段大小、格式（即输出格式）、输入掩码（即输入格式）、默认值、有效性规则和索引等。

字段的大小决定一个字段所占用的存储空间。在 Access 2010 数据表中，文本、数字和自动编号类型的字段，可由用户根据实际需要设置大小，其他类型的字段由系统确定大小。而字段大小、格式、输入掩码、有效性规则等，将在后面的字段属性设置中详细介绍。

2.3.2　使用模板创建表

使用模板创建表是一种快速创建数据表的方式。使用 Access 2010 内置的常用数据模板建立的表，不仅包含了相关主题的字段名称，而且包含了输出窗体和多种报表，只需将数据表模板稍加修改就可以创建一个新表。Access 2010 提供若干示例模板，帮助初学者快速完成表结构的定义。

下面以创建"学生"模板为例，步骤如下：

1）启动 Access 2010 后，在启动窗口中看见"可用模板"窗格，单击"样本模板"图标，从列表中选择一个所需的模板，在右侧窗格中选择存储路径，输入数据库文件名，如图 2-18 所示。

2）若以"学生"模板创建，则该数据库的表、查询、窗体和报表等结构已经具备，自动生成"学生"表和"监护人"表，如图 2-19 所示。

3）此时，若要添加数据，则可在"姓氏"下面第一个空白单元格开始输入或粘贴数据；单击下一行时，会产生上一行的自动编号（ID 值）。如果单击"ID"下面的超链接"新建"，则弹出记录输入对话框，如图 2-20 所示。

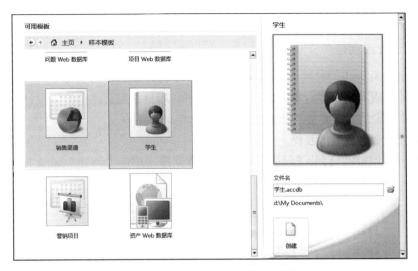

图 2-18　通过"学生"模板创建表

图 2-19　"学生"模板内容

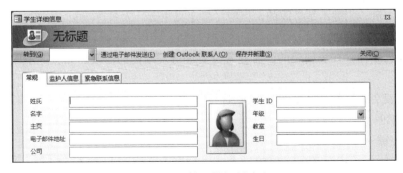

图 2-20　使用模板创建表

4）若要删除列，则可右键单击列标题，然后在弹出的快捷菜单中单击"删除"命令。若要修改"字段名称"或"数据类型"等字段属性，在导航窗格中右键单击该数据表，在弹出的快捷菜单中选择"设计视图"命令，在打开的设计视图中进行修改。

5）保存表。添加完数据表中所有字段后，单击"文件"选项卡，然后单击"保存"命令或按 Ctrl+S 快捷键，保存该数据表。

2.3.3 使用设计器创建表

表设计器也称为表设计视图，是 Access 2010 中设计数据表的主要工具，使用它既能创建新表，还能对现有的表进行修改。在表设计器下，用户按照自己的需要设计或修改表的结构，包括修改字段的数据类型、设置字段的属性和定义主键等。

1. 使用设计器创建表的步骤

1）启动设计视图。打开"学生成绩管理"数据库，单击"创建"选项卡，再单击"表格"组中的"表设计"图标 。

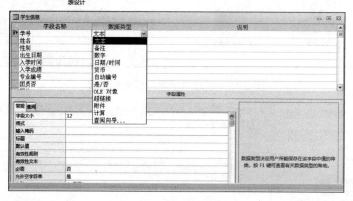

图 2-21　表的设计视图

2）定义表的各个字段。如图 2-21 所示，在设计视图中定义表的各个字段，包括字段名称、数据类型、说明。字段名称是字段的标识，必须输入；数据类型默认为"文本"型，用户可以从数据类型列表框中选择其他数据类型；说明信息是对字段含义的简单注释，用户可以不输入任何文字。

3）设置字段属性。设计视图的下方是"字段属性"栏，包含两个选项卡，其中的"常规"选项卡，用来设置字段属性，如字段大小、标题、默认值等；"查阅"选项卡显示相关窗体中该字段所用的控件。

4）定义主键。主键不是必需的，但应尽量定义主键。表只有定义了主键，才能定义该表与数据库中其他表之间的关系。

5）修改表结构。在表创建的同时经常需要进行表结构的修改，如删除字段、增加字段、删除主键等。

6）保存表文件。单击"文件"选项卡，然后单击"保存"命令或单击快速访问工具栏上的"保存"按钮。

2. 定义主键

具有唯一标识表中每条记录值的一个或多个字段称为主关键字（primary key），简称主键，主键不允许为空。如学生表常常将"学号"字段作为主键。

（1）主键的四个作用

1）提高查询和排序的速度。

2）在表中添加新记录时，Access 数据库会自动检查新记录的主键值，不允许该值与其他记录的主键值重复。

3）Access 数据库自动按主键值的顺序显示表中的记录。如果没有定义主键，则按输入记录的顺序显示表中的记录。

4）主键用来将本表与其他表中的外键相关联。

（2）主键的特点

1）数据表中只能有一个主键，如果在其他字段上建立主键，则原来的主键就会取消。虽然主键不是必需的，但应尽量定义主键。

2）主键的值不能重复，也不可为空（Null）。例如，学生表中的"学号"定义为主键，意味着学生表中不允许有两条记录（两个学生）有相同的学号值，也不允许学号值为空。因此，学生表的"姓名"字段不适宜作为主键，因为不能排除两个学生同姓名的情况存在。

（3）定义主键的步骤

在表设计视图中，选择要设置为主键的字段，单击"表设计"工具栏上的"主键"按钮，或者右击鼠标，在弹出的快捷菜单中选择"主键"命令，这时字段行左侧会出现一个钥匙状的图标，表示该字段已经被设置为主键。

如果主键是多个字段的组合，例如"学生成绩管理"数据库中的"学生选课"表，只有"学号＋课程编号"才能唯一标识表中每一条记录，因此这两个字段的组合是该表的主键。其设置主键的方法是：首先按住 Ctrl 键，再依次单击"学号"和"课程编号"字段，然后单击"表设计"工具栏上的"主键"按钮或者右击鼠标，在弹出的快捷菜单中选择"主键"命令，表设计视图下主键标识如图 2-22 所示。

例 2-1 在表的设计视图下为"学生成绩管理"数据库添加表结构，表名分别为："学生信息"、"课程"、"学生选课"、"专业"、"教师信息"、"教师任课"。具体步骤如下：

1）打开"学生成绩管理"数据库，单击"创建"选项卡，选择"表设计"，导航窗格右侧弹出"设计视图"选项。

2）在表的设计视图下，定义字段名称，选择数据类型，定义字段大小，具体的设置参照表 2-2 中的"学生信息"表结构。

3）单击"文件"选项卡，单击"保存"命令或快速访问工具栏上的"保存"按钮。为表文件取名为：学生信息，然后单击"确定"按钮。

4）学生信息表的结构创建结束。如果未定义主键，则系统会自动把"自动编号"字段作为主键。以后再打开表设计视图时，弹出如图 2-23 所示对话框。

图 2-22 多字段的主键

图 2-23 定义主键对话框

5）重复步骤 2）～ 4），依次创建"课程"、"学生选课"、"专业"、"教师信息"、"教师任课"的表结构。这些表的字段名称、数据类型和字段大小，如表 2-2 所示。

6）在表设计视图中为各表设置主键。每个表的主键字段分别是：学生信息（学号）、课程（课程编号）、学生选课（学号＋课程编号）、专业（专业编号）、教师信息（教师编号）、教师任课（教师编号＋课程编号）。

7）至此，在"学生成绩管理"数据库中创建了："学生信息"、"课程"、"学生选课"、"专业"、"教师信息"和"教师任课" 6 个表结构并定义了主键。本书主要以该"学生成绩管理"数据库及其中的数据表作为讲解示例。

表 2-2 字段名称、数据类型和字段大小

表名	字段名称	数据类型	字段大小	表名	字段名称	数据类型	字段大小
学生信息	学号	文本	12	学生选课	学号	文本	12
	姓名	文本	4		课程编号	文本	4
	专业编号	文本	2		开课时间	日期 / 时间	
	性别	文本	1		平时成绩	数字	整型
	出生日期	日期 / 时间			考试成绩	数字	整型
	入学时间	日期 / 时间		教师信息	教师编号	文本	4
	入学成绩	数字	整型		教师姓名	文本	4
	团员否	是否			性别	文本	1
	照片	OLE 对象			出生日期	日期 / 时间	
	简历	备注			所属系	文本	10
课程	课程编号	文本	4		文化程度	文本	8
	课程名称	文本	20		职称	文本	8
	学时	数字	整型		基本工资	货币	
	学分	数字	整型		通讯地址	文本	40
	课程性质	文本	8		邮政编码	文本	6
	备注	备注			电话	文本	12
专业	专业编号	文本	2		电子信箱	文本	40
	专业名称	文本	10	教师任课	教师编号	文本	4
	所属系	文本	10		课程编号	文本	4
	备注	备注					

3. 修改表结构

修改表结构可以在创建表结构的同时执行，也可以在表结构创建结束之后进行。无论是哪一种情况，修改表结构都在表的设计视图中完成。

（1）修改字段

修改字段包括修改字段名称、数据类型和字段属性等。如果要修改字段名称，双击该字段名称，会出现金色文本框，在文本框中输入新的字段名称即可；如果要修改数据类型，直接在某字段的"数据类型"栏的下拉列表框中选择新的数据类型；如果要修改字段大小等其他属性，在表设计视图下方的"字段属性"窗格中修改。

如果字段中已经存储了数据，则修改数据类型或将字段大小的值由大变小，可能会造成数据的丢失。

（2）增加字段

增加字段可以在所有字段后添加字段，也可以在某字段前插入新字段。如果是在末尾添加字段，则在末字段下面的空白行输入字段名称，选择数据类型等；如果是插入新字段，则将光标置于要插入新字段的位置上，执行"设计"选项卡 | "插入行"命令，或者右击弹出快捷菜单选中"插入行"按钮 ，在当前位置会产生一个新的空白行（原有的字段向下移动），再输入新字段信息。

（3）删除字段

将光标置于要删除字段所在行的任意单元格上，执行"设计"选项卡 | "删除行"命令，

或者右击弹出快捷菜单选中"删除行"按钮 ，可以将该字段删除。也可以将鼠标移到字段左边的行选定器上，选择一行或者按住 Shift 或 Ctrl 键选择多个相邻行，执行上述的删除操作或者按 Delete 键。

（4）移动字段

选定要移动的字段上的行选定器，释放鼠标后，再按住鼠标左键拖至合适位置，选定字段的位置便会移动。注意：不能选定字段后直接拖动鼠标，要分两步完成。

（5）删除主键

删除主键时，需要确定用该主键创建的"关系"已经删除。删除主键的方法是：选定主键字段（如果是多字段的主键，选定其中的一个字段），单击工具栏上的"主键"按钮 ，从而消除主键标志，与创建主键的方法类似。

2.3.4 表记录的输入和编辑

数据表创建完成后，紧接着在表中输入记录，随着用户使用条件及客户需求的变化，还可以对表及表的结构进行调整和修改。

1. 输入记录

输入记录的操作是在数据表视图中进行的。打开数据表视图有以下两种方法：

1）打开数据库窗口，在"导航窗格"中选择相应的"表"对象，双击要输入记录的表名。

2）打开数据库窗口，在"导航窗格"中选择相应"表"对象下要输入记录的表名，右键单击相应"表"对象，在快捷菜单中选择"打开"命令。

不同类型的字段，输入数据的方式也会不同，分别介绍如下：

（1）自动编号字段

其输入值由系统自动生成，用户不能修改。

（2）OLE 对象字段

可以插入图片、声音等对象。例如，在学生信息表中插入"照片"。具体步骤如下：

1）在"学生信息"数据表视图中，光标定位到要插入对象的单元格。例如，"学生信息"表的第一条记录的"照片"字段值的空白处。

2）单击鼠标右键，在弹出的快捷菜单中选择"插入对象"命令，出现插入 OLE 对象的对话框，如图 2-24 所示。

3）如果选择"新建"选项，则从"对象类型"列表框中选择要创建的对象类型，Access 数据库宜用"位图图像"，打开画图程序绘制图形，完成图形后，关闭画图程序，返回数据表视图。如果选择"由文件创建"选项，则在"文件"框中输入或者单击"浏览"按钮确定照片所在的位置。

4）单击"确定"按钮，回到数据表视图。第一条记录的"照片"字段值处显示为"位图图像"字样（如图 2-25 所示），表示插入了一个 BMP 格式的位图图像对象。如果插入一张扩展名为 .JPG 格式的图像，显示的将是"包"字样。注意：在 Access 数据库创建的窗体中，只能显示"位图图像"。

OLE 对象字段的实际内容并不直接在数据表视图中显示。若要查看，则双击字段值处，会打开与该对象相关联的应用程序，显示插入对象的实际内容。若要删除，则单击字段值处，执行选项卡"开始"|"记录"组|"删除"按钮。

图 2-24　插入 OLE 对象的对话框　　　　　　图 2-25　学生信息表插入 OLE 对象

（3）超链接字段

可以直接在超链接类型的字段值处输入地址或路径，也单击鼠标右键，在弹出快捷菜单中选择"超链接"|"编辑超链接"，打开"插入超链接"对话框，输入地址或路径。此时，地址或路径的文字下方会显示表示链接的下划线。当鼠标移入时变为手形指针样式，单击此链接可打开它指向的对象。

（4）其他类型的字段

其他类型的字段可以直接在表设计视图中输入数据。

2. 记录选定器和字段选定器

在数据表视图中，为方便用户选定待编辑的数据，系统提供了记录选定器和字段选定器。记录选定器是位于数据表中记录左侧的小框，其操作类似于行选定器。字段选定器则是数据表的列标题，其操作类似于列选定器。如果要选择一条记录，单击该记录的记录选定器。如果要选择多条记录，在开始行的记录选定器上按住鼠标左键，拖至最后一条记录即可。字段选定器是以字段为单位做选择，操作也很直观。

记录选定器用状态符指示记录的状态，常见的状态符号有以下 3 种：

1）当前记录指示符 ▇▇：记录选定器出现金黄色。数据表在每个时刻只能对一条记录进行操作，该记录称为当前记录。当显示该指示符时，以前编辑的记录数据已保存，所指记录尚未开始编辑。

2）正在编辑指示符 ✎：表示该记录正在编辑。一旦离开该记录，所做的更改立即保存，该指示符也同时消失。

3）新记录指示符 ✳：在其指示的空记录行可输入新记录的数据。

3. 定位记录

如果表中存储了大量的记录，使用数据表视图窗口底部的记录导航按钮，如图 2-26 所示，可以快速定位记录。

4. 添加记录

在数据表视图中，表的末端有一条空白的记录，可以从这里开始增加新记录。或者，执行选项卡"开始"|"记录"组|"新建"命令，插入点（光标）即跳至末端空白记录的第一个字段，等待用户的输入。

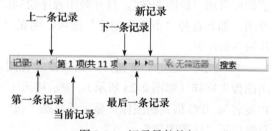

图 2-26　记录导航按钮

5. 修改记录

数据表中自动编号类型的数据不能更改。OLE 对象类型的数据可以删除或重新选择一个新的 OLE 对象。其他类型的数据都可以修改，直接用鼠标单击（或按 Tab 键移到）要修改的字段，对表中的数据进行修改。当光标从上一条记录移到下一条记录时，系统自动保存对上一条记录所做的修改。

6. 删除记录

选择要删除的记录，按 Delete 键或执行选项卡“开始”|“记录”组|“删除”命令，可以实现删除所选记录。

如果选择一条记录，单击其记录选定器，整条记录呈反白状态，表示该记录被选择。如果要选择多条记录，则按“Shift+ ↓”快捷键；或者将鼠标移到最后一条记录再同时按下鼠标左键和 Shift 键，被选择区字段呈反白色，再做删除记录的操作。删除时系统会弹出消息框，提示用户删除后的记录不能再恢复，是否确认要删除。用户可以根据实际情况做出响应。

例 2-2 对例 2-1 中创建的各个数据表依次输入记录，表中记录如图 2-27 ～图 2-32 所示。

学生信息

学号	姓名	性	出生	入学时		专业编号	团员	照片	简	单击以添加
2012040041	宇文拓	男	-2 -14	012-9-1	02	12	☐	位图图像		
2012040041	陈靖仇	男	-5 -1	012-9-1	02	11	☑	包		
2012040041	郭小白	女	-5 -1	012-9-1	02	12	☐	包		
2012040041	司徒钎	男	-5 -1	012-9-1	02	42	☑			
2012040041	于小雪	女	-11-2	012-9-1	02	01	☐			
2012040041	张烈	男	-3 -23	012-9-1	02	04	☐			
2012040041	燕惜若	女	-5 -29	012-9-1	02	01	☐			
2012040041	杨恒	男	-6 -30	012-9-1	02	03	☑			
2012040041	宇文枫	男	-11-11	012-9-1	02	04	☑			
2012040041	苏星河	男	-4 -1	012-9-1	02	12	☑			
2012040041	周芷若	女	-7 -1	012-9-1	02	11	☐			
2012040041	袁紫衣	女	-4 -13	012-9-1	02	12	☑			
2012040041	林仙儿	女	-1 -30	012-9-1	02	01	☐			
2012040041	程灵素	女	-6 -15	012-9-1	02	12	☑			
2013040041	黄小仙	女	-5 -1	013-9-1	02	01	☑			
2013040041	李雨轩	男	-7 -1	013-9-1	02	03	☑			
2013040041	陈辅	男	-3 -16	013-9-1	02	11	☑			
2013040041	谢婉莹	女	-4 -22	013-9-1	02	12	☐			
2013040041	王语嫣	女	-9 -10	013-9-1	02	01	☑			
2013040041	李沉舟	男	-2 -22	013-9-1	02	04	☑			

记录: 第 4 项(共 20 项 无筛选器 搜索

图 2-27 “学生信息”数据表

课程

课程编	课程名称	学	学	课程性质	备	单击以添加
cs01	计算机原理	48	3	必修课		
cs02	网页设计	48	3	指定选修课		
kc01	C语言程序设计	48	3	选修课		
kc02	Access 数据库应用:	32	2	选修课		
kc03	多媒体计算机技术	32	2	选修课		
*		0	0			

图 2-28 “课程”数据表

教师任课

教师编号	课程编号
js01	kc01
js01	kc02
js01	kc03
js02	kc01
js02	kc03
js03	kc02
js03	kc03
js04	cs01
js04	cs02
js05	cs01
js05	kc02

图 2-29 “教师任课”数据表

学生选课

学号	课程编	开课时	平时成	考试成
2012040041	kc02	)13-2-23	90	86
2012040041	kc02	)13-2-23	60	50
2012040041	kc02	)13-2-20	85	90
2012040041	kc02	)13-2-23	95	91
2012040041	kc03	)13-2-23	90	85
2012040041	cs02	)12-10-8	75	70
2012040041	cs01	)13-2-20	90	90
2012040041	kc01	)13-2-20	85	80
2012040041	kc02	)13-2-20	80	80
2012040041	kc02	)13-2-20	60	60
2012040041	kc03	)12-10-8	50	50
2012040041	kc02	)12-10-8	90	90
2012040041	kc03	)13-2-20	60	70
2013040041	cs02	)13-10-8	80	75
2013040041	cs01	)13-10-8	80	78
2013040041	kc02	)13-10-8	85	80
2013040041	cs02	)13-10-8	80	60

图 2-30 “学生选课”数据表

专业

专业编	专业名称	所属系	备
01	播音与主持	传媒	专科
03	计算机应用	计算机	本科
04	电子信息工程	电信	本科
11	法学	法学	本科
12	金融	经管	本科
42	计算机科学与技	计算机	本科

图 2-31 “专业”数据表

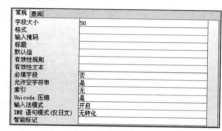

教师信息												
教师编号	教师姓名	性	出生日	所属	文…	职称	基本工资	通讯地	邮政	电话	电子信箱	单击以添加
1s01	陈利民	男	1970-5-9	计算机	博士	教授	￥4,197.00	武汉大学	430072	027-87675	lmchen@26…	
1s02	王慧敏	女	1960-11-11	计算机	本科	副教授	￥3,008.00	武昌民主	430073	027-87878	hmwang@16…	
1s03	刘江	男	1974-9-8	计算机	硕士	讲师	￥3,297.35	武汉大学	430072			
1s04	张建中	男	1972-6-25	申信	博士	副教授	￥4,055.00	中山大学	430030	027-83457	jzzzhang@2…	
1s05	吴秀芝	女	1975-10-1	申信	硕士	讲师	￥3,207.80	武汉大学	430072	027-87883	xzwu@263.…	
1s06	余泰昭	女	1980-5-18	申信	博士	助教	￥3,550.85	友谊大道	430062			

图 2-32 "教师信息" 数据表

2.3.5 字段的属性设置

在明确表结构以及对数据表定义字段后，可在表设计视图下方看见字段属性的设置区域，它用于定义字段数据如何存放或者显示。在设计视图中单击任何字段，该字段的字段属性即显示在下半部分。根据字段的数据类型不同，属性的定义也有所不同。例如，文本数据类型的字段具有字段大小属性，它控制着字段所能输入的字符长度。对于许多类型的字段还可输入验证规则，使接收到表中的数据必须满足此条件。

总之，字段的属性一般包括字段大小、格式、标题、有效性规则、输入掩码等，如图 2-33 所示。下面对这些属性一一进行介绍。

1. 字段大小

字段大小属性用于文本类型、数字类型或者自动编号类型。字段数据类型为文本，字段大小属性可设置为 0 ～ 255 之间的数字，默认值为 50。字段数据类型为自动编号，字段大小属性可设置为长整型和同步复制 ID。字段数据类型为数字，字段大小属性的设置如表 2-3 所示。

图 2-33 "字段属性" 窗口

表 2-3 字段大小属性设置

设置	数值范围	小数位数	占用字节数
字节	0 ～ 255	0	1
整型	$-32768 \sim 32767$	0	2
长整型	$-2147483648 \sim 2147483647$	0	4
单精度	$-3.4 \times 10^{38} \sim 3.4 \times 10^{38}$	7	4
双精度	$-1.8 \times 10^{308} \sim 1.8 \times 10^{308}$	15	8
同步复制 ID	全局唯一标识符	0	16

2. 格式

格式属性用于自定义数字、日期、时间和文本等类型字段的输出方式。它只影响数据的输出方式，不影响数据的保存方式。格式属性分为标准格式与自定义格式两种。例如，"日期 / 时间" 型字段的格式属性包含 "常规日期"、"长日期" 等选项。这些是 Access 2010 提供的标准格式。

但是标准格式并不总能满足需要。例如，"是 / 否" 型字段，不管使用何种标准格式，都不能显示汉字 "是"、"否"。除了 OLE 对象以外，其余的数据类型都可以自定义格式。不同数据类型的字段有不同的格式属性。下面介绍几种常用类型的格式属性。

1）日期 / 时间型字段：Access 2010 允许用户自定义日期 / 时间型字段的格式。自定义格式可由两部分组成，它们之间用分号分隔，第一部分用来说明日期、时间的格式，第二部分用来说明当日期 / 时间为空（Null）时的显示格式。例如，"教师信息" 表的 "出生日期" 字段设置格式属性：yyyy/mm/dd，则表中该字段值显示为如"1970/05/09"的样式。

2）数字和货币型字段：数字和货币数据类型的自定义格式如表2-4所示。

表2-4　数字和货币数据类型的自定义格式

格式字符	作用
.	小数分隔符
,	千位分隔符
0	数字占位符。显示一个数字或0
#	数字占位符。显示一个数字或不显示
$	显示原义字符 $
%	百分比。数字将乘以100，并附加一个百分比符号
E- 或 e-	科学记数法，如0.00E-00
E+ 或 e+	科学记数法，如0.00E+00

其自定义格式字符最多含有4部分，分别是：正数的格式、负数的格式、零值的格式、Null值的格式。例如，自定义格式：+0.0；-0.0；0.0，表示在正数前显示正号（+），负数前显示负号（-），零值显示0.0。

例2-3　设置"教师信息"表的"基本工资"字段的自定义格式为"￥#, ##0.00；（￥#, ##0.00）"。表示基本工资以人民币符号￥开头，负数显示在括号中。如果输入数据1234.5，则显示为"￥1,234.50"；如果输入 -123，则显示为"（￥123.00）"。

3）文本或备注类型：文本或备注数据类型的自定义格式如表2-5所示。

表2-5　文本和备注型字段的自定义格式

格式字符	作用
@	显示任意文本字符（不足规定长度，自动在数据前补空格，右对齐）
&	不要求文本字符（不足规定长度，自动在数据后补空格，左对齐）
<	使所有字母变为小写显示
>	使所有字母变为大写显示

其格式字符串最多含有两部分，中间用分号作为分隔符。第一部分作用于字段值为非空的字符串，第二部分表示空字符串字段值的显示内容。

例2-4　已知"教师信息"表的"电话"字段为文本型，字段大小为12。如果在"电话"字段的格式属性框中输入12个"@"，即"@@@@@@@@@@@@"，当输入内线电话"59100"时，则表中在该数字前显示为7个空格，所有记录的电话值右对齐，即"　　　　　　　59100"。

4）是/否型数据类型。是/否型字段的"字段属性"窗格下的"查阅"选项卡中，其"显示控件"属性包含复选框、文本框或组合框三个选项。"复选框"是该字段的默认控件。"学生信息"表中的"团员否"字段之所以用复选框来表示逻辑值，就是因为该字段使用了默认选项。

当是/否型字段选用文本框或组合框时，具有标准格式和自定义格式。其标准格式的"格式"属性框的列表中包含"真/假"、"是/否"、"开/关"三个选项，分别表示逻辑值True/False、Yes/No、On/Off。其中，True、Yes和On等效，表示逻辑真；False、No和Off等效，表示逻辑假。自定义格式含三部分，第一部分仅用一个分号作为占位符；第二部分是逻辑真的显示文本。第三部分则是逻辑假的显示文本。

例 2-5 对"学生信息"表中的"团员否"字段，在其"字段属性"窗格下的"查阅"选项卡中，选择"显示控件"属性为"文本框"，切换到"常规"选项卡，在"格式"属性中输入"；是；否"，回车，格式属性自动转换为";\ 是 ;\ 否"。保存并打开数据表视图，"学生信息"表的"团员否"字段显示值为"是"和"否"。

3. 标题

字段的标题可以用于数据表视图、窗体、报表等界面中各列的名称。标题属性最多设置为 255 个字符。如没有为字段设置标题属性，则 Access 2010 会使用该字段名代替。例如，可以将"学生信息"表的"学号"字段的标题属性设置为"学生证编号"，则数据表视图中"学号"列的标题就显示为"学生证编号"。注意，标题仅改变列的栏目名称，不会改变字段名称。在窗体、报表等处引用该字段时仍应使用字段名。

4. 有效性规则和有效性文本

有效性规则和有效性文本用于指定字段或控件对输入数据的要求；当输入数据不符合输入规则时显示提示信息，或者使光标继续停留在该字段，直到输入正确的数据为止。

有效性规则的建立有如下两种途径：

1）直接输入有效性规则。利用直接输入的方式设置有效性规则。

例 2-6 学生信息表的"性别"字段定义"有效性规则"和"有效性文本"，如图 2-34 所示。

如果用户在输入某学生记录时，错误地将性别字段值输入为"难"，则会显示违反有效性规则的提示信息，如图 2-35 所示。这个信息是在"有效性文本"属性框中输入的文本。

图 2-34 性别字段的"有效性规则"和"有效性文本"   图 2-35 违反有效性规则时的提示信息

2）利用表达式生成器建立有效性规则，步骤如下：

①在表设计视图中选择要设置的字段，在"字段属性"窗口单击该字段的"有效性规则"属性框。

②单击"有效性规则"属性框右边的 按钮。弹出"表达式生成器"对话框。

③表达式生成器主要由三部分组成：表达式框、运算符按钮和表达式元素。

单击某一个运算符按钮，可在表达式框的插入点位置插入相应运算符号，还可以选择表达式元素插入到表达式框中，组成如计算、筛选记录的表达式。

5. 默认值

为一个字段定义默认值后，在添加新记录时，Access 2010 自动为该字段填入默认值，从而简化输入操作。默认值的类型应该与该字段的数据类型一致。

6. 输入掩码

"输入掩码"属性可以设置该字段输入数据时的格式。并不是所有的数据字段类型都有"输入掩码"属性，Access 2010 中只有文本、数字、货币和日期 / 时间 4 种数据类型拥有该属性，并只为文本和日期/时间型字段提供输入掩码向导。"输入掩码"属性由三部分组成，各部分用分号分隔。第一部分用来定义数据的格式，格式字符如表2-6所示。

表2-6 输入掩码属性

格式字符	作用
0	必须在该位置输入数字（0～9，不允许输 + 或 –）
9	只允许输入数字及空格（可选，不允许输 + 或 –）
#	只允许输入数字、+、– 或空格。但在保存数据时，空格被删除
L	必须在该位置输入字母
A	必须在该位置输入字母或数字
&	必须在该位置输入字符或空格
?	只允许输入字母
a	只允许输入字母或数字
C	只允许输入字母或空格
!	字符从右向左填充
<	转化为小写字母
>	转化为大写字母
.	小数分隔符
,	千位分隔符
:/	日期时间分隔符
\	显示其后面所跟随的那个字符
"文本"	显示双引号包括的文本

第二部分设定数据的存放方式。如果等于0，则按显示的格式进行存放。如果等于1，则只存放数据。第三部分定义一个用来标明输入位置的符号，默认情况下使用下划线。

例2-7 设置"学生信息"表中的"出生日期"字段的"输入掩码"属性。操作步骤如下：

1）打开"学生信息"表的设计视图。

2）单击"出生日期"字段名称，这时下方"字段属性"窗口显示出该字段的所有属性。

3）在"输入掩码"属性框中单击鼠标左键，这时该框右侧出现一个"生成器"按钮 […]。单击该按钮，出现"输入掩码向导"对话框之一，如图2-36所示。

4）在该对话框的"输入掩码"列表中选择"短日期"选项，单击"下一步"按钮。

5）出现如图2-37所示对话框。确定输入的掩码方式和分隔符。这里选择默认的设置，单击"下一步"按钮。

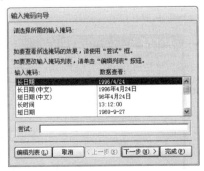

图2-36 "输入掩码向导"对话框

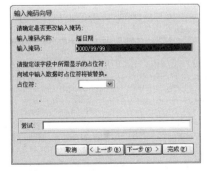

图2-37 "输入掩码向导"对话框之二

6）在弹出的最后一个向导对话框中单击"完成"按钮。在表设计视图中，"出生日期"字段的"输入掩码"属性为："0000/99/99;0;_"。这里"9"意味着只能输入一个数，但不是必须输入；"0"意味着只能输入一个数，而且必须输入；"/"符号作为分隔符直接跳过。

7）保存设计。打开学生信息表，看到的记录如图 2-38 所示。这样，当输入出生日期字段值时，用户可按照输入掩码提供的样式输入数据，保证了格式的一致性，也可以避免发生输入错误。

图 2-38 设置输入掩码结果

如果为某字段定义了输入掩码，同时又设置了它的格式属性。那么，在数据显示时格式属性优先于输入掩码。这意味着，即使保存了输入掩码，但数据按格式显示，会忽略输入掩码。格式和输入掩码定义了数据的显示方式，表中的数据本身并没有更改。

2.4 表的基本操作

在 Access 2010 中创建数据库及数据表后，可能由于种种原因，表结构或表内容不能满足实际需要，这样表的基本操作显得格外重要。在表的基本操作中，包括更改表的显示样式，对整表进行复制、删除和重命名等，以及通过数据的导入和导出与其他应用程序共享数据。

2.4.1 表的外观设置

创建完数据表后，也许会发现数据表虽然能够完成一些基本功能，但是又显得呆板或无变化。那么，我们可以替它"美容"。

在数据表视图中，利用"开始"选项卡中的有关命令，可以改变数据表的显示方式和外观，包括字体的格式、数据表的格式、行高、列宽、隐藏列和冻结列等。

1. 改变数据表文本的字体及颜色

在数据表视图中，单击"开始"选项卡 l "文本格式"组中的按钮，可调整数据表字体设置。对数据表进行诸如字体、字号、颜色等方面的设置，如图 2-39 所示。

2. 改变数据表格式

在数据表视图中，单击"开始"选项卡 l "文本格式"组右下角箭头图标 ，即弹出"设置数据表格式"对话框，如图 2-40 所示。

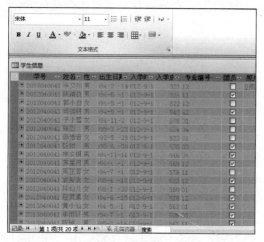

图 2-39 字体设置

图 2-40 "设置数据表格式"对话框

可在"设置数据表格式"对话框中进行如下操作：

1）单元格的效果设置是否为平面、凸起或凹陷。

2）网格线显示方式设置是否为水平或垂直。

3）设置数据表的背景颜色。

4）改变网格线颜色。

5）设置边框和线条样式。例如，设置数据表中的"水平网格线"边框为"点划线"样式。

3. 调整行高和列宽

在数据表视图中，右键单击数据表中某一条记录左端的记录选定器（方块），选择快捷菜单中的"行高"命令，如图 2-41 所示，在打开的"行高"对话框中输入行高数值；或者将鼠标移到记录选定器行与行之间的分割线上，当鼠标指针变为分割形状时，按住鼠标上下拖动至合适高度为止。这时，所有行的行高均匀地调整为指定的高度。用类似方法设置数据表的列宽。

图 2-41 "行高"命令

4. 隐藏 / 取消隐藏字段

对于宽度较大的数据表，若查看超出显示范围的字段，可以将暂时不必查看的字段隐藏起来。例如，选中"学生信息"表中的"出生日期"一列，单击右键，在快捷菜单中单击"隐藏字段"命令。于是，"出生日期"一列不显示，其余列正常显示。

若要恢复显示隐藏的列，则选中任意列，单击右键执行快捷菜单的"取消隐藏字段"命令，出现"取消隐藏列"对话框，单击未被选定的复选框，可取消隐藏的列。

"取消隐藏列"对话框也可用来隐藏指定的列，而且对于隐藏多个不相邻的列尤为方便，只要将这些复选框变为"未选定"即可。

5. 冻结和取消冻结所有字段

对于宽度较大的数据表，若要查看超出显示范围的字段，但又不希望隐藏某些字段，可以使用冻结字段命令，将表中的重要几列冻结起来。这时，使用窗口水平滚动，其他列都滚动，只有冻结的列总是固定显示在窗口的最左边。

例如，选择学生信息表的最左边两列字段："学号"和"姓名"列，单击右键执行快捷菜单的"冻结字段"命令；再选择"性别"列，单击右键执行快捷菜单的"冻结字段"命令。这时，表中最左边的三列依次是"学号"、"姓名"和"性别"。当用水平滚动条显示表中右边的字段时，冻结的三个字段不滚动。这样可以很方便查看"学生信息"表中所要查找的内容。

当然，冻结列以后，也可单击右键执行快捷菜单的"取消冻结所有字段"命令，解除冻结。不管冻结了多少列，都一起解除。在解除冻结之后，这些列不会自动移回原位，需要手工移动列。

6. 移动列

列位置在数据表中的变化，不影响表结构中的字段位置。移动列的方法是：选定要移动的一列或多列，释放鼠标后，再按住鼠标左键拖至合适的位置，选定列的位置便会移动。要注意的是，不能选定列后直接拖动鼠标，要分两步来完成。

2.4.2 表的复制、删除和重命名

1. 表的复制

表的复制操作可以在数据库窗口完成。既可在同一个数据库中复制表，也可以在不同数

据库之间进行复制。

（1）不同数据库文件之间复制表

操作步骤如下：

1）在第一个数据库窗口中单击"表"对象，选中准备复制的数据表，执行"开始"选项卡 | "剪贴板"组 | "复制"命令。

2）关闭第一个数据库，打开第二个要接收表的数据库，执行"开始"选项卡 | "剪贴板"组 | "粘贴"命令，弹出"粘贴表方式"对话框，如图 2-42 所示。

3）在"表名称"输入框中输入表名，在"粘贴选项"中选择一种粘贴方式。"只粘贴结构"即只复制表的结构，不包括表记录；"结构和数据"指同时复制表结构和表记录，

图 2-42 "粘贴表方式"对话框

即新表是原表的一个完整的副本；"将数据追加到已有的表"表示将选定表中的所有记录，添加到另一个表的最后。要求在"表名称"框中输入的表确实存在，且它的表结构与选定表的结构必须相同。

4）单击"确定"按钮，表从一个数据库复制到另一个数据库的操作结束。

（2）在同一个数据库中复制表

在同一个数据库中复制表最简单的方法是"Ctrl+ 左拖"。例如，在"表"对象下，选择学生信息表，按住 Ctrl 键并单击鼠标左键拖动，结果产生一个新表，名为"学生的副本"。当然，也可以执行"复制"和"粘贴"命令，出现"粘贴表方式"对话框，做选择后完成同一个数据库中表的复制。

2. 表的删除

打开数据库窗口，在导航窗格中单击"表"对象，选中要删除的数据表，然后按 Delete 键，弹出"是 / 否删除数据表"对话框；或者右击要删除的数据表，从快捷菜单中选择"删除"命令。

3. 表的重命名

打开数据库窗口，在导航窗格中单击"表"对象，单击鼠标右键选中重命名的数据表，从快捷菜单中选择"重命名"命令，输入新的表名，确定即可。

2.4.3 数据的导入与导出

在 Access 2010 使用过程中，有时数据源为 Excel（电子表格）形式存在，需要进行导入到数据库中进行操作。针对这样交互性工作，Access 2010 提供了导入表的功能，即直接将外部的表（其他 Access 表或其他文件表）导入到当前数据库中，实现与其他程序之间的数据共享。

1. 数据的导入

数据的导入是指将其他程序产生的表格形式的数据复制到 Access 数据库中，成为一个 Access 数据表。

例 2-8 在"学生成绩管理"数据库中建立"教师信息"表。"教师信息"表中的字段有：教师编号、姓名、性别、出生日期、所属系、文化程度、职称、基本工资、通讯地址、邮政编码、电话和电子信箱。操作步骤如下：

1）打开"学生成绩管理"数据库，在功能区选中"外部数据"选项卡，在"导入并链接"组中，单击"Excel"图标按钮，如图 2-43 所示。

2）弹出"获取外部数据"对话框，单击"浏览"按钮。

3）弹出"打开"对话框，在"查找范围"定位外部文件所在文件夹，选中导入数据源文件"教师信息 .xlsx"，单击"打开"命令按钮。

4）返回"获取外部数据"对话框，单击"确定"命令按钮。

图 2-43 "导入并链接"组

5）在"导入数据表向导"对话框中，直接单击"下一步"命令按钮，如图 2-44 所示。

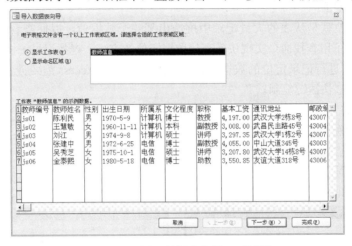

图 2-44 "导入数据表向导"对话框

6）在"请确定指定第一行是否包含列标题"对话框中，选中"第一行包含列标题"复选框，然后单击"下一步"命令按钮。

7）在"指定导入每一个字段信息"对话框中，指定"教师编号"的数据类型为"文本"，索引项为"无"。然后依次选择其他字段，单击"下一步"命令按钮。

8）在"定义主键对话框"中，选中"我自己选择主键"，Access 自动选定"教师编号"，然后单击"下一步"命令按钮。

9）在"指定表的名称"对话框中，在"导入到表"文本框中输入"教师信息"，单击"完成"命令按钮，到此完成使用导入方法创建数据表。

从"导入"对话框的"文件类型"列表框中可以看出，导入 Access 数据库的文件类型可以是：Access 文件（另一个 Access 数据库中的表）、文本文件（带分隔符或定长格式的文本文件）、.XLS 文件（Excel 工作表）和 ODBC 数据库文件等。

2. 数据的导出

数据的导出是将 Access 数据表中的数据输出到其他格式的文件中。譬如导出到另一个 Access 数据库、Microsoft Excel、文本文件等。导出数据操作步骤如下：

1）在 Access 中打开要导出数据的表，在功能区选中"外部数据"选项卡，在"导出"组中，单击所需要导出格式文件类型的图标按钮。

2）出现一个"导出"对话框，类似于"导入"对话框。

3）单击"浏览"命令按钮，选择保存文件的位置并输入文件名。

4）单击"导出"按钮，即可完成导出操作。

2.5   表的高级操作

在用户创建数据库和表以后，都需要在使用过程中对它们进行必要的修改，如记录定位、记录排序、记录筛选等。所有这些操作都在数据表视图下完成。

2.5.1   记录定位

在 Access 2010 中，记录定位分为查找数据定位和替换数据定位，下面对这两种方式分别进行介绍。

1. 查找数据定位

查找数据定位就是从表的大量记录中挑选出某一个数据值，以便查看或进行专门编辑。Access 2010 提供了用查找命令实现快速查找数据定位的方法。查找记录的操作步骤如下：

1）打开需要进行记录定位的数据表视图，光标移动到 Access 需要搜索的字段，选中该字段，按下 Ctrl+C 快捷键复制。

2）单击"开始"选项卡，在"查找"组中单击"查找"按钮 ，或在键盘上按下 Ctrl+H 快捷键，弹出"查找和替换"对话框，如图 2-45 所示。其中对话框功能如下：

① "查找内容"：键入所要查找的数据值。

② "查找范围"只有两个选项，即所要查找字段名和所要查找数据的表名，也即焦点所在字段的字段名和表名。如图 2-46 所示。

图 2-45　"查找和替换"对话框　　　　图 2-46　"查找范围"下拉菜单选项

③ "匹配"：包括字段任何部分、整个字段和字段开头三项可供选择。如查找"王"姓记录，应选择"字段开头"选项。

④ "搜索"：有向上、向下和全部三项可供选择，用于设置搜索方式。

⑤ "区分大小写"：当查找内容是英文字符时，设置查找对象是否区分字母大小写。

⑥ "按格式搜索字段"：按格式搜索字段仅按该字段类型中设置的格式搜索。否则，按该字段类型的所有格式搜索。

⑦ "查找下一个"：开始查找或继续查找。

3）在"查找内容"文本框中按 Ctrl+V 快捷键，粘贴所要查找的正文字段。

4）根据搜索条件，可以在数据表中找到多个匹配的记录。要查找下一个匹配记录，则单击"查找下一个"按钮。如果有，则会显示出来。

5）Access 搜索完数据表所有记录，如果未能找到另一个匹配的记录，它会弹出已完成搜索记录的消息，单击"取消"按钮，关闭"查找和替换"对话框。

用户在指定查找内容时，希望在只知道部分内容的情况下对数据表进行查找，或者按照一定特定的要求来查找记录。如果出现这种情况，可以使用通配符作为其他字符的占位符。在"查找和替换"对话框中，可以使用表 2-7 所示的通配符。

表 2-7　通配符及用法

字符	用法	示例
*	通配任何个数的字符，它可以在字符串中当做第一个或最后一个字符使用	a* 可以找到 ab、ac、abc、apple
?	通配任何单个字符或汉字	b?t 可以找到 bet、bat，但不能找到 beat
[]	通配方括号内任何单个字符或汉字	b[ae]t 可以找到 bat、bet
!	通配任何不在括号之内的字符或汉字	b[!ae]t 可以找到 bit、but，但不能找到 bat、bet
-	通配指定范围内的任何一个字符，必须以递增排序来指定区域（A～Z）	b[a-c]d 可以找到 bad、bbd、bcd，但不能找到 bed
#	通配任何单个数字字符	5#5 可以找到 505、515、525 等

Access 表中，可能存在尚未存储数据的字段。如果某条记录的某个字段尚未存储数据，称该字段值为空值。需要查找含有空值的记录时，在"查找和替换"对话框的"查找内容"框中输入"Null"值。

2. 替换数据定位

当需要批量修改表的内容时，可以使用替换功能，加快修改速度。替换数据的操作步骤具体如下：

1）打开需要进行替换功能的数据表视图，光标移动到 Access 需要搜索的字段，选中该字段，按下 Ctrl+C 快捷键复制。

2）单击"开始"选项卡，在"查找"组单击"替换"按钮，或在键盘上按下 Ctrl+H 快捷键，弹出"查找和替换"对话框，鼠标单击"替换"选项卡，如图 2-47 所示。

3）在"查找内容"下拉列表框中按 Ctrl+V 快捷键，粘贴所要查找的正文字段。

图 2-47　"查找和替换"对话框

4）在"替换为"下拉列表框中输入要替换的值。

5）单击"全部替换"按钮，弹出确认对话框，单击"是"按钮，则全部替换，单击"否"按钮则撤销全部替换操作。

2.5.2　记录排序

在 Access 中记录排序是根据数据表中一个或多个字段的值，对数据表中所有记录进行重新排列。排序时，可按升序，也可按降序。如果表定义了主键，则表中的记录会自动按主键值进行升序排列。

1. 一个或多个相邻字段按同样方式排序

对基于一个或多个相邻字段的数据排序，先选择要排序的一个或多个相邻字段所在列，单击"开始"选项卡，在"排序和筛选"组单击"升序"/"降序"命令，如图 2-48 所示。

或者在选中要排序的一个或多个相邻字段所在列单击鼠标右键，选择"升序"按钮 ↓ /"降序"按钮 ↓ 。

对多个相邻字段排序时，每个字段按照同样的方式（升序或降序）排列，并且从左到右依次为主要排序字段、次要排序字段等。

2. 多个字段（相邻或不相邻）按不同方式排序

对多个相邻的字段或多个不相邻的字段，可以采用不同的方式（升序或降序）排列。

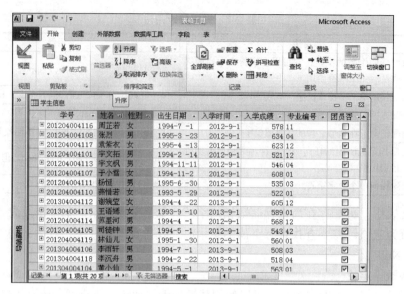

图 2-48 "排序和筛选"组

例 2-9 对"学生信息"表，先按照"姓名"升序排列。当姓名相同时，再按"性别"降序排列。操作步骤如下：

1）打开"学生信息"表，切换至数据表视图。

2）单击"开始"选项卡，在"排序和筛选"组单击"高级"命令，打开设置排序字段的窗口，如图 2-49 所示。

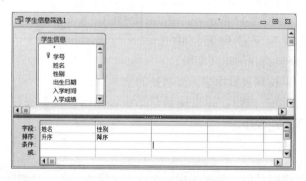

图 2-49 设置"高级"窗口

3）从窗口下方"字段"行第一列的下拉列表中选择"姓名"字段，"排序"行第一列的下拉列表中选择"升序"；"字段"行第二列的下拉列表中选择"性别"字段，"排序"行第二列的下拉列表中选择"降序"。若要取消某个排序字段，将鼠标移到该列上方，鼠标指针变为向下箭头的形状时，单击该列，然后按 Delete 键，或者单击"开始"选项卡，在"记录"组单击"删除"命令。

4）单击"开始"选项卡，在"排序和筛选"组单击"筛选器"命令按钮 ▼，则数据表按指定的要求显示新的排序结果。

3. 取消排序

若取消排序，恢复原来的记录顺序，单击"开始"选项卡，在"排序和筛选"组单击"取消排序"命令按钮。

2.5.3 记录筛选

在 Access 2010 中记录筛选是在表中众多记录中把符合条件的记录显示出来，不符合条件的记录隐藏起来。在筛选的同时还可以对数据表进行排序。

Access 2010 提供了 4 种筛选方法，分别是：按选定内容进行筛选、内容排除筛选、按窗体进行筛选和使用"高级筛选 / 排序"完成筛选，不同的筛选方法适合不同的场合。下面分别介绍这些筛选的方法。

1. 按选定内容进行筛选

通过选定字段值或部分字段值来筛选表中记录，这种方式称为按选定内容进行筛选。具体操作步骤如下：

1）打开需要筛选记录的数据表。

2）通过执行下列操作之一，选择字段中某个值的全部或部分，选择值的方式决定了筛选将返回的记录。

①选定字段值的整体内容，或者将插入点放在字段中而不进行任何选择，以查找其字段的整体内容与选定的字段值内容相同的记录。

例如，在"教师信息"表中，选择第一条记录中的字段值"教授"二字，或将插入点放在该字段中而不进行任何选择，单击鼠标右键，执行"等于＂教授＂"命令，只会返回字段值为"教授"的记录，即当前只有一个记录符合筛选条件，如图 2-50 所示。

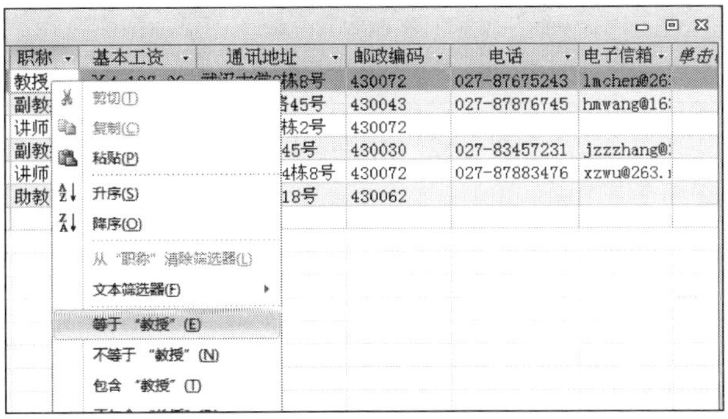

图 2-50 "筛选"操作

②选定字段值中的一部分，将查找其字段的全部或部分内容与所选字符相同的记录。

例如，在"教师信息"表中，选择第二条记录中的字段值"副教授"中的"教授"二字，鼠标右键选取"包含＂教授＂"命令，将会返回字段值为"教授"记录，以及字段值中的部分内容为"教授"的记录（即"副教授"记录），当前有三个记录符合筛选条件，如图 2-51 所示。

3）单击"开始"选项卡，在"排序和筛选"组单击"选择"命令，可以返回符合筛选条件的记录。若要重新设置筛选或显示所有记录，单击"排序和筛选"组中"高级"命令；选择"取消所有筛选器"命令。

2. 内容排除筛选

与选定内容进行筛选方式相反，Access 2010 提供了一种内容排除的筛选方法。用户单击"开始"选项卡，在"排序和筛选"组单击"选择"命令。通过这种选择命令，可以筛选出不包含某些特定值的记录。例如，将光标插入点放在字段值"博士"中，执行"选择"命令中"不等于＂博士＂"条件按钮后，将筛选出"文化程度"字段为非博士的记录，如图 2-52 示。

图 2-51　按选定内容筛选

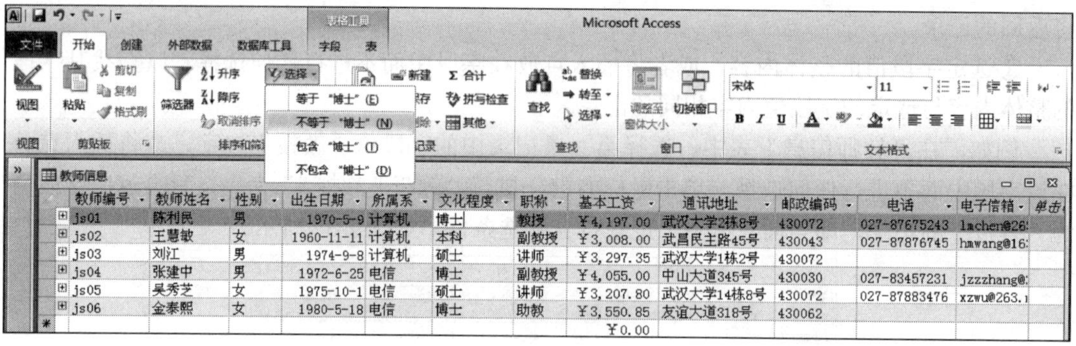

图 2-52　内容排除筛选

3. 按窗体进行筛选

按选定内容筛选必须从数据表中选定一个所需的值，并且一次只能指定一个筛选条件。如果要一次指定多个筛选条件，就需要使用"按窗体筛选"。

按窗体进行筛选是指通过在空白字段中键入数据，或者从下拉列表框中指定要搜索的数值进行筛选。

例 2-10　从"教师信息"表中按窗体进行筛选文化程度为"本科"，或者是"助教"职称的教师记录。具体操作步骤如下：

1）打开"教师信息"表。

2）单击"开始"选项卡，在"排序和筛选"组单击"高级"命令，选择"按窗体筛选"，系统弹出"按窗体筛选"窗口，如图 2-53 所示，窗体中所有字段都是空的（可能会带有上次筛选的痕迹）。

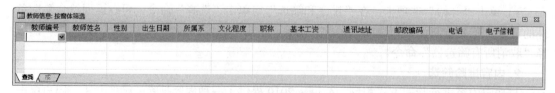

图 2-53　"按窗体筛选"窗口

3）单击"文化程度"字段对应的空白处会出现一个下拉按钮，单击下拉按钮，在下拉列表框中会显示该字段对应的所有值，从中选择"本科"选项。

4）单击数据表左下方的"或"选项卡，再从"职称"字段值的下拉列表中选择"助教"选项。

5）单击"高级"命令中"应用筛选/排序"按钮，可以筛选出"本科"或"助教"的教师记录。

如果这两个条件不是"或"的关系，而是"同时满足"的关系，则应该都在"查找"选项卡下做选择，结果应该筛选出文化程度为"本科"且职称为"助教"的教师记录，此教师表中没有符合条件的记录。

4.高级筛选/排序

如果希望进行更为复杂的筛选，则要使用"高级筛选/排序"命令，同时完成复杂筛选和排序的操作。

例 2-11 筛选出所有电信系的女教师记录，并按基本工资的降序排列，当基本工资相等时，再按教师编号的升序排列显示。操作步骤如下：

1）打开"教师信息"表。

2）单击"开始"选项卡，在"排序和筛选"组单击"高级"命令，选择"高级筛选/排序"，系统弹出高级筛选窗口，如图 2-54 所示。

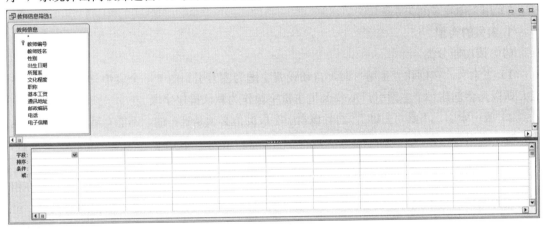

图 2-54 "高级筛选/排序"窗口

在窗口的上部显示教师信息表的相应字段，窗口的下部，可以添加筛选字段、设置筛选条件、设置排序依据等，左边的排序字段优先级比右边的排序字段优先级要高，即当左边字段值相同时，再按其右边的排序字段进行排序，依此类推。

3）单击工具栏上的"应用筛选"按钮，筛选出电信系的女教师记录，并按基本工资的降序排列。由于她们的基本工资值不等，所以，排序的次要依据——按"教师编号"升序排列未起作用。

注意：当需要设置多个筛选条件时，如果多个条件要求同时满足，则在"条件"文本框中同一行输入；如果多个条件要求满足其中之一，则在"或"文本框中输入相应内容。

以上 4 种筛选方式各有优点。如果为了方便地在数据表中找到希望筛选的值，可使用按选定内容筛选方式；如果查找的记录不包含某个特定字段值，可使用内容排除筛选；如果不希望浏览表中记录，而直接在列表中选择所需要的值，可以选用按窗体筛选方式，当用户希望同时指定多个准则时，这种方式尤为适用；使用"高级筛选/排序"方式的优点很明显，能同时完成复杂筛选和排序操作。

2.6 创建索引和表间关系

在 Access 2010 中，不同类别的数据一般存储在多张数据表中，而这些数据之间常常存在一定联系。例如，"学生成绩管理"数据库中的"学生信息"表和"学生选课"表就不是孤立存在的。它们之间可以通过"学号"这个共有字段，建立两张表之间的关系。并且"课程"表和"学生选课"表之间又可以通过"课程编号"建立两张表之间的关系。

一旦数据库中的两张表或多张表之间建立关系，就很容易综合查询出所需要的数据。这就需要事先创建表间"关系"，在创建表间"关系"之前先创建主索引或者唯一索引（不必是主键）。在创建主键时，会自动创建主索引。

2.6.1 创建索引

索引主要有两个作用：

1）用于排序和快速查找数据表记录。如果表中某个字段或字段组合用作查询条件，则可以为它们建立索引，以提高查询的效率。表中使用索引查找数据，就像在书中使用目录查找数据一样方便。

2）用于创建表间关系。

1. 索引的类型

（1）按功能分类

1）主索引。在创建"主键"时，自动设置主键为主索引。由于一个表中只能创建一个主键，所以只会创建一个主索引，Access 把主键字段作为默认排序字段。

2）唯一索引。不是"主键"，而且该索引字段的值必须是唯一的，不能有重复。在 Access 中，唯一索引可以有多个。

3）普通索引。该索引字段可以有重复的值。

例如，在"教师信息"表中，可以定义"教师编号"字段为主键（主索引），既不允许相同的教师编号，也不允许空的教师编号。在不允许两个教师共用一个电子信箱的情况下，可以定义"电子信箱"字段为唯一索引。对于会有重复值的"性别"、"所属系"和"文化程度"等字段只能定义为普通索引。

（2）按字段个数分类

按字段个数可分为单字段索引和多字段索引两类。

多字段索引是多个字段联合创建的索引，若要在索引查找时区分表中字段值相同的记录，必须创建包含多个字段的索引。如"学生选课"表中定义索引字段是"学号＋课程编号"便是多字段索引。

多字段索引先按第一个索引字段排序，对于字段值相同的记录再按第二个索引字段来排序，依此类推。

2. 创建索引

在表的设计视图和索引窗口中都可以创建索引属性。一般而言，单字段索引可以通过表的设计视图中该字段的"索引"属性来建立，多字段索引可以在索引对话框中建立。

例 2-12 依据"学生信息"表的"出生日期"字段建立升序排列的普通索引。具体操作步骤如下：

1）打开"学生信息"表的设计视图，选中"出生日期"字段，如图 2-55 所示。

2）在"字段属性"窗格中选择"索引"属性，其有三个选项：

- "无"表示不建立索引。
- "有（有重复）"表示建立索引，且索引字段值允许重复。
- "有（无重复）"表示建立索引，且索引字段值不允许重复。

这里选择"有（有重复）"选项，即为"学生信息"表的"出生日期"字段建立升序排列的普通索引。

对于多字段索引，可以按照定义多字段的主键方法创建多字段的索引，也可以直接在索引对话框中建立。

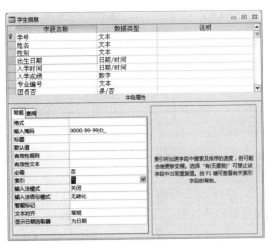

图 2-55　创建"出生日期"单字段索引

例 2-13　为"学生选课"表建立多字段的普通索引，索引字段为"课程编号 + 考试成绩"。具体步骤如下：

1）打开"学生选课"表的设计视图，单击工具栏上的"索引"按钮，弹出"索引：学生选课"对话框，如图 2-56 所示，可见多字段的主键（主索引）。

2）在窗格的第三行设置"索引名称"为"课程编号 + 考试成绩"，"字段名称"分别为"课程编号"和"考试成绩"，"排序次序"分别为升序和降序，在下方的"索引属性"栏中将"主索引"和"唯一索引"项都选为"否"，如图 2-57 所示。

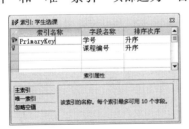

图 2-56　"索引"对话框（a）

图 2-57　"索引"对话框（b）

3）关闭"索引"对话框，执行保存操作。

以上仅举例说明创建不同索引类别的方法。由于 Access 2010 将主键字段作为默认排序字段。所以，打开表时，"学生信息"表会按"学号"排序；"学生选课"表会按"学号 + 课程编号"排序，先按学号排序，当学号相同时，再按课程编号排序。

对于其他索引的创建方法见表 2-8。

表 2-8　在设计视图和索引窗口创建索引的对照表

创建索引	表的设计视图	索引窗口	说明
不创建索引	字段的"索引"属性选"无"	不为字段填写索引行	默认值，记录按原始顺序排列
创建普通索引	字段的"索引"属性选"有（有重复）"	为字段填写索引行，且唯一索引选"否"	

（续）

创建索引	表的设计视图	索引窗口	说明
创建唯一索引	字段的"索引"属性选"有（无重复）"	为字段填写索引行，且唯一索引选"是"	
创建主索引	选定要创建主键的字段，在工具栏中单击"主键"按钮 🔑	索引窗口中"主索引"、"唯一索引"自动均为"是"，"忽略 Nulls"自动为"否"	随主键一起自动创建

说明：

1）Access 2010 默认为升序排序，降序排序仅能在索引窗口中设置。此外，索引窗口以综合方式设置索引属性，较为方便。

2）索引在保存表时创建，并且在更改或添加记录时自动更新。但是屏幕不会自动刷新，在重新打开数据表后才能显示索引效果。

3）不能对"备注"、"超链接"或"OLE 对象"等数据类型的字段创建索引。

3. 删除索引

删除索引不是删除字段本身，而是取消建立的索引。通常用以下两种方法删除索引：

1）在索引窗口，选定一行或多行，然后按 Delete 键。

2）在设计视图中，在字段的"索引"属性组合框中选定"无"。

如果是取消主索引，有一个更为简便的方法：只要在设计视图中选定有钥匙符号的行，然后单击工具栏中的"主键"按钮。

索引有助于提高查询的速度，也会占用磁盘空间，降低添加、删除和更新记录的速度。在大多数情况下，索引检索数据的速度优势大大超过其不足。然而，如果应用程序频繁地更新数据或者磁盘空间有限，就应该限制索引的数目。

2.6.2 创建表间关系

一个数据库的表往往是相互关联的。下面先介绍几个基本概念，再介绍如何在表"设计视图"中创建、编辑、添加、删除和查看表间关系。

1. 主键和外键

主关键字也称主键，它能唯一地标识表中的每条记录。主键的设置能自动阻止在数据表中输入重复值或空值。如果表中的某一个字段不是本表的主关键字，而是另外一张表的主关键字，则该字段称为外部关键字，也称为外键。

在数据库中，表间都通过主键和外键实现关联。例如，"学生成绩管理"数据库中的"学生信息"表的主键是"学号"；"课程"表的主键是"课程编号"；"学生选课"表中的"学号"相对于"学生信息"表而言，是外键；"学生选课"表中的"课程编号"相对于"课程"表而言，是外键。

2. 主表和子表

对于通过主键和外键相关联的两张数据表，主键所在的表称为主表，外键所在的表称为子表。

例如，"学生成绩管理"数据库中的"学生信息"表与"学生选课"表通过"学号"字段相关联，则"学生信息"表是主表，"学生选课"表是子表；"课程"表与"学生选课"表通过"课程编号"字段相关联，则"课程"表是主表，"学生选课"表是子表。

3. 表间关系

表间有三种关联方式，分别为"一对一"、"一对多"和"多对多"。

若两张表相关联的字段是双方的主键，则两表是"一对一"关系，它们无主从之分。

若主表中的一条记录对应子表中的若干条记录，则主表与子表是"一对多"关系，主表是"一"端，子表为"多"端。例如，"学生信息"表中一条记录表示一名学生，该学生选修多少门课程，则在"学生选课"表中就有相应的多少条记录。当然，也可能有的学生仅选修一门课程或未选课。若限定每个学生只能选修一门课程，则两表就是"一对一"关系了。

"多对多"关系是两个"一对多"关系"串联"而成的。例如，一个学生可以选修多门课程，每门课程可有多名学生选修。那么"学生信息"表和"课程"表间是多对多的关系。可以分别建立这两个表与"学生选课"表的"一对多"关系，因此 Access 数据库不直接创建多对多关系。

可以把"一对一"关系看成一对多关系的特殊情况，"一对多"关系看成"多对多"关系的特殊情况。

4. 参照完整性规则

表间关系是通过两个表之间的相关字段建立起来的。在定义表间关系时，还应设置一些规则，这些规则有助于表间相关数据的完整。参照完整性规则使得删除或更新表中记录时，系统自动参照相关联的另一个表中的数据，约束对当前表的操作，以确保相关表中记录的一致性、有效性和相容性。例如，"课程"表和"学生选课"表存在一对多的关系，"课程"表为主表，"学生选课"表为子表，也称为相关表或从表。若两个表在建立关系时设置了"实施参照完整性"，那么：

1）当主表中没有相关记录时，就不能将记录添加到相关表中。例如，"课程"表中不存在编号为"cs04"的课程记录，那么在"学生选课"表中就不能有课程编号为"cs04"的选课记录，即"学生选课"表的"课程编号"值必须依据"课程"表的"课程编号"值。

2）不能在相关表中存在匹配记录时删除主表中的记录。例如，当"学生选课"表中存在课程编号为"kc03"的记录时，则不能在"课程"表中删除课程编号为"kc03"的记录。

3）不能在相关表中有相关记录时，更改主表中的主键字段的值。例如，当"学生选课"表中存在课程编号为"kc03"的记录时，则不能在"课程"表中修改课程编号"kc03"字段值。

注意：在创建表间关系和设置参照完整性规则之前，主表的相关字段必须设置了主索引或唯一索引，子表的相关字段值应与主表的相匹配，且两个表都必须保存在同一个数据库中。

5. 创建表间关系

例 2-14 为"学生成绩管理"数据库下的"学生信息"表和"学生选课"表创建表间关系。具体步骤如下：

1）打开"学生成绩管理"数据库。

2）单击"数据库工具"选项卡，在"关系"组单击"关系"命令 ，打开"关系"窗口，并出现"显示表"对话框，如图 2-58 所示。

3）在"显示表"对话框中选择要建立关系的表："学生信息"和"学生选课"，分别"添加"所需的表后单击"关闭"按钮。

4）在"关系"对话框中选择"学生信息"表主键"学号"字段，将其拖曳到"学生选课"表中的"学号"字段上，释放鼠标后，弹出"编辑关系"对话框，如图 2-59 所示。

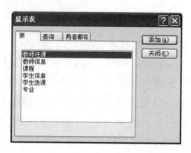

图 2-58 "显示表"对话框

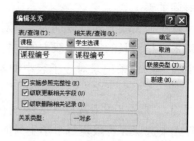

图 2-59 "编辑关系"对话框

在"编辑关系"对话框的"表/查询"列表框中，列出了主表"学生信息"的相关字段"学号"，在"相关表/查询"列表框中，列出了相关表"学生选课"的相关字段"学号"。在列表框下方有三个复选框：

①如果勾选了"实施参照完整性"复选框，并且勾选"级联更新相关字段"复选框，则在主表的主关键字值更改时，自动更新相关表中的对应数据。

②如果勾选了"实施参照完整性"复选框，并且勾选"级联删除相关字段"复选框，则在删除主表中的记录时，自动删除相关表中的相关信息。

③如果只勾选了"实施参照完整性"复选框，则只要相关表中有相关记录，主表中的主键值就不能更新，且主表中的相关记录不能被删除。

5）在"编辑关系"对话框中选择"实施参照完整性"、"级联更新相关字段"和"级联删除相关字段"复选框，使得在更新或删除主表中主键字段的内容时，同步更新或删除相关表中相关记录。

6）单击"联接类型"按钮，弹出"联接属性"对话框，如图 2-60 所示。这里选择默认的选项 1，以内部联接的方式创建表间关系，单击"确定"
按钮。

图 2-60 "联接属性"对话框

7）返回到"编辑关系"对话框，单击"创建"按钮，完成创建过程。在"关系"窗口中可以看到："学生信息"表和"学生选课"表之间出现一条表示关系的连线。有"1"标记的是"一"方，有"∞"标记的是"多"方。

8）关闭"关系"对话框，这时会询问是否保存该布局，不论是否保存，所创建的关系都已经保存在此数据库中了。

编辑两表间已创建的关系的方法是：直接用鼠标在这条线上双击，然后在弹出的"编辑关系"对话框中进行修改。

6. 添加关系

如果要继续为该库中其他表创建表间关系，可以打开该学生成绩管理数据库的"关系"窗口，在窗口的空白处右击，弹出的快捷菜单中选择"显示表"命令，或者在上下文选项卡"关系工具"中单击"显示表"图标 📄，在弹出的对话框中添加该库中其他表，按上面的方法再创建表间关系。如图 2-61 所示，具体表间关系如下：

1）为"课程"和"学生选课"表创建一对多的关系，在"编辑关系"对话框中选择"实施参照完整性"、"级联更新相关字段"和"级联删除相关字段"选项。

2）为"专业"和"学生信息"表创建一对多的关系，在"编辑关系"对话框中选择"实施参照完整性"、"级联更新相关字段"选项。

3）为"教师信息"和"教师任课"表创建一对多的关系，在"编辑关系"对话框中选择"实施参照完整性"、"级联更新相关字段"和"级联删除相关字段"选项。

4）为"课程"和"教师任课"表创建一对多的关系，在"编辑关系"对话框中选择"实施参照完整性"、"级联更新相关字段"选项。

7. 删除关系

在"关系"窗口，单击关系线时，该线变粗表示被选中，然后按 Delete 键；或者右击关系线，从快捷菜单中选择"删除"命令。如果要清除"关系"窗口，在上下文选项卡"关系工具"中单击 ✖ 清除布局。

注意：在删除关系时，若打开了相关的表及其窗体等，则必须先关闭它们，否则会显示"表正在使用"之类的信息。

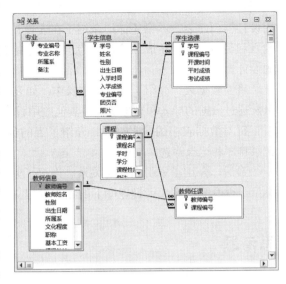

图 2-61 "关系"窗口

8. 查看主表和相关表（子表）中的记录

两个表建立关联后，在主表的每行记录前面出现一个"+"号，单击"+"号，可展开一个窗口，显示子表中的相关记录；单击"–"号，可折叠该窗口。

在图 2-61 所示的"关系"窗口可见，"课程"和"学生选课"表是一对多的关系，"课程"和"教师任课"表也是一对多的关系。这时，如果在数据表下查看主表"课程"，单击记录左边的"+"号，将弹出"插入子数据表"对话框，如图 2-62 所示。

对话框中列举出该库中所有表，用户从中选择要查看的子表，如选择子表"学生选课"，则主表"课程"在数据表视图下的显示如图 2-63 所示，从而查看"课程"主表和"学生选课"子表的相关记录。

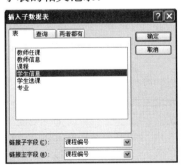

图 2-62 "插入子数据表"对话框

图 2-63 查看"课程"主表和"学生选课"子表

本章小结

Access 2010 是一个基于关系数据模型且功能强大的数据库管理系统。本章描述了 Access 2010 的概貌、介绍 Access 2010 的特点、Access 2010 的启动与退出、Access 2010 的窗口组成及 Access 2010 的系统结构，详细介绍了数据库中的 6 种对象。分别讲解了创建空数据库和使用向导创建数据库的过程，以及打开、关闭数据库等基本操作。

接着，用大量篇幅介绍了创建数据表的有关内容。数据表由表结构和表记录两部分组成。在创建数据表时，往往也按照这两个步骤进行。可用两种方式创建表：使用模板创建表、使用设计器创建表。本章还详细介绍了在表设计器下创建表结构的一般过程，讲述了表记录的输入和编辑。以学生成绩管理库为示例，进一步说明了表中字段的属性设置，从而完善了表的设计。

针对数据表，介绍了表的基本操作，如表的外观定制，表的复制、删除和重命名等操作，以及通过数据的导入和导出实现与其他应用程序共享数据。

针对数据表中的检索需求，介绍了表的数据操作，结合示例讲解了数据的查找与替换，记录排序和记录筛选。

最后，介绍了索引和表间关系。讲解了索引的类型、创建不同索引的方法、表间关系的类型，以及为学生成绩管理库下的相关表建立了表间关系，便于用户综合查看两个相关表中的相关记录。

思考题

1. 简述 Access 2010 主要特点及功能。

2.Access 2010 数据库中包含哪些对象？扼要说明各个对象的用途。

3. 如何创建 Access 2010 数据库？

4. 在 Access 2010 数据库中，表的字段类型有哪些？请举例说明。

5. 什么是主键？其作用是什么？如何定义表的主键？

6. 在 Access 2010 中如何实现记录的排序？请举例说明。

7.Access 2010 提供了几种筛选记录的方法？

8. 什么是索引，如何创建？

9. 为什么要建立表间关系？有哪几种关系？

10. 请说明参照完整性的含义。

自测题

一、单项选择题（每题 1 分，共 40 分）

1. 数据表中的"列标题的名称"称为_____。

    A. 字段   B. 数据   C. 记录   D. 数据视图

2. 在 Access 2010 的下列数据类型中，不能建立索引的数据类型是_____。

    A. 文本型   B. 备注型   C. 数字型   D. 日期时间型

3. 用于存放基本数据的对象是_____。

    A. 表   B. 查询   C. 窗体   D. 宏

4. 在 Access 2010 中，对名单表中的"姓名"与工资标准表中的"姓名"建立关系，且两个表中的记录都是唯一的，则这两个表之间的关系是_____。

    A. 一对一   B. 一对多   C. 多对一   D. 多对多

5. 在 Access 2010 中，表和数据库的关系是_____。

    A. 一个数据库可以包含多个表   B. 一个表只能包含两个数据库

    C. 一个表可以包含多个数据库   D. 一个数据库只能包含一个表

6. 定义字段的"默认值"是指_____。

A. 不得使字段为空　　　　　　　　　　　　　B. 不允许字段的值超出某个范围

C. 在未输入数值之前，系统自动提供该值　　　D. 系统自动把小写字母转换为大写字母

7. 下面不是 Access 2010 数据库对象的是_____。

A. 窗体　　　　　　　B. 查询　　　　　　　C. 模块　　　　　　　D. 字段

8. 在学生管理的关系数据库中，存取一个学生信息的数据单位是_____。

A. 文件　　　　　　　B. 数据库　　　　　　C. 字段　　　　　　　D. 记录

9. 下列关于关系数据库中数据表的描述，正确的是_____。

A. 数据表相互之间存在联系，但用独立的文件名保存

B. 数据表相互之间存在联系，是用表名表示相互间的联系

C. 数据表相互之间不存在联系，完全独立

D. 数据表既相对独立，又相互联系

10. 下列对数据输入无法起到约束作用的是_____。

A. 输入掩码　　　　　B. 有效性规则　　　　C. 字段名称　　　　　D. 数据类型

11. Access 2010 中，设置为主键的字段_____。

A. 不能设置索引　　　　　　　　　　　　　　B. 可设置为"有（有重复）"索引

C. 系统自动设置索引　　　　　　　　　　　　D. 可设置为"无"索引

12. 通配符"#"的含义是_____。

A. 通配任意个数的字符　　　　　　　　　　　B. 通配任何单个字符

C. 通配任意个数的数字字符　　　　　　　　　D. 通配任何单个数字字符

13. Access 数据库是_____。

A. 层次型数据库　　　B. 网状型数据库　　　C. 关系型数据库　　　D. 对象型数据库

14. Access 数据库的结构层次是_____。

A. 数据库管理系统→应用程序→表　　　　　　B. 数据库→数据表→记录→字段

C. 数据表→记录→数据项→数据　　　　　　　D. 数据表→记录→字段

15. 某宾馆中有单人间和双人间两种客房，按照规定，每位入住该宾馆的客人都要进行身份登记。宾馆
数据库中有客房信息表（房间号，……）和客人信息表（身份证号，姓名，来源，……）；为了反映
客人入住客房的情况，客房信息表与客人信息表之间的联系应设计为_____。

A. 一对一联系　　　　B. 一对多联系　　　　C. 多对多联系　　　　D. 无联系

16. 下列选项中，不属于 Access 2010 数据类型的是_____。

A. 数字　　　　　　　B. 文本　　　　　　　C. 报表　　　　　　　D. 时间 / 日期

17. 下列关于 OLE 对象的叙述中，正确的是_____。

A. 用于输入文本数据　　　　　　　　　　　　B. 用于处理超级链接数据

C. 用于生成自动编号数据　　　　　　　　　　D. 用于链接或内嵌 Windows 支持的对象

18. 数据库中有 A 和 B 两个表，均有相同字段 C，在两表中 C 字段都设为主键。当通过 C 字段建立两表
关系时，则该关系为_____。

A. 一对一　　　　　　B. 一对多　　　　　　C. 不能建立关系　　　D. 多对多

19. 如果在创建表中建立字段"性别"，并要求用汉字"男"或"女"表示，其数据类型应当是_____。

A. 是 / 否　　　　　　B. 数字　　　　　　　C. 文本　　　　　　　D. 日期 / 时间

20. 在 Access 数据库对象中，体现数据库设计目的的对象是_____。

A. 报表　　　　　　　B. 模块　　　　　　　C. 查询　　　　　　　D. 表

21. 下列关于空值的叙述中，正确的是_____。

    A. 空值是双引号中间没有空格的值

    B. 空值是等于 0 的数值

    C. 空值是使用 Null 或空白表示字段的值

    D. 空值是用空格表示的值

22. 在定义表中字段属性时，对要求输入相对固定格式的数据。例如电话号码"010-65971239"，应该定义该字段的_____。

    A. 格式   B. 默认值   C. 输入掩码   D. 有效性规则

23. 在 Access 2010 中，_____。

    A. 允许在主键字段中输入 Null 值

    B. 主键字段中的数据可以包含重复值

    C. 只有字段数据都不重复的字段才能组合定义为主键

    D. 定义多字段为主键的目的是为了保证主键数据的唯一性

24. 对于电话号码"010-65971239"，在定义该字段的数据类型时，应该选择_____。

    A. 自动编号   B. 整型   C. 文本   D. 备注

25. 能够使用"输入掩码向导"创建输入掩码的字段类型是_____。

    A. 数字和日期 / 时间   B. 文本和货币

    C. 文本和日期 / 时间   D. 数字和文本

26. 设教学管理数据库中有学生表、课程表和学生选课表，在数据库中为了有效地反映这三张表中数据之间的联系，必须在表设计视图中设置_____。

    A. 默认值   B. 有效性规则   C. 索引   D. 表间关系

27. 如果输入掩码设置为"L"，则在输入数据的时候，该位置上可以接收的合法输入是_____。

    A. 必须输入字母或数字   B. 可以输入字母、数字或者空格

    C. 必须输入字母 A ～ Z   D. 任何字符

28. 创建表间关系之前，必须先创建_____。

    A. 查询   B. 报表

    C. 主索引或唯一索引   D. 窗体

29. 数据库系统的核心是_____。

    A. 数据模型   B. 数据库管理系统

    C. 数据库   D. 数据库管理员

30. Access 2010 中，候选关键字段_____。

    A. 不能设置索引   B. 可设置为"有（无重复）"索引

    C. 系统自动设置索引   D. 可设置为"有（有重复）"索引

31. 输入掩码字符"&"的含义是_____。

    A. 必须输入字母或数字

    B. 可以选择输入字母或数字

    C. 必须输入一个任意的字符或一个空格

    D. 可以选择输入任意的字符或一个空格

32. 在 Access 2010 中，如果不想显示数据表中的某些字段，可以使用的命令是_____。

    A. 隐藏   B. 删除   C. 冻结   D. 筛选

33. 若要求在表中输入文本时达到密码"******"的显示效果，则应该设置的属性是_____。

A. 默认值　　　　　　B. 有效性文本　　　　　C. 输入掩码　　　　　D. 密码

34. 下面说法中，错误的是_____。

A. 文本型字段，最长为 255 个字符

B. 要得到一个计算字段的结果，仅能运用总计查询来完成

C. 在创建一对一关系时，要求两个表的相关字段都是主关键字

D. 删除表间关系时，必须先关闭所有打开的表及其窗体等

35. 数据库设计的根本目标是要解决_____。

A. 数据共享问题　　　　　　　　　　　B. 数据安全问题

C. 大量数据存储问题　　　　　　　　　D. 简化数据维护

36. 利用 Access 2010 创建的数据库文件，其扩展名为_____。

A. .ADP　　　　　　B. .DBF　　　　　　C. .FRM　　　　　　D. .accdb

37. Access 2010 表中，可以定义 3 种主关键字，它们是_____。

A. 单字段、双字段和多字段　　　　　　B. 单字段、双字段和自动编号

C. 单字段、多字段和自动编号　　　　　D. 双字段、多字段和自动编号

38. 如果设置了主键，未设置索引的排序次序，则打开表时自动_____显示。

A. 按主键值升序　　　　　　　　　　　B. 按主键值降序

C. 按自动编号升序　　　　　　　　　　D. 按自动编号降序

39. 数据类型是_____。

A. 字段的另一种说法

B. 决定字段能包含哪类数据的设置

C. 一类数据库应用程序

D. Access 表向导允许从中选择的字段名称

40. 在关系数据库中，能够唯一地标识一个记录的属性或属性的组合，称为_____。

A. 主关键字　　　　　　B. 表　　　　　　C. 关系　　　　　　D. 域

二、填空题（每空 1 分，共 20 分）

1. 关系模型的完整性规则是对关系的某种约束条件，包括实体完整性、_____和自定义完整性。

2. 在数据库系统中，实现各种数据管理功能的系统软件称为_____。

3. 在现实世界中，"学生"和"可选课程"实体存在"_____"联系。在数据库表中，只能创建"一对一"或"一对多"的关系。

4. 假若人员信息包括：身份证号、姓名、性别、年龄。其中，可以做主关键字的是_____。

5. 在关系模型中，把数据看成一个二维表，每一个二维表称为一个_____。

6. 关系中能够唯一标识某个记录的字段称为_____字段。

7. 关系型数据管理系统中存储与管理数据的基本形式是_____。

8. 在 Access 2010 中，表中"图像"字段的数据类型为_____。

9. 在 Access 2010 中，表中"链接"字段的数据类型为_____。

10. _____是在输入或删除记录时，为维持表之间已定义的关系而必须遵循的规则。

11. _____是数据库最基本的对象。

12. 二维表的一行称为关系的一个_____。

13. Access 2010 数据库对象包括表、＿＿＿、窗体、报表、宏和模块。

14. 索引按功能分类，包括：＿＿＿、普通索引和唯一索引。

15. 在关系数据模型中，二维表的列称为＿＿＿。

16. 将表中的某一字段定义为"主键"，其作用是保证字段中的每一个值都必须是＿＿＿的（即不能重复），便于索引。

17. 如果要求在表中创建货币字段"基本工资"，其数据类型应当是＿＿＿。

18. 在 Access 2010 中，替换表中的数据项是先完成表数据的＿＿＿，再进行替换。

19. 在 Access 2010 中，要在查找条件中与任意一个数字字符匹配，可使用的通配符是＿＿＿。

20. 在一个关系模型中，如果学生的关系模式为：学生（学号，姓名，班级，年龄），课程的关系模式为：课程（课程号，课程名，学时），这两个关系模式的主键分别是学号和课程号，则学生选课的关系模式应为：学生选课（学号，＿＿＿，成绩）。

三、判断题（每题 1 分，共 10 分，正确的写"T"，错误的写"F"）

（　　）1. Access 2010 的数据库文件格式是 .txt 文件。

（　　）2. 在 Access 2010 中，可以直接定义"多对多"的表间关系。

（　　）3. 在 Access 2010 中，数据类型"查询向导"能创建表间关系，便于相关字段值的输入。

（　　）4. 将大量数据按不同的类型分别集中在一起，称为数据筛选。

（　　）5. 主窗体和子窗体用于显示具有"多对多"关系的表或查询的数据。

（　　）6. 在使用 Access 2010 创建数据库中的表时，Excel 表格不能导入到 Access 2010 数据库中。

（　　）7. Access 2010 不能进行排序或索引的数据类型是数字。

（　　）8. 在 Access 2010 中，取消了数据访问页，新增了 Web 数据库。

（　　）9. 超链接字段的数据类型是"查阅向导"。

（　　）10. 一对一的关系可以合并，多对多的关系可拆成两个一对多的关系。因此，表间关系可以都定义为一对多的关系。

四、简答题（每题 3 分，共 30 分）

1. 简述 Access 2010 的主要特点及功能。

2. Access 2010 数据库包含哪些对象？简要的说明各个对象的用途。

3. 如何创建桌面数据库及其表？

4. 表的字段类型有哪些？并举例说明。

5. 什么是主键？其作用是什么？如何定义表的主键？

6. 什么是索引，如何创建？

7. 为什么要建立表间关系？

8. 参照完整性规则有什么作用？

9. 在数据表视图中，有哪几种方法可以设置记录的排序？

10. 在数据表视图中，提供了哪几种筛选记录的方法？

第3章 查 询

查询是 Access 数据库的主要对象，也是 Access 数据库的核心操作之一。利用查询可以直接查看表中的原始数据，也可以对表中数据进行计算后再查看，还可以从表中抽取数据，供用户对数据进行修改、分析。查询还可以作为窗体、报表和查询的数据源，从而增强了数据库设计的灵活性。

本章介绍查询的概念、分类和准则（查询条件），以及在 Access 2010 中建立各种查询的方法和步骤。

3.1 概述

在实际工作中使用数据库中的数据时，并不是简单地使用某一个表中的数据，而常常是将有"关系"的多个表中的数据一起调出来使用，有时还要把这些数据进行计算后使用。如果再建立一个新表，把要用到的数据复制到新表中，并把需要计算的数据都计算好，再填入新表，就显得太麻烦了，用"查询"对象可以很轻松地解决这个问题，它同样也会生成一个数据表视图，看起来就像新建的"表"对象的数据表视图一样。

"查询"的字段来自多个互相之间有"关系"的表，这些字段组合成一个新的数据表视图，但它并不存储任何数据。在改变"表"中的数据后，"查询"的结果也会随之改变。计算的工作也可以交给它自动完成，将用户从繁重的"体力"劳动中解脱出来，充分体现了计算机数据库的优越性。

使用查询可以按照多种方式查看、更改及分析数据；查询结果还可以作为查询、窗体和报表的数据源。我们可以根据表建立查询，也可以根据已有的查询建立新的查询。

3.1.1 查询的定义与功能

查询就是以数据库中的数据作为数据源，根据给定条件从指定的数据库的表或查询中检索出符合用户要求的记录数据，形成一个新的数据集合。查询的结果是动态的，它随着查询所依据的表或查询的数据的改动而变动。

查询是数据库提供的一种功能强大的检索工具，可以按照使用者所指定的各种方式来进行查询。在 Access 2010 中，可以方便地创建查询，在创建查询的过程中定义要查询的内容和准则，并根据定义的内容和准则在数据库表中搜索符合条件的记录。

在 Access 2010 中，利用查询可以实现多种功能。

1. 选择字段

在查询中，可以只选择表中的部分字段。如建立一个查询，只显示"教师信息"表中每个教师的姓名、性别、职称和系别。利用此功能，可以选择一个表中的不同字段来生成所需的多个表或多个数据集。

2. 选择记录

可以根据指定的条件查找所需的记录，并显示找到的记录。如建立一个查询，只显示"学生信息"表中入学成绩在 600 分以上的学生信息。

3. 编辑记录

编辑记录包括添加、修改和删除记录等。在 Access 2010 中，可以利用查询添加、修改和删除表中的记录。如将"学生选课"表中考试成绩不及格的学生的选课记录删除。

4. 实现计算

查询不仅可以找到满足条件的记录，而且还可以在建立查询过程中进行各种统计计算，如计算每门课的平均成绩。另外，还可以建立一个计算字段，利用计算字段保存计算的结果，如在"学生信息"表中可根据学生的出生日期计算出每个学生的当前年龄。

5. 建立新表

利用查询得到的结果可以建立一个新表，如将"法学"专业的学生查出来并存放在一个新表中。

6. 为窗体或报表提供数据

为了从一个或多个表中选择合适的数据显示在窗体或报表中，用户可以先建立查询，然后将该查询作为窗体或报表的数据源。每次打印报表或打开窗体时，该查询就从它的基本表中检索出符合条件的最新记录。

查询对象不是数据的集合，而是操作的集合。查询运行结果是一个数据集，也称为动态集。它很像一个表，但并没有存储在数据库中。创建查询后，只保存查询的操作，只有运行查询时才会从查询数据集中抽取数据，并创建它；只要关闭查询，查询的动态集就会自动消失。

3.1.2 查询分类

在 Access 2010 中，常见的查询类型有以下 5 种：选择查询、参数查询、交叉表查询、操作查询和 SQL 查询。

1. 选择查询

选择查询是最常用的一种查询，应用选择查询可以从数据库的一个或多个表中提取特定的信息，并且将结果显示在一个数据表上供查看或编辑使用，或者用作窗体或报表的数据源。利用选择查询，用户还能对记录分组并对组中的字段值进行各种计算，例如平均、计数、汇总、最小值、最大值和其他总计。

Access 2010 的选择查询有以下几种类型：

- 简单选择查询：是最常用的查询方式，即从一个或多个基本表中按照某一指定的准则进行查询，并在类似数据表视图中显示结果集。
- 统计查询：是一种特殊的查询，可以对查询的结果集进行各种统计，包括总计、平均、最小值、最大值等，并在结果集中显示出来。
- 重复项查询：可以在数据库的基本表中查找具有相同字段信息的记录。
- 不匹配项查询：是在基本表中查找与指定数据不相符的记录。

2. 参数查询

执行参数查询时，屏幕会显示提示信息对话框，用户根据提示输入信息后，系统会根据用户输入的信息执行查询，找出符合条件的记录。参数查询分为单参数查询和多参数查询两种。执行查询时只需要输入一个条件参数的称为单参数查询；执行查询时，针对多组条件，需要输入多个参数条件的称为多参数查询。

3. 交叉表查询

交叉表查询是将来源于某个表或查询中的字段进行分组，一组列在数据表的左侧，一组列在数据表的上部，然后在数据表行与列的交叉处显示表中某个字段的各种计算值，如求和、计数值、平均值、最大值等。

4. 操作查询

操作查询是利用查询所生成的动态集来对表中数据进行更改的查询。包括：

- 生成表查询：即利用一个或多个表中的全部或部分数据创建新表。运行生成表查询的结果就是把查询的数据以另外一个新表的形式存储，即使该生成表查询被删除，已生成的新表仍然存在。
- 更新查询：即对一个或多个表中的一组记录做全部更新。运行更新查询会自动修改有关表中的数据，数据一旦更新则不能恢复。
- 追加查询：即将一组记录追加到一个或多个表原有记录的尾部。运行追加查询的结果是向有关表中自动添加记录，增加了表的记录数。
- 删除查询：即按一定条件从一个或多个表中删除一组记录，数据一旦删除不能恢复。

5. SQL 查询

SQL（Structured Query Language，结构化查询语言）是用来查询、更新和管理关系型数据库的语言。SQL 查询就是用户使用 SQL 语句创建的查询。

所有的 Access 查询都是基于 SQL 语句的，每一个查询都对应一个 SQL 语句。用户在查询"设计"视图中所做的查询设计，在其"SQL"视图中均能找到对应的 SQL 语句。常见的 SQL 查询有以下几种类型：

- 联合查询：即可将两个以上的表或查询所对应的多个字段，合并为查询结果中的一个字段。执行联合查询时，将返回所包含的表或查询中对应字段的记录。
- 传递查询：即使用服务器能接收的命令直接将命令发送到 ODBC 数据库而无需事先建立链接，如使用 SQL 服务器上的表。可以使用传递查询来检索记录或更改数据。
- 数据定义查询：是用来创建、删除、更改表或创建数据库中索引的查询。

3.1.3　查询视图

Access 2010 的每一个查询主要有三个视图，即"数据表视图"、"设计视图"和"SQL 视图"。其中，"数据表视图"用来显示查询的结果，如图 3-1 所示；"设计视图"用来对查询设计进行修改，如图 3-2 所示；"SQL 视图"用来显示与本次查询等效的 SQL 语句，如图 3-3 所示。此外，还有"数据透视表视图"、"数据透视图视图"，其形式与表的"数据透视表视图"、"数据透视图视图"相同。

图 3-1　数据表视图

图 3-2　设计视图

图 3-3　SQL 视图

图 3-1～图 3-3 所示的三种视图可以通过状态栏右边的工具按钮进行相互切换；亦可使用"查询工具－设计"选项卡"结果"组中的"视图"按钮进行切换。

查询的"数据表视图"看起来很像第 2 章讲的表，但它们之间还有很多差别。在查询数据表中无法加入或删除列，而且不能修改查询字段的字段名。这是因为由查询所生成的数据值并不是真正存在的值，而是动态地从"表"对象中调来的，是表中数据的一个镜像。

查询只是告诉 Access 需要什么样的数据，而 Access 就会从表中查出这些数据的值，并将它们反映到查询数据表中，也就是说，这些值只是查询的结果。

当然，在查询中我们还可以运用各种表达式来对表中的数据进行计算，以生成新的查询字段。在查询的数据表中，虽然不能插入列，但是可以移动列，移动的方法与第 2 章中在表中移动列的方法是相同的，而且在查询的数据表中也可以改变列宽和行高，还可以隐藏和冻结列。

3.2　选择查询

选择查询用得很普遍，很多数据库查询功能都可以用它来实现。顾名思义，"选择查询"就是从一个或多个有关系的表中将满足要求的数据选择出来，并把这些数据显示在新的查询数据表中。而其他方法，如"交叉表查询"、"操作查询"和"参数查询"等，都是"选择查询"的扩展。

使用选择查询可以从一个或多个表或查询中检索数据，可以对记录分组或全部记录进行总计、计数等汇总运算。

一般情况下，建立查询的方法有两种：使用"简单查询向导"和"设计视图"。使用"简单查询向导"操作比较简单，用户可以在向导的指示下选择表和表中的字段，但对于有条件的查询则无法实现。使用"设计视图"，操作比较灵活，用户可以随时定义各种条件，定义统计方式，但对于比较简单的查询则比较繁琐。所以，对于简单的查询，使用第一种方法比较方便。

3.2.1 创建查询

1. 使用"简单查询向导"创建查询

使用"简单查询向导"创建查询，用户可以在向导的指示下选择表和表中的字段，快速、准确地建立查询。

（1）建立单表查询

例 3-1　查询学生的基本信息，并显示学生的姓名、性别、出生日期和专业编号。操作步骤如下：

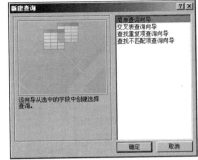

图 3-4　"新建查询"对话框

1）单击"创建"选项卡"查询"组中的"查询向导"按钮，这时屏幕显示"新建查询"对话框，如图 3-4 所示。

2）在"新建查询"对话框中选择"简单查询向导"选项，然后单击"确定"按钮。屏幕显示"简单查询向导"对话框，如图 3-5 所示。

3）在如图 3-5 所示的界面中，单击"表/查询"下拉列表框右侧的下拉按钮，从下拉列表框中选择"表：学生信息"，然后分别双击"姓名"、"性别"、"出生日期"和"专业编号"字段，或选定字段后，单击">"按钮，将它们添加到"选定字段"框中，如图 3-6 所示。

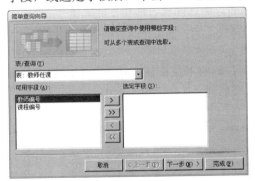

图 3-5　简单查询向导

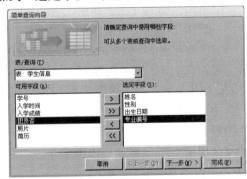

图 3-6　选择字段对话框

4）在选择了所需字段以后，单击"下一步"按钮，如果选定的字段中有数值型字段，则会弹出如图 3-7 所示对话框，用户需要确定是建立"明细"查询，还是建立"汇总"查询，若选择"明细"选项，则查看详细信息，若选择"汇总"选项，则对一组或全部记录进行各种统计。如果选定的字段中没有数值型字段，则弹出如图 3-8 所示对话框。

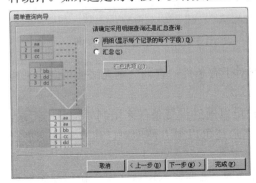

图 3-7　查询方式的选择

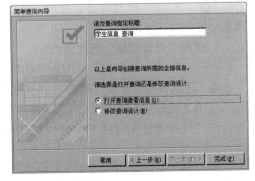

图 3-8　输入查询名称

5）在文本框内输入查询名称，可将默认名称改为"学生基本信息查询"，然后单击"打开查询查看信息"选项按钮，最后单击"完成"按钮。

这时，系统就开始建立查询，并将查询结果显示在屏幕上，如图 3-9 所示。

图 3-9　学生基本信息查询数据表视图

（2）建立多表查询

有时用户所需的查询信息来自于两个以上的表和查询，这就需要建立多表查询。建立多表查询的两个表必须有相同的字段，并且必须通过这些字段建立起两个表之间的关系。

例 3-2　查询学生的课程成绩，并显示学生的姓名、所选课程名称和考试成绩。

该查询涉及"学生信息"表、"课程"表和"学生选课"表，属于多表查询。操作步骤如下：

1）按与例 3-1 同样的方法打开查询向导。

2）在图 3-5 所示的界面中，单击"表/查询"右侧的下拉按钮，从下拉列表框中选择"表：学生信息"表，然后双击"姓名"字段，将它添加到"选定字段"框中。

3）用同样的方法将"课程"表中的"课程名称"字段和"学生选课"表中的"考试成绩"字段添加到"选定字段"框中，单击"下一步"按钮。

4）在弹出的对话框中，单击"明细"选项，然后单击"下一步"按钮。

5）在文本框中输入"学生课程成绩查询"，然后单击"打开查询查看信息"选项按钮，最后单击"完成"按钮。

这时，Access 就开始建立查询，并将查询结果显示在屏幕上，如图 3-10 所示。

图 3-10　学生课程成绩查询

2. 使用"设计视图"创建查询

对于比较简单的查询，使用向导比较方便，但对于有条件的查询，则无法使用向导来建立查询，这就需要在"设计视图"中创建查询。

使用"设计视图"创建查询，操作灵活，用户可以通过设置条件来限制要检索的记录，通过定义统计方式来完成不同的统计计算，而且用户还可以很方便地对已建立的查询进行修改。

查询的"设计视图"如图 3-2 所示，上半部分为表/查询输入窗口，用于显示和添加本次查询要使用的表或查询；下半部分为查询设计网格，用来指定具体的查询要求。

查询设计网格的每一非空白列对应着查询结果中的一列，而网格的行标题表明了各列在查询中的属性或要求。

- 字段：设置字段或字段表达式，用于限制在查询中使用的字段。
- 表：包含选定字段的表或查询。
- 排序：确定是否按字段排序，以及按何种方式排序。
- 显示：确定是否在数据表中显示该字段，如果在显示行有对勾，就表明在查询结果中显示该字段内容，否则不显示其内容。
- 条件：指定查询限制条件。通过指定条件，限制在查询结果中的记录或限制包含在计算中的记录。
- 或：指定逻辑"或"关系的多个限制条件。

（1）基本查询

图 3-11　显示表对话框

如果从表中选取若干或全部字段的所有记录，而不包含任何条件，则称这种查询为基本查询。

例 3-3　查询学生专业的情况。并显示学生的学号、姓名、性别及专业名称。操作步骤如下：

1）单击"创建"选项卡中"查询"组的"查询设计"按钮，显示查询"设计视图"，同时弹出"显示表"对话框，如图 3-11 所示。

2）在"显示表"对话框中，单击"表"选项卡，然后双击"学生信息"，这时"学生信息"表添加到查询"设计视图"上半部分的窗口中；以同样方法将"专业"表也添加到查询"设计视图"上半部分的窗口中；最后单击"关闭"按钮关闭"显示表"对话框，如图 3-12 所示。

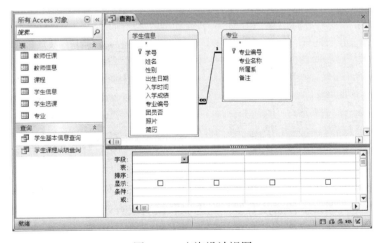

图 3-12　查询设计视图

3）双击"学生信息"表中的"学号"字段，也可以将该字段直接拖到字段行上，这时在查询"设计视图"下半部分窗口的"字段"行上显示了字段的名称"学号"，"表"行上显示了该字段对应的表名"学生信息"。

4）用同样的方法将"学生信息"表中的"姓名"、"性别"字段和"专业"表中的"专业名称"字段加到设计网格的"字段"行上，如图 3-13 所示。

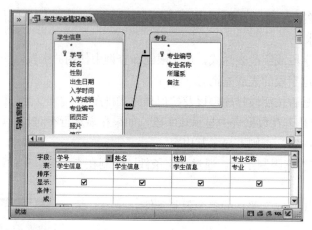

图 3-13　添加查询的字段

　　5）单击快速访问工具栏上的"保存"按钮，这时出现一个"另存为"对话框，在"查询名称"文本框中输入"学生专业情况查询"，然后单击"确定"按钮。

　　6）单击状态栏上的"数据表视图"按钮，或单击"查询工具 – 设计"选项卡上的"运行"按钮切换到"数据表视图"，可以看到"学生专业情况查询"的执行结果，如图 3-14 所示。

　　（2）"联接类型"对查询的影响

　　在例 3-3 中，查询的数据源来源于两个表，如果查询基于两个以上的表或查询，在查询设计视图中可以看到这些表或查询之间的关系连线。这些关系可以事先在数据库的"关系"窗口中建立，也可以在建立查询时选择了相关的表后临时建立。双击关系连线将显示"联接属性"对话框，如图 3-15 所示，在对话框中可指定表或查询之间的联接类型。

图 3-14　学生专业情况查询

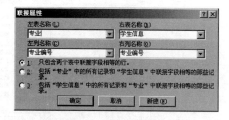

图 3-15　"联接属性"对话框

　　表或查询之间的联接类型，表明查询将选择哪些字段或对哪些字段执行操作。

　　默认联接类型（即第 1 种联接类型）只选取联接表或查询中具有相同联接字段值的记录，如果值相同，查询将合并这两个匹配的记录，并作为一个记录显示在查询的结果集中。对于一个表中的某条记录，如果在其他表中找不到任何一个与之相匹配的记录，则查询结果集中不显示该记录，在使用第 2 种或第 3 种联接类型时，两表中的匹配记录将合并为查询结果集中的一个记录，这与使用第 1 种联接类型相同。但是，如果指定包含所有记录的那个表中的某个记录与另一个表的记录均不匹配时，该记录仍然显示在查询结果集中，只是与它合并的另一个表的记录值是空白的。也就是说，同样的查询条件，选择不同的联接类型，所得到的查询结果不一定相同。

3.2.2　运行查询

查询建立以后。用户可以通过运行查询获得查询结果。运行查询的方法有以下几种：

- 在导航窗格中双击要运行的查询。
- 右键单击要运行的查询，再弹出的快捷菜单中选择"打开"命令。
- 在打开查询"设计视图"后，单击"运行"按钮。
- 在打开查询"设计视图"后，单击"数据表视图"按钮。

3.2.3　设置查询准则进行条件查询

在日常工作中，用户的查询并非只是简单的基本查询，往往是带有一定条件的查询，这种查询称为条件查询。条件查询通过"设计视图"来建立，在"设计视图"的"条件"行上输入查询准则，这样 Access 2010 在运行查询时，就会从指定的表中筛选出符合条件的记录。准则是查询或高级筛选中用来识别所需特定记录的限制条件。使用准则可以实现快速数据检索，使我们只看到想要得到的数据。

熟练掌握查询准则对高级查询是很有必要的，Access 2010 中的查询准则主要有运算符、函数和条件表达式 3 种，下面分别介绍。

1. 准则中的运算符

运算符是组成准则的基本元素。Access 2010 提供了关系运算符、逻辑运算符和特殊运算符，这 3 种运算符的含义分别见表 3-1、表 3-2 和表 3-3。

表 3-1　关系运算符及含义

关系运算符	说　　明	关系运算符	说　　明
=	等于	<=	小于等于
<>	不等于	>	大于
<	小于	>=	大于等于

表 3-2　逻辑运算符及含义

逻辑运算符	说　　明
Not	当 Not 连接的表达式为真时，整个表达式为假
And	当 And 连接的表达式都为真时，整个表达式为真，否则为假
Or	当 Or 连接的表达式只要有一个为真时，整个表达式为真，否则为假

表 3-3　特殊运算符及含义

特殊运算符	说　　明
In	用于指定一个字段值的列表，列表中的任意一个值都可与查询的字段相匹配
Between	用于指定一个字段值的范围，指定的范围之间用 And 连接
Like	用于指定查找文本字段的字符模式。在所定义的字符模式中，用"?"表示该位置可匹配任何一个字符；用"*"表示该位置可匹配零或多个字符；用"#"表示该位置可匹配一个数字；用方括号 [ ] 描述一个范围，用于表示可匹配的字符范围
IsNull	用于判定一个字段是否为空
IsNotNull	用于判定一个字段是否非空

2. 准则中的函数

Access 2010 提供了大量的标准函数，这些函数为用户更好地构造查询准则提供了极大的便利，也为用户更准确地进行统计计算、实现数据处理提供了有效的方法。

表 3-4 ～表 3-7 分别列出了数值函数、字符函数、日期时间函数和统计函数的格式和功能。

表 3-4　数值函数说明

函　　数	说　　明	函　　数	说　　明
Abs	返回数值表达式的绝对值	Sqr	返回数值表达式的平方根
Int	返回数值表达式的整数部分	Sgn	返回数值表达式的符号值

表 3-5　字符函数说明

函　　数	说　　明
Space	返回由数值表达式的值确定的空格个数组成的空字符串
String	返回一个由字符表达式的第 1 个字符重复组成的指定长度为数值表达式值的字符串
Left	返回一个值，该值是从字符表达式左侧第 1 个字符开始，截取的若干个字符
Right	返回一个值，该值是从字符表达式右侧第 1 个字符开始，截取的若干个字符
Mid	返回一个值，该值是从字符表达式最左端某个字符开始，截取到某个字符为止的若干个字符
Ltrim	返回去掉字符表达式前导空格的字符串
Rtrim	返回去掉字符表达式尾部空格的字符串
Trim	返回去掉字符表达式前导和尾部空格的字符串
Len	返回字符表达式的字符个数，当字符表达式为 Null 时，返回 Null 值

表 3-6　日期时间函数说明

函　　数	说　　明
Day(date)	返回给定日期 1 ～ 31 的值，表示给定日期是一个月中的哪一天
Month(date)	返回给定日期 1 ～ 12 的值，表示给定日期是一年中的哪个月
Year(date)	返回给定日期 100 ～ 9999 的值，表示给定日期是哪一年
Weekday(date)	返回给定日期 1 ～ 7 的值，表示给定日期是一周中的哪一天
Hour(date)	返回给定小时 0 ～ 23 的值，表示给定时间是一天中的哪个时刻
Date()	返回当前系统日期

表 3-7　统计函数说明

函　　数	说　　明	函　　数	说　　明
Sum	返回字符表达式中值的总和	Max	返回字符表达式中值的最大值
Avg	返回字符表达式中值的平均值	Min	返回字符表达式中值的最小值
Count	返回字符表达式中值的个数，即统计记录数		

3. 条件表达式

"条件表达式"是查询或高级筛选中用来识别所需记录的限制条件，它是运算符、常量、字段值、函数，以及字段名和属性等的任意组合，能够计算出一个结果。通过在相应字段的条件行上添加条件表达式，可以限制正在执行计算的组、包含在计算中的记录，以及计算执行之后所显示的结果。"条件表达式"写在 Access "设计视图"中的"条件"行和"或"行的位置上。表 3-8 给出了条件表达式的示例。

表 3-8 条件表达式的示例

字 段 名	条件表达式	功 能
性别	"女"或 ="女"	查询性别为女的学生记录
出生日期	>#1986/11/20#	查询 1986 年 11 月 20 日以后出生的学生记录
所在班级	Like"计算机 *"	查询班级名称以"计算机"开始的记录
姓名	NOT"王 *"	查询不姓王的学生记录
考试成绩	>=90 AND <=100	查询考试成绩在 90～100 分的学生记录
出生日期	Year(［出生日期］)=1986	查询 1986 年出生的学生记录

4.建立条件查询

使用"设计视图"可以建立基于一个或多个表的条件查询。

例 3-4 查询 1994 年出生的女生或 1995 年出生的男生的基本信息,并显示学生的姓名、性别、出生日期和专业编号。操作步骤如下:

1)打开查询的"设计视图",将"学生信息"表中的"姓名"、"性别"、"出生日期"和"专业编号"字段添加到查询"设计视图"下半部分窗口的"字段"行上。

2)在"出生日期"字段列的"条件"行单元格中输入条件表达式:between #1994-01-01# and #1994-12-31#,在"性别"字段列的"条件"行单元格中输入"女";在"出生日期"字段列的"或"行单元格中输入条件表达式:between #1995-01-01# and #1995-12-31#,在"性别"字段列的"或"行单元格中输入"男",如图 3-16 所示。

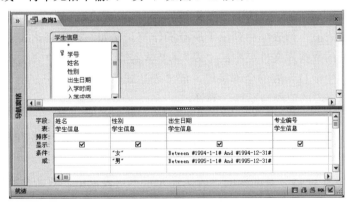

图 3-16 学生基本信息条件查询设计视图

3)单击快速访问工具栏上的"保存"按钮,在"查询名称"文本框中输入"学生基本信息条件查询",然后单击"确定"按钮。

4)单击状态栏上的"数据表视图"按钮,或单击"查询工具 – 设计"选项卡"结果"组中的"执行"按钮切换到"数据表视图"。"学生基本信息条件查询"的结果如图 3-17 所示。

5.使用"表达式生成器"

在查询设计网格中,如果用户对表达式的书写规则不熟练,对表达式中的操作符或要使用的函数不熟悉,均会影响表达式的正确性。为了快速、准确地输入表达式,Access 2010 提供了"表达式生成器",用户可以在需要帮

图 3-17 学生基本信息条件查询
数据表视图

助的时候，在设计网格中的"条件"行单元格中单击右键，在弹出的快捷菜单中选择"生成器…"命令，打开"表达式生成器"对话框，Access 2010 的"表达式生成器"如图 3-18 所示，它由 4 部分组成：表达式框、"表达式元素"列表框、"表达式类别"列表框和"表达式值"列表框。

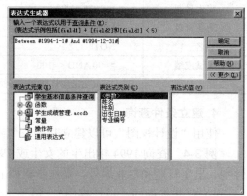

- 表达式框：位于生成器的上方，用于输入或生成表达式。在表达式生成器下方的"表达式元素"列表框内选定的元素将出现在此框内，与运算符组合形成表达式。也可以直接在表达式框中输入表达式。

- "表达式元素"列表框：列出了当前创建的查询、系统函数、当前打开的数据库对象、常量、操作符、通用表达式等对象，当选择了某对象后，相应对象的内容会显示在"表达式类别"列表框中。

图 3-18　表达式生成器

- "表达式类别"列表框：列出了在"表达式元素"列表框中选定元素的类别。例如，在"表达式元素"列表框内选定的是"操作符"，在"表达式类别"列表框中出现操作符的类别。

- "表达式值"列表框：列出了在"表达式类别"列表框中选定的元素的值。例如，在"表达式元素"列表框中选中"操作符"，在"表达式类别"列表框中选中"全部"，则在"表达式值"列表框中列出了所有操作符。又如，在"表达式元素"列表框内选定当前打开的数据库文件夹中的"表"-"学生信息"，则在"表达式类别"列表框中会列出"学生信息"表的全部字段，而"表达式值"对话框中列出了＜值＞，表示可以选择所选字段的值参与运算，等等。

使用"表达式生成器"创建表达式的操作步骤如下：

1）将光标停在要编写表达式的位置，单击右键，在弹出的快捷菜单中选择"生成器…"，启动表达式生成器。

2）在"表达式生成器"对话框的"表达式元素"列表框中，双击含有所需对象的文件夹，在打开的文件夹中选择包含了元素的对象。

3）在"表达式类别"列表框中，双击元素可以将它粘贴到表达式框中，或单击某一元素类别。如果在"表达式类别"列表框中选择的是元素类别，则在"表达式值"列表框中双击元素值可将其粘贴到表达式框中。

4）重复 2）～ 3）步骤，直到完成表达式的输入，然后单击"确定"按钮。

当关闭"表达式生成器"后，Access 2010 将表达式复制到启动"表达式生成器"的位置，如果此位置原先有一个值或表达式，新的表达式将会替换原有的值或表达式。

3.2.4　修改查询

无论是利用查询向导还是利用查询设计视图建立的查询，建立后都可以对查询进行编辑修改。

1. 打开查询

在导航窗格需要打开的查询上单击鼠标右键，在弹出的快捷菜单中选择"设计视图"即可打开查询。

2. 编辑查询中的列

（1）添加列

在查询中，可以只添加要查看其数据、对其设置准则、分组、更新或排序的字段。操作步骤如下：

1）在"设计视图"中打开要修改的查询。

2）在"设计视图"中，对于包含要添加的字段的表或查询，确保其字段列表显示在窗口的上部。如果需要的字段列表不在查询中，可以添加一个表或查询。

3）从字段列表中选定一个或多个字段，并将其拖曳到网格的列中。

（2）删除列

如果某一字段不再需要时，可以将其删除。操作步骤如下：

1）在"设计视图"中打开要修改的查询。

2）单击列选定器选定相应的字段，然后按 Delete 键即可。

（3）调整列的显示顺序

操作步骤如下：

1）在"设计视图"中打开要修改的查询。

2）选定要移动的列。可以单击列选定器来选择一列，也可以选择相应的列选定器来选定相邻的数列。

3）再次单击已选定列中任何一个选定器，然后将该列拖曳到新位置。

（4）重命名查询列

如果希望在查询结果中使用用户自定义的列名称替代表中的字段名称，则可以对查询列重新命名。操作步骤如下：将光标移到设计网格中需要重命名的列左边，输入新列名后再输入英文冒号（:），如图 3-19 所示，在查询结果中，"专业编号"一列的字段名称改为"所修专业"。

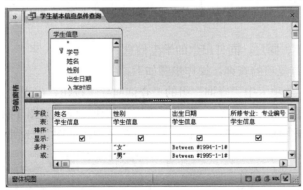

图 3-19　重命名字段

3. 编辑查询中的数据源

（1）添加表或查询

如果要显示的字段不在"设计视图"上半部显示的表或查询中，则需要添加表或查询。操作步骤如下：

1）在查询"设计视图"中打开要修改的查询。

2）在"查询工具 - 设计"选项卡"查询设置"组中单击"显示表"按钮，或在"设计视图"上半部分单击鼠标右键,然后在弹出的快捷菜单中选择"显示表 ...",弹出"显示表"对话框。

3)如果要加入表,单击"表";如果要加入查询,单击"查询";如果既要加入表也要加入查询,则单击"两者都有"。

4)单击要加入的表或查询,然后单击"添加",或双击要添加的表或查询。

5)选择完所有要添加的表或查询后,单击"关闭"。

(2)删除表或查询

当某些表或查询在查询中不需要时,可将其删除。操作步骤如下:

1)在查询"设计视图"中打开要修改的查询。

2)用右键单击要删除的表或查询,在弹出的快捷菜单中单击"删除表"命令,即可将表或查询删除。

(3)排序查询的结果

若要对查询的结果进行排序,可以按以下步骤操作:

1)在查询"设计视图"中打开该查询。

2)在对多个字段排序时,首先在设计网格上安排要执行排序时的字段顺序。Access 2010 首先排序最左边的字段,然后排序右边的下一个字段,依此类推。

3)在要排序的每个字段的"排序"单元格中,单击所需的选项即可。

3.2.5 查找重复项和不匹配项查询

用户有时要在表中查找部分内容相同的记录,有时又要在表中查找与指定内容不相匹配的记录,就要用到查找重复项和不匹配项查询。

1. 查找重复项

在 Access 2010 中,可能需要对数据表中某些字段具有相同的值的记录进行检索、分类。利用"查找重复项查询向导"可以在表中查找内容相同的记录,确定表中是否存在重复值的记录。

例 3-5 查找同年、同月、同日出生的学生信息。

此查询属于查找重复项的查询,操作步骤如下:

1)单击"创建"选项卡中"查询"组的"查询向导"按钮,出现"新建查询"对话框。

2)选择"查找重复项查询向导",单击"确定"按钮,弹出如图 3-20 所示对话框。

3)选择"表:学生信息",单击"下一步"按钮,弹出如图 3-21 所示对话框。

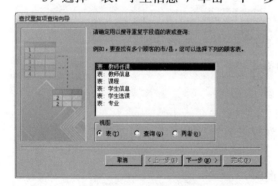
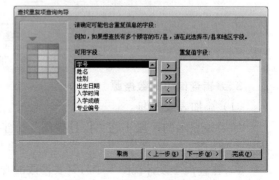

图 3-20　选择包含重复字段的表 / 查询　　　　　　图 3-21　选择值重复的字段

4）在"可用字段"列表框中选择可能包含重复值的一个或多个字段，这里选择"出生日期"，单击"下一步"按钮，弹出如图 3-22 所示对话框。

5）从"可用字段"列表框中选择除重复字段以外的其他需要显示的字段，加入"另外的查询字段"列表框中，这里选择"姓名"、"性别"，然后单击"下一步"按钮。

6）在弹出的对话框的"请指定查询的名称"文本框中输入"查找出生日期相同的学生"，然后单击"完成"按钮，查询结果如图 3-23 所示。

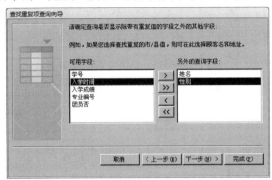

图 3-22　选择其他显示字段

图 3-23　查找出生日期相同的学生数据表视图

2. 查找不匹配项

在 Access 2010 中，可能需要对数据表中的记录进行检索，查看它们是否与其他表中记录相关，是否真正具有实际意义。利用"查找不匹配项查询向导"可以在两个表或查询中查找不相匹配的记录。

例 3-6　查找没有选课的学生姓名、性别及专业编号。

此查询属于查找不匹配项的查询，操作步骤如下：

1）单击"创建"选项卡"查询"组的"查询向导"按钮，出现"新建查询"对话框（见图 3-24）。

2）选择"查找不匹配项查询向导"，然后单击"确定"按钮，弹出如图 3-25 所示对话框。

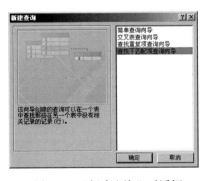

图 3-24　"新建查询"对话框

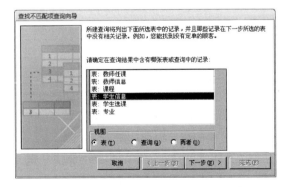

图 3-25　选择包含显示字段的表/查询

3）此对话框用于选择包含需要显示数据的表，此时选择"表：学生信息"，单击"下一步"按钮，弹出如图 3-26 所示对话框。

4）此对话框用于选择与上一步所选择的表的数据相匹配/不相匹配的表，此时选择"表：学生选课"，单击"下一步"按钮，弹出如图 3-27 所示对话框。

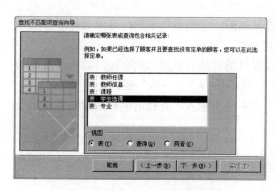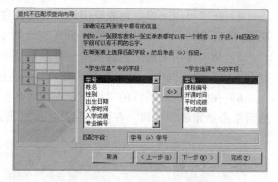

图 3-26　选择相关的表 / 查询对话框　　　　　　　图 3-27　匹配字段选择对话框

5）此对话框用于指定前两步选择的表之间的匹配字段，分别在左右列表框中选择匹配的字段，单击两列表框中间的"<=>"按钮，这里选择"学号"，单击"下一步"按钮，弹出如图 3-28 所示对话框。

6）选择查询结果中要显示的字段，这里选择"姓名"、"性别"和"专业编号"，单击"下一步"按钮。

7）输入查询的名称：查找未选课的学生信息，单击"完成"按钮，查询结果如图 3-29 所示。

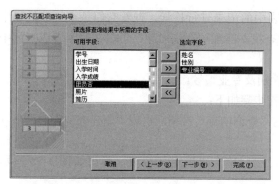　　　　　　　　　

图 3-28　选择显示字段　　　　　　　　图 3-29　"查找不匹配项的查询"结果

3.3　在查询中计算

前面我们建立了许多查询，虽然这些查询都非常有用，但是它们仅仅是为了获取符合条件的记录。而在实际应用中，人们在建立查询时，有时可能对表中的记录并不关心，往往更关心的是记录的统计结果。比如，某门课程的平均分等。为了获取这样的数据，就需要使用 Access 2010 提供的统计查询功能。

所谓统计查询就是在成组的记录中完成一定计算的查询。使用查询设计视图中的"总计"行，可以对查询中的全部记录或记录组计算一个或多个字段的统计值。使用"条件"行，可以添加影响计算结果的条件表达式。

3.3.1　数据统计

统计查询用于对表中的全部记录或记录分组进行统计计算，包括总计、平均值、计数、求最小值、最大值、标准偏差或方差。计数结果只用于显示，并没有实际存储在表中。

　　统计查询的设计方法与前面的介绍大体相同，不同之处在于在查询设计视图的设计网格中需要加入"总计"行。在"查询工具－设计"选项卡的"显示/隐藏"组中单击"汇总"按钮，设计网格中就会出现"总计"行。

　　例 3-7　统计学生总人数。

　　在 Access 2010 中，可以通过在查询中执行计算的方式进行统计。由于在"学生信息"表中专门记录了学生的各类信息，因此可以将"学生信息"表作为查询计算的数据源，而且一个学生是一条记录，所以统计学生总人数即为统计某一字段的记录个数。一般引用没有重复值的字段进行统计。操作步骤如下：

　　1）将"学生信息"表中的"学号"字段添加到查询设计网格的"字段"行上。注意：如果添加两个以上字段，那么"学号"以外的字段的"总计"行上将显示"group by"，也就是要分组计算学生人数，这与统计学生总人数不符，所以本例只能选"学号"一个字段。

　　2）在"查询工具－设计"选项卡的"显示/隐藏"组中单击"汇总"按钮，设计网格中就会出现"总计"行，并自动将"学号"字段的"总计"行单元格设置成"group by"。单击"学号"字段的"总计"行单元格，这时它右边将显示一个下拉按钮，单击该按钮，然后从下拉列表框中选择"计数"，如图 3-30 所示。

　　3）单击"保存"按钮，在"查询名称"对话框中输入"查询学生人数"，然后单击"确定"按钮。

　　4）切换到数据表视图，学生人数统计结果如图 3-31 所示。

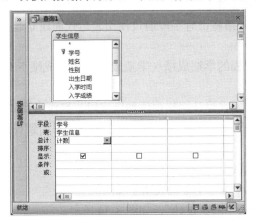

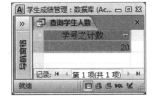

　　　　　图 3-30　"总计"设计　　　　　　　　　　　图 3-31　"查询学生人数"结果

　　在实际应用中，用户除了要统计某个字段的所有值，还需要将记录分组，然后对每个分组的记录进行统计。

　　例 3-8　统计"Access 数据库应用基础"课程的"考试成绩"平均分。

　　由于"课程名称"和"考试成绩"分别放在"课程"表和"学生选课"表中，因此查询要涉及两个表，操作步骤如下：

　　1）将"课程"表的"课程名称"字段和"学生选课"表的"考试成绩"字段添加到查询设计网格的"字段"行。

　　2）在"查询工具－设计"选项卡的"显示/隐藏"组中单击"汇总"按钮，在"总计"行上自动将所有字段的"总计"行单元格设置成"group by"。单击"考试成绩"字段的"总计"行单元格，单击右边的下拉按钮，从下拉列表框中选择"平均值"，在"课程名称"的

"条件"行输入"Access 数据库应用基础",如图 3-32 所示。

3)单击工具栏上的"保存"按钮,在"查询名称"文本框中输入"查询平均考试成绩",然后单击"确定"按钮。

4)单击"数据表视图"按钮或单击"结果"组中的"运行"按钮,切换到"数据表视图",即可看到"查询平均考试成绩"的结果,如图 3-33 所示。

图 3-32 "平均值"设计

图 3-33 "查询平均考试成绩"结果

3.3.2 添加计算字段

前面介绍了怎样利用统计函数对表或查询进行统计计算,但如果需要统计的数据在表或查询中没有相应的字段,或者用于计算的数值来自于多个字段时,就应该在设计网格中的"字段"行上添加一个计算字段。计算字段就是指将已有字段通过使用表达式而建立起来的新字段。

例 3-9 计算每个学生的"网页设计"课程的学期成绩(学期成绩 = 平时成绩 ×0.3+ 考试成绩 ×0.7)。

由于表中没有"学期成绩"字段,所以需要在设计网格中添加该字段,操作步骤如下:

1)将"学生信息"表中的"姓名"、"课程"表中的"课程名称"字段,添加到查询设计网格的"字段"行。

2)在第 3 列的"字段"行输入如下表达式:

学期成绩:[平时成绩]*0.3+[考试成绩]*0.7

3)在"课程名称"字段的"条件"行输入"网页设计",如图 3-34 所示。

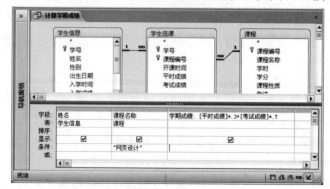

图 3-34 "计算学期成绩"设计窗口

4)单击"保存"按钮,在"查询名称"文本框中输入"计算学期成绩",然后单击"确定"按钮，运行后的查询结果如图 3-35 所示。

3.3.3　创建自定义查询

上面介绍了总计查询，即使用总计函数对表中已有字段进行总计计算，以及创建自定义表达式，对现有字段进行计算。除此之外，用户还可以创建自定义表达式，对现有字段进行计算后再求总计。

例 3-10　计算"男"同学的平均年龄。

操作步骤如下：

1）将"学生信息"表中的"性别"字段添加到查询设计网格的"字段"行。

2）在第 2 列的"字段"行输入如下表达式：

$$年龄：year(date())-year([出生日期])$$

3）在"性别"字段的条件行输入"男"，单击"汇总"按钮，"总计"行上选择"Group By"；在新添加的"年龄"字段的"总计"行上选择"平均值"。查询设计视图如图 3-36 所示（或输入表达式年龄：Avg(year(date())-year([出生日期]))，"总计"行上选择"表达式"）。

图 3-35　"计算学期成绩"结果

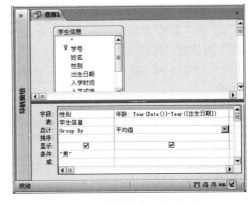

图 3-36　计算字段的设计窗口

4）单击工具栏上的"保存"按钮，在"查询名称"文本框中输入"计算男生平均年龄"，然后单击"确定"按钮，查询结果如图 3-37 所示。

图 3-37　"计算男生平均年龄"结果

3.4　交叉表查询

Access 2010 支持一种特殊类型的总计查询，称为交叉表查询。利用该查询，可以在类似电子表格的格式中查看计算值。

交叉表查询，就是将来源于某个表或查询中的字段进行分组，一组列在数据表的左侧，一组列在数据表的上部，然后在数据表行与列的交叉处显示表中某个字段的各种计算值，比如求和、计数值、平均值、最大值等。

建立交叉表查询的方法有两种：使用"交叉表查询向导"和使用"设计视图"。

3.4.1 使用"交叉表查询向导"建立查询

使用"交叉表查询向导"建立交叉表查询时,使用的字段必须属于同一个表或查询。如果使用的字段不在同一个表或查询中,则应先建立一个查询,将它们组合在一起。

例 3-11 在"教师信息"表中统计各系的教师人数及其职称分布情况,建立如图 3-38 所示的交叉表。

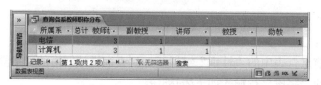

图 3-38 查询各系教师职称分布

从交叉表可以看出,在其左侧显示了教师所属系,称它为"行标题",上面显示了各部门职工人数及职称类型,称它为"列标题",行、列交叉处显示了各职称在各系中的人数。由于该查询只涉及"教师信息"表,所以可以直接将其作为数据源。操作步骤如下:

1)单击"创建"选项卡中"查询"组的"查询向导"按钮,出现"新建查询"对话框。

2)在"新建查询"对话框中,双击"交叉表查询向导",这时屏幕上显示"交叉表查询向导"对话框,如图 3-39 所示。

3)这里选择"表:教师信息"后单击"下一步"按钮,这时屏幕上显示如图 3-40 所示对话框。

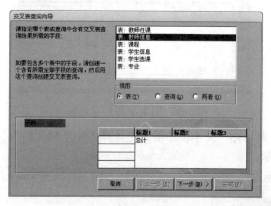

图 3-39 "交叉表查询向导"对话框

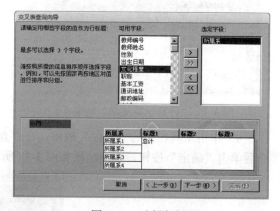

图 3-40 选择行标题

4)选择作为行标题的字段。行标题最多可选择三个字段,为了在交叉表的每一行的前面显示教师所属系,这里应双击"可用字段"框中的"所属系"字段,将它添加到"选定字段"框中。然后单击"下一步"按钮,弹出如图 3-41 所示的对话框。

5)选择作为列标题的字段。列标题只能选择一个字段,为了在交叉表的每一列的上面显示职称情况,单击"职称"字段。然后单击"下一步"按钮,弹出如图 3-42 所示对话框。

6)确定行、列交叉处的显示内容的字段。为了让交叉表统计每个系每种职称的教师人数,应单击字段框中的"教师编号"字段,然后在"函数"框中选择"count"函数。若要在交叉表的每行前面显示总计数,还应在"请确定是否为每一行作小计"选项下选中"是,包括各行小计"复选框。最后单击"下一步"按钮。

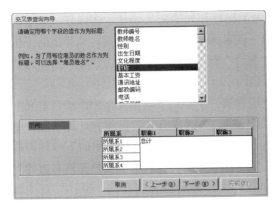

图 3-41　选择列标题

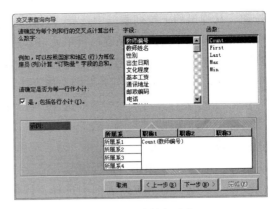

图 3-42　选择交叉点

7）在弹出的对话框的“请指定查询的名称”文本框中输入所需的查询名称，这里输入“查询各系教师职称分布”，然后单击“查看查询”选项按钮，再单击“完成”按钮。

这时，系统开始建立交叉表查询，查询结果如图 3-38 所示。

3.4.2　使用“设计视图”建立交叉表查询

除了可以使用“交叉表查询向导”建立交叉表查询以外，还可以使用“设计视图”建立交叉表查询。

例 3-12　统计每个学生的选课分布情况，建立如图 3-43 所示的交叉表。

姓名	总计选课数	Access数据	C语言程序	多媒体计算	计算机原理	网页设计
陈靖仇	1	1				
程灵素	2	1		1		
郭小白	1	1				
黄小仙	1					1
李沉舟	1					1
李雨轩	1				1	
司徒钟	2	1		1		
苏星河	1	1				
谢婉莹	1	1				
杨恒	2		1		1	
于小雪	1					1
宇文拓	1	1				
周芷若	2	1		1		

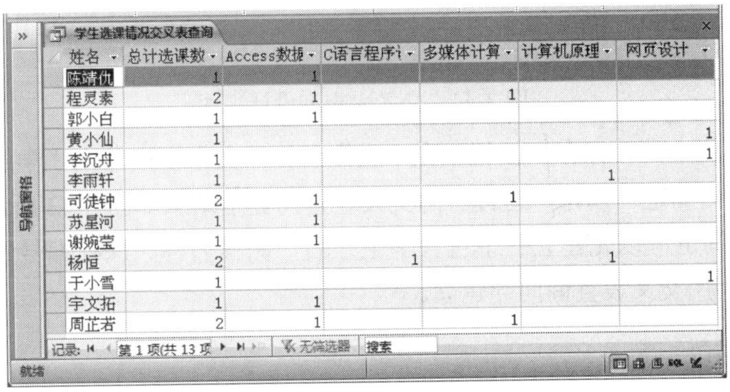

图 3-43　交叉表查询结果

从交叉表可以看出，“姓名”作为行标题；“课程名称”作为列标题；行、列交叉处显示了每名学生的选课数。由于在查询中还要计算每个学生总的选课门数，所以还要增加一个“总计选课门数”字段作为行标题。该查询涉及“学生信息”表、“课程”表和“学生选课”表。操作步骤如下：

1）单击“创建”选项卡中“查询”组的“查询设计”按钮，屏幕上显示查询“设计视图”。将“学生信息”表中的“姓名”字段、“课程”表中的“课程名称”字段和“学生选课”表中的“课程编号”字段拖放到设计网格的“字段”行上。

2）单击“查询工具 – 设计”选项卡中“查询类型”组的“交叉表”按钮。

3）为了将“姓名”放在每行的左边，单击“姓名”字段的“交叉表”行单元格，然后单击该单元格右边的下拉按钮，从弹出的下拉列表框中选择“行标题”；为了将“课程名称”放在第一行上，单击“课程名称”字段的“交叉表”行单元格，然后单击该单元格右边的下拉按钮，从弹出的下拉列表框中选择"列标题"；为了在行和列的交叉处显示选课数，应单击"课程编号"字段的"交叉表"行单元格，然后单击该单元格右边的下拉按钮，从弹出的下拉列表框中选择"值"；单击"课程编号"字段的"总计"行单元格，然后单击该单元格右边的下拉按钮，从弹出的下拉列表框中选择"计数"函数。

4）由于要计算每个学生总的选课门数，因此应在第一个空白字段单元格中添加自定义字段名称"总计选课数"，用于在交叉表中作为字段名显示，"课程编号"仍作为计算字段。单击该字段的"交叉表"行单元格，然后单击该单元格右边的下拉按钮，从弹出的下拉列表框中选择"行标题"，单击"课程编号"字段的"总计"行单元格，然后单击该单元格右边的下拉按钮，从弹出的下拉列表框中选择"计数"函数。设计好的交叉表查询"设计"视图如图 3-44 所示。

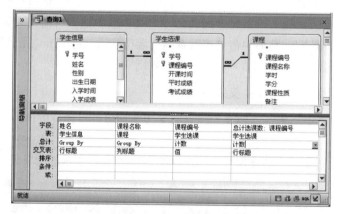

图 3-44　交叉表查询设计视图

5）单击工具栏上的"保存"按钮，在"查询名称"文本框中输入"学生选课情况交叉表查询"，然后单击"确定"按钮，运行后的交叉表查询显示结果如图 3-43 所示。

注意：此查询也可以先建立一个包含学生姓名、课程名称、课程编号的查询，然后以这个查询为数据源利用交叉表查询向导建立。

3.5　参数查询

前面介绍的查询，无论是内容还是条件都是固定的，如果希望根据某个或某些字段的不同值来查找记录，就需要不断地更改所建查询的条件，显然很麻烦。为了更灵活地实现查询，可以使用 Access 2010 提供的参数查询。

执行参数查询时会先显示一个输入对话框以提示用户输入查询条件，并以此检索符合条件的记录。参数查询包括单参数查询和多参数查询。

查询设计的开始几步如前几节所述，只是需要在查询设计网格的"条件"单元格中添加运行时系统将显示的提示信息。运行查询时，用户可按提示信息输入特定值即可。

例 3-13　根据所输入的专业编号查询该专业学生的基本信息。显示姓名、性别、专业编号。操作步骤如下：

1）将要显示的"姓名"、"性别"，"专业编号"字段添加到设计视图的"字段"行上。

2）在"专业编号"的"条件"行单元格中，输入一个带方括号的文本"[请输入专业编号：]"作为提示信息，如图 3-45 所示。

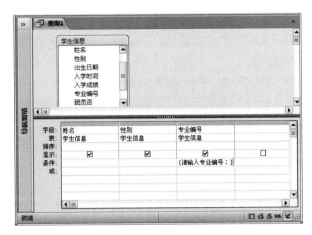

图 3-45　参数查询设计视图窗口

3）单击"保存"按钮，在"查询名称"文本框中输入"根据专业编号查询学生信息"，然后单击"确定"按钮。

4）单击"查询工具－设计"选项卡中"结果"组的"运行"按钮，弹出参数查询对话框，输入查询参数"11"，如图 3-46 所示。

5）单击"确定"按钮，结果如图 3-47 所示。

图 3-46　输入参数值对话框

图 3-47　参数查询结果

如需查询其他专业的学生信息，只需再一次执行该查询，在输入参数值对话框中输入相应专业的编号即可。

如果要设置两个或多个参数，则在两个或多个字段对应的条件单元格中输入带方括号的文本作为提示信息即可。执行查询时，根据提示信息依次输入参数值。

3.6　操作查询

前面介绍的查询在运行过程中对原始表不做任何修改，而操作查询不仅进行查询，而且还对表中的原始记录进行相应的修改。

所谓操作查询是指仅在一个操作中就能更改许多记录的查询。

Access 2010 包括生成表查询、删除查询、更新查询和追加查询 4 种操作查询。

3.6.1　生成表查询

生成表查询就是利用查询建立一个新表。由于在 Access 2010 中，从表中访问数据要比在查询中访问数据快得多，因此，当需要经常从几个表中提取数据时，最好的方法是使用"生成表查询"，将从多个表中提取的数据生成一个新表，永久保存起来。

例 3-14　将学生学号、姓名、课程名称、课程成绩（即平时成绩 *0.3+ 考试成绩 *0.7）保存到一个新表中。操作步骤如下：

1）将"学生信息"表中的"学号"、"姓名"字段，"课程"表中的"课程名称"字段，"学生选课"表中的"平时成绩"、"考试成绩"字段添加到设计网格的"字段"行上，在第 6 列的字段行中输入如下表达式：

课程成绩：平时成绩 *0.3+ 考试成绩 *0.7

2）单击"查询工具 – 设计"选项卡中"查询类型"组的"生成表"按钮，这时屏幕上显示"生成表"对话框，如图 3-48 所示。

3）在"表名称"文本框中输入要创建的新表名称"学生成绩生成表"，然后单击"当前数据库"选项，把新表放入当前打开的"成绩管理"数据库中，单击"确定"按钮。

4）单击"查询工具 – 设计"选项卡中"结果"组的"视图"按钮，预览"生成表查询"新建的表。此时还没有生成新表，如果不满意，则可以再次单击"视图"按钮，返回到"设计视图"进行更改，直到满意为止。

5）在"设计视图"中，单击"查询工具 – 设计"选项卡中"结果"组的"运行"按钮，弹出如图 3-49 所示的提示框。

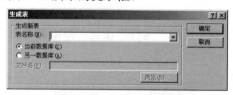

图 3-48 "生成表"对话框

图 3-49 提示框

6）单击"是"按钮，Access 将开始新建"学生成绩生成表"，生成新表后不能撤销所做的更改；单击"否"按钮，不建立新表。这里单击"是"按钮。

7）单击"保存"按钮，在查询名称文本框中输入"学生成绩生成表查询"，然后单击"确定"按钮保存所建的查询。

从导航窗格的表对象列表中可以看到除了原来已有的表名称外，增加了"学生成绩生成表"的表名称。

3.6.2 删除查询

删除查询就是利用查询删除一组记录。删除后的记录无法恢复。

随着时间的推移，所建数据库中的数据会越来越多，其中有些数据是有用的，而有些数据已无用，对于这些没有用的数据应该及时从数据库中删除。如果使用简单的删除操作来删除属于同一类型的一组记录，需要用户在表中一个一个地将它们找到后再删除，操作起来非常麻烦。Access 2010 提供了删除查询，利用该查询可以一次删除一组同类型的记录，从而大大提高了数据管理的效率。

删除查询可以从单个表中删除记录，也可以从多个相互关联的表中删除记录。如果要从多个表中删除相关记录，必须满足以下几点：

- 在关系窗口中定义相关表之间的关系。
- 在关系对话框中选择"实施参照完整性"复选项。
- 在关系对话框中选择"级联删除相关记录"复选项。

例 3-15 在例 3-14 中，利用生成表查询建立了一个名为"学生成绩生成表"的新表，若希望删除该表中所有课程成绩小于 60 分的记录，则利用删除查询可以方便、快速地完成操作。操作步骤如下：

1）将"学生成绩生成表"添加到查询设计网格的上半部分。

2）单击"查询工具－设计"选项卡中"查询类型"组的"删除"按钮，这时在查询设计网格中显示一个"删除"行。

3）把"学生成绩生成表"的字段列表中的"*"号拖动到查询设计网格的"字段"行单元格中，这时系统将其"删除"单元格设定为"From"，表明要对哪一个表进行删除操作。

4）将要设置"条件"的字段"课程成绩"字段拖动到查询设计网格的"字段"行单元格中，这时系统将其"删除"单元格设定为"Where"，在"课程成绩"的"条件"行单元格中键入表达式：<60。查询设计如图 3-50 所示。

图 3-50　删除查询"设计"视图

5）单击"查询工具－设计"选项卡中"结果"组的"视图"按钮，预览"删除查询"检索到的一组记录。此时还没有实现记录的删除操作，如果预览到的一组记录不是要删除的记录，则可以再次单击"视图"按钮，返回到"设计视图"，对查询进行所需的更改，直到满意为止。

图 3-51　删除提示框

6）单击"查询工具－设计"选项卡中"结果"组的"运行"按钮，弹出如图 3-51 所示的提示框。

7）单击"是"按钮，Access 将开始删除属于同一组的所有记录；单击"否"按钮，不删除记录。这里单击"是"按钮。

8）保存该查询为"删除不及格记录查询"。

当单击"表"对象，然后再双击"学生成绩生成表"时，就可以看到所有课程成绩小于 60 分的记录已被删除。

3.6.3　更新查询

更新查询就是利用查询改变一组记录的值。

在建立和维护数据库的过程中，常常需要对表中的记录进行更新和修改。如果要对符合条件的一组记录进行逐条更新修改，则既费时费力，又不能保证不遗漏。因此对于这种一次性改变一组记录的值的操作，最简单有效的方法是利用 Access 2010 提供的更新查询。

例 3-16　如果在计算学生学期成绩时，平时成绩占 30%，考试成绩占 70%，则在"成绩管理"数据库中，利用更新查询将"平时成绩"改为"平时成绩 *30%"，将"考试成绩"改为"考试成绩 *70%"。操作步骤如下：

1）将"学生成绩生成表"中的"平时成绩"和"考试成绩"字段添加到查询设计网格的"字段"行上。

2）单击"查询工具－设计"选项卡中"查询类型"组的"更新"按钮，这时在查询设计网格中显示一个"更新到"行。

3）在"平时成绩"字段的"更新到"行单元格中输入改变字段数值的表达式：[平时成

绩]*0.3；在"考试成绩"字段的"更新到"行单元格中输入改变字段数值的表达式：[考试成绩]*0.7。查询设计如图 3-52 所示。

4）单击"查询工具 – 设计"选项卡中"结果"组的"视图"按钮，能够预览到要更新的一组记录。此时还没有实现数据更新，再次单击"视图"按钮，返回到"设计视图"，对查询进行所需的更改。

5）单击"查询工具 – 设计"选项卡中"结果"组的"运行"按钮，弹出如图 3-53 所示的提示框。

图 3-52   更新查询设计视图

6）单击"是"按钮，Access 将开始更新属于同一组的所有记录，一旦利用"更新查询"更新记录，就不能用"撤销"命令恢复所做的更改；单击"否"按钮，则不更新表中的记录。这里单击"是"按钮。

7）单击"保存"按钮，保存所建的查询。

3.6.4   追加查询

追加查询就是利用查询将查询结果添加到另一个表的末尾。

例 3-17   在"成绩管理"数据库中，建立一个"补考"表，用于存储须参加补考的学生名单及补考科目，包含学号、姓名、课程名称字段。从现有数据中查出需补考学生的相关信息追加到"补考"表中。操作步骤如下：

1）打开查询设计视图，从"学生信息"表中选取"学号"、"姓名"字段，从"课程"表中选取"课程名称"字段，从"学生选课"表中选取"考试成绩"字段。

2）单击"查询工具 – 设计"选项卡中"查询类型"组的"追加"按钮，这时屏幕上显示"追加"对话框，如图 3-54 所示。

图 3-53   更新提示框

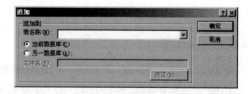

图 3-54   "追加"对话框

3）在"表名称"列表框中选择被添加记录的表的名称，即"补考"，表示将查询的记录追加到"补考"表中，然后选中"当前数据库"选项按钮，单击"确定"按钮。这时在查询设计网格中显示一个"追加到"行。

4）在查询设计网格的"追加到"行上自动填上了"补考"表中的同名的字段，以便将查询出来的信息追加到"补考"表相应的字段上，其他没自动对应的字段，必须手动选择对应关系，"考试成绩"字段的值在"补考"表中没有相应的字段存储，此字段用于作为查询条件，限定只选择考试成绩小于 60 的记录，故在相应字段的"条件"行输入：<60，如图 3-55 所示。

5）单击"查询工具 – 设计"选项卡中"结果"组的"视图"按钮，能够预览到要追加的一组记录。此时还没有实现数据追加，再次单击"视图"按钮，返回到设计视图，对查询进行所需的更改。

6）单击"查询工具－设计"选项卡中"结果"组的"运行"按钮，弹出如图3-56所示的提示框。

图 3-55　追加查询"设计"视图　　　　　　　　图 3-56　追加提示框

7）单击"是"按钮，Access开始将符合条件的一组记录追加到指定的表中。一旦利用"追加查询"追加了记录，就不能用"撤销"命令恢复所做的更改；单击"否"按钮，则不追加记录。这里单击"是"按钮。

8）单击"保存"按钮，保存所建的查询。

通过前面的介绍可以看出，不论是哪一种操作查询，都可以在一个操作中更改多条记录，并且在执行操作查询后，不能撤销刚刚做过的更改操作。因此，用户在使用操作查询时应注意在执行操作查询之前，最后单击"查询工具－设计"选项卡中"结果"组的"视图"按钮，预览即将更改的记录。如果预览到的记录就是要操作的记录，则执行操作查询。另外，在使用操作查询之前应该备份数据，这样，即使不小心更改了记录，还可以从备份中恢复。注意到了这几点，在执行操作查询时就不会遇到太多的麻烦，从而正确完成对数据的更新。

3.7　SQL 查询

刚刚开始使用 Access 时，用设计视图和向导就可以建立很多有用的查询，而且它的功能已经基本上能满足我们的需求。但在实际工作中，我们经常会碰到这样一些查询，这些查询用查询向导和设计视图都无法做出来，而用 SQL 查询就可以完成比较复杂的查询工作。

SQL 查询是用户使用 SQL 语句创建的查询。对于前面讲过的查询，系统在执行时自动将其转换为 SQL 语句。用户也可以在"SQL 视图"中直接书写 SQL 语句。

单纯的 SQL 语言所包含的语句并不多，但在使用的过程中需要大量输入各种表、查询和字段的名字。这样，当建立一个涉及大量字段的查询时，就需要输入大量文字，与用查询设计视图建立查询相比，就麻烦多了。所以，在建立查询的时候，建议先在查询设计视图中将基本的查询功能都实现，最后再切换到"SQL 视图"，通过编写 SQL 语句完成一些特殊的查询。下面就来看看在设计查询时是怎么切换到"SQL 视图"的。

单击"创建"选项卡中"查询"组的"查询设计"按钮，这时屏幕显示"显示表"对话框，之后添加要查询的表或查询，这里添加"学生信息"表，如图3-57所示。

现在要切换到"SQL 视图"，单击"查询工具－设计"选项卡中"结果"组的"视图"

按钮下半部分的三角形，在弹出的下拉菜单中选中"SQL 视图"就可以将视图切换到"SQL 视图"，如图 3-58 所示。

图 3-57 设计视图

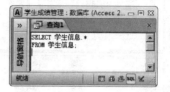

图 3-58 SQL 视图

在"SQL 视图"中输入相应的 SQL 命令后，单击"查询工具 – 设计"选项卡中"结果"组的"运行"按钮，就可以看到这个查询的结果，与直接用查询视图设计的查询产生的效果相同。

其实 Access 2010 中所有的数据库操作都是由 SQL 语言构成的，只是在其上增加了更加方便的操作向导和可视化设计罢了。当我们直接用设计视图建立一个同样的查询以后，将视图切换到"SQL 视图"，你会惊奇地发现，在这个视图的 SQL 编辑器中有同样的语句，这是 Access 2010 自动生成的语句。原来，Access 也是首先生成 SQL 语句，然后用这些语句再去操作数据库。

第 4 章将详细介绍在 Access 2010 中常用的 SQL 命令。

本章小结

Access 2010 提供了选择查询、参数查询、交叉表查询、操作查询和 SQL 查询，一共五种类型的查询，了解它们的特点和功能是设计好查询的前提。

- "选择查询"从一个或多个表中检索数据，并在数据表中显示记录集，还可以将数据分组、求和、计数、求平均值以及进行其他类型统计。
- "交叉表查询"通过同时使用行标题和列标题来排列记录，以使记录集更便于查看。
- "参数查询"在运行时显示一个对话框，提示用户输入用作查询条件的信息。还可以设计一个参数查询以提示输入多项信息，例如一个参数查询可以让用户输入两个日期，Access 将检索两个日期之间对应的所有数据。
- "操作查询"用于创建新表，或通过向现有表添加数据、从现有表中删除数据或更新现有表来更改现有表。
- "SQL 查询"是使用 SQL（结构化查询语言）语句创建的，它是查询、更新和管理关系数据库的高级方式。创建这种类型的查询时，Access 可以自动或由用户自行创建 SQL 语句。

思考题

1. 与表相比，查询有何优点？

2. 在 Access 2010 中，查询可以完成哪些功能？

3. 选择查询、交叉表查询和参数查询有什么区别？操作查询分为哪几种？

4. 什么是查询的 3 种视图？各有什么作用？

5. 能否在查询设计视图中修改表与表之间的关系？如果能，应该如何修改？

6. 写出以下准则表达式（可自拟字段名）：

1）年龄在 18～21 岁之间的女生；

2）1980 年以前出生，籍贯为"北京"、"上海"、"武汉"的未婚男工；

3）公司名称以"联"字开头，且包含"责任"二字的公司。

7. SQL 查询命令与 Access 的查询对象有何关系？

自测题

一、单项选择题（每题 1 分，共 40 分）

1. 在 Access 2010 中，以下_____不属于查询操作方式。

A. 选择查询　　B. 参数查询　　C. 准则查询　　D. 操作查询

2. 在以下各查询中，有一种查询除了从表中选择数据外，还对表中数据进行修改的是_____。

A. 选择查询　　B. 交叉表查询　　C. 参数查询　　D. 操作查询

3. 利用一个或多个表中的全部或部分数据建立新表的是_____。

A. 生成表查询　　B. 删除查询　　C. 更新查询　　D. 追加查询

4. 每个查询都有 3 种视图，下列不属于查询的 3 种视图的是_____。

A. 设计视图　　B. 模板视图　　C. 数据表视图　　D. SQL 视图

5. 查询实现的功能有_____。

A. 选择字段，选择记录，编辑记录，实现计算，建立数据库

B. 选择字段，选择记录，编辑记录，实现计算，建立新表

C. 选择字段，选择记录，编辑记录，实现计算，设置格式

D. 选择字段，选择记录，编辑记录，实现计算，建立基于查询的报表和窗体

6. 要将"选课成绩"表中的成绩取整，可以使用_____。

A. Abs(［成绩］)　　B. Int(［成绩］)　　C. Sqr(［成绩］)　　D. Sgn(［成绩］)

7. 下列关于查询的描述中正确的是_____。

A. 只能根据已建查询创建查询

B. 只能根据数据库表创建查询

C. 可以根据数据库表创建查询，但不能根据已建查询创建查询

D. 可以根据数据库表和已建查询创建查询

8. 下列不属于 SQL 查询的是_____。

A. 联合查询　　B. 传递查询　　C. 数据定义查询　　D. 选择查询

9. Access 2010 提供了组成查询准则的运算符是_____。

A. 关系运算符　B. 逻辑运算符　　C. 特殊运算符　　D. 以上都是

10. 函数 Sgn(-2) 返回值是_____。

A. 0　　B. 1　　C. -1　　D. -2

11. 对于交叉表查询，用户只能指定_____个总计类型的字段。

A. 1　　B. 2　　C. 3　　D. 4

12. 在 Access 2010 中，从表中访问数据的速度与从查询中访问数据的速度相比_____。

    A. 要快   B. 相等   C. 要慢   D. 无法比较

13. 在查询"设计视图"窗口，_____不是字段列表框中的选项。

    A. 排序   B. 显示   C. 类型   D. 准则

14. 操作查询不包括_____。

    A. 更新查询   B. 参数查询   C. 生成表查询   D. 删除查询

15. 查询向导不能创建_____。

    A. 选择查询   B. 交叉表查询   C. 重复项查询   D. 参数查询

16. Access 2010 支持的查询类型有_____。

    A. 选择查询、交叉表查询、参数查询、SQL 查询和操作查询

    B. 基本查询、选择查询、参数查询、SQL 查询和操作查询

    C. 多表查询、单表查询、交叉表查询、参数查询和操作查询

    D. 选择查询、统计查询、参数查询、SQL 查询和操作查询

17. 特殊运算符"Is Null"用于判定一个字段是否为_____。

    A. 空值   B. 空字符串   C. 默认值   D. 特殊值

18. 函数_____返回一个值，该值是从字符表达式右侧第 1 个字符开始截取若干个字符。

    A. Space   B. String   C. Left   D. Right

19. 返回字符表达式中值的个数，即统计记录数的函数为_____。

    A. Avg   B. Count   C. Max   D. Min

20. Access 2010 提供了_____种逻辑运算符。

    A. 3   B. 4   C. 5   D. 6

21. 关于使用文本值作为查询准则，下面叙述正确的是_____。

    A. 可以方便地限定查询的范围和条件   B. 可以实现较为复杂的查询

    C. 可以更形象、直观，易于理解   D. 可以减少用户输入

22. 假设某数据库表中有一个工作时间字段，查找 15 天前参加工作的记录的准则是_____。

    A. =Date( )–15   B. <Date( )–15   C. >Date( )–15   D. <=Date( )–15

23. 特殊运算符"In"的含义是_____。

    A. 用于指定一个字段值的范围，指定的范围之间用 And 连接

    B. 用于指定一个字段值的列表，列表中的任一值都可与查询的字段相匹配

    C. 用于指定一个字段为空

    D. 用于指定一个字段为非空

24. 关于准则 Not Like "[北京,上海,广州] *"，或者 Like "[! 北京,上海,广州] *"，以下可满足条件的城市是_____。

    A. 北京   B. 上海   C. 广州   D. 杭州

25. _____是最常见的查询类型，它从一个或多个表中检索数据，在一定的限制条件下，还可以通过此查询方式来更改相关表中的记录。

    A. 选择查询   B. 参数查询   C. 操作查询   D. SQL 查询

26. 可以在一种紧凑的、类似于电子表格的格式中，显示来源于表某个字段的合计值、计算值、平均值等的查询方式是_____。

    A. SQL 查询   B. 参数查询   C. 操作查询   D. 交叉表查询

27. 表中存有学生姓名、性别、班级、成绩等数据，若想统计各个班各个分数段的人数，最好的查询方式是_____。

A. 选择查询　　　　B. 交叉表查询　　　　C. 参数查询　　　　D. 操作查询

28. 适合将"编译原理"课程不及格的学生从"学生信息"表中删除的是_____。

A. 生成表查询　　　B. 更新查询　　　　C. 删除查询　　　　D. 追加查询

29. 将电信系 40 岁以上的教师的职称改为副教授，合适的查询是_____。

A. 生成表查询　　　B. 更新查询　　　　C. 删除查询　　　　D. 追加查询

30. 年龄在 18 ~ 21 岁之间的学生的设置条件可以设置为_____。

A. ">18 or <21"　　B. ">18 and <21"　　C. ">18 not <21"　　D. ">18 like <21"

31. 设置排序可以将查询结果按一定的顺序排列，以便于查阅。如果所有的字段都设置了排序，那么查询的结果将先按_____排序字段进行排序。

A. 最左边　　　　　B. 最右边　　　　　C. 最中间　　　　　D. 随机

32. 以下关于选择查询叙述错误的是_____。

A. 根据查询准则，从一个或多个表中获取数据并显示结果

B. 可以对记录进行分组

C. 可以对查询记录进行总计、计数和求平均等计算

D. 查询的结果是一组数据的"静态集"

33. 使用向导创建交叉表查询的数据源是_____。

A. 数据库文件夹　　B. 表　　　　　　　C. 查询　　　　　　D. 表或查询

34. 如果使用向导创建交叉表查询的数据源来自多个表，可以先建立一个_____，然后将其作为数据源。

A. 表　　　　　　　B. 数据库　　　　　C. 查询　　　　　　D. 静态集

35. 关于删除查询，下面叙述正确的是_____。

A. 每次操作只能删除一条记录

B. 每次只能删除单个表中的记录

C. 删除过的记录只能用"撤销"命令恢复

D. 每次删除整个记录，并非是指定某字段中的记录

36. SQL 能够创建_____。

A. 更新查询　　　　B. 追加查询　　　　C. 各类查询　　　　D. 选择查询

37. 在查询设计视图中_____。

A. 只能添加数据库表　　　　　　　　　B. 可以添加数据库表，也可以添加查询

C. 只能添加查询　　　　　　　　　　　D. 以上说法都不对

38. 返回数值表达值的算术平方根的函数为_____。

A. Abs　　　　　　B. Int　　　　　　　C. Sqr　　　　　　D. Sgn

39. 返回数值表达式中值的总和的函数为_____。

A. Mid　　　　　　B. Hour　　　　　　C. Date　　　　　　D. Sum

40. 返回表达式中最小值的函数为_____。

A. Avg　　　　　　B. Count　　　　　　C. Max　　　　　　D. Min

二、填空题（每空 1 分，共 20 分）

1. 创建分组统计查询时，总计项应选择_____类型的字段。

2. 根据对数据源操作方式和结果的不同，查询可以分为 5 类：选择查询、交叉表查询、_____、

操作查询和 SQL 查询。

3. "查询"设计视图窗口分为上下两部分，上部分为_____区，下部分为设计网格。

4. 书写查询准则时，日期值应该用_____括起来。

5. SQL 查询就是用户使用 SQL 语句来创建的一种查询。SQL 查询主要包括联合查询、传递查询、_____。

6. 查询也是一个表，是以_____为数据来源的再生表。

7. 操作查询包括_____、删除查询、更新查询和追加查询 4 种。

8. 创建查询的方法有两种：_____和使用设计视图。

9. 每个查询都有三种视图，分别是：_____、_____和_____。

10. 一个查询又可以作为另一个_____的数据源。

11. _____查询将来源于某个表中的字段进行分组，一组列在数据表的左侧，一组列在数据表的上部，然后在数据表行与列的交叉处显示表中某个字段的统计值。

12. 返回数值表达式的绝对值的函数为_____。

13. 交叉表查询的数据源只能是一个表或_____。

14. 更新查询的结果，可对数据源中的数据进行_____。

15. 交叉表查询是利用了表中的_____来统计和计算的。

16. 参数查询是利用_____来提示用户输入准则的查询。

17. 当用逻辑运算符 Not 连接的表达式为真时，则整个表达式为_____。

18. 在 Access 2010 中，查询不仅具有查找的功能，而且还具有_____的功能。

三、判断题（每题 1 分，共 20 分，正确的写"T"，错误的写"F"）

（   ）1. 当我们改变"表"中的数据时，"查询"中的数据也会发生相应改变。

（   ）2. 我们可以根据表来建立查询，但不可以根据某一个查询来建立新的查询。

（   ）3. Access 2010 的每一个查询主要有三个视图，即"数据表"视图、"设计"视图和"SQL"视图等。

（   ）4. "SQL"视图用来显示与"设计"视图等效的 SQL 语句。

（   ）5. 查询的"数据表"视图看起来很像表，它们之间是没有什么差别的。

（   ）6. 在查询的数据表中可以改变列宽和行高，还可以隐藏和冻结列。

（   ）7. 使用选择查询可以从一个或多个表或查询中检索数据，可以对记录组或全部记录进行求总计、计数等汇总运算。

（   ）8. 建立多表查询的两个表必须有相同的字段，通过这个相同字段建立起两个表之间的关系。

（   ）9. Access 2010 中的查询准则主要有函数和表达式两种。

（   ）10. Access 2010 提供了"表达式生成器"，用户可以在需要帮助的时候，在设计网格中的"条件"行单元格中启动"表达式生成器"。

（   ）11. 只有利用"设计"视图建立的查询，建立后才可以对查询进行编辑修改。

（   ）12. 可以对查询的结果进行排序。

（   ）13. 使用查询"设计"视图中的"条件"行，可以对查询中的全部记录或记录组计算一个或多个字段的统计值。使用"总计"行，可以添加影响计算结果的条件表达式。

（   ）14. 计算字段就是指将已有字段通过使用表达式而建立起来的新字段。

（   ）15. Access 2010 支持一种特殊类型的总计查询，叫做交叉表查询。利用该查询，你可以在类似电子表格的格式中查看计算值。

（　　）16. 建立交叉表查询的方法有两种：使用交叉表查询向导和使用"设计"视图。

（　　）17. 使用"交叉表查询向导"建立交叉表查询时，使用的字段可以属于不同的表或查询。

（　　）18. 执行参数查询时，数据库系统显示所需参数的对话框，由用户输入相应的参数值。

（　　）19. 查询在运行过程中对原始表不能做任何修改。

（　　）20. 操作查询是指在一个操作中只能更改一条记录的查询。

四、简答题（每题 6 分，共 18 分）

1. 在 Access 2010 中，查询可以分为哪几类？

2. 简述查询的功能及优点。

3. 常见的 SQL 查询有哪几种类型？

第 4 章 关系数据库标准语言 SQL

SQL（Structured Query Language）意为结构化查询语言。20 世纪 70 年代，SQL 诞生于 IBM 公司在加利福尼亚州 San Jose 的实验室。多年来，它已成为关系数据库标准语言，各种流行的关系数据库管理系统，如 Access、SQL Server 和 Oracle，都能使用 SQL。它集数据定义语言（DDL）、数据操纵语言（DML）、数据控制语言（DCL）于一体，是一个关系数据库的标准语言。

第 2 章和第 3 章分别介绍了使用表和查询的相应视图（窗口），可视化地创建与修改表、查询以及修改数据的方法。本章介绍在"SQL 视图"和应用程序中，如何使用 SQL 语句动态地创建与修改表、查询以及修改数据，重点介绍关系数据库标准语言 SQL 的特点、数据定义、数据查询、视图（虚表）和数据操作命令。

4.1 概述

SQL 之所以受到用户和业界的青睐，并成为国际标准，是因为它是一个综合的、功能极强同时又简单易学的语言。计算机语言由一组相关命令或语句组成。按照命令的功能或用途，SQL 命令可以分为 3 组：

1）数据定义语言（DDL）：包括数据库、表、索引和视图的创建、修改命令。

2）数据操纵语言（DML）：包括数据查询和数据操作命令。

3）数据控制语言（DCL）：包括用户权限管理命令，在 Access 2010 中不能使用。

4.1.1 SQL 的特点

SQL 的主要特点包括：

1. 综合统一

数据库系统的主要功能是通过数据库支持的数据语言实现的。SQL 语言风格统一，可以独立完成数据库生命周期中的全部活动，包括：

- 创建数据库、表、索引和视图。
- 对数据库中的数据进行查询和更新操作。
- 数据库重构和维护。
- 数据库安全性、完整性控制。

2. 高度非过程化

非关系数据模型的数据操纵语言是"面向过程"的语言，用"过程化"语言完成某项请求，必须指定存取路径。而用 SQL 进行数据操作，只需提出"做什么"，无须指明"怎么做"，因此无须了解存取路径。存取路径的选择以及 SQL 的操作过程由系统自动完成，这不但大大减轻了用户负担，而且有利于提高数据独立性。

3. 面向集合的操作方式

非关系数据模型采用的是面向记录的操作方式，操作对象是一条记录。例如查询所有平均成绩在 80 分以上的学生，用户必须一条一条地将满足条件的学生记录找出来。而 SQL 采用集合操作方式，不仅操作对象、查询结果可以是记录的集合，而且一次插入、删除、更新操作的对象也可以是记录的集合。

4. 以同一种语法结构提供多种使用方式

SQL 既是独立的语言，又是嵌入式语言。作为独立的语言，它能够独立地用于联机交互的使用方式，用户可以在终端键盘上直接键入 SQL 命令对数据库进行操作；作为嵌入式语言，SQL 语句能够嵌入到高级语言（例如 C、C++、Java 等）程序中，供程序员设计数据库应用程序时使用。在两种不同的使用方式下，SQL 的语法结构基本上是一致的。这种以统一的语法结构提供多种不同使用方式的做法，提供了极大的灵活性与方便性。

5. 语言简洁，易学易用

SQL 功能极强，但由于设计巧妙，语言十分简洁，完成核心功能只用了 9 个动词，如表 4-1 所示。SQL 接近英语口语，因此容易学习和使用。

表 4-1　SQL 的动词

SQL 功能	动　　词	SQL 功能	动　　词
数据定义	CREATE、DROP、ALTER	数据操纵	INSERT、UPDATE、DELETE
数据查询	SELECT	数据控制	GRANT、REVOKE

SQL 语句格式仅由两部分构成：动词和选项。学习 SQL 的重点是掌握命令动词、选项及其功用，读者可以通过了解命令格式、功能和实例，以及上机边看边做，来熟练掌握。

4.1.2　在 Access 中使用 SQL 语言

大多数数据库管理系统都提供了图形用户界面，可以利用菜单命令和工具栏完成对数据库的常用操作，同时也提供了 SQL 语句输入界面。

1. 在 SQL 视图中使用

在查询设计视图中创建查询时，Access 会自动生成等效的 SQL 语句，可以在 "SQL 视图" 中查看和编辑 SQL 语句。下面以 "学生基本信息查询" 为例，介绍在 SQL 视图中查看和编辑 SQL 语句的方法。

1）在 Access 中，单击 "创建" | "查询向导"，创建查询，或者在 Access 左边的导航窗格中打开已有的查询，例如 "学生基本信息查询"。

2）如图 4-1 所示，单击 "开始" | "视图" | "SQL 视图"，在弹出的窗口中能看到 Access

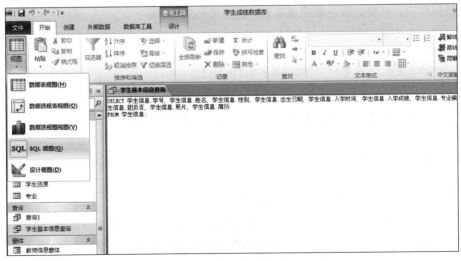

图 4-1　SQL 视图

自动生成的 SQL 命令。

也可以直接在 SQL 视图中输入 SQL 语句，然后单击"运行"按钮 █ 执行。大多数 SQL 命令可以在 SQL 视图中执行。

2. 在程序中嵌入使用

可以在 VBA 语言编程中使用 SQL 语句。例如：

```
Private Sub Command1_Click()
    Dim SQL As String
    SQL = "SELECT 姓名，性别，专业编号 FROM 学生信息;"
Set conDatabase = Application.CurrentProject.Connection
conDatabase.Execute SQL
End Sub
```

其中，定义一个字符串变量 SQL，用于存放 SQL 的 SELECT 命令；在连接数据库后，将 SQL 语句传送给 conDatabase 对象的 Execute 方法执行。可见"SELECT 姓名,性别,专业编号 FROM 学生信息;"是嵌入在 VBA 中要执行的 SQL 查询语句。

由于在 Access 中设计查询、窗体或报表时，均可在其设计器中指定数据源，会自动生成此类程序段，所以，Access 可以大大节省嵌入式编程工作量。

4.2　数据定义

在 Access 2010 中可用的数据定义语句包括：

- 创建表：CREATE TABLE
- 修改表：ALTER TABLE
- 创建索引：CREATE INDEX
- 创建视图：CREATE VIEW
- 删除表、索引或视图：DROP TABLE、DROP INDEX、DROP VIEW

4.2.1　创建、修改与删除表

1. 创建表

在数据库中，首要的就是创建基本表。其语法格式如下：

```
CREATE TABLE 表名
  (字段名 1 类型 [(长度)] [字段级约束 1]
  [,字段名 2 类型 [(长度)] [字段级约束 2]][ ...]
[, [CONSTRAINT 约束名 1] 表级约束 1][ ...])
```

功能：按指定的表名和字段名等创建一个新表，至少要创建一个字段。

说明：

1）表名：新表的名称。

2）定义一个字段，包括：

- 字段名：在新表中要创建的字段的名称。
- 类型：新表中字段的数据类型。CHAR 为文本型、INTEGER 为整数型、NUMERIC 为双精度型、MEMO 为备注型、DATETIME 为日期/时间型，等等。
- 长度：指定 CHAR 类型字段的最大字符个数，省略时默认为 255。其他类型字段无须指定长度（自动）。

3）字段级或表级约束：在某个或所有字段后面，可以指定字段级或表级约束条件。例如，指定主键、唯一性、非空、外键和参照完整性。

建立两表的参照关系就是建立表间关系。新表是子表，被参照表是已建立的主表，如图 4-2 所示。

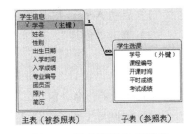

图 4-2　被参照表与参照表

① "字段级约束" 格式如下：

```
PRIMARY KEY |UNIQUE |NOT NULL |
REFERENCES 被参照表 [(被参照字段1 [, 被参照字段2 [, ...]])]
```

② "表级约束" 格式如下：

```
[CONSTRAINT 约束名] { PRIMARY KEY (主键字段1[, 主键字段2 [, ...]]) |
UNIQUE (唯一字段1[, 唯一字段2 [, ...]]) |
NOT NULL (非空字段1[, 非空字段2 [, ...]]) |
FOREIGNKEY [NO INDEX] (外键字段1[, 外键字段2 [, ...]])
REFERENCES 被参照表 [(被参照字段1 [, 被参照字段2 [, ...]])] }
```

在语法格式中，使用以下语法符号："[]" 表示可选项；"..." 表示可重复其前面的项目；"|" 表示 "或者"；"{}" 表示子句的集合。语法符号用于描述语法，不出现在实际的语句中。

说明：

- 约束名：要创建的约束的名称。
- 主键字段：指定一个字段名或者多个字段名组合为表的主键。一个表只能设一个主键。
- 唯一字段：指定一个字段名或者多个字段名组合为表的候选关键字和唯一索引。
- 非空字段：指定非 Null 值的字段名。
- 外键字段：指定新表中的外键字段名。
- 被参照表：主表的名称。
- 被参照字段：被参照表中的被参照字段名。如果指定的字段是被参照表的主键，则可以省略被参照字段。

例 4-1　建立学生信息表 xs，字段包括：学号，文本，长度为 12；姓名，文本，长度为 20；专业编号，文本，长度为 4；出生日期，日期型；入学时间，日期型；入学成绩，整型数；团员否，是否型（逻辑型），共 7 个属性。其中，学号不为空，取值唯一，并且姓名取值也唯一。

其 SQL 语句如下：

```
CREATE TABLE xs
    ( 学号 CHAR(12) PRIMARY KEY,
      姓名 CHAR(20)UNIQUE,
      专业编号 CHAR(4),
      出生日期 DATETIME,
      入学时间 DATETIME,
      入学成绩 INTEGER,
      团员否 YESNO);
```

SQL 语句可以在 Access "查询" 对象的 "SQL 视图" 中输入和运行。操作步骤如下：

1）启动 Access 数据库，如 "学生成绩数据库"。

2）单击 "创建"，选择 "查询设计"，关闭 "显示表"，即创建一个空白查询，默认名称为 "查询 1"。

3）单击 "设计" 选项卡左端的 "SQL 视图" 按钮，即显示 SQL 命令窗口。

4）如图 4-3 所示，输入例子中的 SQL 语句，单击 "设计" 选项卡中的 "运行" 按钮。

Access 执 行 例 4-1 的 CREATE TABLE 语 句 后，就在数据库中建立一个新的学生信息表 xs 及其约束条件。

若有错误，则会显示消息框，可按提示操作或更正后运行。应按照操作顺序，选择相应的对象、选项卡、视图、按钮或快捷菜单，灵活切换。

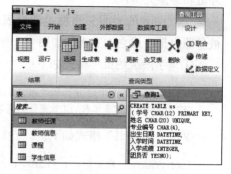

图 4-3　创建空查询、输入和运行 SQL 语句

我们可以关闭和保存 "查询 1"，在 Access 左边的导航窗格中，右键单击它，选择 "设计视图" 命令，切换到 "SQL 视图"，即可再次输入和运行其他例子中的 SQL 语句。

例 4-2　创建课程表 kc，字段包括：课程编号，文本，长度为 4；课程名称，文本，长度为 20；学时，整型数；学分，整型数；课程性质，文本，长度为 8；备注，备注型。

其 SQL 语句如下：

```
CREATE TABLE kc
    (课程编号 CHAR(4),
    课程名称 CHAR(20),
    学时 INTEGER,
    学分 INTEGER,
    课程性质 CHAR(8),
    备注 MEMO);
```

例 4-3　创建学生选课表 xsxk，字段包括：学号，文本，长度为 12，其值参照学生信息表 xs 中的学号；课程编号，文本，长度为 4；开课时间，日期型；平时成绩，整型数；考试成绩，整型数；以学号和课程编号两个字段联合作为主键。

其 SQL 语句如下：

```
CREATE TABLE  xsxk
    (学号 CHAR(12) REFERENCES xs,
    课程编号 CHAR(4),
    开课时间 DATETIME,
    平时成绩 INTEGER,
    考试成绩 INTEGER,
CONSTRAINT xhkc PRIMARY KEY(学号，课程编号));
```

或者用：

```
CREATE TABLE  xsxk
    (学号 CHAR(12),
    课程编号 CHAR(4),
    开课时间 DATETIME,
    平时成绩 INTEGER,
```

```
考试成绩 INTEGER,
CONSTRAINT xhkc PRIMARY KEY(学号,课程编号),
CONSTRAINT xhxs FOREIGN KEY(学号) REFERENCES xs);
```

其中：

1）"CONSTRAINT xhkc PRIMARY KEY(学号,课程编号)"表示建立包含学号和课程编号两个字段的主键。

2）"学号 CHAR(12) REFERENCES xs"或者"CONSTRAINT xhxs FOREIGN KEY(学号) REFERENCES xs"表示建立 xs 和 xsxk 两个表的参照关系；由于学生信息表 xs 中的学号字段是主键，所以省略了该字段名。还可以省略"CONSTRAINT 约束名"。

若要查看新建立的表间关系，则操作如下：

1）在 Access 左边的导航窗格中，右键单击某个表，选择"设计视图"命令。

2）如图 4-4 所示，单击"设计"选项卡中的"关系"按钮，即显示"关系"窗口。

3）在"关系"窗口中的空白处单击右键，选择"显示表"命令，选择新表，单击"添加"。对要修改或删除的关系，可以对其连线单击右键，选择"编辑关系"或"删除"。

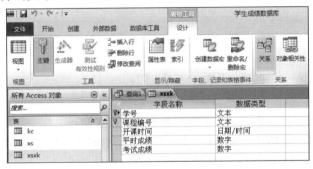

图 4-4 "关系"按钮

2. 修改表

有时需要修改已建立好的基本表，使用 ALTER TABLE 命令可添加、修改或删除字段或约束。其一般格式为：

```
ALTER TABLE 表名
    {ADD {COLUMN 字段类型 [(长度)][NOT NULL] [CONSTRAINT 约束] |
        ALTER COLUMN 字段类型 [(长度)] |
        CONSTRAINT 多字段约束 } |
    DROP {COLUMN 字段名 | CONSTRAINT 约束 } }
```

功能：修改、增加、删除表中字段、约束等。

其中"表名"是要修改的基本表，ADD 子句用于增加新列和新的完整性约束条件，DROP 子句用于删除指定的完整性约束条件，ALTER 子句用于修改原有的列定义，包括修改字段和数据类型。

例 4-4 在已创建的学生信息表 xs 中增加字段：性别，文本，长度为 2。

```
ALTER TABLE xs ADD COLUMN 性别 CHAR(2);
```

例 4-5 将已创建的课程表 kc 的课程编号设为表的主键（同时自动设置为主索引）。

```
ALTER TABLE kc ALTER 课程编号 CHAR(4) PRIMARY KEY;
```

3. 删除表

当某个基本表不再需要时，可以使用 DROP TABLE 语句删除它。

格式：

```
DROP TABLE 表名；
```

功能：删除指定的表。

例 4-6　删除名称为 xsxk 的学生选课表。

```
DROP TABLE xsxk；
```

4.2.2　建立和删除索引

建立索引是加快查询速度的有效手段。用户可以根据应用环境的需要，在基本表上建立一个或多个索引，以提供多种存取路径、加快查找速度。一般来说，建立与删除索引由数据库管理员或表的属主（即建立表的人）负责完成。Access 在存取数据时会自动选择相应的索引，用户不必也不能选择索引。

1. 建立索引

格式：

```
CREATE [ UNIQUE ] INDEX 索引名
    ON 表 ( 字段 [ASC|DESC][, 字段 [ASC|DESC], ...])
    [WITH { PRIMARY | DISALLOW NULL | IGNORE NULL }]
```

功能：建立索引。建立索引是为了排序显示或快速查询。

由于在查询语句 SELECT（参见 4.3 节）中，常用 ORDER BY 子句在查询之前临时排序，所以，很少使用 CREATE INDEX 语句为表建立索引。

说明：

- 索引名：要创建的索引名称。
- 表：将包含该索引的现有表的名称。
- 字段：要被索引的字段的名称。要创建单一字段索引，在表名称后面的括号中列出字段名。要创建多重字段索引，列出包括在索引中的每一个字段的名称。每个字段后面还可以指定索引的排序方式，可选择 ASC（升序）或者 DESC（降序），默认为 ASC。
- UNIQUE：创建唯一索引。
- WITH PRIMARY：将索引的字段作为表的主键。
- WITH DISALLOW NULL：索引字段不允许为空值。
- WITH IGNORE NULL：避免索引中包含值为空的字段。

例 4-7　为学生信息表 xs 创建入学成绩字段的索引 rxcj。

```
CREATE INDEX rxcj ON xs(入学成绩)；
```

例 4-8　为课程表 kc 创建课程名称的唯一索引 kcmc。

```
CREATE UNIQUE INDEX kcmc ON kc(课程名称)；
```

例 4-9　为学生选课表 xsxk 创建学号与课程编号多字段组合的唯一索引 xhkc，并且作为主键。

```
CREATE UNIQUE INDEX xhkc ON xsxk (学号,课程编号)WITH PRIMARY;
```

若要查看为学生选课表 xsxk 创建的索引（如图 4-5 所示），只要在 Access 左边的导航窗格中，双击表对象"xsxk"；切换到"设计视图"；在"设计"选项卡中，单击"索引"按钮。

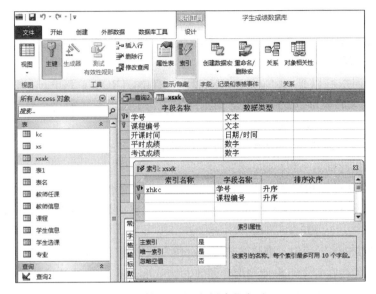

图 4-5　查看为 xsxk 表创建的索引 xhkc

2. 删除索引

索引一经建立，就由 Access 使用和维护它，不需要干预。如果频繁地添加或删除表数据，则 Access 会花许多时间维护或更新索引。这时，可以删除一些不必要的索引。

格式：

```
DROP INDEX 索引名 ON 表名
```

功能：删除指定表中的指定索引。

例 4-10　删除课程表 kc 中索引名为 kcmc 的索引。

```
DROP INDEX kcmc ON kc
```

4.3　数据查询

数据查询是数据库的核心操作。SQL 语言提供了 SELECT 语句进行数据库的查询，该语句具有灵活的使用方式和丰富的功能。最简单的 SELECT 语句是：

```
SELECT * FROM 表名
```

表示无条件地显示该表的所有数据记录。

SELECT 语句的一般格式为：

```
SELECT [谓词] * | 表别名.* | [表别名.]字段表达式1 [AS 列别名1] [,[表别名.]字段表达式
2 [AS 列别名2]][,...]][INTO 新表名][IN 库名]
    FROM 表名1 [AS 表别名1] [,表名2 [AS 表别名2][,...]]|
    [INNER | LEFT | RIGHT JOIN [()]表名2 [AS 表别名2]
```

```
    [INNER | LEFT | RIGHT JOIN [() <表名 3> [AS 表别名 3][...]
        ON 表 2 与表 3 的连接条件 ()]]
 ON 表 1 与表 2 的连接条件 )] ] [IN 库名 ]
 [WHERE 查询条件 ]
 [GROUP BY 分组字段列表 [HAVING 统计结果过滤条件 ]]
 [UNION SELECT 命令 ]
 [ORDER BY 排序字段 1[ASC|DESC][, 排序字段 2[ASC|DESC][,...]]
```

SELECT 语句实现从一个或多个表中检索数据，既可以完成简单的单表查询，也可以完成复杂的连接查询和嵌套查询。

其中，"谓词"可以是 ALL、DISTINCT、DISTINCTROW、TOP n [PERCENT]，分别用于指定查询结果的显示范围是所有、个别的字段、个别的行、前［百分之］n 行，默认值为 ALL；"条件"可以是逻辑表达式。

如果指定"字段表达式"，则仅显示查询结果中指定列的数据；如果指定"AS 列别名"，则在显示结果中以此别名为列标题。

如果在 FROM 后面指定多个表，以及 WHERE 查询条件，或者使用 JOIN 和 ON 连接条件，则可以实现从多个表中检索数据。如果指定"AS 表别名"，则该命令中可用此别名作表别名。

如果有 GROUP BY 子句，则将结果按"分组字段列表"的值进行分组，该字段值相等的行为一个组。通常会在每个组中使用聚合函数，如 sum、count 等统计函数；如果 GROUP BY 子句带 HAVING 短语，则只有满足指定条件的组才予以输出。

如果有 ORDER BY 子句，则 ASC 和 DESC 分别表示按指定字段升序和降序显示结果。

4.3.1 单表查询

1. 查询全部列

将表中所有字段的值都显示出来，可以有两种方法。一种方法是在 SELECT 保留字后面列出所有字段。如果列的显示顺序与其在基表中的顺序相同，也可以直接将"字段表达式"指定为 *。

例 4-11 查询学生信息表、课程表、学生选课表中的所有记录。

```
SELECT * FROM 学生信息；
```

输出结果为：

学号	姓名	性别	出生日期	入学时间	入学成绩	专业编号	团员否	照片	简历
201204004101	宇文拓	男	1994-02-14	2012-09-01	521	12	否		
201204004102	陈靖仇	男	1994-05-01	2012-09-01	534	11	是		
201204004103	郭小白	女	1994-05-01	2012-09-01	522	12	否		
201204004105	司徒钟	男	1994-05-01	2012-09-01	543	42	是		
201204004107	于小雪	女	1994-11-02	2012-09-01	608	01	否		
201204004108	张烈	男	1995-03-23	2012-09-01	634	04	否		
201204004110	燕惜若	女	1993-05-29	2012-09-01	522	01	否		
201204004111	杨恒	男	1995-06-30	2012-09-01	535	03	是		
201204004113	宇文枫	男	1994-11-11	2012-09-01	546	04	是		
201204004114	苏星河	男	1994-04-01	2012-09-01	568	12	是		

（续）

学号	姓名	性别	出生日期	入学时间	入学成绩	专业编号	团员否	照片	简历
201204004116	周芷若	女	1994-07-01	2012-09-01	578	11	否		
201204004117	袁紫衣	女	1995-04-13	2012-09-01	623	12	是		
201204004119	林仙儿	女	1995-01-30	2012-09-01	560	01	否		
201204004120	程灵素	女	1994-06-15	2012-09-01	538	12	是		
201304004104	黄小仙	女	1994-05-01	2013-09-01	563	01	是		
201304004106	李雨轩	男	1994-07-01	2013-09-01	508	03	是		
201304004109	陈辅	男	1995-03-16	2013-09-01	567	11	是		
201304004112	谢婉莹	女	1994-04-22	2013-09-01	605	12	否		
201304004115	王语嫣	女	1993-09-10	2013-09-01	589	01	是		
201304004118	李沉舟	男	1994-02-22	2013-09-01	518	04	是		

```
SELECT * FROM 课程；
```

输出结果为：

课程编号	课程名称	学时	学分	课程性质	备注
cs01	计算机原理	48	3	必修课	
cs02	网页设计	48	3	指定选修课	
kc01	C 语言程序设计	48	3	选修课	
kc02	Access 数据库应用基础	32	2	选修课	
kc03	多媒体计算机技术	32	2	选修课	

```
SELECT * FROM 学生选课；
```

输出结果为：

学号	课程编号	开课时间	平时成绩	考试成绩
201204004101	kc02	2013-02-23	90	86
201204004102	kc02	2013-02-23	60	50
201204004103	kc02	2013-02-20	85	90
201204004105	kc02	2013-02-23	95	91
201204004105	kc03	2013-02-23	90	85
201204004107	cs02	2012-10-08	75	70
201204004111	cs01	2013-02-20	90	90
201204004111	kc01	2013-02-20	85	80
201204004114	kc02	2013-02-20	80	80
201204004116	kc02	2013-02-20	60	60
201204004116	kc03	2012-10-08	50	50
201204004120	kc02	2012-10-08	90	90
201204004120	kc03	2013-02-20	60	70
201304004104	cs02	2013-10-08	80	75
201304004106	cs01	2013-10-08	80	78
201304004112	kc02	2013-10-08	85	80
201304004118	cs02	2013-10-08	80	60

2. 选择性查询

在很多情况下，用户只对表中的一部分字段感兴趣，这时可以在 SELECT 子句的"字段表达式"中指定要查询的属性。

例 4-12 从教师信息表中查询出教师编号、教师姓名、性别、所属系、文化程度、职称、基本工资等信息。

```
SELECT 教师编号,教师姓名,性别,所属系,文化程度,职称,基本工资 FROM 教师信息;
```

输出结果为：

教师编号	教师姓名	性别	所属系	文化程度	职称	基本工资
js01	陈利民	男	计算机	博士	教授	¥4,197.00
js02	王慧敏	女	计算机	本科	副教授	¥3,008.00
js03	刘江	男	计算机	硕士	讲师	¥3,297.35
js04	张建中	男	电信	博士	副教授	¥4,055.00
js05	吴秀芝	女	电信	硕士	讲师	¥3,207.80
js06	金泰熙	女	电信	博士	助教	¥3,550.85

"字段表达式"中各个列的先后顺序可以与表中的顺序不一致。用户可以根据应用的需要改变列的显示顺序。

3. 条件查询

查询满足条件的记录可以通过 WHERE 子句实现，WHERE 子句的查询条件如表 4-2 所示。

表 4-2 WHERE 子句常见的查询条件表

查询条件	运算符或保留字	说　　明
关系条件	=, >, >=, <, <=, <>, !=	
复合条件	NOT，AND，OR	
确定范围	BETWEEN...AND (或反条件 NOT BETWEEN...AND)	表达式：BETWEEN 值 1 AND 值 2 若表达式的值在值 1 和值 2 之间（包括值 1 和值 2），返回真，否则返回假
包含子项	IN(或反条件 NOT IN)	表达式：IN(值 1，值 2, ...) 若表达式的值包含在列出的值中，返回真，否则返回假
字符匹配	LIKE(字符串格式中可使用通配符)	在 LIKE 后的字符串里，Access 允许使用通配符 "?" 表示该位置可匹配任何一个字符；"*"表示该位置可匹配零或多个字符；"#"表示该位置可匹配一个数字；方括号表示可匹配的字符串范围，例如，姓名 Like"[谢胜，王涛]*"，务必加上 "*" 或 "?"

（1）比较大小

用于进行比较的运算符一般包括 =（等于）、>（大于）、<（小于）、>=（大于等于）、<=（小于等于）、!= 或 <>（不等于），有时还包括 !>（不大于）、!<（不小于）。

例 4-13 从学生信息表中查询出学号前 4 个字符是 "2012" 的学生的学号、姓名、出生日期。

```
SELECT 学号,姓名,出生日期 FROM 学生信息 WHERE LEFT( 学号,4)='2012';
```

输出结果为：

学号	姓名	出生日期	学号	姓名	出生日期
201204004101	宇文拓	1994-02-14	201204004111	杨恒	1995-06-30
201204004102	陈靖仇	1994-05-01	201204004113	宇文枫	1994-11-11
201204004103	郭小白	1994-05-01	201204004114	苏星河	1994-04-01
201204004105	司徒钟	1994-05-01	201204004116	周芷若	1994-07-01
201204004107	于小雪	1994-11-02	201204004117	袁紫衣	1995-04-13
201204004108	张烈	1995-03-23	201204004119	林仙儿	1995-01-30
201204004110	燕惜若	1993-05-29	201204004120	程灵素	1994-06-15

（2）确定范围

运算符 BETWEEN…AND…和 NOT BETWEEN…AND…可以用来查找字段值在（或不在）指定范围内的记录，其中 BETWEEN 后是范围的下限（即低值），AND 后是范围的上限（即高值）。

例 4-14 从学生信息表中查询学号 201200000000 ~ 201299999999 所有学生的学号、姓名、出生日期。

```
SELECT 学号,姓名,出生日期 FROM 学生信息 WHERE 学号 BETWEEN '201200000000' AND
'201299999999';
```

输出结果为：

学号	姓名	出生日期	学号	姓名	出生日期
201204004101	宇文拓	1994-02-14	201204004111	杨恒	1995-06-30
201204004102	陈靖仇	1994-05-01	201204004113	宇文枫	1994-11-11
201204004103	郭小白	1994-05-01	201204004114	苏星河	1994-04-01
201204004105	司徒钟	1994-05-01	201204004116	周芷若	1994-07-01
201204004107	于小雪	1994-11-02	201204004117	袁紫衣	1995-04-13
201204004108	张烈	1995-03-23	201204004119	林仙儿	1995-01-30
201204004110	燕惜若	1993-05-29	201204004120	程灵素	1994-06-15

（3）确定集合

运算符 IN 可以用来查找字段值属于指定集合的记录。

例 4-15 从学生信息表中查询学号为 201204004101、201204004102 学生的学号、姓名、入学成绩。

```
SELECT 学号,姓名,入学成绩 FROM 学生信息 WHERE 学号 IN('201204004101','201204004102');
```

输出结果为：

学号	姓名	入学成绩
201204004101	宇文拓	521
201204004102	陈靖仇	534

与 IN 相对的谓词是 NOT IN，用于查找字段值不属于指定集合的记录。

例 4-16 在学生信息表中查询学号不为 201204004102 学生的学号、姓名。

```
SELECT 学号,姓名 FROM 学生信息 WHERE 学号 NOT IN('201204004102');
```

（4）字符匹配

运算符 LIKE 可以用来进行字符串的匹配，其一般语法格式如下：

```
[NOT] LIKE  '<匹配串>'[ESCAPE '<换码字符>']
```

其含义是查找指定的属性字段值与<匹配串>相匹配的记录。<匹配串>可以是一个完整的字符串，也可以含有通配符"*"和"?"等。常用通配符如下：

- *代表任意长度（长度可以为0）的字符串，例如 a*b 表示以 a 开头，以 b 结尾的任意长度字符串。如 acb、adfgb、ab 等都满足该匹配串。
- ?代表任意单个字符。例如 a?b 表示以 a 开头，以 b 结尾长度为 3 的任意字符串。如 acb、agb 都满足该匹配串。

在 Access 里，不能使用 %、_ 或 - 作为通配符。

例 4-17　在学生信息表中查询学号为 2012 的学生详细情况。

```
SELECT 学号,姓名,出生日期 FROM 学生信息 WHERE 学号 LIKE '2012*' ;
```

输出结果为：

学号	姓名	出生日期	学号	姓名	出生日期
201204004101	宇文拓	1994-02-14	201204004111	杨恒	1995-06-30
201204004102	陈靖仇	1994-05-01	201204004113	宇文枫	1994-11-11
201204004103	郭小白	1994-05-01	201204004114	苏星河	1994-04-01
201204004105	司徒钟	1994-05-01	201204004116	周芷若	1994-07-01
201204004107	于小雪	1994-11-02	201204004117	袁紫衣	1995-04-13
201204004108	张烈	1995-03-23	201204004119	林仙儿	1995-01-30
201204004110	燕惜若	1993-05-29	201204004120	程灵素	1994-06-15

如果 LIKE 后面的匹配串不含通配符，则可以用 =（等于）运算符取代 LIKE 谓词，用 != 或 <>（不等于）运算符取代 NOT LIKE 谓词。

例 4-18　在学生信息表中查找姓陈的学生信息。

```
SELECT * FROM 学生信息 WHERE 姓名 LIKE '陈??';
```

学号	姓名	性别	出生日期	入学时间	入学成绩	专业编号	团员否	照片	简历
201204004102	陈靖仇	男	1994-05-01	2012-09-01	534	11	是		

（5）涉及空值的查询

例 4-19　某些学生信息中没有照片信息，所以照片为空，查询没有照片信息的学生。

```
SELECT * FROM 学生信息 WHERE 照片 is null;
```

输出结果为：

学号	姓名	性别	出生日期	入学时间	入学成绩	专业编号	团员否	照片	简历
201304004104	黄小仙	女	1994-05-01	2013-09-01	563	01	是		
201204004105	司徒钟	男	1994-05-01	2012-09-01	543	42	是		
201304004106	李雨轩	男	1994-07-01	2013-09-01	508	03	是		
201204004107	于小雪	女	1994-11-02	2012-09-01	608	01	否		
201204004108	张烈	男	1995-03-23	2012-09-01	634	04	否		
201304004109	陈辅	男	1995-03-16	2013-09-01	567	11	是		
201204004110	燕惜若	女	1993-05-29	2012-09-01	522	01	否		

（续）

学号	姓名	性别	出生日期	入学时间	入学成绩	专业编号	团员否	照片	简历
201204004111	杨恒	男	1995-06-30	2012-09-01	535	03	是		
201304004112	谢婉莹	女	1994-04-22	2013-09-01	605	12	否		
201204004113	宇文枫	男	1994-11-11	2012-09-01	546	04	是		
201204004114	苏星河	男	1994-04-01	2012-09-01	568	12	是		
201304004115	王语嫣	女	1993-09-10	2013-09-01	589	01	是		
201204004116	周芷若	女	1994-07-01	2012-09-01	578	11	否		
201204004117	袁紫衣	女	1995-04-13	2012-09-01	623	12	是		
201304004118	李沉舟	男	1994-02-22	2013-09-01	518	04	是		
201204004119	林仙儿	女	1995-01-30	2012-09-01	560	01	否		
201204004120	程灵素	女	1994-06-15	2012-09-01	538	12	是		

请注意，这里的"is"不能用等号（=）代替。

（6）多重条件查询

逻辑运算符 AND 和 OR 可用来连接多个查询条件。AND 的优先级高于 OR，但用户可以用括号改变优先级。

例 4-20 在学生信息表中查询入学成绩在 600 分以上的、性别为女的学生信息。

```
SELECT * FROM 学生信息 WHERE 性别 ='女' AND 入学成绩 >600;
```

输出结果为：

学号	姓名	性别	出生日期	入学时间	入学成绩	专业编号	团员否	照片	简历
201204004107	于小雪	女	1994-11-02	2012-09-01	608	01	否		
201304004112	谢婉莹	女	1994-04-22	2013-09-01	605	12	否		
201204004117	袁紫衣	女	1995-04-13	2012-09-01	623	12	是		

4. 查询结果排序

可以用 ORDER BY 子句对查询结果按照一个或多个字段的值升序（ASC）或降序（DESC）排列，默认值为升序。

例 4-21 将学生信息表中的信息按照入学成绩降序排列。

```
SELECT * FROM 学生信息 ORDER BY 入学成绩 DESC;
```

输出结果为：

学号	姓名	性别	出生日期	入学时间	入学成绩	专业编号	团员否	照片	简历
201204004108	张烈	男	1995-03-23	2012-09-01	634	04	否		
201204004117	袁紫衣	女	1995-04-13	2012-09-01	623	12	是		
201204004107	于小雪	女	1994-11-02	2012-09-01	608	01	否		
201304004112	谢婉莹	女	1994-04-22	2013-09-01	605	12	否		
201304004115	王语嫣	女	1993-09-10	2013-09-01	589	01	是		
201204004116	周芷若	女	1994-07-01	2012-09-01	578	11	否		
201204004114	苏星河	男	1994-04-01	2012-09-01	568	12	是		
201304004109	陈辅	男	1995-03-16	2013-09-01	567	11	是		
201304004104	黄小仙	女	1994-05-01	2013-09-01	563	01	是		
201204004119	林仙儿	女	1995-01-30	2012-09-01	560	01	否		

（续）

学号	姓名	性别	出生日期	入学时间	入学成绩	专业编号	团员否	照片	简历
201204004113	宇文枫	男	1994-11-11	2012-09-01	546	04	是		
201204004105	司徒钟	男	1994-05-01	2012-09-01	543	42	是		
201204004120	程灵素	女	1994-06-15	2012-09-01	538	12	是		
201204004111	杨恒	男	1995-06-30	2012-09-01	535	03	是		
201204004102	陈靖仇	男	1994-05-01	2012-09-01	534	11	是		
201204004103	郭小白	女	1994-05-01	2012-09-01	522	12	否		
201204004110	燕惜若	女	1993-05-29	2012-09-01	522	01	否		
201204004101	宇文拓	男	1994-02-14	2012-09-01	521	12	否		
201304004118	李沉舟	男	1994-02-22	2013-09-01	518	04	是		
201304004106	李雨轩	男	1994-07-01	2013-09-01	508	03	是		

对于空值，若按升序排，含空值的记录将在最后显示。若按降序排，含空值的记录将最先显示。

5. 统计查询

例4-22 从学生信息中统计出入学成绩的平均值。

```
SELECT AVG(入学成绩) FROM 学生信息;
```

输出结果如下：

Expr1000
559.1

请注意：输出聚合函数的结果时，其默认列名为"Expr编号"。应当用AS子句，为它重新指定一个列名。对于例4-22，可以重新指定一个列名如"平均入学成绩"，即：

```
SELECT AVG(入学成绩) AS 平均入学成绩 FROM 学生信息;
```

6. 分组统计查询

GROUP BY子句将查询结果按某一列或多字段值分组，值相同的为一组。

请注意：使用GROUP BY子句时，其SELECT后面的字段表达式，只能包括在GROUP BY或聚合函数中出现的字段名。若要包括其他字段名，则可用max(字段名)或min(字段名)等聚合函数。

例4-23 从学生信息表中统计出男生和女生的数量。

```
SELECT 性别,COUNT(*) AS 人数 FROM 学生信息 GROUP BY 性别;
```

输出结果如下：

性别	人数
男	10
女	10

例4-24 从学生信息表中统计出选取专业的人数大于两个人的记录信息。

```
SELECT 专业编号,COUNT(*)AS 人数 FROM 学生信息 GROUP BY 专业编号 HAVING COUNT(*) > 2;
```

输出结果如下：

专业编号	人数	专业编号	人数
01	5	11	3
04	3	12	6

HAVING 短语指定选择组的条件，只有满足条件的组才会被选出来。WHERE 子句与 HAVING 短语的区别在于作用对象不同，WHERE 子句作用于基本表或视图，从中选择满足条件的记录。HAVING 短语作用于组，从中选择满足条件的组。

7. 不显示重复信息的查询

例 4-25 从学生选课表中查询出有选课的学生的学号（要求同一个学生只列一次）。

SELECT DISTINCT 学号 FROM 学生选课；

输出结果如下：

学号	学号
201204004101	201204004116
201204004102	201204004120
201204004103	201304004104
201204004105	201304004106
201204004107	201304004112
201204004111	201304004118
201204004114	

在字段名"学号"的前面，使用谓词 DISTINCT 表示不显示重复的学号。

4.3.2 多表查询

当要查询的数据来自多个表时，必须采用多表查询方法。

使用多表查询时必须注意以下几点：

1）在 FROM 子句中列出参与查询的表。

2）如果参与查询的表中存在同名的字段，并且这些字段要参与查询，必须在字段名前加表名。

3）必须在 FROM 子句中用 JOIN，或在 WHERE 子句中将多个表用某些字段或表达式连接起来，否则，将会产生笛卡儿积。

1. 用 WHERE 子句写连接条件

例 4-26 从学生信息和专业表中查询每个学生的学号、姓名、性别和专业名称。

SELECT a.学号,a.姓名,a.性别,b.专业名称 FROM 学生信息 a,专业 b WHERE a.专业编号 =b.专业编号；

输出结果如下：

学号	姓名	性别	专业名称
201304004106	李雨轩	男	计算机应用
201204004111	杨恒	男	计算机应用
201204004108	张烈	男	电子信息工程
201204004113	宇文枫	男	电子信息工程
201304004118	李沉舟	男	电子信息工程

（续）

学号	姓名	性别	专业名称
201304004104	黄小仙	女	播音与主持
201204004107	于小雪	女	播音与主持
201204004110	燕惜若	女	播音与主持
201304004115	王语嫣	女	播音与主持
201204004119	林仙儿	女	播音与主持
201204004105	司徒钟	男	计算机科学与技术
201204004102	陈靖仇	男	法学
201304004109	陈辅	男	法学
201204004116	周芷若	女	法学
200632400015	谢胜	男	法学
201204004101	宇文拓	男	金融
201204004103	郭小白	女	金融
201304004112	谢婉莹	女	金融
201204004114	苏星河	男	金融
201204004117	袁紫衣	女	金融
201204004120	程灵素	女	金融

比较：

```
SELECT a.学号,a.姓名 FROM 学生信息 a,专业 b;
```

例4-27 从学生选课表和课程表中查询出必修课的学生信息及课程名称。

```
SELECT a.* ,b.课程名称 FROM 学生选课 a,课程 b WHERE a.课程编号 =b.课程编号 AND b.课程
性质 =' 必修课 ';
```

输出结果如下：

学号	课程编号	开课时间	平时成绩	考试成绩	课程名称
201204004111	cs01	2013-02-20	90	90	计算机原理
201304004106	cs01	2013-10-08	80	78	计算机原理

2. 用 JOIN 子句写连接条件

例4-28 从学生信息表和学生选课表中查询出每个学生的信息以及选课情况。

```
SELECT a.学号,a.姓名,b.课程编号,b.开课时间 FROM 学生信息 a INNER JOIN 学生选课 b ON
a.学号 =b.学号 ;
```

输出结果如下：

学号	姓名	课程编号	开课时间
201204004101	宇文拓	kc02	2013-02-23
201204004102	陈靖仇	kc02	2013-02-23
201204004103	郭小白	kc02	2013-02-20
201204004105	司徒钟	kc02	2013-02-23
201204004105	司徒钟	kc03	2013-02-23
201204004107	于小雪	cs02	2012-10-08

（续）

学号	姓名	课程编号	开课时间
201204004111	杨恒	kc01	2013-02-20
201204004111	杨恒	cs01	2013-02-20
201204004114	苏星河	kc02	2013-02-20
201204004116	周芷若	kc02	2013-02-20
201204004116	周芷若	kc03	2012-10-08
201204004120	程灵素	kc02	2012-10-08
201204004120	程灵素	kc03	2013-02-20
201304004104	黄小仙	cs02	2013-10-08
201304004106	李雨轩	cs01	2013-10-08
201304004112	谢婉莹	kc02	2013-10-08
201304004118	李沉舟	cs02	2013-10-08

例 4-29   从学生信息表和学生选课表中查询出每个学生的学号、姓名以及选课情况，要求将没有选课的学生信息也列出来。

```
SELECT a.学号,a.姓名,b.课程编号,b.开课时间 FROM 学生信息 a LEFT JOIN 学生选课 b ON a.学号 =b.学号；
```

输出结果如下：

学号	姓名	课程编号	开课时间
201204004101	宇文拓	kc02	2013-02-23
201204004102	陈靖仇	kc02	2013-02-23
201204004103	郭小白	kc02	2013-02-20
201204004105	司徒钟	kc02	2013-02-23
201204004105	司徒钟	kc03	2013-02-23
201204004107	于小雪	cs02	2012-10-08
201204004108	张烈		
201204004110	燕惜若		
201204004111	杨恒	kc01	2013-02-20
201204004111	杨恒	cs01	2013-02-20
201204004113	宇文枫		
201204004114	苏星河	kc02	2013-02-20
201204004116	周芷若	kc02	2013-02-20
201204004116	周芷若	kc03	2012-10-08
201204004117	袁紫衣		
201204004119	林仙儿		
201204004120	程灵素	kc02	2012-10-08
201204004120	程灵素	kc03	2013-02-20
201304004104	黄小仙	cs02	2013-10-08
201304004106	李雨轩	cs01	2013-10-08
201304004109	陈辅		
201304004112	谢婉莹	kc02	2013-10-08
201304004115	王语嫣		
201304004118	李沉舟	cs02	2013-10-08

在查询出的数据中，由于有学生没有选课，所以对应的课程编号和开课时间为空。

3. 联合查询

联合查询可以将两个或多个独立查询的结果组合在一起。

例 4-30 查询出当前学生信息以及老师的信息。

```
SELECT 教师编号 as 编号,教师姓名 as 姓名,性别 FROM 教师信息 UNION SELECT 学号 as 编号,
姓名,性别 FROM 学生信息;
```

输出结果如下：

编号	姓名	性别	编号	姓名	性别
201204004101	宇文拓	男	201204004120	程灵素	女
201204004102	陈靖仇	男	201304004104	黄小仙	女
201204004103	郭小白	女	201304004106	李雨轩	男
201204004105	司徒钟	男	201304004109	陈辅	男
201204004107	于小雪	女	201304004112	谢婉莹	女
201204004108	张烈	男	201304004115	王语嫣	女
201204004110	燕惜若	女	201304004118	李沉舟	男
201204004111	杨恒	男	js01	陈利民	男
201204004113	宇文枫	男	js02	王慧敏	女
201204004114	苏星河	男	js03	刘江	男
201204004116	周芷若	女	js04	张建中	男
201204004117	袁紫衣	女	js05	吴秀芝	女
201204004119	林仙儿	女	js06	金泰熙	女

在 UNION 操作中的所有查询必须请求相同数量的字段，但是，这些字段不必具有相同的大小或数据类型。

4. 子查询

子查询是一个 SELECT 语句，它嵌套在一个 SELECT 语句、SELECT…INTO 语句、INSERT…INTO 语句、DELETE 语句或 UPDATE 语句中或嵌套在另一子查询中。

4.4 视图

视图是关系数据库系统提供给用户多种角度观察数据库中数据的重要机制。

视图是从一个或多个基本表（或视图）导出的表，它与基本表不同，是一个虚表。数据库中只存放视图的定义，而不存放视图对应的数据，这些数据仍放在原来的基本表中。所以基本表中的数据发生变化，从视图中查询出的数据也随之改变。从这个意义上讲，视图就像一个窗口，透过它可以看到数据库中自己感兴趣的内容及其变化。

1. 创建视图

格式：

```
CREATE VIEW 视图名 [(字段1[, 字段2[, ...]])] AS 查询语句;
```

功能：建立新的视图。

说明：

- 视图名：新创建的视图的名称，不能与已有的表名相同。
- 字段1，字段2：在创建的视图中设置字段名。字段名必须与查询结果中的列对应。若

省略，则用查询结果的列名作为视图中的字段名。

● 查询语句：以查询结果作为视图的数据来源。请注意，SELECT 语句中不能包含 INTO
子句，也不能带参数。

例 4-31 建立视图用来从学生信息表中查询 2012 级的学生的学号、姓名、性别等信息。

```
CREATE VIEW xs1 AS SELECT 学号,姓名,性别 FROM 学生信息 WHERE 学号 LIKE'2012*';
```

请注意：创建视图命令不能直接在 Access 的 SQL 窗口中使用，可以将 CREATE
VIEW 语句嵌入 Visual Basic 程序中使用。也可以在 SQL 窗口中输入"SELECT 学号,姓
名,性别 FROM xs WHERE 学号 LIKE '2012*';"，保存为 xs1，在查询视图中会产生名为
xs1 的对象。

也可以将常用的统计查询以视图的形式保存在数据库中。

例 4-32 建立一视图 pjcj，统计出每个学生所有选修课的平均成绩，要求视图中包含姓
名和平均成绩，平均成绩按平时成绩占 40%，考试成绩占 60% 计算。

```
CREATE VIEW pjcj AS SELECT 姓名,avg(平时成绩*0.4+考试成绩*0.6) AS 平均成绩 FROM
xsxk INNER JOIN xs ON xsxk.学号=xs.学号 GROUP BY xsxk.学号,姓名;
```

创建的视图包含两个字段：姓名、平均成绩。其中姓名来源于 xs 表，平均成绩来源于对
xsxk 的统计。

2. 视图查询

创建后的视图与表的使用类似，可以通过视图进行数据查询。

例如：

```
SELECT * FROM xs1;
```

表示查询视图 xs1 中的所有数据。其结果是从 xs 表中查询出 2012 级学生的学号、姓名和性别。

```
SELECT * FROM pjcj;
```

可以统计出每个学生的所有选修课的平均成绩，并且显示其姓名和平均成绩。

3. 视图更新

更新视图是指通过视图来插入（INSERT）、删除（DELETE）和修改（UPDATE）数据。
由于视图是不实际存储数据的虚表，因此对视图的更新最终转换为对基本表的更新。

4. 删除视图

例 4-33 删除视图 pjcj。

```
DROP VIEW pjcj;
```

请注意：DROP VIEW 不能直接在 SQL 窗口中使用，可以将 DROP VIEW 语句嵌入
Visual Basic 程序中使用。也可以在查询视图中选中 pjcj 做删除操作。

4.5 数据操作

4.5.1 数据插入

SQL 的数据插入语句 INSERT 通常有两种形式。一种是插入一个记录，另一种是插入子
查询结果。后者可以一次插入多个记录。

格式 1：

```
INSERT INTO 表名 [(字段名 1[, 字段名 2[, ...]])] VALUES (值 1[, 值 2[, ...])
```

格式 2：

```
INSERT INTO 表名 [(字段名 1[, 字段名 2[, ...]])][IN 外部数据库 ]
SELECT 查询字段 1[, 查询字段 2[, ...]] FROM 表名列表
```

功能：将数据插入指定的表中。格式 1 即一条语句插入一条记录，格式 2 将用 SELECT 语句查询的结果插入指定的表中。

说明：

- 字段名 1，字段名 2：需要插入数据的字段。若省略，表示表中的每个字段均要插入数据。
- 值 1，值 2：插入表中的数据，其顺序和数量必须与字段名 1、字段名 2 一致。

例 4-34 向学生信息表中加入学生数据。

```
INSERT INTO 学生信息 VALUES ('200632400015','谢胜','男','1994-02-14','2012-09-
01',555,11,'1',null,null);
```

输出结果如下：

学号	姓名	性别	出生日期	入学时间	入学成绩	专业编号	团员否	照片	简历
200632400015	谢胜	男	1994-02-14	2012-09-01	555	11	是		
201204004101	宇文拓	男	1994-02-14	2012-09-01	521	12	否		
201204004102	陈靖仇	男	1994-05-01	2012-09-01	534	11	是		
201204004103	郭小白	女	1994-05-01	2012-09-01	522	12	否		
201204004105	司徒钟	男	1994-05-01	2012-09-01	543	42	是		
201204004107	于小雪	女	1994-11-02	2012-09-01	608	01	否		
201204004108	张烈	男	1995-03-23	2012-09-01	634	04	否		
201204004110	燕惜若	女	1993-05-29	2012-09-01	522	01	否		
201204004111	杨恒	男	1995-06-30	2012-09-01	535	03	是		
201204004113	宇文枫	男	1994-11-11	2012-09-01	546	04	是		
201204004114	苏星河	男	1994-04-01	2012-09-01	568	12	是		
201204004116	周芷若	女	1994-07-01	2012-09-01	578	11	否		
201204004117	袁紫衣	女	1995-04-13	2012-09-01	623	12	是		
201204004119	林仙儿	女	1995-01-30	2012-09-01	560	01	否		
201204004120	程灵素	女	1994-06-15	2012-09-01	538	12	是		
201304004104	黄小仙	女	1994-05-01	2013-09-01	563	01	是		
201304004106	李雨轩	男	1994-07-01	2013-09-01	508	03	是		
201304004109	陈辅	男	1995-03-16	2013-09-01	567	11	是		
201304004112	谢婉莹	女	1994-04-22	2013-09-01	605	12	否		
201304004115	王语嫣	女	1993-09-10	2013-09-01	589	01	是		
201304004118	李沉舟	男	1994-02-22	2013-09-01	518	04	是		

第一条语句指定插入数据存储的字段，所以每个字段都要赋值，不填入数据的字段用 NULL 表示。

例 4-35   从学生信息表中把学号、姓名查询出来插入学生信息 1 中。

INSERT INTO 学生信息 1 (学号 , 姓名) SELECT 学号 , 姓名 FROM 学生信息 ;

请注意：通过视图将数据插入基本表时，视图必须包含基本表的主键。

4.5.2   数据修改

格式：

UPDATE 表名 FIELDS SET 字段名 1 = 新值 1 [, 字段名 2 = 新值 2 …] WHERE 条件 ;

功能：修改指定表中符合条件的记录。

说明：
- 表名：即将修改数据的表。
- 字段名 1，字段名 2：要修改的字段。
- 新值 1，新值 2：与字段 1 和字段 2 对应的数据。

例 4-36   将学生信息表 xs 中性别字段的值换成"男"。

UPDATE xs SET 性别 =" 男 ";

例 4-37   将学生信息表 xs 中学号为偶数的记录的性别改为"女"。

UPDATE xs SET 性别 =" 女 " WHERE 学号 LIKE "*[0,2,4,6,8]";

例 4-38   利用例 4-31 建立的视图 xs1 将学号为"201204004101"的数据的姓名改为
"曹操"。

UPDATE xs1 SET 姓名 =" 曹操 " WHERE 学号 =" 201204004101";

请注意：通过视图修改基本表中的数据时，视图必须包含基本表的主键。

4.5.3   数据删除

格式：

DELETE FROM 表名 [WHERE 条件]

功能：从指定表中删除符合条件的数据。

说明：如果没有加条件子句，则删除表中的所有数据。

例 4-39   删除表 xsxk 中学号为"201204004101"的数据。

DELETE FROM xsxk WHERE 学号 ="201204004101";

例 4-40   通过视图 xs1 删除表 xs 中学号为"201204004101"的数据。

DELETE FROM xs1 WHERE 学号 ="201204004101";

请注意：如果想通过视图 xs1 删除学号不是以"2012"开头的学生信息，操作将失败。

本章小结

结构化查询语言 SQL 是数据库的标准语言。

数据定义命令包括 CREATE、ALTER 和 DROP，分别用于创建、修改和删除表。

数据查询命令 SELECT 是最重要的 SQL 语句，包含各种选项或短语。譬如 FROM 子句设置查询来源——表或视图；WHERE 子句设置查询条件；如果数据来自多个表或视图，可以用 FROM 子句和 WHERE 子句，或者用 JOIN 子句和 ON 子句实现多个表的连接查询；字段表达式子句用于字段的选择，即投影。

同时，也可以利用函数或表达式进行数据统计；GROUP BY 子句可以实现数据的分组统计，其 HAVING 子句对分组统计的结果设置和应用筛选条件；ORDER BY 子句指定数据的排序依据。

数据操作命令包括 INSERT、DELETE 和 UPDATE，分别用于插入、删除和修改表数据。

视图是从一个或多个基本表（或视图）导出的表。视图对应的数据存放在其基本表中，因此往往将视图称为虚表。基本表中的数据发生变化，从视图中查询出的数据也随之改变。所以，视图就像一个窗口，透过它可以看到数据库中自己感兴趣的内容及其变化，还可以通过视图修改表数据。在要查询或修改的数据来自多个表时，宜先为其定义一个视图，然后仅对此视图进行查询或修改操作。

思考题

1. 结构化查询语言包括哪几类命令？各完成什么功能？

2. SELECT 命令中哪几个部分是必不可少的？各用来做什么？

3. 在 SELECT 命令中，JOIN 子句用来做什么？

4. 在 SELECT 命令中，HAVING 子句和 WHERE 子句有什么共同点和区别？

5. 在 SQL 语句中用什么方法来建立两个表之间的数据参照关系？

自测题

一、单项选择题（每题 1 分，共 40 分）

1. SQL 的数据操作语句不包括_____。

  A. INSERT   B. UPDATE   C. DELETE   D. CHANGE

2. SQL 语句中删除表的命令是_____。

  A. DROPTABLE   B. DELETETABLE   C. Erase TABLE   D. DELETE DBF

3. 设读者表的表结构如下，建立该表的 SQL 语句为_____。

字 段 名	字段类型	字段长度	字 段 名	字段类型	字段长度
图书证号	文本	6	性别	文本	2
学号	文本	12	院系	文本	20
姓名	文本	8	是否挂失	是 / 否	

  A. CREATE TABLE 读者表 (图书证号 CHAR(6), 学号 CHAR(12), 姓名 CHAR(8), 性别 CHAR(2), 院系 CHAR(20), 是否挂失 YESNO);

  B. ALTER TABLE 读者表 (图书证号 CHAR(6), 学号 CHAR(12), 姓名 CHAR(8), 性别 CHAR(2), 院系 CHAR(20), 是否挂失 YESNO);

  C. DROP TABLE 读者表 (图书证号 CHAR(6), 学号 CHAR(12), 姓名 CHAR(8), 性别 CHAR(2), 院系 CHAR(20), 是否挂失 YESNO);

  D. CREATE DATABASE 读者表;

4. 不属于数据定义功能的 SQL 语句是_____。

    A. CREATE TABLE   B. DROP TABLE

    C. UPDATE   D. ALTER TABLE

5. 插入一条记录到学生信息表中，学号、成绩和所在院系编号分别是 201201、120 和 105，正确的 SQL 语句是_____。

    A. INSERT VALUES("201201"，120，"105")INTO 学号，分数，所在院系编号);

    B. INSERT TO 学号，分数，所在院系编号)VALUES("201201"，120，"105");

    C. INSERT INTO(学号，分数，所在院系编号)VALUES("201201"，120，"105");

    D. INSERT VALUES("201201"，120，"105")TO 学号，分数，所在院系编号);

6. 向表中插入数据的 SQL 命令是_____。

    A. INSERT   B. INSERT INTO

    C. INSERT IN   D. INSERT BEFORE

7. 删除表中数据的 SQL 命令是_____。

    A. DROP   B. ERASE   C. CANCLE   D. DELETE

8. HAVING 短语不能单独使用，必须接在_____短语之后。

    A. ORDER BY   B. FROM   C. WHERE   D. GROUP BY

9. 用 SQL 语句建立表时将属性定义为主键，应使用短语_____。

    A. CHECK   B. PRIMARY KEY   C. FREE   D. UNIQUE

10. SQL 语句中的 SELECT 命令建立表之间联系的短语为_____。

    A. JOIN   B. PRIMARY KEY   C. FROM   D. UNIQUE

11. SQL 实现分组查询的短语是_____。

    A. ORDER BY   B. GROUP BY   C. HAVING   D. ASC

12. SQL 中 "逻辑与" 运算符是_____。

    A. OR   B. ∧   C. AND   D. &

13. SQL 语句中的 SELECT 命令的 JOIN 短语建立表之间联系，JOIN 应接在_____短语之后。

    A. WHERE   B. GROUP BY   C. FROM   D. ORDER BY

14. SQL 中 "逻辑或" 运算符是_____。

    A. AND   B. ∨   C. &   D. OR

15. SQL 语言中最核心的命令是_____。

    A. INSERT   B. CREATE   C. SELECT   D. ALTER

16. 使用 SQL 语言的 SELECT 命令时，指定查询条件的子句是_____。

    A. FOR 子句   B. WHERE 子句   C. ON 子句   D. WHILE 子句

17. 已知学生表有 4 个字段，分别是学号、姓名、性别和入学成绩。查询入学成绩为 600 分以上的记录，要求只显示姓名和入学成绩的 SQL 语句是_____。

    A. SELECT 学生 . 姓名 , 学生 . 入学成绩 FROM 学生 WHERE 入学成绩 >600

    B. SELECT 姓名 , 入学成绩 FOR 入学成绩 >600

    C. DISPLAY 姓名 , 入学成绩 FOR 入学成绩 >600

    D. LOCAL FOR 入学成绩 >600

18. 下列命令中不是正确的 SQL 命令的是_____。

    A. DELETE FROM xsxk

B. INSERT INTO xsxk VALUES("200001230932"," 张三 "," 男 ",87)

C. SELECT xsxk

D. CREATE TABLE xsxk(id C(12),name C(8),sex C(2),score N(3))

19. 下列命令中是正确的 SQL 命令的是_____。

A. DELETE FROM xsxk   B. INSERT BEFORE

C. SELECT xsxk   D. CREATE xsxk

20. 在 SQL 查询中，使用 WHERE 子句可指出_____。

A. 查询视图   B. 查询条件   C. 查询目标   D. 查询结果

21. 删除表所用的命令是_____。

A. DELETE TABLE 表名   B. DROP TABLE 表名

C. PACK TABLE 表名   D. ALTER TABLE 表名

22. 下列关于 SQL 语句的说法，不正确的一项是_____。

A. SQL 是 Structured Query Language 的缩写，中文译为 "结构化查询语言"

B. SQL 只用于查询信息

C. SQL 除了可用于查询信息外，还具有定义数据、操纵数据、控制数据等功能

D. SQL 语言是一体化语言

23. SQL 的数据库操作语句不包含_____。

A. CHANGE   B. UPDATE   C. DELETE   D. INSERT

24. 下列 SQL 语句中用来修改数据的命令有_____。

A. INSERT   B. UPDATE   C. DELETE   D. 都正确

25. 建立表结构的 SQL 命令是_____。

A. ALTER TABLE   B. DROP TABLE

C. CREATE TABLE   D. CREATE INDEX

26. 下列关于 SQL 语句 INSERT 的叙述正确的是_____。

A. 在表尾插入一条记录   B. 在表头插入一条记录

C. 在表中任何位置插入一条记录   D. 可以向表中插入若干记录

27. SQL 语句 UPDATE 的功能是_____。

A. 更新表中的数据   B. 修改表中某些行的内容

C. 用来查询数据   D. 用来修改数据库

28. 不属于数据定义功能的 SQL 语句是_____。

A. UPDATE   B. DROP   C. CREATE   D. ALTER

29. 删除表 stock 的命令是_____。

A. DROP stock   B. DELETE TABLE stock

C. DROP TABLE stock   D. DELETE stock

30. SQL 的数据修改语句不包括_____。

A. DELETE   B. INSERT   C. UPDATE   D. CHANGE

31. 在 SQL 的 SELECT 语句中，_____短语用于指定查询条件。

A. WHERE   B. FROM   C. DISTINCT   D. ORDER BY

32. 限定分组条件的短语是_____。

A. WHERE   B. ORDER BY   C. HAVING   D. GROUP BY

33. 设已建立第3题的"读者表"，正确地将其学号字段设为表的主键的SQL命令是_____。

    A. ALTER TABLE kc ALTER 课程编号 CHAR(4) PRIMARY KEY；

    B. ALTER TABLE 读者表 ALTER 学号 CHAR(12) PRIMARY KEY；

    C. CREATE TABLE 读者表 ALTER 课程编号 CHAR(4) PRIMARY KEY；

    D. DROP TABLE kc ALTER 课程编号 CHAR(4) PRIMARY KEY；

34. 设已建立第3题的"读者表"，正确地插入数据记录的SQL命令是_____。

    A. INSERT INTO 读者表 VALUES ("x00001", "201332180001", " 朱应竹 ", " 男 ", " 计算机学院 ", no)；

    B. INSERT INTO 读者表 VALUES (x00001, 201332180001, 朱应竹 , 男 , 计算机学院 , "no")；

    C. INSERT INTO 读者表 ("x00001", "201332180001", " 朱应竹 ", " 男 ", " 计算机学院 ", no)；

    D. SELECT FROM 读者表 ("x00001", "201332180001", " 朱应竹 ", " 男 ", " 计算机学院 ", no)；

35. 设已建立第3题的"读者表"，正确地修改其所有性别为"女"的记录的SQL命令是_____。

    A. UPDATE 读者表 SET 性别 =" 女 "；

    B. INSERT 读者表 SET 性别 =" 女 "；

    C. DELETE FROM 性别 =" 女 "；

    D. UPDATE FROM 读者表 SET 性别 =" 女 "；

36. 设已建立第3题的"读者表"，正确地删除性别为"女"的记录的SQL的命令是_____。

    A. DROPFROM 读者表 WHERE 性别 =" 女 "；

    B. DELETEFROM 读者表 WHERE 性别 =" 女 "；

    C. DELETEFROM 读者表 WHERE 性别 = 女；

    D. UPDATE 读者表 WHERE 性别 =" 女 "；

37. SQL 语句中用于修改表结构的命令是_____。

    A. ALTER STRUCTURE   B. MODIFY STRUCTURE

    C. ALTER TABLE   D. MODIFY TABLE

38. SQL 的数据操作命令是_____。

    A. CREATE   B. DELETE   C. SELECT   D. DROP

39. SQL 的数据定义命令是_____。

    A. INSERT   B. DELETE   C. ALTER   D. UPDATE

40. 在成绩信息表中检索成绩在 80 ~ 100 分（含 80 和 100）范围的学生的学号，错误的选项是_____。

    A. SELECT DISTINCT 学号 FROM 成绩信息 WHERE 成绩 >=80 OR 成绩 <=100

    B. SELECT DISTINCT 学号 FROM 成绩信息 WHERE 成绩 BETWEEN 80 AND 100

    C. SELECT DISTINCT 学号 FROM 成绩信息 WHERE 成绩 >=80 AND 成绩 <=100

    D. SELECT 学号 FROM 成绩信息 WHERE 成绩 BETWEEN 80 AND 100

二、填空题（每空 1 分，共 20 分）

1. 请填入正确的保留字以保证下列 SQL 能正确运行：

```
Select count(*),name from user group by name _____  count(*) >2
```

2. 在 SQL 语句中空值用_____表示。

3. 在 SQL 语句 SELECT 中，表示条件关系式用_____子句。

4. 要在专业表中插入一条记录，应使用的 SQL 语句是：

_____ 专业（专业编号 , 名称 , 所属系 , 备注）；VALUES ("05", " 生物技术 ", " 生物系 ", " 本科 "）

5. 使用 SQL 语句将一条新的记录插入学院表：

INSERT _____ 学院 (系号 , 系名) VALUES ("04"," 计算机 ")

6. 使用 SQL 语句求工商管理系所有职工的工资总额：

SELECT _____ (工资) FROM 教师信息 WHERE 系名 =" 工商管理 "

7. 使用 SQL 语句将所有教授的工资提高 5%：

_____ 教师信息 SET 工资 = 工资 *1.05 WHERE 职称 =" 教授 "

8. 设表结构为：借阅（借书证号 CHAR(4)，总编号 CHAR(6)，借书日期 DATE），用 SQL 的 CREATE 命令建立借阅表。请对下面的 SQL 语句填空。

CREATE TABLE 借阅（_____）

9. 设有表：借阅（借书证号 CHAR(4)，总编号 CHAR(6)，借书日期 DATE），用 SQL 的 INSERT 命令将数据 "CI007,INT2000,2004/3/10" 插入借阅表中。请对下面的 SQL 语句填空。

INSERT INTO 借阅 VALUES(_____)

10. 设有表：图书 (总编号 CHAR(6)，分类号 CHAR(8)，书名 CHAR(16)，作者 CHAR(6)，出版单位 CHAR(20)，单价 FLOAT)。

查询所藏图书中，有两种及两种以上图书的出版社所出版图书的最高单价。请对下面的 SQL 语句填空：

SELECT 出版单位 , MAX (单价) FROM 图书 GROUP BY _____ HAVING COUNT(*)>=2

11. SQL 中运算符 BETWEEN a AND b 的意义是_____。

12. SQL 的 SELECT 语句中用于计数查询的函数是_____。

13. SQL 的 SELECT 语句中用于求和查询的函数是_____。

14. SQL 的 SELECT 语句中用于求最小值查询的函数是_____。

15. SQL 语句中取消结果中重复值的短语是_____。

16. 在 SQL 中用于将最终结果排序的短语是_____。

17. 将学生成绩表中学号为 "00001001" 的学生的入学成绩改为 556，正确的 SQL 命令是：

UPDATE 学生成绩_____入学成绩 =556 WHERE 学号 ="00001001"。

18. SQL 中用_____命令定义表的结构。

19. SQL 中用_____命令修改表的结构。

20. SQL 中用_____命令修改表的数据。

三、判断题（每题 2 分，共 20 分，正确的写 "T"，错误的写 "F"）

（   ）1. SQL 语句 UPDATE 的功能是数据查询。

（   ）2. SQL 语句 INSERT 的功能是在表头插入一条记录。

（   ）3. 修改表结构用 change tab 语句。

（   ）4. "SELECT * FROM 学生信息表 WHERE 姓名 LIKE" 张 *";" 可以查询到当前表中姓名以 "张" 开头的所有记录。

（   ）5. SQL 命令能在 Access 中使用，也能在其他高级语言中使用。

（   ）6. 使用 SQL 语言的 CREATE TABLE 命令可以直接建立表。

（   ）7. SQL 中 ALTER 命令有两个选项，其中 MODIFY 用于修改字段的类型、宽度等，ADD 用于添加字段。

（   ）8. SQL 只能查询数据，不能修改数据。

（   ）9. 当进行多表查询时，既可以在 JOIN 中建立连接条件，也可以在 WHERE 中建立连接条件。

（   ）10. 在进行数据查询时，不能指定查询结果的标题，只能用字段名作标题。

四、简答题（每题 5 分，共 20 分）

1. 什么是 SQL，其包含哪几项功能的语句？

2. 在 Access 的什么视图里输入 SQL 语句，如何运行 SQL 语句？

3. SQL 语句格式由哪两部分构成？

4. 可以分别使用哪两组短语或方法实现多表查询？

第5章 窗 体

第2章介绍的数据表视图可以对数据记录进行浏览、添加、修改和删除等操作。但是，人们更加热衷于十分友好的人机交互界面——窗体（Form）。数据表视图只能以行和列的形式显示和编辑数据；窗体能以多种形式显示和编辑数据，还能以功能按钮窗体、切换面板或导航窗体集成数据库中的其他窗体和报表等，形成功能选择式数据库应用程序主界面。

本章介绍窗体的概念、创建窗体的各种方法、窗体中常用控件的创建与属性设置、窗体数据记录的操作、创建主 – 子窗体对照地浏览数据、创建切换面板集成各个窗体或报表。然后，介绍 Access 2010 新增的功能——创建导航窗体，用导航窗体作为数据库应用程序的主界面，不再需要创建传统的菜单栏和工具栏。

5.1 概述

在 Access 2010 中，窗体是一个非常重要的数据库对象，也称为表单（Form），意为操作列表与清单。窗体可以大致分为窗口和对话框。窗体上的操作对象往往称为控件，意为输入 / 输出控制部件。

对数据库的所有操作都可以通过窗体实现。利用窗体可以使数据库中数据的输入、修改和查看变得非常简单直观，数据格式也更加灵活多样。用 Access 2010 可以在窗体中设计美观的背景图案；设计文本框、列表框、组合框来向表中输入数据；创建按钮来打开其他窗体或报表；创建自定义对话框以接收用户输入，并根据用户输入的信息执行相应的操作。

在一个数据库应用系统的各项功能开发完成后，可以用一个主要的窗体，称为总控窗体或主界面，控制各项功能的选择和操作。主窗体可以是导航窗体、切换面板或包含一组功能选择按钮的窗体。

5.1.1 窗体的功能

窗体是应用程序和用户之间的接口，是设计数据库应用系统的常用对象之一。用户使用窗体进行人机交互，实现数据维护和控制应用程序流程，具体功能如下：

1. 输入、编辑和输出数据

窗体的基本功能就是显示和编辑数据。通过窗体可以添加、修改、删除和输出数据库中的数据，还可以利用窗体所结合的程序设计语言 VBA（Visual Basic for Application，面向应用的 VB），为窗体设计计算过程。在窗体中显示的数据清晰且易于控制。尤其是在大型数据表中，数据可能难以查找，而窗体使数据容易使用。

2. 显示信息

在窗体中可以显示一些解释或警告的信息。在 Access 2010 数据库中，单击"文件"|"打印"，可以打印当前打开的窗体等对象。

3. 控制程序流程

窗体可以与函数、子程序相结合，通过编写宏或 VBA 代码完成各种复杂的控制功能。例如，在窗体中设计命令按钮，并对其编程，当单击命令按钮时，即可执行相应的操作，从而达到控制程序流程的目的。

5.1.2　窗体的视图

　　窗体的不同视图以不同的形式显示窗体，包括操作对象、数据或信息。也就是说，窗体的各种显示形式称为窗体的视图。Access 2010 有六种窗体视图：分别为"设计视图"、"窗体视图"、"数据表视图"、"数据透视表视图"、"数据透视图视图"和"布局视图"。不同类型的窗体具有的视图类型不一样。窗体在不同视图中完成不同任务，通过窗体的"视图"命令可以十分方便地切换不同视图。

　　1. 设计视图

　　设计视图用于设计和修改窗体（参见 5.3 节）。在设计视图中有下列功能：

　　1）窗体在设计视图中显示时并没有运行，看不到实际数据。

　　2）会显示网格线，便于对齐窗体内的各个控件。

　　3）用鼠标左键，可以在设计视图中框选多个控件，所选择的控件四周以黄色突出显示控制框，表示此时可以调整这些控件的位置和大小。

　　4）默认显示"主体"节，可以在窗体的空白处单击鼠标右键，执行"页面页眉 / 页脚"或"窗体页眉 / 页脚"命令显示或隐藏它们，还可以调整各部分的大小。

　　5）可以向窗体添加更多类型的控件，例如选项框、分页符和图表。

　　6）可以对文本框单击鼠标右键，使用"事件生成器"编辑文本框的"控件来源"（数据来源），而不使用属性表。

　　7）更改某些无法在布局视图中更改的窗体属性。

　　2. 窗体视图

　　窗体视图用于预览窗体设计的结果，也可以查看、添加或修改表中的数据。它是窗体默认的视图类型。

　　3. 数据表视图

　　数据表视图用于在窗体中以表格的形式显示数据，也可以用于编辑字段，添加、删除和查找数据等。对于没有相关数据源的窗体，数据表视图没有意义。

　　4. 数据透视表视图

　　数据透视表视图用于创建"显示交叉式统计表格"的窗体，便于用户以统计表格的形式，在行列交叉点查看统计结果。

　　5. 数据透视图视图

　　数据透视图视图用于创建"显示交叉式统计图表"的窗体，便于用户以统计图形的形式，直观地查看数据统计结果。

　　6. 布局视图

　　布局视图用于调整和修改窗体设计，它是 Access 2010 新增加的一种视图。它与设计视图的差别如下：

　　1）在布局视图中，窗体实际上正在运行。因此，它与运行该窗体时显示的外观非常相似。同时，可以在此视图中对窗体设计进行更改。

　　因为在修改窗体的同时可以看到数据，所以它是非常有用的视图，是用于修改窗体的最直观的视图。它便于设置控件大小，执行几乎所有其他影响窗体的外观和可用性任务。在第 8 章将介绍的新建"空白 Web 数据库"中，布局视图是唯一可以设计 Web 窗体的视图。

　　2）如果要创建标准桌面数据库，而不是 Web 数据库，并且遇到无法在布局视图中执行的任务，则可以切换到设计视图。在某些情况下，Access 会显示一条消息，指出必须切换到设计视图才能进行特定的更改。

3）若要在布局视图中选择多个控件，只能按住 Shift 或 Ctrl 键，用鼠标左键单击各个控件，不能用鼠标左键框选。对于被选择的控件，则可以看到控件四周被虚线围住，表示此时这些控件的位置和大小是可以调整的。

4）在设计视图和布局视图中，对于选择的多个控件都可以单击鼠标右键，执行"布局"的"表格"、"堆积"或"删除布局"命令，将改变控件的成组排列方式。其中，"表格"使选择的多个控件成组排列为一行；"堆积"使选择的多个控件成组排列为一列；"删除布局"使选择的控件从成组排列中解除，此时才能将该控件从组内移动到组外任意位置。

布局视图的控件默认为"堆积"布局，即创建第一个控件后，创建的下一个控件会自动与第一个"堆积"在一起，成组排列为一列，其四周会出现一个虚线框。

5.1.3　窗体的信息来源

窗体作为用户与 Access 应用程序之间的交互界面，其本身不存储数据，多数窗体都是在表或查询的基础上完成的。具体说来，窗体的信息来源于两个方面：

1. 附加信息

设计窗体时，或是为了美观，或是为了给用户一些提示信息，可以在窗体中添加一些说明性文字或图形元素，如线条、矩形框等。

2. 表或查询

如果窗体需要显示数据库中的数据，则创建窗体时选择数据库中的表或查询作为窗体的数据源（或称为记录源）。这时，窗体与选择的表或查询相关联，使得在窗体中对数据进行修改、添加或删除时，数据操作的结果会自动保存到相关联的数据表中。当然，数据源表中的记录发生变化时，窗体中的信息也会随之变化。

数据源为窗体提供所需的数据。输入、编辑和输出数据的窗体在应用中都需要数据源的支持。

5.1.4　窗体的类型

在 Access 2010 中，窗体的类型有：单窗体、数据表窗体、分割窗体、多项目窗体、数据透视表和数据透视图窗体等，这些不同类型窗体的设计将在本章后续部分介绍。

在"创建"选项卡的"窗体"组中，提供了多种创建窗体的功能按钮，如图 5-1 所示，包括三个主要的按钮："窗体"、"窗体设计"和"空白窗体"；三个辅助按钮："窗体向导"、"导航"和"其他窗体"。单击"其他窗体"按钮可以展开下拉列表，该列表中提供了创建各种特定窗体的命令按钮，如图 5-2 所示。

图 5-1　"窗体"组功能按钮

图 5-2　"其他窗体"下拉列表

"窗体"组的 6 个按钮功能如下：

1）窗体：在 Access 2010 的"导航窗格"中选择要在窗体上显示的表或查询后，单击该按钮，即自动创建窗体。使用该按钮创建的窗体，自动把数据源的所有字段都放置在窗体上，一次只纵向显示一条记录。可称之为单窗体。

2）窗体设计：单击该按钮，即显示窗体的"设计视图"，可以手动设计和修改窗体。

3）空白窗体：单击该按钮，即显示窗体的"布局视图"，可以手动设计和修改窗体。"布局视图"能够看到窗体的运行结果。

4）窗体向导：单击该按钮，即显示"窗体向导"，引导用户创建窗体。其中，允许手动选择一到多个有关的表或查询，以及需要的字段作为窗体的数据源。

5）导航：用于创建数据库应用程序主界面——导航窗体，以集成和控制其他窗体。其下拉列表中提供 6 种不同的布局形式，可以创建不同布局格式的导航窗体。导航工具更适合于创建 Web 数据库窗体。

6）其他窗体：单击该下拉列表，会显示 6 个按钮，功能分别如下：

- 多个项目：创建显示多条记录的窗体。
- 数据表：生成数据表形式的窗体。
- 分割窗体：能同时提供数据的两种视图，窗体视图和数据表视图。分割窗体不同于窗体和子窗体的组合，它的两个视图连接同一数据源，并且总是相互保持同步。若在窗体的某个视图中选择一个字段，则在窗体的另一个视图中选择相同的字段。
- 模式对话框：生成的窗体总是保在系统的最上面，不关闭该窗体则不能在该窗体之外进行其他操作，例如"登录"窗体就属于这种窗体。
- 数据透视图：生成基于数据源的数据透视图窗体。
- 数据透视表：生成基于数据源的数据透视表窗体。

5.2　快速创建窗体

如图 5-1 和图 5-2 所示，Access 创建窗体的途径十分丰富。问题是怎样快速创建窗体？窗体怎样与数据表关联？怎样选择自己关心的部分数据项创建窗体？

5.2.1　使用"窗体"、"多个项目"和"分割窗体"创建窗体

这种方式是创建窗体中最为快速的方法。在这种方式中用户只需选择某个表或查询作为窗体的数据源，其窗体的布局结构简单规整，这种方法创建的窗体只显示单条记录，而且不能选择自己关心的部分数据项创建窗体。

1. 使用"窗体"创建窗体

例 5-1　以"学生成绩管理"数据库中的"学生选课"表作为数据源，使用"窗体"按钮创建窗体。具体步骤如下：

1）打开"学生成绩管理"数据库，在左侧导航窗格中选择作为窗体数据源的"学生选课"表，如图 5-3 所示。

2）在"创建"选项卡的"窗体"组中，单击"窗体"按钮，窗体立即创建完成，并以布局视图显示，如图 5-4 所示。

3）在 Access 的快速访问工具栏单击"保存"按钮，在弹出的"另存为"对话框中，输入窗体的名称"学生选课窗体"，然后单击"确定"按钮，如图 5-5 所示。

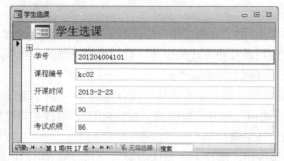

图 5-3   导航窗格   图 5-4   使用"窗体"创建的窗体布局视图   图 5-5   保存窗体对话框

利用"窗体"工具创建窗体方式的优点和缺点都非常明显。优点是操作简单且快捷；缺点是新窗体包含了指定的数据来源（表或查询）中的所有字段和只显示一条记录，用户不能做出别的选择。

2. 使用"多个项目"创建窗体

利用"窗体"工具创建的窗体上只能显示一条记录，而"多个项目"创建的窗体是显示多条记录的一种窗体布局形式。

例 5-2   以"学生成绩管理"数据库中的"学生选课"表作为数据源，使用"多个项目"的方法创建窗体。具体步骤如下：

1）打开"学生成绩管理"数据库，在左侧导航窗格中选择作为窗体数据源的"学生选课"表，如图 5-3 所示。

2）单击"其他窗体"按钮，在弹出的下拉列表框中单击"多个项目"，窗体立即创建完成，并以布局视图显示，如图 5-6 所示。保存即可。

3）在 Access 的快速访问工具栏单击"保存"按钮，在弹出的"另存为"对话框中，输入窗体的名称"学生选课多个项目"，然后单击"确定"按钮。

图 5-6   使用"多个项目"创建的窗体视图

3. 使用"分割窗体"创建窗体

"分割窗体"是一个窗体内具有两种布局形式，窗体上半部是单条记录布局形式，下半部是多条记录的数据表布局形式。这种分割窗体为用户浏览记录带来了方便，既可浏览多条记录，也可浏览当前的一条记录。

例 5-3　以"学生成绩管理"数据库中的"学生选课"表作为数据源，使用"分割窗体"的方法创建窗体。具体步骤如下：

1）打开"学生成绩管理"数据库，在左侧导航窗格中选择作为窗体数据源的"学生选课"表。

2）单击"其他窗体"按钮，在弹出的下拉列表框中单击"分割窗体"，窗体立即创建完成，如图 5-7 所示。窗体上部分以布局视图显示，下半部以数据表视图形式显示，单击最下面导航条中的下一记录按钮，则上半部显示当前记录的信息，如图 5-8 所示。

3）单击"保存"按钮，在弹出的"另存为"对话框中，输入窗体的名称"学生选课分割窗体"，然后单击"确定"按钮。

图 5-7　分割窗体　　　　　　　　　　图 5-8　选择下一记录后上半部显示当前记录

当数据表中记录很多，需要同时浏览表中当前一条记录时使用这种窗体较为合适。

5.2.2　使用"窗体向导"、"空白窗体"创建窗体

1. 使用"窗体向导"创建窗体

窗体向导提供了一种功能强大的创建窗体的方法。用户在窗体向导的逐步引导下做出选择。譬如，窗体数据来自哪个表或查询？窗体使用哪些字段？应用哪个窗体布局和应用哪种外观样式？通过在向导中回答这些问题，用户可以创建一个基本上符合自己需求的新窗体，接着还可以到设计视图中进行修改。用"窗体向导"创建窗体时，数据源可以是一个表或查询的若干字段，也可以是多个表或查询的若干字段。

例 5-4　使用窗体向导创建教师信息窗体。操作步骤如下：

1）打开"学生成绩管理"数据库，选中"教师信息"表。

2）在"创建"选项卡的"窗体"组中，单击"窗体向导"，在打开的"请确定窗体上使用哪些字段"对话框中，选择需要的字段，若单击 » 按钮，则把该表中全部字段送到"选定字段"窗格中，如图 5-9 所示；单击"下一步"按钮。

3）在打开的"请确定窗体使用的布局"对话框中，选择"纵栏表"，单击"下一步"按

钮。如图 5-10 所示。

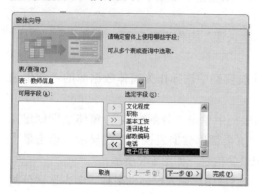

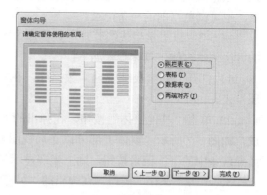

图 5-9　选定字段向导　　　　　　　　　　　图 5-10　选择窗体布局

4）在打开的"请为窗体指定标题"对话框中，输入窗体标题"教师信息窗体"，默认为"打开窗体查看或输入信息"，单击"完成"按钮，如图 5-11 所示。这时，会打开窗体视图，即显示所创建窗体的效果，如图 5-12 所示。

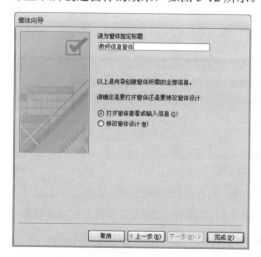

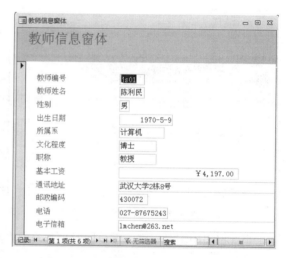

图 5-11　确定窗体标题　　　　　　　　　　图 5-12　采用窗体向导创建窗体视图

如此创建的窗体是基于单个表或查询的窗体。

使用向导创建窗体不仅可以创建基于单个表或查询的窗体，而且可以创建基于多个表或查询的窗体。如图 5-9 所示，在一个表或查询中选择字段和移动到"选定字段"列表框之后，再在"表 / 查询"下拉列表框中选择另外一个表；选择需要的字段，移动到"选定字段"列表框中。注意：这两个被选择的表必须事先建立了表间关系，否则会显示错误信息。

2. 使用"空白窗体"创建窗体

使用"空白窗体"按钮创建窗体是在布局视图中创建窗体，这种"空白"是指就像在一张白纸上创建窗体。使用这种方式创建窗体时，Access 打开用于创建窗体的数据源表，创建时可根据需要把表中的字段拖到"白纸"上即可完成创建窗体的工作。

例 5-5　以"学生成绩管理"数据库中的"课程"表作为数据源，使用"空白窗体"的方法创建窗体。具体步骤如下：

1）打开"学生成绩管理"数据库。

2）在"创建"选项卡的"窗体"组中，单击"空白窗体"按钮。此时，会打开"空白窗体"视图，同时也打开了"字段列表"窗格，显示数据库中所有的表，如图5-13所示。

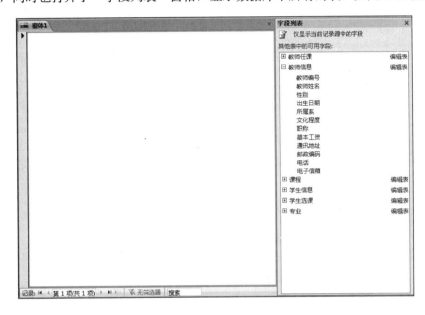

图5-13　显示库中所有表的字段列表窗格

3）单击"课程"表前的"+"号，展开"课程"表所包含的字段，如图5-14所示。

图5-14　展开"课程"表的字段

4）依次双击"课程"表中的"课程编号"等所有字段，这些字段被添加到空白窗体中，这时立即会显示出"课程"表中的第一条记录，此时"字段列表"的布局从一个窗格变为三个小窗格，分别为"可用于此视图的字段"、"相关表中的可用字段"和"其他表中的可用字段"，如图5-15所示。

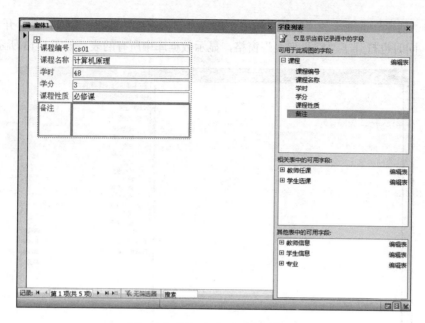

图 5-15　添加字段到空白窗体中

5）如果"相关表中的可用字段"中显示相关字段，则表明这些可用表之间已经建立了关系，比如"课程"表和"教师任课"表、"学生选课"表之间。展开"教师任课"表，双击其中的"教师编号"字段，该字段被添加到空白窗体中，且会自动创建出"主 – 子窗体"视图的窗体，显示出图上半部分讲授课程名称为"计算机原理"的教师编号信息，如图 5-16所示。

图 5-16　空白窗体创建窗体设计视图

6）单击"保存"按钮，在弹出的"另存为"对话框中，输入窗体的名称"课程与主讲教师窗体"，然后单击"确定"按钮，该窗体创建完成。

5.2.3　创建数据透视表/图

Access 2010 提供了两种数据分析窗体类型：数据透视表和数据透视图。

数据透视表具有强大的数据分析功能，是一种能用所选格式和计算方法汇总大量数据的交互式表。创建数据透视表窗体时，用户可以动态地改变透视表的版式以满足不同的数据分析方式和要求。当版式改变时，数据透视表窗体会按照新的布局重新计算数据。反之，当源数据发生更改时，数据透视表中的数据也可以随之自动更新。

数据透视图与数据透视表具有相同的功能。不同的是数据透视图以图表方式显示统计分析结果。

1. 创建数据透视表

例 5-6　针对数据表"学生信息"做一个数据透视表。要求统计不同专业和不同性别的团员、非团员以及所有学生的人数。具体步骤如下：

1）打开"学生成绩管理"数据库，在左侧导航窗格中选择作为窗体数据源的"学生信息"表。

2）在"创建"选项卡的"窗体"组中，单击"其他窗体"按钮，弹出下拉列表框，单击"数据透视表"，显示数据透视表设计界面；选择和单击"字段列表"按钮，显示数据源表的字段列表窗口，如图 5-17 所示。

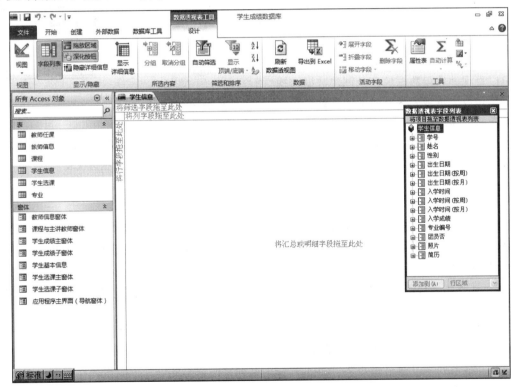

图 5-17　数据透视表设计视图

3）在数据透视表设计界面中，需要将"数据透视表字段列表"中的字段拖放到左边的四个区域中：

①"将行字段拖至此处"：将"专业编号"字段拖至此处，窗体将以"专业编号"字段的

所有值和自动增加的一个"总计"字段作为透视表的行字段。

②"将列字段拖至此处"：将"性别"字段拖至此处，窗体将以"性别"字段的所有值（男、女）和自动增加的一个"总计"字段作为透视表的列字段。

③"将筛选字段拖至此处"：将"团员否"字段拖至此处，窗体将以"团员否"字段的所有值（true、false）和自动增加的一个"全部"字段作为透视表的页字段。带有页字段项的数据透视表如同一叠卡片，每张数据透视表就如同一张卡片，选择不同的页字段项就是选出不同的卡片。

④"将汇总或明细字段拖至此处"：先将"姓名"字段拖至此处，再次将"姓名"字段拖至"总计"列字段下方的"无汇总信息"所在列，结果如图 5-18 所示。

4）单击"+"或"-"号按钮：显示 / 隐藏明细数据（姓名），可以只显示人数；保存窗体，命名为"学生信息透视表"。

用户可以利用"数据透视表工具"栏上的按钮编辑或操作该透视表。例如，单击工具栏上的"属性表"按钮打开"属性"对话框，在"属性"对话框的"标题"选项卡下的"标题"文本框中编辑列标题为"学生人数"。

2. 创建数据透视图

数据透视图以图形的方式表达数据，从而可以直观地获得数据信息。创建数据透视图与创建数据透视表主要的不同之处在于设计界面的不同。

例 5-7　要求与例 5-6 相同，创建一个数据透视图，如图 5-20 所示。具体步骤如下：

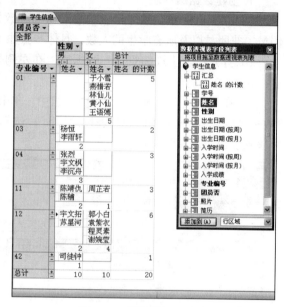

图 5-18　学生数据透视表

1）同例 5-6 的第一步。

2）在"创建"选项卡的"窗体"组中，单击"其他窗体"按钮，弹出下拉列表框，单击"数据透视图"，显示数据透视图设计界面；选择和单击"字段列表"按钮，显示数据源表的字段列表窗口，如图 5-19 所示。

3）在数据透视图设计界面中，需要将"图表字段列表"中的相关字段拖放到左边提示的四个区域中：

①"将分类字段拖至此处"："专业编号"作为分类字段拖至此处，这里的"类"是指相邻的一组柱形图，相当于数据透视表中的行字段。

②"将系列字段拖至此处"："性别"作为系列字段拖至此处，不同系列在图形中用不同颜色区分，相当于数据透视表中的列字段。

③"将筛选字段拖至此处"："团员否"作为筛选字段拖至此处，同数据透视表中的页字段。

④"将数据字段拖至此处"：将"姓名"字段拖至此处，以计数方式统计不同姓名的人数。

4）结果如图 5-20 所示，保存窗体，取名"学生信息透视图"。

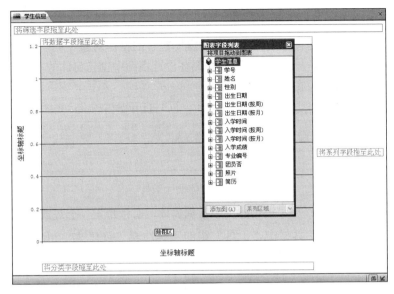

图 5-19　数据透视图设计界面

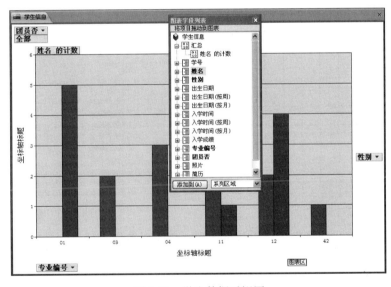

图 5-20　学生数据透视图

用户可以利用"数据透视图"工具栏上的按钮编辑该透视图。例如，单击工具栏上的"属性表"按钮打开"属性"对话框，在对话框的"常规"选项卡下的"选择"下拉列表框中选择"分类轴 1 标题"，再切换到"格式"选项卡下，在"标题"文本框中修改"坐标轴标题"字样或删除。也可以在快捷菜单中选择"图表类型"，更改已设计好的图表类型等。

5.3　使用"设计视图"创建窗体

窗体的设计视图提供了一种灵活地创建和修改窗体的方法。往往先利用向导创建窗体，然后用设计视图修改窗体，此法甚为便利。

使用设计视图只能基于一个表或查询创建窗体。如果要基于多个表，可以先建立基于多个表的查询，再创建基于该查询的窗体。

5.3.1 用设计视图创建窗体的基本步骤

用设计视图可以自由地创建窗体，不同的窗体包含的操作对象不同，其创建方法也不尽相同，但是步骤及操作顺序大致相同。下面介绍在设计视图中创建窗体的基本步骤。

1）打开窗体设计视图：在"创建"选项卡的"窗体"组中，单击"窗体设计"按钮，就会在功能区动态显示"窗体设计工具"，如图 5-21 所示，同时打开窗体的设计视图，如图 5-22 所示。

图 5-21　窗体设计工具

2）确定窗体的数据源：如果要创建一个数据窗体，必须指定一个表或查询作为窗体的数据源。单击"窗体设计"工具栏中"工具"组的"属性表"按钮，出现窗体属性表，如图 5-23 所示，在"数据"选项卡的"记录源"下拉列表框中选择一个表或查询作为数据源。

图 5-22　窗体设计视图   图 5-23　窗体属性表

例如，选择"学生信息"表作为数据源时，单击"窗体设计"工具栏中"工具"组的"添加现有字段"按钮，出现字段列表窗口，如图 5-24 所示。

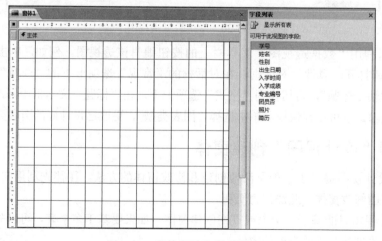

图 5-24　窗体设计字段列表窗口

3）在窗体上添加控件：常用下列两种方法在窗体上添加控件。

①从数据源的字段列表框中选择需要的字段拖放到窗体上或双击该字段，Access 会根据字段的类型自动生成相应的控件，并在控件和字段之间建立关联。

②从"控件组"中将需要的控件添加到窗体上。

例如，从字段列表中选择字段"学号"、"姓名"、"专业编号"、"性别"和"入学成绩"，将其拖动到窗体设计视图的主体节下方，如图 5-25 所示。

4）设置对象的属性：选择当前窗体对象（单击窗体左上角的小方块：选定器按钮）或某个控件对象，单击"窗体设计"工具栏中的"属性表"按钮，设置窗体或控件的属性。

5）查看窗体的设计效果：单击"窗体设计"工具栏上的"视图"按钮，切换到窗体视图查看设计效果。

6）保存窗体对象：执行"文件"菜单下的"保存"命令，或单击工具栏的"保存"按钮，在弹出的"另存为"对话框中输入窗体名称，单击"确定"退出。

如果要修改已创建的窗体，如教师信息窗体，则先在 Access 左边的导航窗格里选择要修改的窗体名称，单击右键会显示该窗体的弹出式菜单，再单击该菜单中"设计视图"命令，如图 5-26 所示，然后修改与保存该窗体。

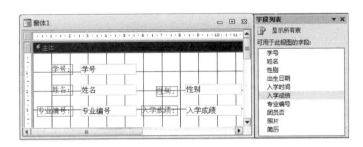

图 5-25　窗体上添加控件

图 5-26　指定窗体右键菜单

5.3.2　窗体设计视图中的对象

在设计视图中创建和修改窗体，应当熟悉设计视图及其操作对象。窗体设计视图中的对象有三类：节、窗体和控件。

1. 节

在窗体的设计视图下，窗体由 5 个节组成，分别为主体、窗体页眉、页面页眉、页面页脚和窗体页脚，如图 5-27 所示。

所有窗体都含有主体节。在创建窗体之初，仅产生一个主体节，如图 5-22 所示。当需要在窗体中添加其他节时，打开该窗体的设计视图，右键单击窗体任意位置，在弹出菜单中选择"窗体页眉/页脚"和"页面页眉/页脚"命令。如果把窗体的

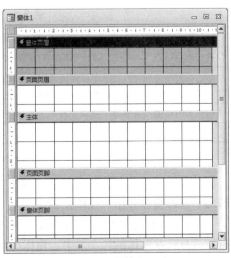

图 5-27　窗体的组成

设计视图比作画布，主体就是画布上的中央区域，是浓墨重彩的地方。页眉和页脚则分别是画布上标题和落款的地方。其中，"页面页眉／页脚"中的内容在打印时才会显示。

关于窗体中各节说明如下。

1）窗体页眉位于窗体顶部，常用来显示窗体的标题和使用说明、放置命令按钮等。此区域的内容是静态的，不会随着窗体垂直滚动条而滚动，在窗体打印时只会出现在首页的顶端。

2）页面页眉用来显示页的标题、徽标或数据记录的字段名称（列标题）等。

3）主体是窗体最重要的部分，每一个窗体都必须有一个主体，是打开窗体设计视图时系统默认打开的节。主体是数据记录的显示区，窗体上的控件主要放在主体节中。

4）页面页脚和页面页眉的位置对称，性质相仿，用来设置窗体在打印时每一页底部要显示的内容，如日期、页码等。

5）窗体页脚和窗体页眉的位置对称，位于窗体底部，该区域的内容也是静态的，不随垂直滚动条而滚动，经常用来放置各种汇总信息，如"平均成绩"、"总人数"等。也可以像窗体页眉一样，放置命令按钮和说明信息。

窗体各个节的宽度和高度可以调整，简单的方式是用鼠标拖动其分隔线手动调整，还可以在窗体的属性表中定义。要注意的是，窗体页眉和窗体页脚只能同时添加或删除。同样，页面页眉和页面页脚也只能同时添加或删除。如果仅仅添加其中一个节，不妨设置另一个节的高度为 0。

每个节包括节栏和节背景区两个部分。节栏的左端显示了节的标题和一个向下箭头 ，以指示下方为该节栏的背景区。

2. 窗体

窗体是一个容器类对象，它可以容纳按钮、文本框等控件对象。窗体作为一个整体也具有自己的一系列属性。例如，可以设置用户单击窗体时的反应、窗体的颜色、窗体的记录源以及是否允许用户在窗体上编辑数据等。

窗体和节的左上角有自己的选定器，用于选择窗体或某个节，从而调整节背景区的大小，以及显示属性表等操作。具体操作见表 5-1。其中，显示属性表是为了设置窗体和节的属性，以便控制它们的特征和行为。

表 5-1　窗体和节的选择与操作

选择与操作	窗　　体	节
选定器的位置	在水平标尺与垂直标尺交叉处	在节栏左侧垂直标尺上
选择窗体或节	单击窗体选定器或窗体背景区右侧外面的深灰色区域	单击节选定器、节栏或节背景区中未设置控件的部分
调整节的高度与宽度	拖动节的下边缘调整节高，拖动节的右边缘调整节宽，拖动节的右下角调整节高与节宽
显示属性表	双击窗体或节的选定器；若属性表已显示，只要选择窗体或节就会切换到相应的属性表

3. 控件

控件是窗体上的图形化对象，如文本框、复选框、滚动条或命令按钮等，便于数据输入／输出、修饰窗体和用户操作控制。

在窗体设计过程中，核心问题是对控件的操作，包括添加、删除和修改控件等。信息通过控件分布在窗体的各个节中。窗体中的控件有 3 种类型：

1）结合型控件：与表或查询中的某个字段相关联，可用于显示、输入和更新数据库中的字段值。

2）非结合型控件：与任何数据源都不相关，可用于显示提示信息、线条、矩形和图像等。

3）计算型控件：以表达式作为数据来源，表达式使用表或查询字段中的数据，或者使用窗体上其他控件中的数据。

下面介绍在窗体设计中"控件"组的使用，以及控件的各种操作。

（1）"控件"组

"控件"组包含窗体设计时最重要的工具按钮，通过"控件"组可以向窗体添加各种控件。一般情况下，打开窗体设计视图后，"控件"组会在窗体设计工具中自动打开，如图 5-28 所示。

单击"控件"组右侧 ▾ 的按钮，可将"控件"组展开，如图 5-29 所示。

图 5-28　"控件"组　　　　　　　　　　图 5-29　"控件"组展开

见图 5-29，"控件"组中共有 20 个按钮。将鼠标指向某个控件按钮上，鼠标下方会显示该控件的名称。除了"选择"按钮（箭头）和"使用控件向导"按钮是辅助按钮外，其他都是控件定义按钮。各个控件按钮的名称、图标和作用如表 5-2 所示。

表 5-2　"控件"组中各个控件按钮的作用

控件名称	图　　标	作　　用
选择对象	![箭头]	选定窗体控件
文本框	**ab**|	显示、输入或编辑数据
标签	*Aa*	显示说明文本
命令按钮	xxxx	用来执行一项命令
选项卡控件	![选项卡]	创建一个带选项卡的窗体或对话框，显示多页信息
超链接	![超链接]	创建指向网页、图片、电子邮件地址或程序的链接
选项组	**XYZ**	与复选框、选项按钮或切换按钮配合使用，显示一组选项
分页符	![分页符]	创建多页窗体，或者在打印窗体及报表时开始一个新页
组合框	![组合框]	由一个文本框或一个列表框组成，可以输入和选择数据
图表	![图表]	向窗体插入图表对象

（续）

控件名称	图　标	作　用
直线		绘制直线
切换按钮		表示开或关两种状态
列表框		从列表中选择数据
矩形		绘制矩形框
复选框		用于多项选择
未绑定对象框		显示未绑定型 OLE 对象
选项按钮		用于单项选择
子窗体 / 子报表		在窗体或报表中显示来自相关表的数据
绑定对象框		显示绑定型 OLE 对象
图像		在窗体或报表中显示图像
控件向导		用于打开和关闭控件向导，控件向导帮助用户设计复杂的控件
ActiveX 控件		打开一个 ActiveX 控件列表，插入 Windows 系统提供的更多控件

　　利用"控件"组向窗体添加控件的基本方法如下：首先，在"控件"组中单击要添加的控件按钮，将鼠标移动到窗体上，鼠标变为一个带"+"号标记的形状。其左上方为"+"，右下方为选择的控件图标。例如，添加标签控件时的鼠标形状为 $^+$A。然后，在窗体的合适位置单击鼠标，即可添加一个控件，控件的默认大小由系统自动设定。

　　注意：如果要使用向导创建控件，需要按下"控件"组中的"控件向导"工具。该工具在默认情况下是启动的。其作用是在工具按钮的使用期间启动对应的辅助向导，如文本框向导、命令按钮向导等。

　　（2）控件的各种操作

　　在创建控件后，可以对控件酌情进行如下操作：

　　1）选择控件：直接单击控件的任何地方，可以选择该控件。此时控件的四周出现 8 个控点符号，其中左上角的控点形状较大，称为"移动控点"；其他控点为"尺寸控点"。

　　如果要选择多个控件，可以按住 Shift 键，再依次单击各个控件。或者，直接拖动鼠标使它经过所有要选择的控件。单击已选定控件的外部某处可以取消选定。

　　2）移动控件：有以下两种方法。

　　方法一：把鼠标放在控件左上角的"移动控点"处，按住鼠标将其拖动到指定的位置。无论当前选定的是一个或多个控件，这种方法只能移动单个控件。

　　方法二：鼠标在选中的控件上移动（非"移动控点"处），当出现移动形图标时，按住鼠标将其拖动到指定的位置。这种方法能使所有选中的控件一起移动。

3）调整控件大小：选中要调整大小的一个或多个控件，将鼠标移动到尺寸控点上，鼠标变为双箭头时，拖动尺寸点，直到控件变为所需的大小。

当控件的"标题"文字超出该控件的宽度或高度时，单击"窗体设计工具"｜"排列"｜"大小／空格"列表中选择"正好容纳"命令，会自动调整控件大小，使其正好容纳其中内容。例如，标签标题的长度大于该标签控件的宽度时，执行此命令，标签控件就会自动加宽到正好完整显示标题。

4）调整控件间距：使用"窗体设计工具"｜"排列"｜"大小／空格"列表中的"水平相等"命令，系统将在水平方向上平均分布选中的控件，使控件间的水平距离相同；当选择"水平增加"、"水平减少"命令时，可以增加或减少控件之间的水平距离。

使用"窗体设计工具"｜"排列"｜"大小／空格"列表中的"垂直间距"命令，可以调整控件之间的垂直间距。当选择"垂直相等"命令时，系统将在垂直方向上平均分布选中的控件，使控件间的垂直距离相同；若选择"垂直增加"或"垂直减少"命令时，可以增加或减少控件之间的垂直距离。

5）控件的对齐：在窗体的"设计视图"中，往往要以窗体的某一边界或网格作为基准对齐某（多）个控件时，首先按住 Shift 或 Ctrl 键选择需要对齐的控件，再单击"窗体设计工具"｜"排列"｜"对齐"列表中的"靠左"、"靠右"、"靠上"、"靠下"或"对齐网格"选项。

说明：选择"大小／空格"下的"标尺"、"网格"命令可打开设计视图下的标尺和网格的显示，这可方便用户定位控件位置。

6）复制控件：选中一个或多个控件，执行"开始"选项卡中的"复制"命令，然后确定要复制的控件位置，再执行"开始"选项卡中的"粘贴"命令，可将已选中的控件复制到指定的位置上，再修改副本的相关属性，可大大加快控件的设计。

7）删除控件：选中要删除的一个或多个控件，按 Delete 键。

5.3.3 对象的属性

窗体的控件是窗体设计的主要对象，它们都具有一系列的属性。这些属性决定了对象的特征，以及如何对对象进行操作。对窗体和控件的属性进行修改是窗体设计后非常必要的操作。如图 5-23 所示就是窗体的属性表。

1. 设置控件的属性

设置控件的属性可以改变控件的大小、颜色、透明度、特殊效果、边框或文本外观等。所以，控件属性的设置对于控件的显示效果起着重要的作用。

打开窗体的设计视图，选中要设置属性的控件，单击工具栏上的"属性表"按钮，将弹出该控件的属性表。控件的属性表对话框中有 5 个选项卡：

1）"格式"选项卡：设置控件的显示方式，如控件的大小、位置、背景色、标题、边框等属性。

2）"数据"选项卡：设置控件的数据来源、有效性规则等。

3）"事件"选项卡：设置控件可以响应的事件，如单击、双击、鼠标按下、鼠标移动和鼠标释放等。这些事件是 Access 预先定义好的、能够被系统识别的系统或用户对对象的操作。每个对象都可以响应多种事件，不同对象所能响应的事件不尽相同。

4）"其他"选项卡：设置控件的名称等属性。

5）"全部"选项卡：包括了另外 4 个选项卡的所有属性内容。

不同的控件对象，其属性不尽相同。

2. 设置窗体的属性

窗体的属性设置会影响对窗体的操作和显示外观，如是否允许对记录进行编辑、是否允许添加记录、是否允许删除记录、是否显示滚动条等。

打开窗体的设计视图，单击窗体选定器或窗体背景区外部（深灰色区），选中该窗体；单击工具栏上的"属性表"按钮，会弹出该窗体的属性表。窗体的属性表同样有5个选项卡，下面主要介绍其中的格式属性和数据属性。

（1）"格式"选项卡

如图5-30所示，"格式"选项卡列举的是若干格式属性。

1）"标题"指定窗体标题栏中显示的文字。

2）"默认视图"指定窗体的显示样式。例如，"单个窗体"样式显示窗体中所有已经设置的节，但在主体节中只显示数据表的一条记录。

3）"滚动条"指定窗体上是否显示滚动条。

4）"记录选择器"指定窗体上是否显示记录选择器，即窗体数据记录左端的箭头标记▶。

5）"导航按钮"指定窗体上是否显示导航按钮，导航按钮出现在窗体的最下端，图5-7和图5-8的最下方都有导航按钮。利用导航按钮可以方便地浏览窗体中的各条记录。如果用户自已创建了更为美观的按钮，则可在该属性下拉列表框中选择"否"，使该导航按钮不出现。

6）"分隔线"指定窗体上是否显示各节之间的分隔线。

7）"自动居中"指窗体显示时是否自动在Access窗口内居中。

8）"边框样式"指定窗体边框的样式，有"无边框"、"细边框"、"可调边框"和"对话框边框"4个选项。

9)"宽度"设置窗体中各节的宽度。

（2）"数据"选项卡

如图5-31所示，"数据"选项卡列出若干数据属性。

图 5-30　窗体"格式"属性

图 5-31　窗体"数据"属性

1）"记录源"指定窗体信息的来源，可以是数据库中的一个表或一个查询。

2）"筛选"对数据源中的记录设置筛选规则，打开窗体对象时，系统会自动加载设定的筛选规则。若要应用筛选规则，则可以执行"开始"选项卡中"高级"组下的"应用筛选/排序"命令，参见5.5.5节。

3）"排序依据"对数据源中的记录设置排序依据和排序方式，打开窗体对象时，系统会自动加载设定的排序依据。若要应用排序依据，则可以执行"开始"选项卡中"高级"组的"应用筛选/排序"命令，参见 5.5.4 节。

4）"数据输入"取值为"是/否"。若取值为"是"，则窗体打开时，只显示一个空记录，用户可以输入新记录值；若取值为"否"，则打开窗体时，显示数据源中已有的记录。默认取值为"否"。

5）"记录集类型"指定窗体数据来源的记录集模式，一般取默认值即可，不需要更改。

6）"记录锁定"指定在多用户环境下打开窗体后的锁定记录的方式。

在窗体属性表中，还列出了窗体能识别的所有事件，如打开、加载和单击等。当窗体的某个事件被触发后，就会自动执行事件响应代码，完成指定的动作。在 Access 中，有 3 种编写事件处理代码的方法：设置一个表达式、指定一个宏操作或者编写一段 VBA 程序。

5.4　常用控件的创建及其属性设置

使用窗体设计视图创建窗体，需要熟练掌握常用控件的创建及其属性设置。窗体由窗体主体和各种控件组合而成。在窗体的设计视图中，灵活地运用窗体控件并设置其属性，可以创建功能强大的窗体。

下面结合"学生信息浏览"窗体示例，如图 5-32 所示，着重介绍常用控件的使用。

5.4.1　标签控件

标签（Label）是窗体或报表上显示文本信息的控件，用作提示和说明信息。它没有"控件来源"属性（用以获取数据），直接在窗体标签内输入想要显示的字符，或者为该标签的"标题"属性设置想要显示的字符即可。例如，如图 5-32 所示"学生信息浏览"窗体中的"学生信息浏览"字样。

标签可以附加到其他控件上。在创建结合型控件时，若从字段列表框中将选定的字段拖到窗体中，则用于显示字段名的控件就是标签，用于显示和输入字段值的控件则是文本框。例如，创建"学生信息浏览"窗体，从字段列表中选择

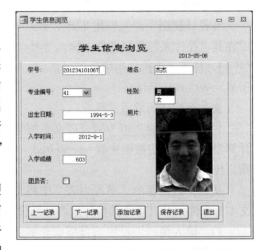

图 5-32　"学生信息浏览"窗体示例

"学号"等字段，拖动到窗体的设计视图，同时会有一个标签附加在文本框控件上，并且自动以字段名"学号"作为该标签标题。

标签控件的常用属性及说明如下：

1）"名称"是控件的标识符。在属性表的对象名称框和"其他"选项卡下的"名称"框中，显示的就是控件的名称。在程序代码中通过名称引用各个控件。例如，按标签添加到窗体上的顺序，其默认的名称依次是 Label1，Label2，……同一个窗体中的各个控件的名称不能相同，用户可以重新指定标签的名称。

2）"标题"指定标签中显示的文本内容。

3）"背景样式"指定标签的背景是否是透明的。

4）"前景色"和"背景色"分别指定标签内文字的颜色和标签的底色。

5）"宽度"和"高度"设置标签的大小。

6）"边框样式"、"边框颜色"和"边框宽度"设置标签边框的格式。

7）"字体名称"、"字号"和"字体粗细"设置标签内文字的格式。

5.4.2 文本框控件

文本框（TextBox）是一个交互式控件。它既可以显示数据，也可以输入数据。在 Access 2010 中，文本框有 3 种类型：绑定型（结合型）、非绑定型（非结合型）和计算型文本框。创建哪种类型的文本框，取决于用户的需要。

1. 创建非绑定型文本框控件

利用"控件"组中的文本框工具，在设计视图中为窗体创建未绑定型文本框控件，用于在程序中赋值（显示）或输入数据，其"控件来源"属性为空。

2. 创建绑定型文本框控件

在设计视图中，先为窗体设置"记录源"——表或查询。然后，从字段列表中将字段拖至窗体中，就会产生一个关联到该字段的文本框。或者先创建未绑定型文本框，然后，在其"控件来源"属性框中选择一个字段。在窗体视图下，绑定型文本框用于显示、输入或更改表的字段值。

3. 创建计算型文本框控件

在设计视图中，先创建非绑定型文本框，然后在文本框中输入等号"="开头的表达式；或在其"控件来源"属性框中输入等号"="开头的表达式，也可以利用该框右侧的生成器按钮，打开"表达式生成器"对话框，以便输入表达式。在窗体视图下，计算型文本框仅用于显示表达式计算结果。

文本框控件的常用属性有：

1）"控件来源"可为结合型文本框指定数据来源——窗体"记录源"的某个字段；可为计算型文本框指定数据来源——表达式，表达式前必须以"="开头。非结合型文本框不需要指定控件来源。

从窗体数据源的"字段列表"中将文本类型的字段拖放到窗体上时，会自动产生结合型文本框控件，并自动将其控件来源属性设置为对应的字段。

2）"输入掩码"设置结合型或非结合型文本框控件的数据输入格式，仅对文本型或日期型数据有效。可以单击属性框右侧的生成器按钮，启动输入掩码向导设置输入掩码。

3）"默认值"对计算型文本框和非结合型文本框控件设置初始值。

4）"有效性规则"设置在文本框控件中输入或更改数据时的合法性检查表达式。

5）"有效性文本"当在该文本框中输入的数据违背了有效性规则时，显示有效性文本中填写的文字信息。

6）"可用"指定文本框控件是否能够获得焦点（当前光标的位置），即是否允许使用。

7）"是否锁定"如果文本框被锁定，则其中的内容就不允许修改或删除。

例 5-8 创建"课程学分汇总"窗体，如图 5-33 所示。显示"课程"表中的所有记录，在窗体的最下方创建一个计算文本框，用于显示总学分；在窗体的最上方建立一个标签，内容为"课程学分汇总"。操作步骤如下：

1）打开"学生成绩管理"数据库，在"创建"选项卡的"窗体"组单击"窗体向导"。

2）在"窗体向导"对话框中，选择"表/查询"下拉列表框中"表：课程"，在"可用字段"列表框中选择字段"课程编号"、"课程名称"和"学分"移动到"选定字段"列表框，单击"下一步"按钮。

3）选择"表格"式作为窗体的布局，单击"下一步"按钮；指定窗体标题为"课程学分汇总"，同时选择"修改窗体设计"，单击"完成"按钮，打开"课程学分汇总"窗体设计视图，如图 5-34 所示。

图 5-33　"课程学分汇总"窗体

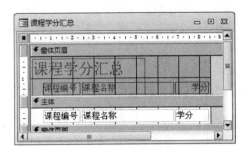

图 5-34　"课程学分汇总"窗体设计视图

4）在"课程学分汇总"窗体设计中，扩大窗体页眉节的背景区，移动该节中的三个标签控件至窗体页眉节的最下方，并设置各自显示格式："前景色"设为自动黑色，"文本对齐"设为"居中"。移动"课程学分汇总"至水平居中，并设置显示格式："字体名称"为黑体，字号为 16，"前景色"设为自动黑色"文字 1"。

5）在窗体的属性表下，设置格式属性"记录选择器"和"分隔线"均为"否"。

6）确认"控件"组中的"控件向导"工具按钮未被选中；选择文本框控件，在窗体页脚节中，选择一个合适位置，单击或拖动鼠标，出现一个文本框和附加标签。

7）设置标签的"标题"为"总学分："，"前景色"为自动黑色"文字 1"；选中文本框控件（当前显示"未绑定"字样），在文本框属性表的"数据"选项卡下的"控件来源"框中输入"=sum(学分)"，统计所有课程的总学分，即完成计算型文本框控件的创建。然后，将文本框的"是否锁定"属性设置为"是"，不允许用户修改或删除该项数据。

说明：当表达式中包含窗体、报表、字段或其他对象的名称时，系统会自动在这些名称的外边加上方括号（如：=sum(［学分］)）。

8）调整"总学分："标签至合适位置，设置文本框为适当大小。

9）保存退出。窗体如图 5-33 所示。

如果在步骤 6）中，"控件"组中的"控件向导"工具按钮处于选中时创建文本框，会弹出"文本框向导"对话框。

如图 5-35 所示"文本框向导"对话框之一，可以设置如下功能：字体、字号和字形；"平面、凸起、凹陷、蚀刻、阴影、凿痕"6 种关于边框的特殊效果；"左、居中、右、分散"4 种文本对齐方式；行间距；"左、上、右、下"4 种边距，表示文本与边框的距离；垂直文本框。每一个设置效果当时显示在左上方的"示例"区中。

在完成上列设置后单击"下一步"，会打开"文本框向导"对话框之二，如图 5-36 所示，可选择"输入法模式"。其下拉列表框中有三个选项："随意"、"输入法开启"和"输入法关闭"模式。若选择"输入法开启"选项，则当光标在该文本框中时，系统将自动打开中文输入法。

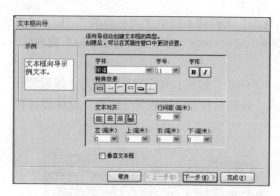

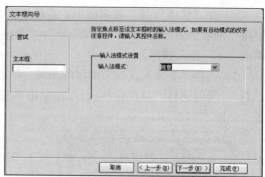

图 5-35 "文本框向导"对话框之一　　　　图 5-36 "文本框向导"对话框之二

5.4.3　组合框和列表框控件

组合框（ComBox）和列表框（ListBox）控件都提供一个值列表，可以让用户在列表中选择所需数据，提高了数据录入的速度和准确率。这两种控件的形式和功能相似。组合框有一个下拉箭头，单击下拉箭头会显示一个下拉列表，以显示更多的数据项，也称为下拉列表框。二者在功能上的区别是：前者可读 / 写，后者只读。

在窗体中，列表框可以包含一列或几列数据，每行可以有一个或多个字段。组合框是文本框和列表框的组合，可以在组合框中输入新的值，也可以从列表中选择一个值。要确定创建列表框还是组合框，需要考虑有关控件如何在窗体中显示，还要考虑用户如何使用。

两者均有各自的优点。在列表框中，列表随时可见，但是控件的值只限于列表中的可选项，在用窗体输入或编辑数据时，不能添加列表中没有的值。在组合框中，由于列表只有在打开时才显示内容，因此该控件在窗体上占用的地方较小，用户可以选择组合框中已有的值，也可以输入一个新值。

组合框和列表框的常用属性有：

1）"列数"属性默认值为 1，表示只显示 1 列数据，如果属性值大于 1，则表示显示多列数据。

2）"行来源类型"指定数据来源类型。有三个选项：表 / 查询、值列表和字段列表。

3）"行来源"指定数据来源。

4）"是否锁定"指定组合框是否只读。"否"为可读写，"是"为只读，默认为"否"。

在如图 5-32 所示"学生信息浏览"窗体中，"专业编号"为组合框，"性别"为列表框。利用向导创建组合框时，可以在向导对话框中选择"自行键入所需的值"选项，依次输入各专业编号值：03、04、41、42，然后单击"将该数值保存在这个字段中："，选择"专业编号"字段，于是该组合框与学生信息表的专业编号字段关联起来，产生了一个结合型组合框。

用类似的方法创建一个结合型列表框控件与"性别"字段关联起来。这时，查看它们的属性表，组合框"专业编号"的"行来源类型"属性为"值列表"，"行来源"为"03;04;41;42"；列表框"性别"的"行来源类型"属性也为"值列表"，"行来源"为""男";"女""。

5.4.4　命令按钮控件

命令按钮（Command Button）用来执行某个特定的操作。其操作代码通常放在命令按钮的"单击"事件处理过程中，参见第 7 章。下面以"学生信息浏览"窗体中创建命令按钮为例，如图 5-32 所示，说明如何使用"命令按钮向导"创建命令按钮，并且用命令按钮实现记录导航的功能。操作步骤如下：

1）打开"学生信息"窗体，切换到设计视图；打开该窗体的属性表窗口，在属性表窗口中将窗体的"导航按钮"设置为"否"。

2）确认"控件"组中的"控件向导"工具已经按下。选择"命令按钮"控件，在窗体页脚节的合适位置单击，系统自动启动"命令按钮向导"，弹出"命令按钮向导"对话框之一，如图 5-37 所示。

3）选择按下按钮时产生的动作。例如，在类别框中选择"记录导航"，操作框中选择"转至前一项记录"。

4）单击"下一步"按钮，弹出"命令按钮向导"对话框之二，如图 5-38 所示。选择在按钮上显示文本"上一记录"。

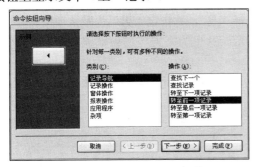 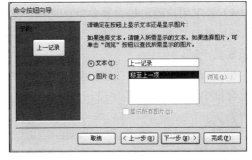

图 5-37　"命令按钮向导"对话框之一　　　图 5-38　"命令按钮向导"对话框之二

5）单击"下一步"按钮，在对话框中为按钮命名，以便引用该按钮，这里命名为"previous"。

6）单击"完成"按钮，结束"上一记录"命令按钮的创建。

7）依次创建其他命令按钮。其中，"下一记录"命令按钮的类别选择"记录导航"，操作选择"转至下一项记录"；"添加记录"命令按钮的类别选择"记录操作"，操作选择"添加新记录"；"保存记录"命令按钮的类别选择"记录操作"，操作选择"保存记录"；"退出"命令按钮的类别选择"窗体操作"，操作选择"关闭窗体"。

8）使用 Shift 键选择这 5 个命令按钮，在"窗体设计工具"｜"排列"｜"调整大小和排序"｜"对齐" 的列表中选择一种对齐方式，比如"靠上"或"靠下"将这些命令按钮设置为同一水平；再在"大小/空格" 列表中调整命令按钮的水平间距。

9）另存为"学生信息浏览"，结束创建。其运行效果如图 5-32 所示。

5.4.5　选项组控件

"选项组"控件（Frame）由一个组框架及一组选项按钮、复选框或切换按钮组成。选项组为用户提供必要的选择选项，用户只需进行简单的选取即可完成参数的设置。

下面介绍如何使用向导创建"性别"选项按钮，如图 5-39 所示。操作步骤如下：

1）确保"控件"组中的"控件向导"工具已经按下。

2）单击"控件"组中的"选项组"按钮。在窗体上单击要放置选项组的左上角位置。

图 5-39　选项按钮

此时屏幕显示"选项组向导"对话框之一，如图 5-40 所示。

3）在"标签名称"框内分别输入"男"、"女"。单击"下一步"按钮，显示如图 5-41 所示。

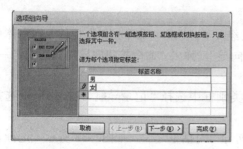

图 5-40 "选项组向导"对话框之一

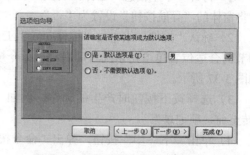

图 5-41 "选项组向导"对话框之二

4）要求用户确定是否需要默认选项，这里选择"是"，并指定"男"为默认项值。

5）单击"下一步"按钮，显示如图 5-42 所示。这里为"男"选项赋值"1"，为"女"选项赋值"2"。

6）单击"下一步"按钮，显示如图 5-43 所示。选择"在此字段中保存该值"，并在右边的组合框中选择"性别"字段。

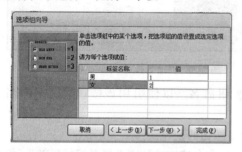

图 5-42 "选项组向导"对话框之三

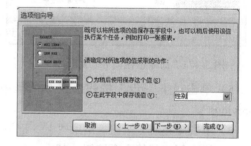

图 5-43 "选项组向导"对话框之四

7）单击"下一步"按钮，显示如图 5-44 所示，选项组中可选用的控件的类型有"选项按钮"、"复选框"和"切换按钮"，左边有不同控件类型的示例。这里，选择"选项按钮"类型和"蚀刻"样式。

8）单击"下一步"按钮，显示如图 5-45 所示。在"请为选项组指定标题"文本框中，输入选项组的标题"性别"，然后单击"完成"按钮。

图 5-44 "选项组向导"对话框之五

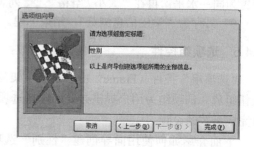

图 5-45 "选项组向导"对话框之六

"学生信息浏览"窗体中的"团员否"为复选框，当拖动"字段列表"中的"团员否"字段到窗体设计视图中时，由于该字段类型为"是 / 否"型，因此系统会自动产生一个结合型复选框。

5.4.6　选项卡控件

选项卡也称为页 (Page)。在一个窗体中，可以使用选项卡控件，以卡片形式显示多页信息，用户只需单击选项卡标题栏，就可以切换到另一个页面。

例 5-9　以"教师信息"表为数据源，创建一个"教师信息多页浏览"窗体，教师的基本信息和联系方式分别显示在窗体的两页上，如图 5-46 和图 5-47 所示。操作步骤如下：

1）打开"设计"视图，在窗体属性中选择"教师信息"表作为数据的记录源。

2）单击"控件"组中的"选项卡控件"按钮□，然后在窗体中单击要放置选项卡控件的位置，系统将添加有两页的选项卡控件。

3）单击选项卡的第一页，将"教师姓名"、"性别"、"所属系"、"职称"和"基本工资"字段拖动到选项卡的第一页上。

4）在第一页的选项卡名处双击，打开其属性表窗口，在"格式"下的"标题"属性中输入"基本信息"作为选项卡第一页的标签名称。

5）单击选项卡的第二页，将"通讯地址"、"邮政编码"、"电话"和"电子信箱"字段拖动到选项卡的第二页上。

6）在第二页的选项卡名处双击，打开其属性表窗口，在"格式"下的"标题"属性中，输入"联系方式"作为选项卡第二页的标签名称。

7）适当调整选项卡控件的大小，切换到"窗体视图"中查看操作结果，如图 5-46 和图 5-47 所示。

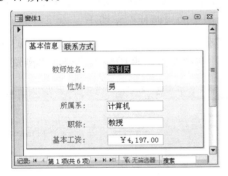　　　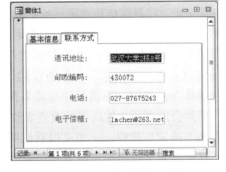

图 5-46　"基本信息"页　　　　　　　　图 5-47　"联系方式"页

注意：选项卡控件按钮默认产生两页，如果要添加更多的页，则可在选项卡上单击右键，在弹出的快捷菜单中选择"插入页"，即可在选项卡上增加一个新页。

5.4.7　图像、未绑定对象框和绑定对象框控件

1. 图像控件

图像控件是一个放置图形对象的控件。在"控件"组中选取图像控件后，在窗体的合适位置上单击鼠标，会出现一个"插入图片"的对话框，用户可以从磁盘上选择需要的图形图像文件。图像控件的常用属性有：

1）"图片"指定图形或图像文件的路径和文件名。

2）"图片类型"指定图形对象是嵌入到数据库中，还是链接到数据库中。

3）"缩放模式"指定图形对象中图像框中的显示方式，有"裁剪"、"拉伸"和"缩放"3

个选项。

2. 未绑定对象框控件

未绑定对象框控件显示不存储到数据库中的 OLE 对象。例如，可能要在窗体中添加使用 Microsoft Paint 创建的图案。当移动到新记录时，对象不会发生变化。

在"控件"组中选中该控件后，在窗体的合适位置上单击鼠标，会出现一个"插入对象"对话框，用户可以通过选择"新建"或"由文件创建"两种方法插入一个对象。

3. 绑定对象框控件

绑定对象框控件显示数据表中 OLE 对象类型的字段内容。当移动到新记录时，显示在窗体中的对象就会发生变化。是绑定还是未绑定，换句话说，即在记录间进行移动时，对象是否会发生变化。

例 5-10 为"学生信息"表添加照片字段，在"学生信息浏览"窗体中添加学生照片，参见图 5-32 所示。

首先，在"学生信息"表的视计视图中，添加名为"照片"字段，数据类型为"OLE 对象"；接着可以打开"学生信息"表，对每条记录右击"照片"字段值，执行"插入对象"命令，"链接"事先准备的学生照片文件。注意：照片须保存为位图图像文件 .BMP，否则在运行"学生信息浏览"窗体时，照片不能显示。

然后，操作步骤如下：

1）在设计视图中打开"学生信息浏览"窗体，从"字段列表"中拖动"照片"字段到设计视图的合适位置，产生一个标题为"照片："的绑定对象框。

2）若要更换照片，则切换到"窗体视图"；光标定位到需要添加照片的记录上，譬如选择第一条记录，将鼠标移动到第一条记录要插入图片记录的"照片"字段上。

3）单击鼠标右键，在弹出的快捷菜单中选择"插入对象"命令，出现插入图片的对话框，如图 5-48 所示；选择"由文件创建"选项按钮，在"文件"框中输入或单击"浏览"按钮，确定照片"位图图像"文件所在的位置；选中"链接"复选框，使该图片与源文件保持链接（图片会随着源文件内容的改变而改变）；然后单击"确定"按钮，立即可以看到照片的效果。这样，对文件做的更改就可以反映在窗体中。

4）再次切换到"设计视图"，根据照片的大小，设置对象框控件的高度和宽度，或直接拖动"尺寸控点"改变控件的大小。或者设置

图 5-48 插入图片对话框

图片的缩放模式，一般选择"拉伸"或"缩放"，直到图片满意为止。结束操作。

5.4.8 直线、矩形控件

在窗体上，按信息的不同类别，将控件放在相对独立的区域，这样，窗体就不显得杂乱无章了。通常，线条和矩形框是区分信息类别的较好工具。

1. 直线控件

在窗体中使用直线控件（Line）可以突出相关的或特别重要的信息，或将窗体分割成不同的部分，如图 5-49 所示。

如果要绘制水平线或垂直线，则单击"直线"按钮，在窗体设计视图中拖动鼠标创建直线；如果要细微调整线条的位置，则选中该线条，同时按下 Ctrl 键和方向键；如果要细微调整线条的长度或角度，则选中该线条，同时按下 Shift 键和方向键。

如果要改变线条的粗细，可选中该线条，再单击"格式"工具栏中的"线条／边框宽度"按钮，然后选择所需的线条粗细。同样，用其他的按钮可以改变线条颜色，或者为线条设置特殊效果。也可以在线条的属性表中修改线条的属性：宽度、高度、特殊效果、边框样式、边框颜色或边框宽度等。

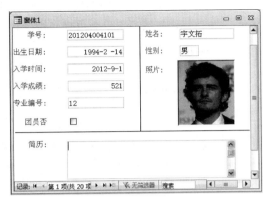

图 5-49　直线控件应用窗体

2. 矩形控件

矩形控件（Box）用于显示图形效果，以便将一组相关的"控件"组合在一起，如图 5-32 所示。"学生信息浏览"窗体中有两个矩形控件，分别包含基本信息和一组按钮，这样显得整体布局紧凑而不零散。

如果要绘制矩形，则单击"矩形"按钮。在窗体的设计视图中拖动鼠标创建矩形。矩形控件的常用属性有：宽度、高度、背景色、特殊效果、边框样式、边框颜色和边框宽度等。

5.4.9　复选框、选项按钮和切换按钮

通常，"是／否"型字段只存储两个值"是"和"否"，不便用文本框来表示，因此，Access 2010 提供了复选框、选项按钮和切换按钮，用这些控件显示和输入"是／否"型字段的值。这些控件提供了图形化表示，以便使用和阅读。

通常情况下，复选框是表示"是／否"值的最佳控件。这也是窗体或报表中添加"是／否"字段时创建的默认控件。相比之下，选项按钮和切换按钮通常用作选项组的一部分。

表 5-3 列出了这三个控件表示"是"和"否"值的方式，以及处于"选定"和"未选定"的状态。

表 5-3　复选框、选项按钮和切换按钮

控件	是	否
复选框	☑	☐
选项按钮	◉	◯
切换按钮	▭	▭

复选框、选项按钮和切换按钮也分为绑定型和非绑定型。与创建绑定型文本框一样，直接将"是／否"型字段拖动到窗体中，即可建立绑定型控件。也可以创建未绑定型复选框、选项按钮和切换按钮，用于接收用户输入，并根据输入内容执行相应的操作。

5.5　窗体数据记录的操作

学习了前面几节，小王终于松了一口气，他也能设计出像朋友所做的那样美观的窗体，使数据库应用系统的工作界面焕然一新。小王想，如果窗体在提供友好界面的同时，还能操

0

0

0

0

0

作数据，那该多好啊！

在 Access 2010 数据库管理系统中，当用户打开某窗体时，窗体以"窗体视图"的形式显示；在"开始"选项卡里会出现"排序和筛选"、"记录"、"查找"（包含"替换"）等操作窗体数据记录的命令。如图 5-50 所示。

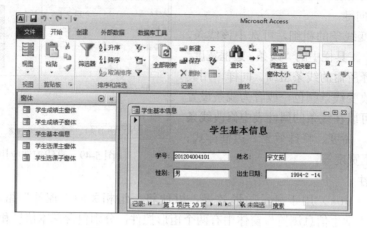

图 5-50　打开"学生基本信息"窗体

利用"开始"选项卡里的各个按钮，可以对窗体中的数据记录立即进行各种操作，如图 5-51 所示。

图 5-51　"开始"选项卡

本节着重介绍如何用"开始"选项卡里的各个按钮，立即操作窗体中的数据记录，但是此种操作方式普通用户用得较少。

5.5.1　编辑记录

1. 添加记录

单击"开始"选项卡中"记录"组的"新建"按钮，系统会自动显示一个空白记录的窗体，在窗体的各控件中输入数据后，单击快速访问工具栏的"保存"按钮，Access 会将刚输入的合法数据保存到数据表中，即在表中添加了一条新记录。

2. 删除记录

先将光标定位至需要删除的记录上，然后单击"开始"选项卡中"记录"组的"删除"按钮右边的下拉按钮，单击"删除记录 (R)"按钮，即可将该记录从数据表中删除。

3. 修改记录

在窗体的各控件中直接输入新的数据，然后单击"开始"选项卡中"记录"组的"保存"按钮，或者将插入点移到其他记录上，即可将修改后的结果保存到数据表中。

注意：当有以下几种情况时，不允许对窗体中的数据进行编辑操作：

● 窗体的"允许删除"、"允许添加"和"允许编辑"属性设置为"否"。

- 控件的"是否锁定"属性设置为"是"。
- 窗体的数据来源为查询或 SQL 语句时，数据可能是不可更新的。
- 不能在"数据透视表"视图或"数据透视图"视图中编辑数据。

当添加和修改记录时，可以使用 Tab 键选择窗体上的控件，使焦点（光标插入点）从一个控件移动到另一个控件。控件的 Tab 键顺序决定了选择控件的顺序，如果希望按下 Tab 键时，焦点能按指定的顺序在控件之间移动，可以设置控件的"Tab 键索引"属性。在控件的"属性表"窗口可以看到，默认情况下，第 1 个添加到窗体上的可以获得焦点的控件的 Tab 键索引属性为 0，第 2 个控件为 1，第 3 个控件为 2，……依此类推。用户可以根据实际需要，重新设置该属性值。例如，在"学生基本信息"窗体的所有控件创建完毕之后，可以设置这些控件的"Tab 键索引"属性，从而人为改变焦点在控件间的移动次序。

5.5.2　查找和替换

如果知道表中的某个字段值，要查找相应的记录，则打开某个窗体，单击"开始"选项卡中的"查找"按钮 🔍，打开"查找和替换"对话框，如图 5-52 所示。其中，在"查找内容"文本框中输入要查找的数据；在"匹配"列表框中选择匹配模式：字段任何部分、字段开头、整个字段；如果要区分大小写，则选中"区分大小写"复选框；如果要严格区分格式，则选中"按格式搜索字段"复选框，将按照显示格式查找数据。

如果要对查到的字段值做替换，则将"查找和替换"对话框切换到"替换"选项卡，在"替换为"文本框中输入新数据；单击"替换"按钮会替换当前查到的一条记录里与"查找内容"相同的字段值；单击"全部替换"按钮会替换所有查到的字段值。

图 5-52　"查找和替换"对话框

5.5.3　排序

打开某个窗体后，若要设置浏览顺序，则选择要排序的字段，单击"开始"选项卡中的"升序"或"降序"按钮，即实现各记录按该字段值"从小到大"或"从大到小"顺序显示。若单击"取消排序"按钮，则按记录保存时的次序显示。

如果要依据多个字段设置浏览顺序，则单击"排序和筛选"组的"高级筛选选项"按钮，可显示和单击"高级筛选/排序"命令。其设置多个排序字段和筛选条件的窗口与第 2 章中介绍的数据表记录的排序操作类似，然后可单击"应用筛选"按钮。

5.5.4　筛选

Access 2010 中可以使用 4 种方法即按钮或命令对窗体记录进行筛选，也可使用"取消筛选"按钮或"高级筛选选项"里的"清除所有筛选器"命令取消筛选。不同的筛选方法适合不同的场合，它们分别是：

1)"筛选器"按钮：按照利用"文本筛选器"对当前字段指定的筛选条件，或者按照直接勾选的字段内容应用筛选。

2)"选择"按钮：单击"排序和筛选"组的"选择"按钮右边的下拉按钮，可显示和直接选择当前字段的筛选条件和内容应用筛选。

3）"按窗体筛选"命令：按照在窗体中选择的字段、内容和组合条件应用筛选。

4）"高级筛选 / 排序"命令：与第 2 章中介绍的数据表记录的筛选操作类似，可打开其设置窗口，设置多个筛选字段和组合条件，然后可单击"应用筛选"按钮。

上述后两种方法都要单击"排序和筛选"组的"高级筛选选项"按钮右边的下拉按钮，可显示和单击"按窗体筛选"或"高级筛选 / 排序"。

5.6 高级窗体设计

通过前面的学习，小王掌握了单个窗体的创建以及如何操作窗体中的数据。但是，他想到数据库的表通常是彼此有关系的，能不能同时在两个窗体中分别查看两个（或多个）相关联的表呢？例如，在一个窗体中查看某教师基本信息的同时，可以打开另一个窗体，以便查看该教师的授课课程。小王还在想，能不能把前面做的窗体都链接到一个主界面下，这样查看不同的窗体就更为方便了。小王决定将窗体进行到底，继续学习下面的内容。

5.6.1 创建主 – 子窗体

在 Access 2010 中，有时需要在一个窗体中显示另一个窗体中的数据。窗体中的窗体称为子窗体，包含子窗体的窗体称为主窗体。使用主 – 子窗体的作用是：以主窗体的某个字段为依据，在子窗体中显示与此字段相关的记录。而且在主窗体中切换记录时，子窗体的内容也随之切换。因此，当要显示具有一对多关系的表或查询时，主 – 子窗体特别有效。但是，这并不意味着主窗体和子窗体必须相关。

下面用两种方法创建主 – 子窗体：一是同时创建主窗体和子窗体；二是先建立子窗体，再建立主窗体，并且将子窗体插入主窗体中。

1. 同时创建主窗体和子窗体

例 5-11　创建主 – 子窗体，要求主窗体显示"教师信息"表的"教师姓名"、"所属系"、"文化程度"和"职称"4 个基本信息，子窗体中显示"教师任课"表的"课程编号"和"课程名称"，见图 5-53。

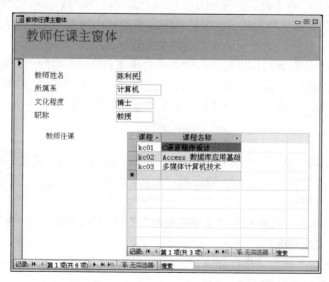

图 5-53　教师任课"主 – 子窗体"

操作步骤如下：

1）用 Access 打开"学生成绩管理"数据库，单击"创建"选项卡，单击"窗体向导"
按钮，弹出选择数据源的窗口，见图 5-54。

2）在"表／查询"下拉列表框中选择"表：
教师信息"，并将"教师姓名"、"所属系"、"文
化程度"和"职称"四个字段添加到"选定字
段"框中，见图 5-54。

3）再在"表／查询"下拉列表框中选择
"表：课程"，并将"课程编号"和"课程名称"
两个字段添加到"选定字段"框中。

4）单击"下一步"按钮。如果两个表之间
没有关系，则会出现一个提示对话框，要求建立
两表之间的关系，确认后，可打开关系视图，同
时退出窗体向导。

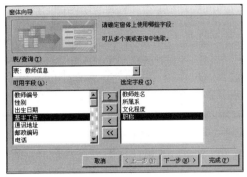

图 5-54　确定数据源窗口

如果两表之间已经正确设置了关系，则会进入窗体向导的下一个对话框，确定查看数据
的方式，见图 5-55。这里保留默认设置。

5）单击"下一步"按钮，选择子窗体的布局，默认为"数据表"，见图 5-56。

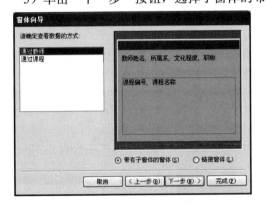

图 5-55　确定查看数据的方式

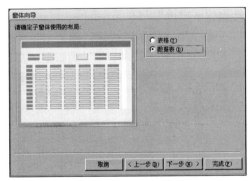

图 5-56　选择子窗体的布局

6）单击"下一步"按钮，为窗体指定标题，分别为主窗体和子窗体添加标题："教师任
课主窗体"和"教师任课子窗体"。

7）单击"完成"按钮，结束窗体向导，创建的"主－子窗体"见图 5-53。

这时，在"学生成绩管理"数据库窗口下，会看到新增的两个窗体。如果双击"教师任
课子窗体"，则只打开单个子窗体。如果双击"教师任课主窗体"，会打开"主－子窗体"，当
主窗体中查看不同教师的记录时，子窗体中会随之显示该教师的任课课程。

2.创建子窗体并插入主窗体中

在实际应用中，往往存在这样的情况：某窗体已经建立，后来再将其与另一个窗体关联
起来，这时就需要把一个窗体（子窗体）插入另一个窗体中（主窗体）。在主窗体的设计状
态，使用"窗体设计工具"（即工具箱）中的"子窗体／子报表"控件按钮完成此操作。

例 5-12　窗体"学生选课主窗体"仅有学生"学号"和"姓名"字段，窗体"学生选
课子窗体"有学生选课的"学号"、"课程编号"、"平时成绩"和"考试成绩"字段。要求将

"学生选课子窗体"插入"学生选课主窗体"中，以便查看每个学生的选课成绩。

操作步骤如下：

1）创建子窗体。用 Access 打开"学生成绩管理"数据库，单击"创建"选项卡，单击"窗体设计"按钮，显示窗体设计视图和"窗体设计工具"栏；在"设计"工具栏中，单击"添加现有字段"，单击"显示所有表"，选择"学生选课"表为数据源，拖动"学号"、"课程编号"、"平时成绩"和"考试成绩"字段到设计视图中，以纵向排列（适当调整控件大小和位置，可选用"排列"工具栏中的"对齐"等命令）；单击快速访问工具栏中"保存"按钮，或者"文件"选项卡的"保存"命令，输入窗体名称"学生选课子窗体"。若要修改窗体，则可在 Access 窗口左部的导航窗格中，对准要修改的窗体名称单击右键，选择"设计视图"命令，进行修改，然后保存。

2）通过"设计视图"命令打开已有的或者创建主窗体。若创建主窗体，则单击"创建"选项卡，单击"窗体设计"按钮，显示窗体设计视图和"窗体设计工具"栏；在"设计"工具栏中，单击"添加现有字段"，单击"显示所有表"，选择"学生信息"表为数据源，拖动"学号"和"姓名"字段到设计视图中，以横向排列（适当调整控件大小和位置，可选用"排列"工具栏中的"对齐"等命令）。

3）在"窗体设计工具"的"设计"工具栏中，单击"控件"组右下的下拉按钮，确保按下了"使用控件向导"按钮，再选择"子窗体 / 子报表"控件按钮，在主窗体的主体节的合适位置单击鼠标，即启动子窗体向导，见图 5-57。在"使用现有的窗体"列表框中选择"学生选课子窗体"。

4）单击"下一步"按钮，确定主窗体和子窗体链接的字段，见图 5-58。这里选取默认设置，以学生信息表的"学号"为依据，在子窗体显示与此字段相关的记录。

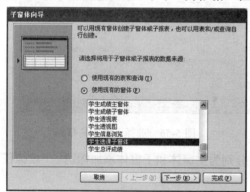

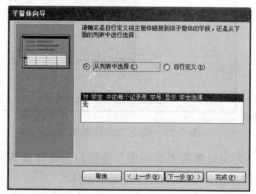

图 5-57　选择子窗体　　　　　　　　　　图 5-58　确定主窗体和子窗体链接的字段

5）单击"下一步"按钮，指定子窗体的名称，取默认值"学生选课子窗体"。

6）单击"完成"按钮，"学生选课子窗体"插入到当前窗体中，见图 5-59。

7）在当前窗体（主窗体）中适当调整子窗体对象的大小至满意为止，保存窗体，命名为"学生选课主窗体"。打开窗体，结果见图 5-60。

5.6.2　创建和修改切换面板窗体

若要有效地组织和控制一组对象（窗体或报表），可以创建切换面板，见图 5-61。切换面板是一些小屏幕，其中包含一些按钮或超链接，用于打开现有的窗体或报表等操作。然后，可以设置"文件"|"选项"|"当前数据库"的"显示窗口"为切换面板，"保存并发布"

数据库。以后打开数据库，就能通过切换面板选择打开窗体或报表等操作。

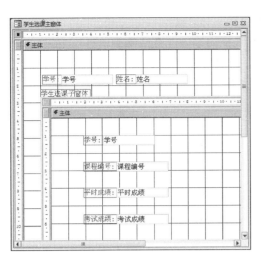

图 5-59　子窗体插入主窗体设计视图　　　　图 5-60　学生选课"主－子窗体"

　　切换面板可用作小型数据库应用系统的主界面，见图 5-61，以便用户选择该数据库应用程序的操作功能，打开相关窗体和报表等。

1. 创建切换面板窗体

　　例 5-13　在前面的章节中，已经建立了"学生基本信息"窗体、"教师基本信息"窗体、"学生选课主窗体"和"学生选课子窗体"，可用切换面板将这些窗体联系在一起，形成一个界面统一的数据库应用系统"学生信息管理系统"，见图 5-61。

　　操作步骤如下：

　　1）在 Access 中，打开"学生成绩管理"数据库。

　　2）单击"数据库工具"选项卡，选择"切换面板管理器"按钮。如果其中没有"切换面板管理器"按钮，则单击"文件"｜"选项"｜"自定义功能区"，单击"新建组"按钮，将新建组名重命名为"切换面板"，选择"所有命令"里的"切换面板管理器"，添加到组"切换面板"，关闭和重新打开该数据库。如果是第一次创建切换面板，Access 会询问是否创建一个切换面板，选择"是"按钮，系统弹出"切换面板管理器"窗口。

　　3）单击"新建"按钮，在弹出对话框的"切换面板页名"文本框内，输入"学生信息管理系统"，见图 5-62。

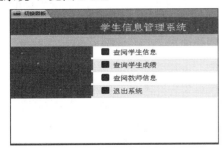

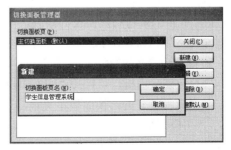

图 5-61　切换面板　　　　　　　　　　图 5-62　"切换面板管理器"窗口

　　4）此时，在"切换面板管理器"窗口添加了"学生信息管理系统"项。

5）选择"学生信息管理系统"，单击"编辑"按钮，弹出"编辑切换面板页"对话框，见图 5-63。

6）单击"新建"按钮，弹出"编辑切换面板项目"对话框。

7）在"编辑切换面板项目"对话框的"文本"框内输入"查阅学生信息"，在"命令"下拉列表框中选择"在'编辑'模式下打开窗体"，此时可在"窗体"下拉列表框中选择已创建的"学生基本信息"窗体，单击"确定"，回到如图 5-63 所示的"编辑切换面板页"对话框。见图 5-64。

图 5-63 "编辑切换面板页"对话框   图 5-64 "编辑切换面板项目"对话框

8）此时，"编辑切换面板页"对话框中已经有了一个"查阅学生信息"项目。重复 6）和 7），新建"查询学生成绩"项目，使其联系窗体"学生选课主窗体"，新建"查阅教师信息"项目，使其联系"教师信息多页浏览"窗体，此时，"编辑切换面板页"下产生了三个项目，见图 5-65。

9）在图 5-65 中再次单击"新建"按钮，在"编辑切换面板项目"对话框的"文本"框内输入"退出系统"，在"命令"下拉列表框中选择"退出应用程序"。

图 5-65 "编辑切换面板页"对话框

10）单击"确定"按钮，回到"编辑切换面板页"对话框，见图 5-65，生成了 4 个项目，单击"关闭"按钮。

11）返回到"切换面板管理器"窗口，选择"学生信息管理系统"，单击"创建默认"按钮，单击"关闭"按钮，新创建切换面板加入到数据库的"窗体"对象中。

12）切换面板的创建工作完成，在 Access 窗口左部的导航窗格中，双击打开"切换面板"窗体，将出现如图 5-61 所示的切换面板。

注意：一旦创建了切换面板窗体，系统会在"表"对象里自动生成一个表"Switchboard Items"，里面记录着切换面板的信息。如果删除了"切换面板"窗体，一定要到"表"对象里删除表"Switchboard Items"，然后才能重新再创建切换面板。

2. 修改切换面板窗体

要修改切换面板，可打开"切换面板管理器"窗口，单击"编辑"命令，进行修改。

如果觉得创建的切换面板不美观，还可以在切换面板窗体的设计视图中对切换面板进行美化，"切换面板管理器"生成的切换面板窗体与一般的窗体有所区别，在其设计视图中切换面板项目有关的内容看不见了，用户只能看到空白的标签，只有启动切换面板之后，这些标签的内容才会变成切换面板项目中的文本。但是用户仍然可以改变这些空白标签的属性及标签文本的样式。

例 5-14　修改切换面板窗体"学生信息管理系统",将其标题由"切换面板"改为"学生信息管理",并且为项目符号插入图片,见图 5-66。操作步骤如下:

1)在 Access 窗口左部的导航窗格中,选择"窗体"对象,右键单击"切换面板",单击"设计视图"命令。

2)显示"切换面板"窗体的设计视图。见图 5-67。

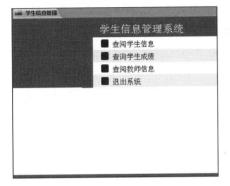

图 5-66　修改后的切换面板

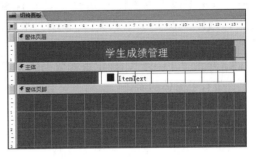

图 5-67　切换面板窗体的设计视图

3)选中窗体标题"切换面板",在其"属性"窗口的"格式"选项卡下"标题"框中输入"学生信息管理",还可以自行设置字体等其他属性。

4)逐个选择窗体主体节中的项目符号,该对象为图像控件,在其"属性"窗口的"格式"选项卡下"图片"框中输入或选择事先准备的小图片的位置和文件名,将图片插入窗体中。

5)保存并返回数据库窗口,在"窗体"对象下打开"切换面板",如图 5-66 所示。

5.7　综合示例

前几节分别用不同的方法创建了多个窗体,下面以本书中"学生成绩管理"数据库为例,在结合前面创建窗体的基础上,制作一个完整的应用实例。

例 5-15　以"学生成绩管理"数据库为数据源,制作一个"教学管理系统"。包含 4 个主要的功能模块:"查阅学生信息"、"查询学生成绩"、"查阅教师信息"和"查询教师任课情况"。要求在"查询学生成绩"模块中,可以查看某学生选修的多门课程的课程名称、平时成绩、考试成绩以及总评成绩(总评成绩 = 平时成绩 *0.3+ 考试成绩 *0.7)。其余模块对应前面创建的相关窗体,合理设计且美化窗体,使该应用实例界面美观且易于操作。

设计分析:该系统中要实现 4 个功能。其中,"查阅学生信息"模块可以在"学生信息浏览"窗体中查看学生的基本情况,"查阅教师信息"模块可以在"教师信息多页浏览"窗体中查看教师的基本情况,"查询教师任课情况"模块可以在"教师任课主窗体"中选择要查看的某教师基本情况的同时,在"教师任课子窗体"中查询该教师的任课具体信息。在前面已经详细介绍过以上这些窗体的创建过程,此例中将不再做细节描述,只是概括性说明操作步骤。

其中,"查询学生成绩"模块需要设计对应的窗体。根据要求,主窗体(命名为"学生成绩主窗体")中显示学号和姓名,子窗体(命名为"学生成绩子窗体")中显示课程名称、平时成绩、考试成绩以及总评成绩,这些字段来源于三张表:学生信息、课程和学生选课。除此之外,定义新字段"总评成绩"并写入计算公式。所有窗体准备就绪,最后创建切换面板,并定义面板中的项目与窗体间的关联。

操作步骤如下：

1. 创建学生成绩"主 – 子窗体"

1）用 Access 打开"学生成绩管理"数据库，单击"创建"选项卡，单击"窗体向导"按钮，弹出其确定数据源窗口，

2）在"表 / 查询"下拉列表框中选择"表：学生信息"，移动"学号"和"姓名"字段到"选定字段"列表框；选择"表：课程"，移动"课程名称"字段到"选定字段"列表框；选择"表：学生选课"，移动"平时成绩"和"考试成绩"字段到"选定字段"列表框。

3）单击"下一步"，确定查看数据的方式，即选取默认设置，通过学生信息表查看数据，创建"带有子窗体的窗体"。

4）单击"下一步"，确定子窗体的布局："数据表"。

5）单击"下一步"，为"主 – 子窗体"指定标题分别为："学生成绩主窗体"和"学生成绩子窗体"。单击"完成"按钮，生成的"主 – 子窗体"中，子窗体中没有"总评成绩"。

6）右键单击"学生成绩主窗体"，切换到"设计视图"，单击"设计"|"控件"组右下的下拉按钮，单击"使用控件向导"使之处于未选中状态；选择"文本框"控件按钮，在子窗体的合适位置单击，见图 5-68，出现一个标签和未绑定的文本框。

7）设置标签"标题"属性为"总评成绩"，文本框的"控件来源"框中输入："=format（平时成绩 *0.3+ 考试成绩 *0.7）"。保存退出，生成学生成绩"主 – 子窗体"，见图 5-69。

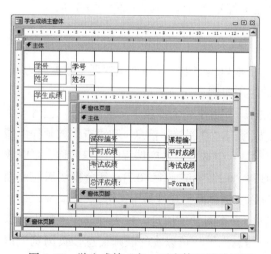

图 5-68 学生成绩"主 – 子窗体"设计视图

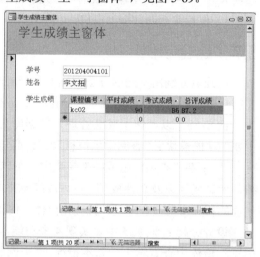

图 5-69 学生成绩"主 – 子窗体"运行效果

2. 创建"学生信息浏览"窗体

1）单击"创建"|"窗体设计"，即打开窗体设计视图。

2）单击"添加现有字段"|"显示所有表"，从学生信息表的"字段列表"中选择字段拖动到"设计视图"主体节中，可用"排列"工具栏的"对齐"按钮等，对选定的控件自动调整相互位置。

3）利用"使用控件向导"，创建"专业编号"组合框和"性别"列表框。

4）在窗体页眉节中添加标签："学生信息浏览"，并设置字体等属性。

5）使用"设计"工具栏的"日期和时间"按钮，在窗体页眉节中添加日期和时间，并拖动到合适位置。

6）若"学生信息表"不包括照片字段，则在"学生信息表"的表设计视图中增加"照片"字段，数据类型为"OLE 对象"，再拖动该字段到窗体的设计视图。注意图片的"缩放"属性。

7）在窗体页脚节中添加 5 个命令按钮，注意，最好在"使用控件向导"的提示下完成。调整彼此的水平间距，并使之对齐。

8）添加两个矩形控件，为了起到美观的作用，一个矩形控件框住所有字段控件，另一个矩形控件框住所有命令按钮。

9）选择所有控件，执行"排列"工具栏里"大小/空格"的"正好容纳"命令。

10）设置控件的"Tab 键索引"或"Tab 键次序"：用"属性表"窗口或"设计"工具栏的"Tab 键次序"按钮，为可以获得焦点的控件设置其 Tab 键索引或 Tab 键次序。

11）设置窗体属性："标题"为"学生信息浏览"，"记录选择器"、"导航按钮"和"分隔线"均设置为"否"，即不被显示。

3. 创建"教师信息多页浏览"窗体

1）单击"创建"|"窗体设计"。

2）在"设计"工具栏中，选择"选项卡控件"按钮，在"设计视图"中单击，当前视图默认产生两个选项卡，默认命名为"页 1"和"页 2"。

3）分别将"教师信息"表的不同字段拖到两个选项卡对应的页面中。

4）修改两个选项卡的"标题"属性。

4. 创建教师任课"主 – 子窗体"

1）使用"窗体向导"创建窗体，从两个数据表（教师信息表和课程表）中选择相关字段。

2）按照向导对话框的提示，确定查看数据的方式、选择子窗体的布局、窗体的样式等。

3）分别为主窗体和子窗体设置标题，结束窗体向导。

5. 创建切换面板为主界面

1）打开"学生成绩管理"数据库。

2）单击"数据库工具"选项卡，选择"切换面板管理器"命令。

3）在"切换面板管理器"窗口，单击"新建"按钮，在弹出"新建"对话框的"切换面板页名"文本框内输入"教学管理系统"，参见图 5-62。

4）单击"确定"后，在"切换面板管理器"窗口选择"教学管理系统"，单击"编辑"按钮。

5）在"编辑切换面板页"对话框，新建切换面板上的 5 个项目，见图 5-70。在新建项目的同时，建立该项目的关联窗体，使"查阅学生信息"关联"学生信息浏览"窗体，"查询学生成绩"关联"学生成绩主窗体"，"查阅教师信息"关联"教师信息多页浏览"窗体，"查询教师任课情况"关联"教师任课主窗体"，使"退出系统"执行"退出应用系统"命令。

6）单击"关闭"按钮，返回到"切换面板管理器"窗口，选择"教学管理系统"，单击"创建默认"按钮。

7）单击"关闭"按钮，回到数据库窗口，在"窗体"对象下双击查看"切换面板"窗体。

8）右键单击"切换面板"窗体，单击"设计视图"命令，修改标签标题属性为"教学管理"，结束创建。"教学管理系统"主界面见图 5-71。

至此，在"学生成绩管理"数据库的基础上，建立了一个提供查询的"教学管理系统"。它为广大用户提供了一个简单、易于操作的切换面板窗体界面及直观的查询方式。

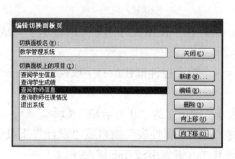

图 5-70 建立切换面板项目

图 5-71 "教学管理系统"主界面

5.8 创建导航窗体

前面的章节已经创建学生成绩管理数据库、各种表和窗体，读者已能采用下列两种传统方法创建应用程序主界面，便于用户选择执行应用程序的功能或命令。

1）创建一个窗体，包含多个功能选择按钮。类似于切换面板，但在空白窗体上创建一组命令按钮。

2）创建切换面板，包含多个功能选择项目。

本节介绍使用 Access 创建小型 Access 桌面数据库应用程序主界面的新方法：创建导航窗体。导航窗体往往可以代替上列传统方法、菜单和工具栏。

用 Access 可以为用户创建和设计选项卡式导航窗体，使用户方便地操作应用程序。例如，要建立一个小型的应用程序——学生选课数据库系统，其功能结构如图 5-72 所示，导航窗体如图 5-73 所示。往往，先分别创建实现各个功能的窗体和报表对象，最后才创建导航窗体，以便在创建此窗体时向其添加现有对象，否则对象待建。

操作步骤如下：

1）在 Access 的功能区上，单击"创建"选项卡。

2）在"窗体"组中，单击"导航"按钮，然后从列表中选择导航布局，例如"水平标签，（2 级 E）"，会创建两级选项卡式导航标签，每一级依次水平排列。

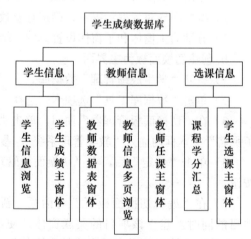

图 5-72 应用程序的功能结构

如果"导航"按钮处于灰色，即"不能使用"状态，试关闭该数据库；重新打开 Access，单击"文件"|"新建"|"空数据库"|"外部数据"|"导入 Access 数据库"命令，选择该数据库文件，将其原有的对象导入空数据库中，此时"导航"按钮处于黑色（能使用）状态。

图 5-73　应用程序的导航窗体

3）若要在导航窗体上添加一级水平标签与标题，即传统的一级菜单，如图 5-74 所示，则双击"［新增］"或单击已有标签标题的右旁，输入新增标签标题。

类似地，可添加二级水平标签与标题，如果标题与现有的数据库对象同名，则会随即打开该对象；或者将现有的数据库对象，从左边的导航窗格中拖至二级水平标签的"［新增］"上，然后输入该标签标题，如图 5-75 所示。

导航窗体上的每一个操作对象都是一个导航控件。通常，只向导航控件添加窗体和报表，若添加表等则会影响正常地显示窗体和报表。

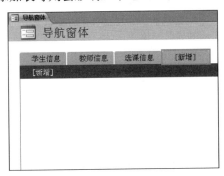

图 5-74　在导航窗体上添加"一级"
水平标签与标题

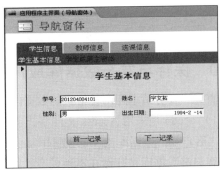

图 5-75　在导航窗体上添加"学生信息"
的二级水平标签与标题

4）可向某个窗体的主体添加所需的任何其他控件。例如，在"学生基本信息"窗体中，添加命令按钮："前一记录"、"上一记录"等。

5）保存为"应用程序主界面（导航窗体）"。以后，单击鼠标右键，可进入"设计视图"修改。

5.9　设置数据库启动窗体

为了防止错误操作导致数据库的数据破坏和对象损坏，在数据库创建完成后，通常开发者要为用户进行两方面的设置：

1）设置打开数据库时自动启动的窗体。例如，前面创建的应用程序主界面——"切换面板"或者"导航窗体"；也可以启动一个"登录"窗体，通过其"登录"按钮，打开前面创建的"切换面板"或者"导航窗体"。

2）设置隐藏 Access 内置的功能区、选项卡和导航窗格。

具体操作步骤如下：

1）打开"学生成绩管理"数据库。单击"文件"|"选项"|"当前数据库"。

2）输入"应用程序标题"，如"学生成绩数据库"；在"应用程序图标"框右侧，单击"浏览"按钮，选择事先准备的图标文件（.ico 文件），勾选"用作窗体和报表图标"。

3）在"显示窗体"中，选择"登录"窗体；勾选"关闭时压缩"；去掉"显示导航窗格"、"允许默认快捷菜单"和"允许全部菜单"的勾选；单击"确定"按钮。

关闭和重新打开该数据库，自动启动的"导航窗体"如图 5-76 所示。

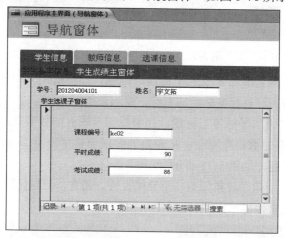

图 5-76   打开数据库时自动启动的导航窗体

5.10   保存与发布数据库应用程序

首先，要分清下列两种格式的数据库文件扩展名：

1）.accdb 是采用 Access 文件格式的数据库标准文件扩展名。Access 数据库可以设计为标准"客户端"数据库或 Web 数据库。

客户端数据库是存储在本地硬盘、文件共享或文档库中的传统 Access 数据库文件。其中包含的表尚未设计为与"发布到 Access Services"功能兼容，因此它需要 Access 程序才能运行。使用 Access 的早期版本创建的所有数据库在 Access 中均作为客户端数据库打开。Web 数据库是通过使用 Microsoft Office Backstage 视图中的"空白 Web 数据库"命令创建的数据库，或成功通过兼容性检查程序（位于"保存并发布"选项卡上的"发布到 Access Services"下）所执行的测试的数据库。

Web 数据库中的表的结构与发布功能兼容，并且无法在设计视图中打开，但是仍可以在数据表视图中修改其结构。Web 数据库还至少包含一个将在服务器上呈现的对象，如 Web 窗体或报表。连接到该服务器的任何人员都可以在标准 Internet 浏览器中使用在服务器上呈现的数据库组件，而不必在其计算机上安装 Access。通过选择 SharePoint 中"操作"菜单上的

"在 Access 中打开"，仍可以在安装有 Access 的计算机上使用未在服务器上呈现的任何数据库组件。

2）.accde 是编译为原始 .accdb 文件的"锁定"或"仅执行"版本的 Access 桌面数据库的文件扩展名。如果 .accdb 文件包含任何 Visual Basic for Applications(VBA) 代码，.accde 文件中将仅包含编译的代码。因此，用户不能查看或修改 VBA 代码。而且，使用 .accde 文件的用户无法更改窗体或报表的设计。

为了保证数据库的安全，可以执行以下操作从 .accdb 文件创建 .accde 文件：

1）在 Access 中打开要另存为 .accde 文件的数据库。

2）在"文件"选项卡上，单击"保存并发布"，然后在"数据库另存为"对话框中单击"生成 ACCDE"。

3）单击"另存为"按钮，在"另存为"对话框中，通过浏览找到要在其中保存该文件的文件夹，在"文件名"文本框中输入该文件的名称，然后单击"保存"。

.accde 文件只能在 Access 数据库环境中运行，并且不能打开窗体的设计视图修改窗体。

本章小结

本章结合实例详细地介绍了：

1）窗体的概念、功能、6 种视图、信息来源、类型和组成部分。

2）用多种方法创建窗体。在设计视图下创建赏心悦目、功能强大的窗体。合理地使用各种控件，以及设置控件和窗体的属性，从而使窗体更加丰富和美观。

3）使用窗体操作数据。窗体中记录的浏览、编辑、查找和替换、排序和筛选操作，这些充分体现了窗体的数据处理功能。

4）创建"主 – 子窗体"、切换面板、导航窗体、设置启动窗体和发布应用程序。主窗体和子窗体可以同时创建，也可以将子窗体插入已建立的主窗体中。

窗体是 Access 桌面数据库流行的人机交互界面，其主要用于数据库功能选择（导航）、数据输入和显示。用 Access 既能创建对话框窗体，又能创建切换面板或导航窗体。常用切换面板或导航窗体作为应用程序的总控窗口（主界面），以便集成和打开数据库中其他窗体、查询或报表。

思考题

1. 什么是窗体？它有哪几个组成部分？请叙述窗体的具体功能或作用。

2. 什么是窗体的数据源？在数据源中的记录发生变化后，窗体中的记录是否会随之变化？

3. 窗体有哪几种类型？

4. 简述用三种不同的方法创建窗体的过程。

5. 什么是控件？有哪些常用控件，其各有哪些常用属性、事件和方法？

6. 什么是子窗体？其作用是什么？

7. 如何将子窗体插入已经创建的主窗体上？能否对这个新添加的子窗体单独进行编辑操作？

8. 什么是切换面板窗体？如何创建及修改？

9. 如何创建导航窗体？

10. 如何设置打开数据库时自动启动的窗体，以及保存与发布数据库应用程序？

自测题

一、单项选择题（每题 1 分，共 40 分）

1. 下面关于窗体的作用叙述错误的是_____。

   A. 可以接收用户输入的数据或命令　　　　　B. 可以编辑、显示数据库的数据

   C. 可以构造方便、美观的输入 / 输出界面　　D. 可以直接存储数据

2. Access 2010 提供的窗体类型有_____。

   A. 单窗体、数据表窗体、分割窗体、多项目窗体、数据透视表和数据透视图窗体等

   B. 纵栏式窗体、表格式窗体、页眉式窗体、主 – 子窗体、图表窗体、数据透视表窗体

   C. 主题节窗体、表格式窗体、数据表窗体、主 – 子窗体、图表窗体、数据透视表窗体

   D. 纵栏式窗体、页眉式窗体、主题节窗体、表格式窗体、图表窗体、数据透视表窗体

3. 单窗体同一时刻能显示_____。

   A. 1 条记录　　　　B. 2 条记录　　　　C. 3 条记录　　　　D. 多条记录

4. 数据表式窗体同一时刻能显示_____。

   A. 1 条记录　　　　B. 2 条记录　　　　C. 3 条记录　　　　D. 多条记录

5. 下列不属于 Access 2010 窗体视图的是_____。

   A. 设计视图　　　　B. 窗体视图　　　　C. 版面视图　　　　D. 布局视图

6. 用于创建窗体或修改窗体的视图是_____。

   A. 数据表视图　　　B. 窗体视图　　　　C. 设计视图　　　　D. 数据库视图

7. 创建窗体的数据来源不能是_____。

   A. 一个表　　　　　　　　　　　　　　　B. 基于单表创建的查询

   C. 任意的数据　　　　　　　　　　　　　D. 基于多表创建的查询

8. 窗体中的信息来源主要有_____。

   A. 一类　　　　　　B. 两类　　　　　　C. 三类　　　　　　D. 四类

9. 下列关于数据库对象表与窗体的叙述，正确的是_____。

   A. 表和窗体均能输入数据和编辑数据

   B. 表和窗体均能以任何格式显示数据

   C. 表和窗体都只能以行和列的形式显示数据

   D. 表的所有功能都能用窗体实现

10. 使用窗体设计器，不能创建_____。

    A. 数据维护窗体　　　　　　　　　　　　B. 导航窗体

    C. 报表　　　　　　　　　　　　　　　　D. 自定义对话框窗体

11. 使用"窗体"按钮创建的窗体是_____。

    A. 纵栏式　　　　　B. 横向式　　　　　C. 表格式　　　　　D. 数据表

12. _____是一种交叉式表格，它可以实现用户选定的计算，所进行的计算与数据在数据表中的排列有关。

    A. 数据透视表　　　B. 窗体向导　　　　C. 图表向导　　　　D. 数据表向导

13. 不是窗体组成部分的是_____。

    A. 窗体页眉　　　　B. 窗体页脚　　　　C. 主体　　　　　　D. 窗体设计器

14. 控件的类型可以分为_____。

A. 结合型、对象型、非结合型　　　　　　B. 对象型、非结合型、计算型

C. 对象型、计算型、结合型　　　　　　　D. 结合型、非结合型、计算型

15. 关于控件的三个类型的说法，错误的是_____。

A. 结合型控件主要用于显示、输入和更新数据库中的字段

B. 非结合型控件没有数据来源，可以用来显示信息、线条、矩形或图像

C. 计算型控件用表达式作为数据源

D. 以上说法不完全正确

16. 在计算型控件中，每个表达式前都要加上运算符_____。

A. =　　　　　　　B. !　　　　　　　C. .　　　　　　　D. Like

17. 用于设定控件的输入格式的是_____。

A. 有效性规则　　　B. 有效性文本　　　C. 是否有效　　　D. 输入掩码

18. 在"控件"组里，_____是辅助按钮。

A."选择"和"使用控件向导"　　　　　　B. 标签

C. 文本框　　　　　　　　　　　　　　　D. 命令按钮

19. 当窗体中的内容需要多页显示时，可以使用_____控件进行分页。

A. 组合框　　　　　B. 子窗体 / 子报表　　C. 选项组　　　　　D. 选项卡

20. 可以用来给用户提供必要的选择选项的控件是_____。

A. 标签控件　　　　B. 复选框控件　　　　C. 选项组控件　　　D. 标签报表

21. 用于显示说明文本的控件的按钮名称是_____。

A. 复选框　　　　　B. 文本框　　　　　　C. 标签　　　　　　D. 控件向导

22. 有关列表框与组合框的叙述，以下错误的是_____。

A. 列表框可以包含一列或几列数据

B. 列表框只能选择值而不能输入新值

C. 组合框的列出多行数据组成

D. 组合框只能选择值而不能输入新值

23. 组合框和列表框类似，其主要区别是_____。

A. 组合框同时具有文本框和一个下拉列表

B. 列表框只需要在窗体上保留基础列表的一个值所占的空间

C. 组合框的数据类型比列表框多

D. 列表框占内存空间少

24. 以下不是窗体格式属性的是_____。

A. 自动居中　　　　B. 控制框　　　　　　C. 默认视图　　　　D. 特殊效果

25. "前景色"的属性值用于表示_____。

A. 控件的底色　　　B. 控件中文字的颜色　C. 窗体的底色　　　D. 以上均不是

26. "背景色"的属性值用于表示_____。

A. 控件的底色　　　B. 控件中文字的颜色　C. 窗体的底色　　　D. 以上均不是

27. 如果要细微调整线条的长度或角度，可以单击线条，然后_____。

A. 同时按下 Shift+ 方向键　　　　　　　B. 同时按下 Tab+ 方向键

C. 同时按下 Ctrl+ 方向键　　　　　　　D. 同时按下 Alt+ 方向键

28. 假如已在 Access 中建立了包含"书名"、"单价"和"数量"3 个字段的数据表，在以该表为数据

源创建的"图书订单"窗体中，有一个计算"金额"的文本框。那么，文本框的"控件来源"为
_____。

A. [单价] * [数量]

B. = [单价] * [数量]

C. [图书订单]! [单价] * [图书订单]! [数量]

D. = [图书订单]! [单价] * [图书订单]! [数量]

29. 在"窗体视图"中显示窗体时，使窗体中没有记录选择器，应将窗体的"记录选择器"属性值设置
为_____。

    A. 是　　　　　　　　B. 否　　　　　　　　C. 有　　　　　　　　D. 无

30. _____不是文本框控件的"格式"属性。

    A. 标题　　　　　　　B. 可见性　　　　　　C. 前景色　　　　　　D. 背景色

31. 可以结合（绑定）到"是/否"字段的控件是_____。

    A. 列表框　　　　　　B. 复选框　　　　　　C. 选项组　　　　　　D. 文本框

32. 有效性规则主要限制_____。

    A. 数据的类型　　　　　　　　　　　　　B. 数据的格式

    C. 数据库数据范围　　　　　　　　　　　D. 数据取值范围

33. 下面关于窗体叙述正确的是_____。

    A. 子窗体只能显示为数据表窗体　　　　　B. 子窗体里不能再创建子窗体

    C. 子窗体可以显示为表格式窗体　　　　　D. 子窗体可以存储数据

34. 创建基于多个表的"主－子窗体"的最简单的方法是使用_____。

    A. 自动创建窗体　　　　　　　　　　　　B. 窗体向导

    C. 图表向导　　　　　　　　　　　　　　D. 数据透视表向导

35. 假如要为图书馆管理系统创建一个"书籍归还"窗体：在该窗体中，首先可以查找借书的读者；当
读者找到之后，将使用另外一个窗体显示该读者所有已经借阅的书籍，并且在该窗体中可以输入书
籍的归还时间，这样就大大方便了我们的操作。为此，我们应创建的窗体类型为_____。

    A. 表格式窗体　　　　　　　　　　　　　B. 图表窗体

    C. 数据透视表窗体　　　　　　　　　　　D. 主－子窗体窗体

36. 在 Access 2010 数据库表中，筛选操作有多种类型，在筛选的同时能做排序操作的是_____。

    A. 高级筛选/排序　　　　　　　　　　　B. 按选定内容筛选

    C. 按筛选目标筛选　　　　　　　　　　　D. 按窗体筛选

37. 在下述筛选中，一次只能选择一个筛选条件的是_____。

    A. 按窗体筛选　　　　　　　　　　　　　B. 按选定内容筛选

    C. 高级筛选/排序　　　　　　　　　　　D. 内容排除筛选

38. 如果设置了按多个字段排序，则输出的结果是_____。

    A. 按设定的优先次序依次进行排序　　　　B. 按最右边的列开始排序

    C. 按从左向右优先次序依次排序　　　　　D. 无法进行排序

39. 在创建"主－子窗体"之前，通常需要确定主窗体与子窗体的数据源之间存在着_____关系。

    A. 一对一　　　　　　B. 一对多　　　　　　C. 多对一　　　　　　D. 多对多

40. 打开"主－子窗体"后，如果要将光标从主窗体的最后一个字段移到子窗体的第一个字段，可以按

_____键。

A. Tab   B. Shift   C. Ctrl   D. Ctrl+Tab

二、填空题（每空 1 分，共 30 分）

1. 设计窗体的目的有_____、控制程序流程、接收输入、显示信息和打印数据。

2. 标签控件没有_____来源属性。

3. 纵栏式窗体将窗体中的一个显示记录按列分隔，每列的左边显示字段名，右边显示_____。

4. 窗体的页眉位于窗体的最上方，是由窗体控件组成的，主要用于显示窗体_____。

5. 窗体由多个部分组成，每个部分称为一个_____。

6. 如果当前窗体中含有页眉，可将当前日期和时间插入_____，否则插入主体节。

7. 窗体中的数据来源主要包括表和_____。

8. 如果要用多个表作为窗体的数据来源，就要先基于_____创建一个查询。

9. 使用窗体设计器，一是可以创建窗体，二是可以_____。

10. _____属性值决定了窗体显示时是否具有窗体滚动条，该属性值有"两者均无"、"水平"、"垂直"、"水平和垂直" 4 个选项，可以选择其一。

11. 窗体属性包括格式、_____、事件、其他和全部选项。

12. _____属性主要是针对控件的外观或窗体的显示格式而设置的。

13. 窗体的_____属性是指明该窗体的数据源。

14. _____决定了对象的特征，以及如何对对象进行操作。对其进行修改，是在窗体设计后一个非常必要的操作。

15. 设计窗体属性的操作在_____窗体的表窗口中进行。

16. 事件是 Access 预先定义好的，能够被对象识别的动作。最常用的事件是_____事件。

17. 窗体中可以包含标签、文本框、复选框、列表框、组合框、选项框、命令和图像等图形化的_____对象。

18. 窗体中的对象称为_____，在窗体中起不同的作用。

19. 在设计窗体时，使用标签控件创建的说明文字是独立的，不依附于其他控件。它在窗体的_____视图中不能显示。

20. 组合框和列表框的主要区别为是否可以在框中_____。

21. 控件窗体上的图形化对象，用于输入 /_____数据、执行操作或使用户界面更加美观。

22. 组合框类似于文本框和_____的组合，可以在组合框中输入新值，也可以从列表中选择一个值。

23. 如果在窗体上输入的数据总是取自表或查询中的字段数据，或者取自预定内容的数据，可以使用组合框或_____控件完成。

24. 如果"选项组"结合到某个字段，则只有组框架本身结合到此字段，而不是组框架内的_____、选项按钮或切换按钮。

25. 窗体的_____属性值"是"和"否"决定窗体运行时是否有导航按钮。

26. 在 Access 2010 的"开始"选项卡中，单击"_____"组的"高级筛选选项"按钮，方可显示和单击"按窗体筛选"或"高级筛选 / 排序"。

27. _____只能显示为纵栏式窗体，子窗体可以显示为数据表窗体。

28. 如果不需要页眉或页脚，可以将不需要的节的"可见性"属性设置为_____，或者删除该节的_____，

　　然后将其高度属性设置为_____。

三、判断题（每题 1 分，共 10 分，正确的写"T"，错误的写"F"）

（　　）1. 在一个窗体中能显示多条记录的窗体只有数据表窗体。

（　　）2. 数据透视表窗体对数据进行的处理是 Access 其他工具无法完成的。

（　　）3. 当源数据发生更改时，数据透视表中的数据不会随之更新。

（　　）4. 在 Access 中，属性用于决定表、查询、字段、窗体和报表的特征。

（　　）5. 标签不显示字段或表达式的数值，它没有数据来源。

（　　）6. 文本框主要用来输入或编辑字段数据，它是一种交互式控件。其中，结合型文本框一般用来
　　　　　　显示提示信息。

（　　）7. 如果要选中多个控件，可以按 Ctrl 键，再依次单击各个控件。

（　　）8. 窗体的主体节位于窗体的中心部分，是工作窗口的核心部分，由多种窗体控件组成。

（　　）9. 窗体的事件是指操作窗体时所引发的事件，如打开、关闭和加载等。

（　　）10. 窗体的"数据输入"属性值在"是"和"否"两个选项中选取。如果选取"是"，则在窗体打
　　　　　　开时，只显示一个空记录，否则显示已有的记录。

四、简答题（每题 5 分，共 20 分）

1. 什么是窗体，窗体有哪几种类型？

2. 如果窗体的数据源要使用两个以上的表，应如何操作？

3. "控件"组中有哪些常用的控件对象？有何作用？

4. 举例说明窗体中控件属性的作用。

第6章 报　　表

报表是 Access 2010 向用户提供的一种输出对象。它主要是将 Access 2010 数据库中的数据以一定的格式和形式显示和打印出来，供用户分析或存档。在 Access 2010 数据库中，不能通过报表输入或修改数据，但可以在报表中按照需要的方式显示数据以便查看。在报表中，不仅可以提供详细数据，还可以实现一些功能，如分组数据、数据计算和各种汇总数据等。

本章主要介绍报表的基本概念、创建报表的各种方法、对报表进行编辑和创建高级报表。所谓高级报表，是指主 – 子报表和图表报表。

6.1　概述

报表根据指定的规则打印输出格式化的数据信息，它的功能包括：呈现格式化的数据；分组组织数据，并进行汇总；以标签、发票、订单和信封等多种样式打印输出；对输出数据进行计数、求平均值、求和等统计计算；嵌入图像或图片来丰富数据显示的内容；带有数据透视表或数据透视图。

报表是以打印格式展示数据的一种有效方式。因为能够控制报表上所有内容的大小和外观，所以可以按照所需的方式显示要查看的信息。例如：创建邮件标签，将数据按类别分组、统计计算等。

多数报表都被绑定到数据库中的一个或多个数据表和查询。报表的数据源可以是数据表、查询或 SQL 语句中的字段，但不必包含每个数据表或查询中的所有字段。

6.1.1　报表的类型

报表主要分为以下几种类型：

1. 纵栏式报表

纵栏式报表也称为窗体式报表，以垂直方式显示一条记录或多条记录，每个字段占一行，左边是字段的名称，右边是字段的值。如图 6-1 所示。纵栏式报表适合记录较少、字段较多的情况。

2. 表格式报表

表格式报表是以整齐的行、列形式显示记录数据，一行显示一条记录，一页显示多行记录。字段的名称显示在每页的顶端。如图 6-2 所示。表格式报表适合记录较多、字段较少的情况。

3. 图表报表

图表报表是指以图形或图表的方式显示数据的报表类型。在报表中使用图表，可以更直观地表示数据之间的关系。图表报表适合综合、归纳、比较和进一步分析数据的情况。如图 6-3 所示。

4. 标签报表

标签报表是一种特殊类型的报表。将报表数据源中少量的数据组织在一个卡片似的小区域，其打印预览效果如图 6-4 所示。标签报表通常用于显示名片、书签、邮件地址等信息。

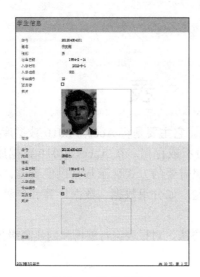

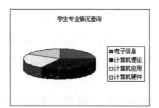

图 6-1　纵栏式报表

图 6-2　表格式报表

图 6-3　图表报表

图 6-4　标签报表

6.1.2　报表的视图

在 Access 2010 中报表共有 4 种视图：报表视图，打印预览视图、布局视图和设计视图。

1. 报表视图

报表视图即报表的显示视图，在报表视图中可以对报表执行各种数据的筛选和查看操作。

2. 打印预览视图

打印预览视图用于查看报表输出时的样式，可以按不同的缩放比例对报表进行预览，如图 6-5 所示。

3. 布局视图

在布局视图中可以在显示数据的情况下，对报表设计进行调整，如图 6-6 所示。在布局视图中各个控件的位置可以移动，也可以重新布局各种控件，删除不需要的控件，设置各个控件的属性等，但是不能像在设计视图中一样添加各种控件。

图 6-5　报表的打印预览视图

图 6-6　报表的布局视图

4. 设计视图

设计视图用于创建和编辑报表的结构、添加控件和表达式、设置控件的各种属性、美化报表等，如图 6-7 所示。

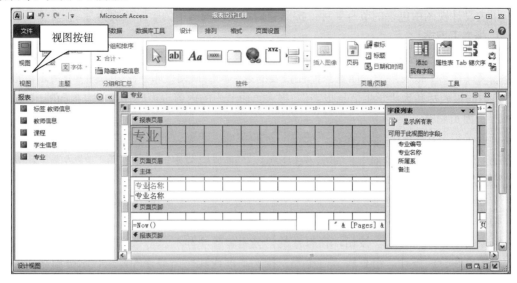

图 6-7　报表的设计视图

在设计视图中创建一个报表后，通过单击"设计"选项卡下"视图"组中的"视图"按钮，从下拉菜单（如图 6-8 所示）中选择一种视图，系统就会自动地切换到相应的视图界面。

6.1.3　报表的组成

报表中的信息可以分在多个节中。在报表设计视图中，窗口被分为许多区段，每个区段称为节。一般报表都有 5 个基本节区域，分别是报表页眉、页面页眉、主体、页面页脚和报表页脚。如果在报表中进行了分组，则在设计视图中还有组页眉和组页脚，如图 6-9 所示。

图 6-8　"视图"下拉菜单

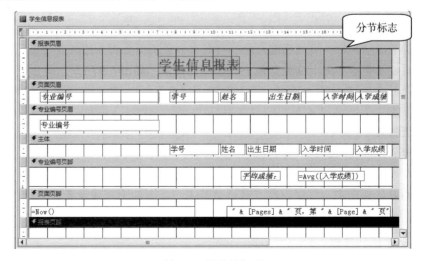

图 6-9　报表的组成

在报表的设计视图中，显示有文字的水平条称为节栏。节栏显示节的类型和名称，通过它可访问节的属性表。单击节栏，然后将鼠标移动到节栏上，鼠标的形状变为"+"时拖动鼠标可以改变节区域的大小。

报表设计视图中包含的节有 7 种，按照它们在设计视图中的顺序依次为：

1. 报表页眉节

报表页眉节中的所有内容只能输出在报表的开始处，一般用于设置报表的标题等信息。整个报表只有一个报表页眉，而且只能在报表的第一页的顶端打印一次。如图 6-9 所示，报表页眉节内的报表标题为"学生信息报表"。报表页眉节中的内容也可以作为报表封面的内容。

2. 页面页眉节

页面页眉节中的内容显示在报表的每一页的顶端。想要在每一页顶部显示的内容（例如列标题）应包含在页面页眉中。如图 6-9 所示，页面页眉节中的"学号"、"姓名"、"出生日期"等信息将显示在打印报表的每一页。

3. 组页眉节

根据需要，在报表设计 5 个基本节的基础上，还可以单击"设计"选项卡下"分组和汇总"组中的"排序与分组"按钮，在打开的"分组、排序和汇总"区域中设置，以实现报表的分组输出和分组统计。组页眉节内主要安排文本框或其他类型控件，来显示分组字段等数据信息。打印时，分组数据只在每组开始位置显示一次。如图 6-9 所示，组页眉节内以"专业编号"来进行分组统计，组名称为"专业编号"。

4. 主体节

主体节是报表中输出数据的主要区域，用来处理每条记录，其字段数据通过文本框或其他类型控件绑定显示，重复显示绑定对象的数据。如图 6-9 所示，主体节中包含了"学号"、"姓名"、"出生日期"、"入学时间"和"入学成绩" 5 个绑定文本框。主体节也可以包含通过计算得到的字段数据。

5. 组页脚节

组页脚节主要显示分组统计数据，通过文本框或其他类型控件来实现。打印输出时，其数据出现在每组记录的结尾，可以用它显示诸如小计等项目。如图 6-9 所示，组页脚节内，以"专业编号"分组输出"平均成绩"。在实际应用中，组页眉和组页脚可以根据需要单独设置。

6. 页面页脚节

页面页脚节显示在每一页的底端，每一页只有一个页面页脚，用来设置页码、日期等数据信息，数据显示安排在文本框或其他一些类型控件中。如图 6-9 所示，页面页脚节内通过表达式为"=" 共 " & [Pages] & " 页，第 " & [Page] & " 页 ""的文本框控件，在报表每页底部输出页码信息。

7. 报表页脚节

报表页脚节在报表的最后一页显示一次。报表页脚节内可以包含整个报表的结论，例如总计或汇总信息等，数据显示安排在文本框或其他一些类型控件中。

在报表的设计视图中，可以隐藏节或调整节大小、添加图片或设置节的背景色。另外，还可以设置节属性以对节内容的打印方式进行自定义。

6.1.4 报表和窗体的区别

报表和窗体的主要区别是它们的输出目的不同，窗体主要用于数据的输入，而报表主要是输出绑定数据源中的数据。报表中可以包含子报表。

　　窗体上的计算字段通常是根据记录中的字段计算总数，而报表中的计算字段是根据记录分组形式对所有记录进行处理。

　　报表除了不能进行数据的输入之外，可以完成窗体的所有工作。也可以把窗体保存为报表，然后在报表设计视图中自定义窗体控件。

6.2　创建报表

　　在 Access 2010 中，可以使用"报表"、"报表设计"、"空报表"、"报表向导"和"标签"等方法来创建报表，在如图 6-10 所示的"创建"选项卡下的"报表"组中提供了创建这些报表的按钮。

　　创建报表，需要使用一个或多个表或查询中的数据。若要使用多个表，则首先要创建一个查询以便从这些表中检索出数据。

图 6-10　创建报表的方法

6.2.1　使用"报表"创建报表

　　"报表"提供了最快的自动创建报表的方式。当需要快速浏览表或查询中的数据时，或需要快速创建初步的报表以便在布局视图或设计视图中再进行修改时，可以使用"报表"的方式创建报表。"报表"将自动包含所选表或查询中的所有字段。报表的类型是纵栏式或表格式。

　　创建报表时，先选择表或查询作为报表的数据源，然后选择报表类型，最后自动生成报表，输出数据源中所有字段的全部记录。

　　例 6-1　以"学生成绩管理"数据库中的"课程"表为数据源，使用"报表"创建一个表格式的报表。具体操作步骤如下：

　　1）打开"学生成绩管理"数据库，在导航窗格中，选中"课程"表。

　　2）在"创建"选项卡的"报表"组中，单击"报表"按钮，"课程"报表立即创建完成，并且切换到布局视图，如图 6-11 所示。

图 6-11　课程报表

　　3）单击"文件"选项卡下的"保存"命令，在出现的"另存为"对话框中，输入报表名称"课程"，单击"确定"按钮保存新建的报表。新的报表名将显示在导航窗格下"报表"窗口中，双击可以打开报表，右键单击文件名，在弹出的快捷菜单中选择"设计视图"命令可以进行报表修改。

　　这种方法创建的报表只能基于一个数据源，而且也不能对数据源中的字段进行选择。

6.2.2 使用"报表向导"创建报表

用户可以使用"报表向导"来创建报表。"报表向导"可以创建基于一个或多个表或查询的报表。"报表向导"将提示输入有关数据源、字段和布局等，它还询问是否对数据进行分组以及如何对数据进行排序和汇总，并根据用户的回答来创建报表。如果事先指定了表和查询之间的关系，还可以使用来自多个表或查询的字段来创建报表。

例6-2 以"学生成绩管理"数据库中的"学生信息"表和"专业"表为数据源，使用"报表向导"创建一个"各专业学生信息"报表。

具体操作步骤如下：

1）打开"学生成绩管理"数据库，单击"创建"选项卡下"报表"组中的"报表向导"按钮，弹出"报表向导"对话框。

2）在"表/查询"下拉列表框中选择"学生信息"表。从"可用字段"列表框中选择报表中需要使用的字段，单击">"将选中的字段添加到"选定字段"列表框中，">>"表示添加所有字段，"<"表示将右边列表框中选中的字段移出，"<<"表示将右边列表框中的所有字段移出。本例中将"学生信息"表的"学号"、"姓名"、"性别"、"出生日期"和"入学成绩"字段添加到右边的"选定字段"列表框中。

3）在"表/查询"下拉列表框中选择"专业"表，本例中将"专业名称"添加到右边的"选定字段"列表框中，如图6-12所示。

4）单击"下一步"按钮，弹出设置数据查看方式的对话框，因为要建立的报表是基于两个数据表的，因此该对话框提供了"通过专业"和"通过学生信息"两种查看方式，本例中选择"通过学生信息"方式查看数据，如图6-13所示。

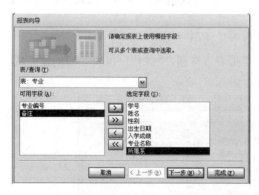

图6-12 "报表向导"对话框

图6-13 确定查看数据的方式

5）单击"下一步"按钮，弹出添加分组级别的对话框，在左边列表框中选择"专业名称"作为分组依据，如图6-14所示。并不是所有的字段都适合作为分组字段，一般来说，只有该字段的值有重复，才能作为分组字段。如"性别"等就可以作为分组字段。

6）单击"下一步"按钮，弹出确定明细信息使用的排序次序和汇总信息的对话框，确定报表记录的排序次序。用户最多可以按4个字段对记录进行排序，本例中选择按"学号"升序排序，如图6-15所示。

7）单击"汇总选项"按钮，弹出"汇总选项"对话框，默认选择表中数字字段的"平均"、"最大"和"最小"进行报表汇总，如图6-16所示。本例设置为对入学成绩求平均值。

图 6-14　是否添加分组级别　　　　　图 6-15　确定明细信息使用的排序次序和汇总信息

8）单击"下一步"按钮，弹出确定报表的布局方式的对话框，在这里有 3 种布局方式供用户选择，即"递阶"、"块"、"大纲"，"方向"为报表打印的方式，如图 6-17 所示。本例中采用默认设置。

图 6-16　"汇总选项"对话框　　　　　　图 6-17　确定报表的布局方式

9）单击"下一步"按钮，弹出为报表指定标题的对话框，输入该报表的标题为"各专业学生信息"，如图 6-18 所示。

10）选择"预览报表"，然后单击"完成"按钮，系统将打开报表打印预览视图，供用户查看效果，如图 6-19 所示。如果选择"修改报表设计"，然后单击"完成"按钮，系统将打开报表设计视图，方便用户进一步修改。

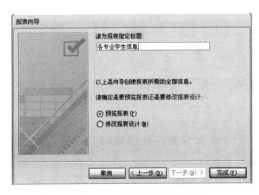

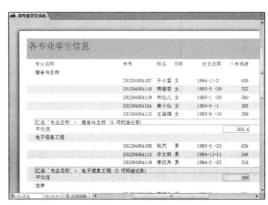

图 6-18　为报表指定标题　　　　　　　图 6-19　预览报表

6.2.3 使用"空报表"创建报表

在 Access 2010 中，可以通过"空报表"自己创建一个空白报表，然后在报表的创建过程中，直接拖动数据表字段，快捷地建立一个功能完备的报表。

例 6-3 以"学生成绩管理"数据库中的"教师任课"表和"课程"表为数据源，使用"空报表"创建一个"教师授课信息"报表。具体操作步骤如下：

1）打开"学生成绩管理"数据库，单击"创建"选项卡下"报表"组中的"空报表"按钮，弹出一个空白报表，并且在屏幕右边自动显示"字段列表"窗格，如图 6-20 所示。注意到，建立的空白报表直接进入了报表的"布局视图"。

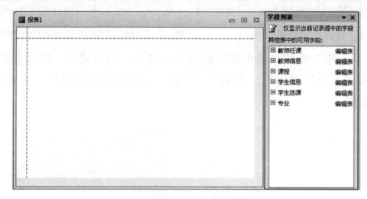

图 6-20　空白报表

2）在"字段列表"窗格中，单击"教师任课"表前面的"+"号，展开字段列表，双击"**教师编号**"、"**课程编号**"字段，将这两个字段添加到报表中。

3）再在"字段列表"窗格中选择"课程"表，双击"**课程名称**"、"**学时**"、"**学分**"、"**课程性质**"，将这 4 个字段添加到报表中，对添加的字段进行调整，关闭"字段列表"窗格，最终效果如图 6-21 所示。

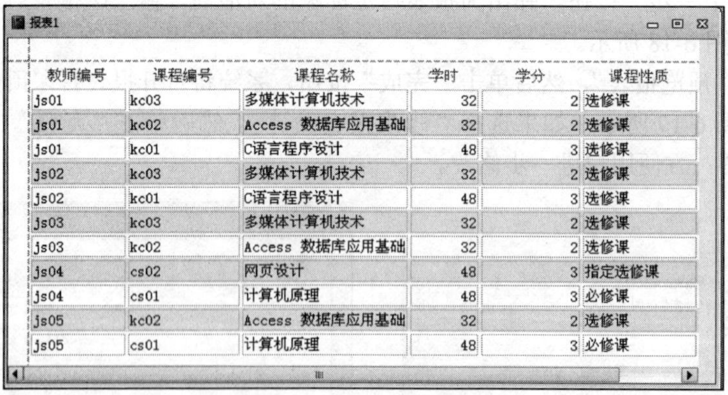

教师编号	课程编号	课程名称	学时	学分	课程性质
js01	kc03	多媒体计算机技术	32	2	选修课
js01	kc02	Access 数据库应用基础	32	2	选修课
js01	kc01	C语言程序设计	48	3	选修课
js02	kc03	多媒体计算机技术	32	2	选修课
js02	kc01	C语言程序设计	48	3	选修课
js03	kc03	多媒体计算机技术	32	2	选修课
js03	kc02	Access 数据库应用基础	32	2	选修课
js04	cs02	网页设计	48	3	指定选修课
js04	cs01	计算机原理	48	3	必修课
js05	kc02	Access 数据库应用基础	32	2	必修课
js05	cs01	计算机原理	48	3	必修课

图 6-21　对空白报表添加的字段

4）单击快速工具栏上的"保存"按钮或按下 Ctrl+S 组合键，在出现的"另存为"对话框中，输入报表名称"教师授课信息"，单击"确定"按钮。

5）单击鼠标右键，在弹出的快捷菜单中选择"报表视图"命令，进入报表视图，如图 6-22 所示。

图 6-22　预览报表

6.2.4　使用"标签"创建报表

标签报表是利用标签向导提取数据库表或查询中某些字段数据，制成一个个小小的标签，以便打印出来进行粘贴。

在实际工作和生活中，标签具有较强的实用性，我们经常要制作一些"邮件地址"或"学生信息"等标签。使用 Access 2010 提供的"标签"，可以方便地创建各种类型的标签报表。

例 6-4　使用"标签"制作"教师工作证标签"，要求标签中含有教师编号、教师姓名、性别、所属系和职称等信息。具体操作步骤如下：

1）打开"学生成绩管理"数据库，在导航窗格中，选择"教师信息"表为要创建报表的数据源。

2）在"创建"选项卡的"报表"组中，单击"标签"按钮，打开"标签向导"对话框，可以指定标签的型号，也可以自定义标签的大小。这里选择"C2166"标签型号，如图 6-23 所示。

3）单击"下一步"按钮，在打开的选择文本的字体和颜色的对话框中选择适当的字体、字号、字体粗细和文本颜色，这里选择字体为"宋体"，字号为"12"，字体粗细为"细"，文本颜色为"黑色"，如图 6-24 所示。

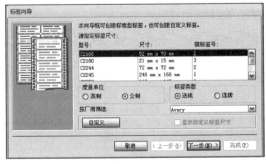

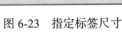

图 6-23　指定标签尺寸

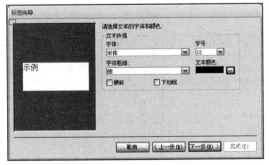

图 6-24　选择文本的字体和颜色

4）单击"下一步"按钮，在打开的确定邮件标签的显示内容的对话框中，双击"教师编号"、"教师姓名"字段，发送到"原型标签"列表框中。然后用鼠标单击"原型标签"列表框的下一行，把光标移到下一行，再双击"性别"、"职称"字段，再用鼠标单击下一行，把光标移到下一行,再双击"所属系"字段。为了让标签意义更明确,在第一行输入文本"工作证",在每个字段前面输入所需要的文本,如图 6-25 所示。"原型标签"列表框是个微型文本编辑器,在该列表框中可以对添加的字段或文本进行修改和删除等操作,如要删除输入的字段或文本,用退格键删除即可。

  5)单击"下一步"按钮,在打开的确定按哪些字段排序的对话框中,在"可用字段"列表框中,双击"教师编号"字段,将它发送到"排序依据"列表框中作为排序依据,如图 6-26 所示。

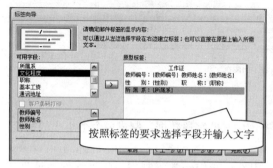

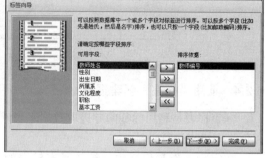

图 6-25 确定邮件标签的显示内容   图 6-26 确定按哪些字段排序

  6)单击"下一步"按钮,在打开的指定报表的名称的对话框中,输入"教师工作证标签",如图 6-27 所示。

图 6-27 指定报表的名称

  7)单击"完成"按钮,"教师工作证标签"报表创建完成,如图 6-28 所示。

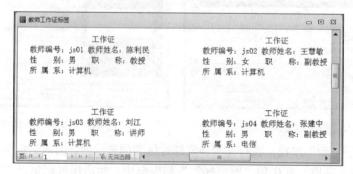

图 6-28 "教师工作证标签"报表

6.2.5　使用"报表设计"创建报表

虽然"报表"和"报表向导"可以方便、快捷地创建报表，但是创建的报表形式单一，往往不能满足用户的需要。这时可以使用"报表设计"对报表做进一步的修改，或直接使用"报表设计"创建报表。

报表的"设计视图"是数据库对象（包括表、查询、窗体、宏和数据访问页）的设计窗口。在"设计视图"中，可以新建数据库对象和修改现有数据库对象。

例6-5　使用"报表设计"制作"学生基本信息"报表。具体操作步骤如下：

1）打开"学生成绩管理"数据库，在"创建"选项卡的"报表"组中，单击"报表设计"按钮，打开报表设计视图，如图6-29所示。在当前的视图中只有3个区域，即"页面页眉"区、"主体"区和"页面页脚"区。

2）在报表右边的灰色空白区域右击，在弹出的快捷菜单中选择"属性"命令，弹出报表的"属性表"对话框，在"数据"选项卡中，单击"记录源"属性右侧的下拉列表，从中选择"学生信息"，如图6-30所示。

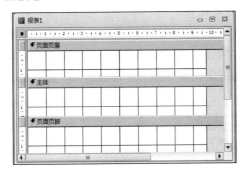

图6-29　报表设计视图

图6-30　报表属性表

如果需要的是未绑定报表，请不要在本列表中选择任何选项。如果要将多个表或查询绑定到报表中，则需要启动查询生成器生成新查询。单击"生成器"按钮，激活查询生成器，切换到"查询生成器"窗口。在查询生成器中选择的表或查询就是新报表的数据源。

3）在"设计"选项卡的"工具"组中，单击"添加现有字段"按钮，打开"字段列表"对话框，并显示相关字段列表，如图6-31所示。

4）在报表视图设计区单击鼠标右键弹出快捷菜单，选择"报表页眉／页脚"命令，可以在报表中添加报表的页眉和页脚节区。

5）在"设计"选项卡的"控件"组中，选中标签控件，在报表页眉节中添加一个标签控件，输入标题"学生基本信息"，设置标签格式：字体为"黑体"，字号为"24"，文字对齐为"居中"。

6）在"字段列表"对话框中，用鼠标将"学号"、"姓名"、"性别"、"出生日期"、"团员否"等字段拖放到设计视图的主体节中。系统自动为所选的字段创建标签和文本框，标签显示字段的名称，文本框显示字段的值。

7）将主体节区的5个标题标签控件移动到页面页眉节区，然后手动调整控件的布局、位置、大小及对齐方式等，如图6-32所示。

图 6-31　"字段列表"对话框

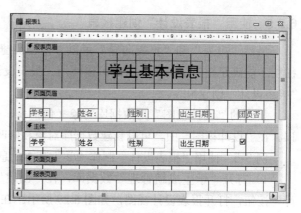

图 6-32　添加字段

①改变控件的位置。在控件被选中（控件周围显示 8 个黑点）时，可对其进行操作，移动鼠标到该控件上，会出现黑色的小手标志，按住鼠标左键拖动到新的位置即可。如果在图 6-32 所示的状态下，标签控件和文本框控件都处于选中状态，移动时它们会一起移动。如果只希望移动其中一个控件，移动鼠标时需要将黑色的小手标志移动到该控件左上方较大的黑点处再拖动。

②改变控件的大小。可以在选中某个控件后，移动鼠标的箭头到控件的框线，鼠标变成双向箭头形状，按住鼠标左键拖动，在拖动时随着鼠标的移动，将显示一个虚线框，表示动态改变的控件的大小。

③调整控件的对齐方式。先选中控件，然后在"排列"选项卡的"调整大小和排序"组中，选择"对齐"按钮设置即可。对于多个控件，还可以通过"排列"选项卡的"调整大小和排序"组中的"大小／空格"调整它们的大小和间距。

8）单击快速工具栏中的"保存"按钮，将报表保存为"学生基本信息"，一个简单报表就建好了。在"设计"选项卡的"视图"组中，单击"视图"按钮，打开报表预览视图，查看报表的效果，如图 6-33 所示。

图 6-33　报表预览视图

6.3　编辑报表

报表视图如同一个工作台，可以对已有的报表进行进一步的编辑和修改。例如：给报表添加标题；将数据按标题分组，或分隔报表的各部分；调整报表各部分的大小；为报表添加节、设置报表属性以控制外观和行为等。

6.3.1　添加背景图案

报表中的背景图片可以应用于全页。在报表中添加背景图案的操作步骤如下：

1）在"设计视图"中打开报表。

2）双击报表"设计视图"左上角的"报表选定器"，打开报表的"属性表"对话框。

3）单击"格式"选项卡，选择"图片"属性，如图 6-34 所示。单击"图片"属性右侧的 按钮，在打开的"插入图片"对话框图中，选择要作为报表的背景图片插入报表中。

4）设置背景图片的其他属性。

①"图片类型"属性框：选择"嵌入"或"链接"图片方式。

②"图片缩放模式"属性框：选择"剪辑"、"拉伸"或"缩放"方式来调整图片大小。

③"图片对齐方式"属性框：选择图片的对齐方式。

④"图片平铺"属性框：选择是否平铺背景图片。

图 6-34　报表"属性表"

6.3.2　添加当前日期和时间

在报表中添加报表制作的时间，便于使用者了解报表中数据的统计时间，对于每日都要做报表的单位或对数据的实时性要求较高的用户而言，是非常重要的，同时也有利于文档的存档以及日后的查找。

1. 使用选项卡中的命令按钮添加

使用选项卡中的命令按钮，给报表添加日期和时间的操作步骤如下：

1）在"设计视图"中打开报表。

2）在"设计"选项卡的"页眉 / 页脚"组中，单击"日期和时间"按钮，打开"日期和时间"对话框，如图 6-35 所示。

3）在打开的"日期和时间"对话框中，若要包含日期，选中"包含日期"复选框，再单击相应的日期格式；若要包含时间，选中"包含时间"复选框，再单击相应的时间格式。单击"确定"按钮，在报表页眉节中添加了系统当前日期或时间。

2. 使用文本框添加

使用文本框给报表添加日期和时间的操作步骤如下：

1）在"设计视图"中打开报表。

2）在报表中添加一个文本框控件，然后删除与文本框控件同时添加的标签控件。

3）打开文本框控件的"属性"对话框，选择"数据"选项卡，设置"控件来源"属性。如果添加日期，在"控件来源"属性行中输入"=Date()"。如果添加时间，在"控件来源"属性行中输入"=Time()"，如图 6-36 所示，该控件可安排在报表的任意节区中。

图 6-35　"日期和时间"对话框

图 6-36　"文本框"属性表

6.3.3 添加页码和分页符

1. 在报表中添加页码

为了打印出的报表便于管理，需要为报表添加页码。具体操作步骤如下：

1）在"设计视图"中打开报表。

2）在"设计"选项卡的"页眉/页脚"组中，单击"页码"按钮，打开"页码"对话框，如图6-37所示。

3）在"页码"对话框中，选择页码的格式、位置和对齐方式。

对齐方式有以下5种选项：

- 左：在左页边距添加文本框。
- 中：在左右页边距的正中添加文本框。
- 右：在右页边距添加文本框。

图6-37 "页码"对话框

- 内：在左、右页边距之间添加文本框，奇数页打印在左侧，而偶数页打印在右侧。
- 外：在左、右页边距之间添加文本框，偶数页打印在左侧，而奇数页打印在右侧。

4）如果要在第一页显示页码，选中"首页显示页码"复选框。单击"确定"按钮，完成页码添加。

在报表中可用表达式创建页码。Page 和 Pages 是内置变量，[Page]代表当前页码，[Pages]代表总页数。页码常用格式见表6-1。

表6-1 页码常用格式

代　码	显示格式
=" 第 "& [Page] &" 页 "	第（页码）页
= [Page] "/" [Pages]	页码/总页数
=" 第 "& [Page] &" 页，共 "& [Pages] &" 页 "	第（页码）页，共（总页数）页

2. 在报表中添加分页符

在报表中，可以在某一节中使用分页符控件来标志需要另起一页的位置。例如，如果需要将报表标题页和前言信息分别打印在不同的页上，则可以在报表页眉中放置一个分页符，将第一页和第二页的内容分开。

在报表中添加分页符的具体操作步骤如下：

1）在"设计视图"中打开报表。

2）在"设计"选项卡的"控件"组中，单击"插入分页符"按钮。

3）单击要放置分页符的位置。将分页符放在某个控件之上或之下，以避免拆分该控件中的数据。Access 将在报表的左边框以短虚线标识分页符。

如果希望报表中的每条记录或记录组均另起一页，可以通过设置组页眉、组页脚或主体节的"强制分页"属性来实现。

6.3.4 使用节

报表中的内容是以节为单位来划分的。在"设计视图"中，节代表各个不同的区域，每个节都出现一次。但在打印报表时，每一个节都有其特定的含义，有些节可以打印多次。

1. 在报表中添加或删除节

在"设计视图"中，右键单击报表，可以实现添加或删除"报表页眉/页脚"或"页面页眉/页脚"节的操作。

页眉和页脚只能同时添加或删除，如果要删除页眉或页脚，可以在节的"属性表"对话框中设置"可见"属性为"否"，然后将其"高度"属性设置为"0"或将其大小设置为"0"。如果删除页眉和页脚，Access 将同时删除页眉、页脚中的控件。

2. 在报表中调整节的大小

用户可以根据需要调整报表中节的大小。

1）调整节的宽度。报表中所有节只有唯一的宽度，改变一个节的宽度将改变整个报表的宽度。要改变报表的宽度，可以在报表的"属性表"对话框中设置"宽度"属性来操作，也可以将鼠标光标放在该节的右边界上，当光标变成➕形状，直接向左或向右拖动鼠标即可。

2）调整节的高度。报表中每个节的高度是可以分别改变的，可以将鼠标光标放在节的底边上，当光标变成上下箭头形状，直接向上或向下拖动鼠标即可。

3）同时调整节的高度和宽度。将鼠标光标放在该节的右下角上，当光标变成上下箭头形状时，沿对角线的方向拖动鼠标，同时改变高度和宽度。

3. 为报表中的节或控件设置颜色

选择节或控件右击鼠标，在打开的菜单中选择"填充/背景色"为节或控件设置颜色。还可以利用节或控件的"属性表"对话框中的"背景色"、"备用背景色"或"边框颜色"等属性，并结合使用"颜色"对话框来进行颜色设置。

6.3.5　排序和分组操作

报表能够对大量数据进行分组和排序，可以在"报表向导"或"设计视图"中进行。分组是把数据按照某种条件进行分类。比如，可以将学生按照入学时间分组，或者按照专业编号分组。在使用"报表向导"创建报表时，设置字段排序，最多一次设置 4 个字段，排序依据还限制只能是字段，不能是表达式。但在使用"设计视图"创建报表时，一个报表最多可以设置 10 个字段或通过表达式来进行排序。

排序是按照某种顺序排列数据。比如，可以按学号对学生记录排序。经过分组和排序后的数据将更加条理化，有利于查看、统计和分析。

例 6-6　以"学生信息"表中的记录为例，按专业编号分组，组内按照学号排序，说明如何进行分组和排序操作。

1）在"设计视图"中打开"学生基本信息"报表。

2）在"设计"选项卡的"分组和汇总"组中，单击"排序与分组"按钮，或右键单击报表，在弹出的快捷菜单中选择"分组和排序"命令，在报表卜方出现了"分组、排序和汇总"窗格，包括"添加组"和"添加排序"两个按钮，如图 6-38 所示。

3）单击"添加组"按钮后，打开字段列表，在列表中可以选择分组所依据的字段，此外，可以依据表达式进行分组，如图 6-39 所示。

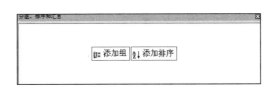

图 6-38　"分组、排序和汇总"窗格

图 6-39　"字段"列表

4）在字段列表中，单击"专业编号"字段。在报表中添加"组页眉"节时，并不自动添加"组页脚"，所以需要手工添加"组页脚"节。

5）在"分组、排序和汇总"窗格中，单击"分组形式"栏右侧的 ████▶ 按钮，展开分组栏，单击"无页脚节"右侧的箭头，在打开的下拉列表中，选择"有页脚节"。这样在报表中添加了"专业编号"节。

6）再单击"添加排序"按钮，在打开的字段列表中选择"学号"，默认"升序"。关闭"排序和分组"对话框，回到报表设计视图。报表视图中出现"专业编号页眉"和"专业编号页脚"，它们是组页眉和组页脚，如图 6-40 所示。

图 6-40　分组形式与排序依据

7）将专业编号字段从字段列表框拖放到"专业编号页眉节"，在"专业编号页脚节"中添加一条直线，用来分隔各专业学生，如图 6-41 所示。

8）单击"视图"组下的"报表视图"按钮，可以看出报表中的记录按照"专业编号"进行分组，在每一组中记录按"学号"排序，如图 6-42 所示。

图 6-41　组页眉和组页脚

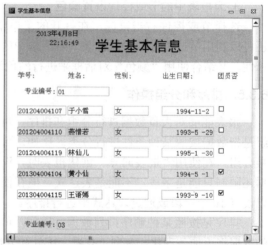

图 6-42　分组和排序

6.3.6　报表的计算

在报表的应用中，经常需要对报表中的数据进行一些计算。例如，计算某个字段的平均或总计值，对记录数进行分类汇总等。

1. 在报表中添加计算控件

计算控件的控件来源是计算表达式，当表达式的值发生变化时，会重新对结果进行计算并输出。文本框是最常用来显示计算数值的控件，也可以是有"控件来源"属性的任意控件。

例 6-7　根据"学生选课"表创建一个"学生总评成绩"报表，在报表中添加一个计算学生总评成绩的字段，总评成绩 = 平时成绩 *30%+ 考试成绩 *70%。

具体操作步骤如下：

1）用报表向导创建一个"学生选课"报表，数据源来自"学生选课"。切换到"设计视图"中。

2）在"设计"选项卡下的"控件"组中，单击文本框控件。单击主体节，在"考试成绩"的后面拖动鼠标，即在主体节中添加了文本框控件及文本框标签。

3）右击文本框的标签，单击"剪切"，在页面页眉节再单击"粘贴"，文本框标签移动到了页面页眉节中，将文本框用鼠标拖到"考试成绩"标签的后面，并修改其标签名为"总评成绩"，如图6-43所示。

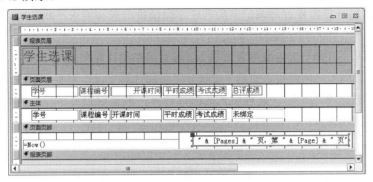

图 6-43　文本框及文本框标签

4）选中文本框控件后，打开"属性表"对话框，再单击"数据"标签"控件来源"属性后的"生成"按钮，如图6-44所示。

5）在表达式元素框中单击需要的字段，完成表达式的输入，如图6-45所示。

6）修改报表的标题和标签均为"学生总评成绩"，保存报表。在预览视图中查看报表的效果，如图6-46所示。

图 6-44　文本框属性

图 6-45　表达式生成器

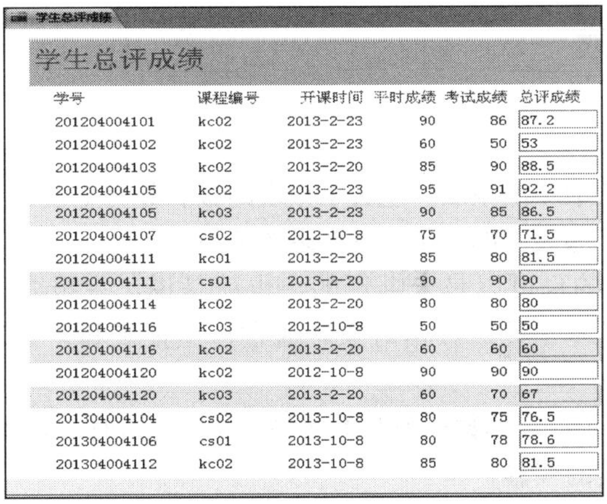

图 6-46　计算控件"总评成绩"预览

2. 报表统计计算

在 Access 报表设计中利用计算控件进行统计计算并输出结果主要有以下两种形式。

（1）在主体节内添加计算控件

主体节内添加计算控件对每条记录的若干字段值进行求和或求平均值时，只要设置计算控件的"控件来源"为不同字段的计算表达式即可。

（2）在组页眉 / 页脚节区内或报表页眉 / 页脚节区添加计算字段

在组页眉 / 页脚节区内或报表页眉 / 页脚节区添加计算字段，对某些字段的一组记录或所有字段进行求和或求平均值时，这种形式的统计计算一般是对报表字段列的纵向记录数据进行统计，而且要使用提供的内置统计函数来完成相应的计算操作。

6.3.7 预览和打印报表

报表对数据表的数据进行了分组、汇总等操作后，除了对数据进行查看之外，还要将数据打印输出。要想打印美观的报表，打印之前还要进行报表页眉的设置，以达到满意的效果。

打开一个报表切换到"打印预览"视图后，"打印预览"选项卡如图 6-47 所示。

图 6-47 "打印预览"选项卡

1. 打印预览选项卡

"打印预览"选项卡包括"打印"、"页面大小""页眉布局"、"显示比例"、"数据"和"关于预览" 6 个组。

2. 预览和打印报表

预览报表的目的是在屏幕上模拟出最后的实际打印效果。在"打印预览"中，可以看到报表的打印外观，并显示全部记录。Access 2010 的"显示比例"组中提供了多种打印预览的方式，如单页预览、双页预览和多页预览。通过单击不同的按钮，可以不同方式预览报表。

经过预览、修改后，就可以打印报表。

6.4 创建高级报表

6.4.1 主 – 子报表

子报表是插在其他报表中的报表。包含子报表的报表称为主报表。

主报表中的记录和子报表中的记录是一对多的关系。

主报表可以是绑定的也可以是未绑定的，也就是说，主报表可以基于数据表、查询或 SQL 语句，也可以不基于任何数据对象。通常，主报表和子报表的数据来源有以下几种关系：

1）主报表内的多个子报表的数据来自不相关记录源。这时，未绑定的主报表只是作为容纳要合并的无关联子报表的容器。

2）主报表和子报表数据来自相同数据源。当插入包含与主报表相关信息的子报表时，应该把主报表与一个表格查询或 SQL 语句结合。例如：可以使用主报表来显示一年的销售情况，然后用子报表来显示汇总信息，如每个季度的总销售额。

3）主报表和子报表数据来自相关记录源。一个主报表也可以包含两个或多个子报表公用的数据。这时，子报表包含与公共数据相关的详细信息。

主报表中可以包含多个子报表和子窗体，而且子报表和子窗体中也可以包含子报表和子窗体。但是一个主报表最多只能包含两级子报表和子窗体。

6.4.2　在现有报表中创建子报表

在创建子报表前，要确保已经将子报表链接到主报表，并应确认已经与基础记录源建立关联。这样才能保证在子报表中显示的记录和主报表中显示的记录有正确的对应关系。

例 6-8　在已有的"学生基本信息"报表中创建"选课成绩"子报表。操作步骤如下：

1）在"设计视图"中打开主报表：学生基本信息报表。

2）确保已选择了"设计"选项下"控件"组中的"使用控件向导"工具。

3）单击"控件"组中的"子窗体/子报表"按钮。在报表上需要放置子报表的位置拖动鼠标，子报表控件将出现。本例将子报表添加在主体节中，应注意事先留出适当的位置。

4）弹出"子报表向导"对话框，如图 6-48 所示。在这个对话框中可以指定子报表的"数据来源"，有两个选项："使用现有的表和查询"选项，用于创建基于表和查询的子报表；"使用现有的报表和窗体"选项，用于创建基于报表和窗体的子报表。这里选择"使用现有的表和查询"。

5）单击"下一步"按钮，在弹出的对话框中选择"学生选课"表，并选择学号、课程编号和开课时间等字段，如图 6-49 所示。

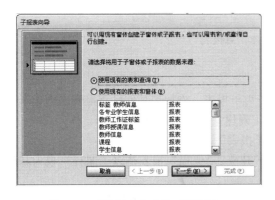 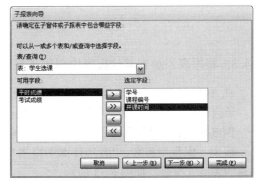

图 6-48　"子报表向导"对话框之一　　　　图 6-49　"子报表向导"对话框之二

6）单击"下一步"按钮，在该对话框中指定主报表与子报表的链接字段。可以从列表中选，也可以用户自定义。选择"自行定义"选项，设置"窗体/报表字段"下的"学号"字段和"子窗体/子报表字段"下的"学号"字段，如图 6-50 所示。

7）单击"下一步"按钮，在该对话框中为子报表指定名称，这里设置子报表名称为"学生成绩子报表"，如图 6-51 所示。

8）单击"完成"按钮，子报表将显示在报表设计视图中，调整子报表中各控件。单击工具栏上的"打印预览"按钮，添加了子报表的学生基本信息报表如图 6-52 所示。

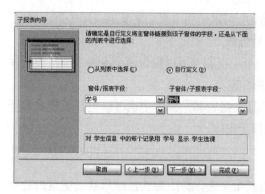
图 6-50   "子报表向导"对话框之三

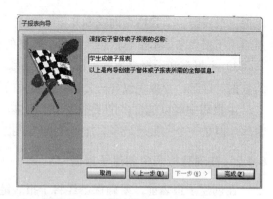
图 6-51   "子报表向导"对话框之四

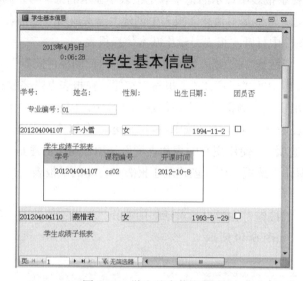
图 6-52   学生基本信息报表

6.4.3   将报表添加到其他报表中创建子报表

在 Access 中,可以通过将某个已有的报表作为子报表,添加到其他已有报表来创建子报表。子报表在添加到主报表之前,应当确保已经正确建立了表之间的关系。

例 6-9   在"课程"报表中添加"教师任课子报表"。

假定"课程"报表、"教师任课子报表"已经建立。"课程"报表是以"课程"表为基础创建的表格式报表,如图 6-53 所示。

"教师任课子报表"中的数据来自"教师信息"表和"教师任课"表,需要事先根据"教师信息"表和"教师任课"表创建一个查询,再根据该查询创建教师任课情况报表,如图 6-54 所示。

操作步骤如下:

1)在"设计视图"中打开希望作为主报表的报表:课程。

2)确认按下了"控件"组中的"控件向导"按钮,从数据库窗口将子报表"教师任课子报表"拖动到主报表中需要插入子报表的节区中。这样,Access 数据库就会自动将子报表控件添加到主报表中。

3)调整、预览及保存报表。

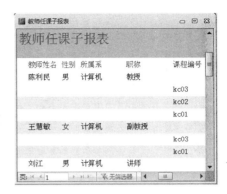

图 6-53　课程报表　　　　　　　　　　　　图 6-54　教师任课情况报表

6.4.4　创建图表报表

在报表中除了直接显示数据之外，还可以将数据以图表的形式显示出来。给人一种更加直观的感觉。

例 6-10　以"教师信息"表为数据源，创建一个统计教师文化程度的图形报表。具体操作步骤如下：

1）打开"学生成绩管理"数据库，在"创建"选项卡的"报表"组中，单击"报表设计"按钮，进入该报表的"设计视图"。

2）选择"设计"选项卡下控件组下的"图表"控件 📊，在报表的主体部分画一个矩形框，弹出"图表向导"对话框，在"请选择用于创建图表的表或查询"列表框中选择"教师信息"数据表为要创建报表的数据源，如图 6-55 所示。

3）单击"下一步"按钮，在弹出的对话框中选择用于图表的字段，因为要生成一张以不同性别的教师文化程度为统计对象的图表，这里选择"性别"和"文化程度"字段，显示如图 6-56 所示。

图 6-55　"图表向导"对话框之一　　　　　图 6-56　"图表向导"对话框之二

4）单击"下一步"按钮，弹出图表类型选择对话框，选择图表的类型为"柱形图"，如图 6-57 所示。

5）单击"下一步"按钮，弹出预览图表对话框。图表的横坐标为"性别"字段，系列为"文化程度"，如图 6-58 所示。

6）单击"下一步"按钮，确定图表的标题，输入"教师文化程度"，如图 6-59 所示。

7）单击"完成"按钮，利用"图表向导"设计的图表报表如图 6-60 所示。

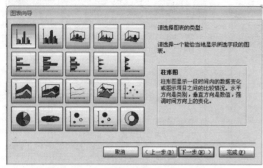

图 6-57 "图表向导"对话框之三

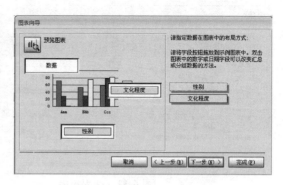

图 6-58 "图表向导"对话框之四

图 6-59 "图表向导"对话框之五

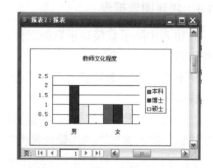

图 6-60 设计完成的图表报表

本章小结

本章主要介绍了在 Access 中报表的创建和编辑等,重点是报表设计和编辑、报表及子报表的创建、报表的排序与分组、使用计算控件。

报表是专门为打印而设计的特殊窗体,使用报表向导可以快速创建报表,而使用报表设计视图能根据用户的不同要求创建形式多样的报表。可以对已有的报表进行进一步的编辑和修改,如在报表中添加背景图案、日期和时间、页码和分页符,对报表进行排序和分组,对报表使用计算控件进行统计计算等。

可以创建高级报表。一是创建"主 – 子报表":在已有的报表中创建子报表,或者将某个已有报表添加到其他已有报表中创建子报表。二是创建"图表报表",将数据以图表的形式显示出来。此外,还可以在报表的"布局视图"或"设计视图"中,通过"页面设置"定义"多列报表"。

思考题

1.报表和窗体有什么异同?

2.使用"报表"、"报表设计"和"报表向导"创建报表有什么区别和联系?

3.如何计算和显示"总评成绩"列?

4.如何修改报表的标题和标签?

5.如何建立"多列报表"?

自测题

一、单项选择题（每题 2 分，共 40 分）

1. 以下用来查看报表页面数据输出的视图是_____。

　　A."报表设计"视图　　　　　　　　　　　　B."打印预览"视图

　　C."报表预览"视图　　　　　　　　　　　　D."布局视图"视图

2. 使用_____创建报表时，会提示用户输入相关的数据源、字段及报表版面格式等信息。

　　A."空报表"　　　　　B."报表向导"　　　　　C."报表"　　　　　D."报表设计"

3. 在 Access 中能按用户的要求、格式打印输出的数据对象是_____。

　　A. 表　　　　　　　B. 窗体　　　　　　　C. 报表　　　　　　D. 查询

4. 以下对报表属性中几个常用属性的叙述中，错误的是_____。

　　A."记录源"将报表与某一数据表或查询绑定起来

　　B."标题"不能作为报表名称

　　C."页面页眉"控制页标题是否出现在每一页上

　　D."记录锁定"可以设定在生成报表所有页之前，禁止其他用户修改报表所需的数据

5. 要显示格式为"页码 / 总页数"的页码，则设置文本框控件的"控件来源"属性是_____。

　　A. [Page] / [Pages]　　　　　　　　　　B. = [Page] / [Pages]

　　C. [Page] &"/"& [Pages]　　　　　　　　D. = [Page] &"/"& [Pages]

6. 如果设置报表上某个文本框控件的控件来源属性为"=7 Mod 4"，则打印预览视图时，该文本框上显示的信息为_____。

　　A. 未绑定　　　　　B. 3　　　　　　　　C. 7 Mod 4　　　　　D. 出错

7. 报表要实现分组统计，其操作区域是_____。

　　A. 报表页眉或报表页脚区域　　　　　　　B. 页面页眉或页面页脚区域

　　C. 主体区域　　　　　　　　　　　　　　D. 组页眉或组页脚区域

8. 以下关于报表数据源设置的叙述中，正确的是_____。

　　A. 可以是任意对象　　　　　　　　　　　B. 只能是表对象

　　C. 只能是查询对象　　　　　　　　　　　D. 可以是表对象或查询对象

9. 在报表设计的工具栏中，用于版面修饰以达到较好显示效果的控件是_____。

　　A. 直线和矩形　　　B. 直线和圆形　　　C. 直线和多边形　　　D. 矩形和圆形

10. 在报表设计时，只在报表最后一页的主体内容之后输出的信息，则正确的设置位置是_____。

　　A. 报表页眉　　　　B. 报表页脚　　　　C. 页面页眉　　　　D. 页面页脚

11. 报表与窗体的主要区别在于_____。

　　A. 窗体和报表都可以输入数据

　　B. 窗体可以输入数据，而报表中不能输入数据

　　C. 窗体和报表中都不可以输入数据

　　D. 窗体中不可以输入数据，而报表中能输入数据

12. 在报表设计中，要计算"数学"字段的最高分，应将控件的"控件来源"属性设置为_____。

　　A. =Max（[数学]）　　　　　　　　　　B. Max（数学）

　　C. =Max [数学]　　　　　　　　　　　　D. =Max（数学）

13. 在报表设计中，如果要进行强制分页，应使用的工具图标是_____。

A. ▭   B. ▭   C. ▭   D. ▭

14. Access 报表对象的数据源可以是_____。

    A. 表、查询和窗体   B. 表和查询

    C. 表、查询和 SQL 命令   D. 表、查询和报表

15. 下列关于报表的叙述中，正确的是_____。

    A. 报表只能输入数据   B. 报表只能输出数据

    C. 报表可以输入和输出数据   D. 报表不能输入和输出数据

16. 在报表设计过程中，不适合添加的控件是_____。

    A. 标签控件   B. 图形控件

    C. 文本框控件   D. 选项组控件

17. 在报表设计中，要显示格式为"共 N 页，第 N 页"的页码，正确的格式设置是_____。

    A. =" 共 "+Pages+" 页，第 "+Page+" 页 "

    B. =" 共 "+［Pages］+" 页，第 "++" 页 "

    C. =" 共 "&Pages&" 页，第 "&" 页 "

    D. =" 共 "&［Pages］&" 页，第 "&［Page］&" 页 "

18. 在报表设计中，若要按课程统计每门课的平均分，则该报表的分组字段是_____。

    A. 课程名称   B. 学分   C. 成绩   D. 姓名

19. 报表设计时要添加一个控件来输出时间，且需要将该控件的"控件来源"属性设置为时间表达式，最合适的控件是_____。

    A. 标签   B. 文本框   C. 列表框   D. 组合框

20. 如果设置报表上某个文本框的控件来源属性是"=2*3+1"，则打开报表视图时，该文本框显示信息为_____。

    A. 未绑定   B. 7   C. 2*3+1   D. 出错

二、填空题（每空 2 分，共 20 分）

1. 默认情况下，报表中的记录是按照_____排列显示的。

2. 报表设计中分组统计数据的输出、页码的输出等，均是通过设置绑定控件的控件源为计算表达式而实现的，这些控件就称为_____。

3. 在报表设计中，最多可以进行分组的表达式的个数是_____。

4. 在报表设计中，可以通过添加_____控件来控制另起一页输出显示。

5. 报表记录分组操作时，首先要选定分组字段，在这些字段上值_____的记录数据归为同一组。

6. 如果要在整个报表的最后输出信息，需要设置的是_____。

7. 要实现报表按某字段分组统计输出，需要设置的是该字段的_____。

8. 在报表中，要计算"英语"字段的最低分，应将控件的"控件来源"属性设置为_____。

9. 在报表中显示格式为"第 N 页"的页码，页码格式设置是：="第"&_____&"页"。

10. 在报表中使用_____控件可以显示计算表达式的值。

三、判断题（每题 2 分，共 20 分，正确的写"T"，错误的写"F"）

（   ）1. 在报表每一页的底部都输出信息，需要设置的区域是报表页脚。

（   ）2. 报表设计中，可以通过在组页眉或组页脚中创建文本框或计算控件来显示记录的分组汇总数据。

（　　）3. 在报表设计时，如果要统计报表中某个字段的全部数据，应将计算表达式放在页面页眉／页面页脚。

（　　）4. 在报表设计过程中，不能添加的控件是文本框控件。

（　　）5. 报表既可以输入数据，又可以输出数据。

（　　）6. 在报表设计中，文本框可以作为绑定控件显示字段数据。

（　　）7. 在设计报表时，将大量数据按不同的值分别集中在一起，称为分组。

（　　）8. 报表的数据源可以是窗体。

（　　）9. 报表不能完成的工作是输入数据。

（　　）10. 要设计出带表格线的报表，需要在报表中添加直线或矩形控件来完成表格线设置。

四、简答题（每题 4 分，共 20 分）

1. 如何在报表中进行计算和汇总？

2. 如何用预定义格式设置报表的格式？

3. 如何在报表中添加页码？

4. 如何在报表中添加计算控件？

5. 如何设置报表属性，如何设置节属性，如何设置控件属性？

第7章 宏、模块和 VBA 程序设计

宏是 Access 2010 中的一个重要对象，可以包含 Access 2010 中专门配备的一组功能较强的宏操作命令，如打开查询、打开窗体等，也可以包含其他宏。宏适合直接执行简单或基本的操作。对于有一定难度的、复杂的操作和控制，宏不能胜任，需要使用 Access 2010 中专门配备的程序设计语言 VBA（Visual Basic for Application）进行程序设计。

本章首先介绍宏的基本概念，以及宏的创建、调试和运行。然后，介绍模块和 VBA 程序设计的基本知识。

7.1 宏

宏是包含宏操作序列的一个宏，或一个宏组。如果设计时将不同的宏按照不同类别组织到不同的宏组中，则有助于数据库的管理。在 Access 2010 中，创建宏不同于编程，用户不需要设计编程代码，不需要掌握太多的语法，只需要在宏操作目录中选择适合的宏操作，并进行必要的参数设置即可。

7.1.1 宏的基本概念

1. 宏的概念

在数据库应用过程中，往往需要执行一些特定的操作和功能。为此，Access 2010 预先定义好了一些指令，以实现规定的操作或功能。用户可以单独使用或将一些指令组织起来按照一定的顺序使用，以实现自己所需要的功能。用户组织使用指令的 Access 2010 对象就是宏。单独的一条指令可以作为一个宏，多条指令也可以作为一个宏。Access 2010 预先定义的这些指令也称为宏操作。宏是由一个或多个宏操作组成的集合，其中，每个宏操作能执行特定的功能。使用宏时，用户不需要编程，只需将所需的宏操作组织起来就可以将已经创建的数据库对象联系在一起，按照某个顺序执行操作的步骤，完成一系列操作以实现特定的功能。

宏由宏名、条件、操作和操作参数 4 部分组成。其中，宏名就是宏的名称；条件是用来限制宏操作执行的，只有当满足条件时才执行相应的操作；操作用来定义或选择要执行的宏操作，宏操作是由系统提供的，不需要用户创建；操作参数是为宏操作设置必需的参数。

在 Access 2010 中，可以在宏中定义各种操作，如打开或关闭窗体、显示及隐藏工具栏、预览或打印报表等。通过直接执行宏，或者使用包含宏的用户界面，可以完成许多操作。

2. 宏的分类

在 Access 2010 中，宏可以分为：操作序列宏、宏组和条件宏。

宏是宏操作的集合，有宏名。宏组是宏的集合，有宏组名。简单宏组包含一个或多个宏操作，没有宏名；复杂宏组包含一个或多个宏（必须有宏名），这些宏分别包含一个或多个宏操作。可以通过引用宏组中的"宏名"（宏组名 . 宏名）执行宏组中的宏。执行宏组中的宏时，Access 2010 系统将按顺序执行"宏名"列中的宏所设置的操作。

使用条件表达式的条件宏可以在满足特定条件时才执行对宏的操作。条件是一个运算结

果为 "True/False" 或 "是 / 否" 的逻辑表达式。宏将根据条件结果的真或假而沿着不同的路径进行。

7.1.2 宏选项卡和设计器

一般情况下，宏的建立和编辑都在 "宏设计器" 中进行。在数据库窗口中，单击 "创建" 选项卡中的 "宏与代码" 组中的 "宏" 按钮，进入宏设计窗口，如图 7-1 所示。

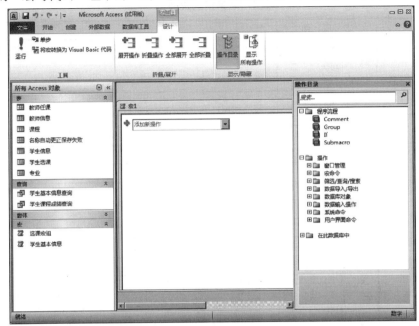

图 7-1 宏设计窗口

1. "宏工具 – 设计" 选项卡

该设计选项卡包含三个组，分别是 "工具"、"折叠 / 展开"、"显示 / 隐藏"。

2. 宏设计器

宏设计器位于宏设计窗口的中间。在宏设计器中，有一个组合框，组合框为添加新操作占位符，在组合框中输入宏操作可新建一个宏。

3. 操作目录

在宏设计界面中，窗口的大部分划分为三个窗格，左边窗格显示的是 Access 的对象，中间窗格是宏设计器，右侧窗格是 "操作目录"。

操作目录窗格将宏操作按类别分组，展开每个类别可以查看其中包含的操作。操作目录窗格由三部分组成，上部分是程序流程部分，中间是操作部分，最下面是此数据库中（包含部分宏）的对象。

（1）程序流程

程序流程包括注释（Comment）、组（Group）、条件（If）和子宏（Submacro）。程序流程可以使用注释行和操作组创建可读性更高的宏。

（2）操作

Access 2010 将宏操作按操作性质分为 8 组，分别是 "窗口管理"、"宏命令"、"筛选 / 查询 / 搜索"、"数据导入 / 导出"、"数据库对象"、"数据输入操作"、"系统命令" 和 "用户界面命令"。其中几种常见的宏操作见表 7-1。有的操作是没有参数的（如 Beep），而有的操作必须指定参数才行（如 OpenForm）。了解这些宏操作的名称和含义，才能在创建宏时根据设计目标选择合适的宏操作。

单击组名左侧的"+"，可以展开该组的宏列表，方便用户使用。如果选择了一个操作，在操作目录窗格的底部将显示该操作的简要说明。

表 7-1　常用的宏操作

分　类	宏　操　作	说　明
窗口管理	CloseWindows	关闭指定的 Access 窗口，如果没有指定窗口，则关闭活动窗口
	Maximize Windows	放大活动窗口
	Minimize Windows	将活动窗口缩小为 Access 窗口底部的小标题栏
	RestoreWindow	将最大化或最小化窗口还原到原来的大小
宏命令	CancelEvent	取消一个事件
	OnError	指定宏出现错误时如何处理
	RunCode	调用 VBA 函数过程
	RunMacro	执行宏
	SetLocalVar	将本地变量设置为给定的值
	SingleStep	打开"单步执行宏"对话框
	StopAllMacro	停止当前正在执行的所有宏
	StopMacro	停止当前正在执行的宏
筛选 / 排序 / 搜索	ApplyFilter	用来筛选、查询或将 SQL 的 Where 子句应用至表、窗体或报表，以限制或排序记录
	FindNextRecord	寻找下一条符合条件的记录
	FindRecord	寻找符合 FindRecord 自变量指定条件的第 1 条数据记录
	OpenQuery	在数据表视图、设计视图或预览打印中打开选择查询或交叉表查询
	Refresh	刷新指定控件对象中的数据
	RefreshRecord	刷新当前记录
	SearchForRecord	搜索符合条件的记录
	SetFilter	指定筛选条件
	SetOrderBy	对表中的记录或查询的记录应用排序
数据库对象	OpenForm	在窗体视图、设计视图中打开窗体
	OpenReport	在数据表视图或预览打印中打开报表或直接打印报表
	OpenTable	在数据表视图、设计视图或预览打印中打开表
数据输入操作	DeleteRecord	删除当前记录
	EditListItems	编辑查阅列表中的项
	SaveRecord	保存当前记录
系统命令	Beep	通过计算机的扬声器发声
	CloseDatabase	关闭当前数据库
	QuitAccess	退出 Access
用户界面命令	MessageBox	显示包含警告或提示信息的消息框
	Redo	重复用户最近的操作
	UndoRecord	撤销用户最近的操作

（3）在此数据库中的对象

操作目录窗格的下部分列出了当前数据库中的所有宏，以便用户可以重复使用已创建的宏和事件过程代码。

7.2 宏的创建

用户可以利用宏设计器窗口创建宏，用以执行某个特定的操作；或者创建宏组，用以执行一系列操作。

7.2.1 创建宏

1. 创建宏

利用宏设计器窗口创建宏有三种方法：

1）直接在组合框中输入操作符。

2）单击组合框右侧的下拉箭头，在打开的列表中，选择操作。

3）从操作目录窗格中，把某个操作拖曳到组合框中。

在组合框中输入操作符的方法最快捷，但要求使用者熟悉各种宏操作名称，对初学者而言，有一定难度。下面通过两个实例说明后两种方法的具体操作。

例 7-1 创建"学生基本信息"宏，用于打开一个已存在的查询："学生基本信息查询"。

通过"宏"窗口完成的操作步骤如下：

1）在"学生成绩管理"数据库窗口中，单击"创建"选项卡中"宏与代码"组的"宏"按钮，弹出如图 7-1 所示的宏设计窗口。

2）在宏设计器中，单击"操作"列的第 1 个空白行，再单击右边的下拉箭头，在下拉列表框中，选择要使用的操作"OpenQuery"（打开查询），如图 7-2 所示。

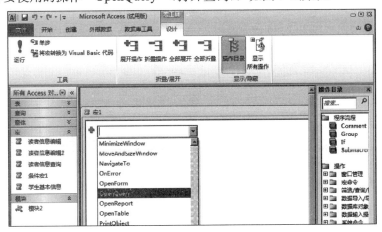

图 7-2 宏设计器

3）在宏设计器中出现了"OpenQuery"占位符，在"查询名称"下拉列表框中，选择一个查询"学生基本信息查询"。在"视图"下拉列表框中选择一种视图"数据表"。在"数据模式"下拉列表框中选择一种模式"只读"，如图 7-3 所示。

4）单击快速访问工具栏中的"保存"按钮，弹出如图 7-4 所示的"另存为"对话框，命名为"学生基本信息"，单击"确定"按钮，即可保存该宏。

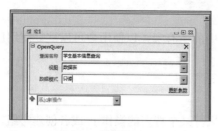 

图 7-3　创建简单宏图　　　　　　　　图 7-4　"另存为"对话框

Access 提供了一个特殊的宏名"Autoexec"，一个数据库只能有一个。以"Autoexec"为宏名称的宏在数据库打开时会自动运行。

例 7-2　创建"学生课程成绩查询"宏，用于打开一个已存在的查询："学生课程成绩查询"。通过拖曳数据库对象添加宏操作，步骤如下：

1）新建一个宏，进入宏设计窗口。

2）在操作目录窗格中选择需要的宏操作。本例要创建一个打开查询的宏，从表 7-1 中得知需要使用"OpenQuery"宏操作，该宏操作属于"筛选 / 查询 / 搜索"分类。单击"筛选 / 查询 / 搜索"前的"+"，将鼠标移到"OpenQuery"宏操作命令上，按住鼠标左键，将其拖曳到"添加新操作"宏设计窗口，如图 7-5 所示。

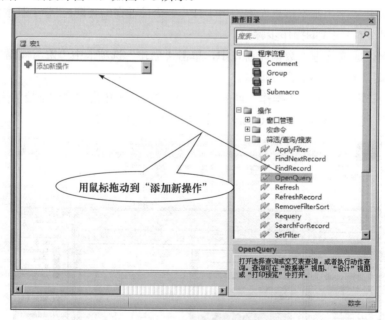

图 7-5　垂直平铺数据库窗口和宏窗口

3）在"OpenQuery"宏操作占位符中，设置相应的参数，如图 7-6 所示。保存该宏，宏名为"学生课程成绩查询"。

2. 创建宏组

所谓宏组，就是在一个宏中存储多个具有宏名的宏。在宏比较多的情况下，将相关的宏分到不同的宏组，便于管理。宏组中的宏通过"宏名"（宏组名 . 宏名）引用。

在 Access 2010 中，宏组中的宏称为子宏。

按照创建宏的方法，打开宏设计视图，在"设计"选项卡上的"显示 / 隐藏"组中，打开操作目录窗格，在操作目录窗格的"程序流程"中将"Submacro"拖曳到"添加新操作"占位符上，为宏添加子宏名称。宏组中的每个宏的创建和简单宏的创建方法是一样的，如图 7-7 所示的是创建好的宏组，它包含"打开学生基本信息"和"打开学生课程成绩"两个子宏。

图 7-6 宏操作参数设置   图 7-7 查询宏组

保存创建的宏为"查询宏组"。引用这两个子宏的方法是：查询宏组.打开学生基本信息、查询宏组.打开学生课程成绩。

3. 创建条件宏

当需要根据某一特定条件执行宏中某个或某些操作时，可以创建条件宏。

例如：在"学生成绩管理"数据库中创建一个条件宏，该宏的功能是打开"学生成绩"窗体，当窗体中当前记录的"考试成绩 <60 分"时，显示消息提示框"你没考及格！要加油呀！"，当"考试成绩 >85 分"时，显示消息提示框"你考得不错，继续努力，不要骄傲哟！"。

首先，添加打开"学生成绩主窗体"的操作，其余操作步骤如下：

1）在"添加新操作"下拉列表框中选择"If"，或在操作目录窗格中找到"If"将其拖曳到宏窗格中。

2）在"If"参数框中，输入一个决定何时执行该块的表达式，该表达式必须是条件表达式（其结果必须为 True 或 False），本例中输入"[考试成绩] <60"。如图 7-8，注意输入必要的前缀。

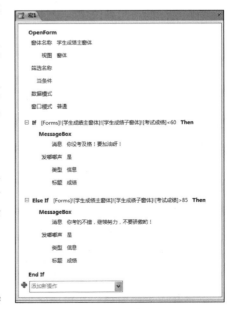

3）在 If 下一行的"添加新操作"占位符中输入"MessageBox"，将"消息"参数框中输入"你没考及格！要加油呀！"。在"类型"参数框中选择"信息"，在"标题"参数框中输入"成绩"。

4）单击"添加新操作"右侧的"添加 Else If"，在"Else If"参数框中输入"[考试成绩] >85"。

5）在 Else If 的下一行添加一个新的"Message Box"，参数设置请参看图 7-8。

图 7-8 "条件"参数的设置

6）保存宏，命名为"考试成绩条件宏"。

7.2.2 运行宏

可以直接运行宏，也可以运行宏组中的宏、另一个宏或事件过程中的宏，还可以为响应窗体、报表上或窗体、报表的控件上所发生的事件而运行宏。

1. 直接运行宏

直接运行宏有以下两种方法：

- 在"数据库工具"选项卡的"宏"组中，单击"运行宏"按钮。系统弹出"执行宏"对话框，在对话框的下拉列表中选择要运行的宏，单击"确定"按钮即可。
- 在导航窗格中找到要运行的宏，双击宏名即可。

2. 从另一个宏或在 Visual Basic 程序中运行宏

从另一个宏或在 Visual Basic 程序中运行宏，需要在宏或过程中添加 RunMacro 操作命令，将"宏名称"参数设置为要运行的宏的名称，如图 7-9 所示。

在 Visual Basic 过程中添加 RunMacro 宏操作，即在过程中添加 DoCmd 对象的 RunMacro 方法，并指定要运行的宏名，详见本章稍后的介绍。

图 7-9　表达式生成器

3. 自动运行宏

在打开数据库时，如果数据库中有一个名为"AutoExec"的宏，Access 将自动运行它。我们称这个具有特殊名称的宏为自动运行宏。这个宏可以由用户创建，只需要在保存宏设计的时候将宏名称命名为"AutoExec"即可。

4. 通过事件触发宏

在实际的应用系统中，设计好的宏通常通过窗体、报表或查询产生的"事件"触发使之运行。

（1）事件的概念

事件（Event）是在数据库中执行的一种特殊操作，是对象所能辨识的、检测到的动作，当该动作发生于某一个对象上时，其对应的事件便会被触发，如单击鼠标、打开窗体或者打印报表。可以创建某一特定事件发生时运行的宏，如果事先已经给这个事件指定了宏或事件程序，此时就会执行宏或事件过程。例如，当使用鼠标单击窗体中的一个按钮时，会引起"单击"（Click）事件，此时事先指派给"单击"事件的宏或事件程序也就被投入运行。

事件是预先定义好的动作，也就是说，一个对象拥有哪些事件是由系统提前定义的，至于事件被引发后要执行什么内容，则由用户为此事件编写的宏或事件过程决定。事件过程是为响应由用户或程序代码引发的事件或由系统触发的事件而运行的过程。

宏运行的前提是有触发宏的事件发生。

打开或关闭窗体、在窗体之间移动或者对窗体中数据进行处理时，将发生与窗体相关的事件。由于窗体的事件比较多，在打开窗体时，将按照下列顺序发生相应的事件：打开

（Open）→加载（Load）→调整大小（Resize）→激活（Activate）→成为当前（Current）。如果窗体中没有活动的控件，在窗体的"激活"事件发生之后仍会发生窗体的"获得焦点"（GetFocus）事件，但是该事件将在"成为当前"事件之前发生。

在关闭窗体时，将按照下列顺序发生相应的事件：卸载（Unload）→停用（Deactivate）→关闭（Close）。

如果窗体中没有活动的控件，在窗体的"卸载"事件发生之后仍会发生窗体的"失去焦点"（LostFocus）事件，但是该事件将在"停用"事件之前发生。

引发事件不仅仅是用户的操作，程序代码或操作系统都有可能引发事件，例如，如果窗体或报表在执行过程中发生错误便会引发窗体或报表的"出错"（Error）事件；当打开窗体并显示其中的数据记录时会引发"加载"（Load）事件。

（2）通过事件触发宏

在窗体、报表或查询设计过程中，可以为对象的事件设置对应的宏或事件过程。

例 7-3 创建了一个"学生课程成绩查询"窗体，窗体如图 7-10 所示。将 7.2.1 节创建的"考试成绩条件宏"与这个窗体绑定，当考试成绩大于 85 分或小于 60 分时，弹出不同的消息框。

具体操作步骤如下：

1）在窗体设计视图下打开"学生课程成绩查询"窗体。

2）用鼠标右键单击"姓名"文本框，在弹出的菜单中选择属性，显示控件属性设置窗格。选择"事件"选项卡，单击"进入"事件右侧的下拉箭头，在列表中选择"考试成绩条件宏"，如图 7-11 所示。

在窗体视图下打开"学生课程成绩查询"窗体，查看学生课程成绩时，当成绩大于 85 分或小于 60 分时会显示不同消息框。

图 7-10 学生课程成绩查询窗体

图 7-11 属性设置

例 7-4 创建了一个选课查询窗体，窗体中包含一个标签和两个命令按钮，窗体如图 7-12 所示。

单击"学生基本信息"或"学生课程成绩查询"按钮时，会打开"学生基本信息查询"或"学生课程成绩查询"。运行结果如图 7-13a 和图 7-13b 所示。

具体操作步骤如下：

1）在"创建"选项卡中单击"窗体设计"按钮，打开窗体设计窗口。

图 7-12 选课查询窗体

2）在窗体设计窗口中，添加一个标签控件，并将标签的标题设置为"选课查询窗体宏"，再添加两个命令按钮控件，将命令按钮的标题设置为"学生基本信息"和"学生选课成绩查询"。

图 7-13 选课查询窗体宏运行结果

a）学生基本信息查询   b）学生课程成绩查询

3）定义的两个命令按钮的事件属性如图 7-14a 和图 7-14b 所示。

a)   b)

图 7-14 两个命令按钮的事件属性

4）打开窗体的属性设置对话框，切换到"格式"选项卡，将其中的"记录选择器"和"导航按钮"设置为"否"，如图 7-15 所示，这样在打开窗体视图时，将不会显示记录导航按钮。

5）保存窗体名为"选课查询窗体"。

打开窗体后，单击窗体中的某个命令按钮，就会触发命令按钮的"单击"事件，并运行在命令按钮属性窗口的"单击"事件中设置的宏。

7.2.3 调试宏

当宏不能正常运行时，需要查找错误。使用单步执行宏，可以观察宏的执行流程和每一个操作的结果，这样可以找到出错的地方。

单步执行调试宏的操作步骤如下：

1）在导航窗格中右击一个要打开的"宏"对象。在弹出的快捷菜单中选择"设计视图"。

2）进入宏的设计窗口。

3）在"宏工具 – 设计"选项卡中单击"单步"按钮 ，单击"运行"按钮 ，弹出如图 7-16 所示对话框。在"单步执行宏"对话框中，显示将要执行的下一个宏操作的相关信息，包括"单步执行"、"停止所有宏"、"继续"三个按钮。单击"停止所有宏"按钮，将停止当前宏的继续执行；单击"继续"按钮，将结束单步执行的方式，并继续运行当前宏的其余操作。在没有取消"单步执行"或在单步执行中没有选择"继续"前，只要不关闭 Access，"单步执行"始终起作用。

 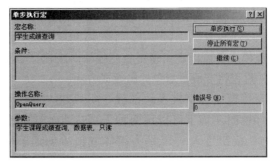

图 7-15 设置记录选择器和导航按钮　　　　图 7-16 "更改学分"宏的"单步执行宏"对话框

4）根据需要，单击"单步执行"、"停止所有宏"、"继续"中的一个按钮，直到完成整个宏的调试。

7.3 模块

在 Access 系统中，宏对象可以完成事件的响应处理，例如，打开和关闭窗体、报表等。不过，宏的使用也有一定的局限性，一是它只能实现一些简单的操作，对于复杂条件和循环等结构则无能为力；二是宏对数据库对象的处理能力也很弱，例如，表对象或查询对象的处理。在 Access 中，用特定的计算机语言编写的语句块由模块对象组织在一起成为一个整体，利用模块可以将各个数据库对象连接起来，构成一个完整的数据库应用系统。

与宏相比，VBA 模块在以下几个方面具有优势：

1）使用模块可以使数据库的维护更加简单。

2）用户可以创建自己的过程、函数，用来执行复杂的计算或操作。

3）利用模块可以操作数据库中任何对象，包括数据库本身。

4）可进行系统级别的操作。例如，查看操作系统中的文件、与基于 Windows 的应用程序通信、调用 Windows 动态链接库中的函数等。

5）可动态地使用参数。宏的参数一旦设定，运行时不能更改。而使用模块，在程序运行时可以传递参数或使用变量参数，因此模块更具灵活性。

7.3.1 概述

模块是用 VBA 语言编写的声明和过程的集合。窗体模块及其代码窗口如图 7-17 所示。

声明是由 Option 语句配置模块中的整个编程环境，包括定义变量、常量、用户自定义类型；过程可以是事件处理过程或通用过程。用户在模块的开头即"通用"部分声明的变量等是全局的，它们可以被模块中所有的过程使用；而在过程内声明的变量则是局部的，它们只能在该过程里使用。

一个模块可能含有一个或多个过程，其中每个过程都是一个函数过程或者子程序。过程是包含 VBA 代码

图 7-17 窗体模块及其代码窗口

即语句的程序单元，用以完成特定的任务。若它与窗体和控件的某个事件相联系，则称为事件处理过程；如果发生某个事件，便可以自动执行相应的过程对该事件做出响应。若该过程是独立的通用的代码段，则可被其他过程所调用，且称为通用过程。

从与其他对象的关系来看，模块可以分为两种基本类型：类模块和标准模块。

（1）类模块

类模块是可以定义新对象的模块。新建一个类模块，也就是创建了一个新对象。模块中定义的过程将变成该对象的属性或方法。

窗体模块和报表模块都属于类模块，它们从属于各自的窗体或报表。在窗体或报表的设计视图环境下可以用两种方法进入相应的模块代码设计区域：一是鼠标单击工具栏"代码"按钮进入；二是为窗体或报表创建事件过程时，系统会自动进入相应代码设计区域。

窗体模块和报表模块通常都含有事件过程，而过程的运行用于响应窗体或报表上的事件。使用事件过程可以控制窗体或报表的行为以及它们对用户操作的响应。

窗体模块和报表模块中的过程可以调用标准模块中已经定义好的过程。

窗体模块和报表模块具有局部特性，其作用范围局限在所属窗体或报表内部，而生命周期则是伴随着窗体或报表的打开而开始、关闭而结束。

（2）标准模块

标准模块一般用于存放供其他 Access 数据库对象使用的公用过程。在 Access 系统中可以通过创建新的模块对象进入其代码设计环境。

标准模块通常安排一些公用（Public）变量或过程，供类模块里的过程调用。在各个标准模块内部也可以定义私有变量和私有过程，仅供本模块内部使用。

标准模块中的公用变量和公用过程具有全局特性，其作用于整个应用程序，生命周期是伴随着应用程序的运行而开始、关闭而结束。

7.3.2　创建模块

1. 在模块中加入过程

模块是 VBA 代码的容器。在窗体或报表的设计视图里，单击"创建"选项卡中"宏与代码"的"模块"按钮或"Visual Basic"按钮，或者在窗体或报表的设计视图下，单击"窗体设计工具"选项卡中"工具"组的"查看代码"按钮查看模块代码，如图 7-18 所示。

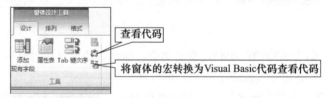

图 7-18　窗体设计工具

一个模块包含一个声明区域、一个或多个子过程（以 Sub 开头）或函数过程（以 Function 开头）。模块的声明区域用来声明模块使用的变量等项目。

2. Sub 过程和 Function 过程

（1）Sub 过程

Sub 过程又称为子过程。执行一系列操作，无返回值。定义格式如下：

```
Sub 过程名
  [程序代码]
End Sub
```

可以引用过程名以调用该子过程。此外，VBA 提供了一个保留字 Call，可显式调用一个子过程。在过程名前加上 Call 是一个很好的程序设计习惯。

（2）Function 过程

Function 过程又称为函数过程。执行一系列操作，有返回值即函数值。定义格式如下：

```
Function 函数名
  [程序代码]
End Function
```

函数过程不能使用 Call 来调用执行，需要在表达式中直接引用函数过程。

创建模块，首先要学习 VBA 语言，后面将介绍 VBA 编程语言。

7.3.3 宏与模块之间的转换

如果应用程序需要使用 VBA 模块，则可以将已经存在的宏转换为 VBA 模块的代码。转换的方法取决于代码保存的方式。如果代码可被整个数据库使用，则从数据库窗口的宏选项卡中直接转换。如果需要将代码与窗体或报表保存在一起，则从相关的窗体或报表的设计视图中转换。

1. 从设计视图中转换宏

例如，将图 7-12 所示的选课查询窗体中的宏转换为 VBA 模块的代码，具体步骤如下：

1）用设计视图打开该窗体。

2）选择"窗体设计工具－设计"选项卡中"工具"组的"将窗体的宏转换为 Visual Basic 代码"按钮（见图 7-18），弹出如图 7-19 所示对话框。

3）在此对话框中，取消选中"给生成的函数加入错误处理"选项，选中"包含宏注释"复选框，然后单击"转换"按钮。

4）弹出"将宏转换为 Visual Basic 代码"对话框，显示转换结束，如图 7-20 所示。

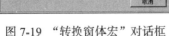

图 7-19   "转换窗体宏"对话框   图 7-20   将宏转换为 Visual Basic 代码对话框

5）单击"确定"按钮关闭对话框。当对话框关闭时，用户可以单击"窗体设计工具－设计"选项卡中"工具"组的"查看代码"按钮，查看 Visual Basic 编辑器窗口，窗口中含有由宏转换的 Visual Basic 代码。

2. 从数据库窗口中转换宏

当从数据库窗口中转换宏时，宏被保存为全局模块中的一个函数并在数据库窗口的模块选项中列为转换的宏。以这种方式转换的宏可被整个数据库使用。宏组中的每个宏不是被转换成子过程，而是转换成语法稍有不同的函数。

例如，将"选课宏组"宏转换为 VBA 代码，具体步骤如下：

1）在宏设计器中打开选中的宏，本例选择"选课宏组"。

2）在"宏工具 – 设计"选项卡中单击"工具"组的"将宏转换为 Visual Basic 代码"。

3）其余的步骤与从设计视图中转换宏一样。

7.4 VBA 程序设计

7.4.1 VBA 概述

Access 2010 提供了 VBA 编程功能，可以满足有经验的编程人员的需求。在 Access 2010 中用好 VBA，可以方便地开发各式各样的面向对象的应用系统。

1. VB 简介

Visual 指的是开发图形用户界面（GUI）的方法。Basic 指的是 BASIC 语言，这是一种在计算技术发展史上应用最广泛的语言。VB 在原有 BASIC 语言的基础上进一步发展，至今已包含了数百条语句、函数及关键词，其中很多与 Windows GUI 有直接关系，它是 Windows 环境下运行的一种可视化编程语言，提供了开发 Windows 应用程序的最迅速、最简捷的方法。使用 VB 开发应用程序，不需要编写大量代码去描述界面外观和位置，只要把预先建立的对象（如窗口、命令按钮、文本框等）拖放到屏幕上即可。不论是 Windows 应用程序的资深专业开发人员还是初学者，VB 都为他们提供了一整套工具。专业人员可以用 VB 实现其他任何 Windows 编程语言的功能，而初学者只要掌握几个关键词就可以建立实用的应用程序。

2. VBA 简介

过去，针对应用程序的编程主要是依靠应用程序本身的宏语言，但这种宏语言有太多的局限性。首先，某个应用程序的宏语言只能适用于它自己，而对其他应用程序却无能为力；其次，大多数宏语言本身功能就不够强大，也不够灵活。由于这些原因，要想对应用程序进行操作，或者调用其中的功能，都是很困难的事情。1993 年微软公司推出了一种可以被多个应用程序共享的、针对应用程序内部可编程的、通用的编程语言 VBA（Visual Basic for Application）。

VBA 和 VB 在结构上仍然十分相似，可以认为 VBA 是 VB 的子集。实际上 VBA 是寄生于 VB 应用程序的版本。VBA 和 VB 的区别包括如下几个方面：

1）VB 是设计用于创建标准的应用程序，而 VBA 是使已有的应用程序更加自动化。

2）VB 具有自己的开发环境，而 VBA 必须寄生于已有的应用程序（如 Access）。

3）要运行 VB 开发的应用程序，用户不必安装 VB，因为 VB 开发出的应用程序是可执行文件，而 VBA 开发的程序必须依赖于它的应用程序。

如果你已经了解了 VB，会发现学习 VBA 非常快。相应的，学完 VBA 会给学习 VB 打下坚实的基础。

7.4.2 面向对象程序设计的基本概念

目前，面向对象技术仍是流行的系统设计开发技术，它包括面向对象分析和面向对象程序设计。面向对象程序设计技术的提出，主要是为了解决传统程序设计方法——结构化程序设计所不能解决的代码可重用问题。

面向对象程序设计是一种围绕真实世界的概念来组织模型的程序设计方法，它采用对象来描述问题空间的实体。关于对象这一概念，目前还没有统一的定义，一般认为，对象是包含现实世界物体特征的抽象实体，它反映了系统为保存信息和 / 或与它交互的能力。

类是一种抽象的数据类型，是面向对象程序设计的基础。每个类包含数据和操作数据的一组函数，类的数据部分称为数据成员或属性，类的函数部分称为成员函数，有时也称为方法。对象是类的实例。

关于面向对象需要掌握如下几个基本概念。

1. 对象

Access 采用面向对象程序开发环境，其数据库窗口可以方便地访问和处理表、查询、窗体、报表、宏和模块对象。

一个对象就是一个实体，如一个学生或一台计算机等。每种对象都具有一些属性以相互区分，如学生的学号、姓名等。

对象的属性反映对象的特征，即类模块里定义的对象的数据变量。对象除了属性以外还有方法。对象的方法就是对象可以执行的行为或功能，即类模块里定义的对象的函数或过程，如人走路、说话、睡觉等。一般情况下，对象都具有多个方法。所以，类是对象的类型，对象是类的实例。

Access 应用程序由表、查询、窗体、报表、宏和模块对象构成，形成不同的类。Access 数据库窗体左侧显示的就是数据库的对象类，单击其中的任一对象类，就可以打开相应的对象窗口。而且，其中有些对象内部，如窗体、报表等，还可以包含其他对象控件。

2. 属性和方法

属性和方法描述了对象的特征和行为。其引用方式分别为：对象 . 属性、对象 . 行为。

Access 中"对象"可以是单一对象，也可以是对象的集合。例如，Caption 属性表示"标签"控件对象的标题属性，Reports.Item(0) 表示报表集合中的第一个报表对象。数据库对象的属性均可以在各自的设计视图中通过属性窗口进行浏览和设置。

Access 应用程序的各个对象都有一些方法可供调用。了解并掌握这些方法的使用可以极大地增强程序功能，从而写出优秀的 Access 程序。

Access 中除数据库的 6 个对象外，还提供一个重要的对象：DoCmd 对象。它的主要功能是通过调用包含在内部的方法来实现 VBA 编程中对 Access 的操作。

例如，利用 DoCmd 对象的 OpenReport 方法打开报表"教师信息"的语句格式为：

```
DoCmd.OpenReport  "教师信息"
```

打开名为"学生信息登录"窗体的语句格式为：

```
Docmd.OpenForm "学生信息登录"
```

关闭当前窗体，则可以使用语句：

```
DoCmd.Close
```

使用 DoCmd 对象的 RunMacro 方法，可以在模块中执行宏。其调用格式为：

```
DoCmd.RunMacro（MacroName[,RepeatCount][,RepeatExpression])
```

其中 MacroName 表示当前数据库中已经存在的宏的有效名称，宏名称需要用双引号括起；RepeatCount 为可选项，用于计算宏运行次数的整数值；RepeatExpression 为可选项，是数值表达式，在每一次运行宏时进行计算，结果为 False(0) 时，停止运行宏。

例 7-5　创建一个窗体，窗体上有一个命令按钮 Command1，单击 Command1 运行在前面已经创建的"学生基本信息"宏。

在模块中执行宏的命令如图 7-21 中的 DoCmd 语句所示。

DoCmd 对象的方法大都需要参数。有些是必给的，有些是可选的，被忽略的参数取默认值。由于篇幅有限，这里不详细讲述，可以通过 Access 系统提供的帮助文件查询相关内容。

图 7-21　使用 DoCmd 在模块中执行宏

3. 事件和事件过程

事件是 Access 窗体、报表及其上的控件等对象可以"识别"的动作，如单击鼠标、打开窗体或报表等。在 Access 数据库系统里，可以通过两种方式处理窗体、报表或控件的事件响应。一是使用宏对象设置事件属性；二是为某个事件编写 VBA 代码过程，完成指定动作，这样的代码过程称为事件处理过程，即事件过程。

Access 窗体、报表和控件的事件有很多，一些主要对象与事件参见表 7-2。

表 7-2　Access 的主要对象的事件

对象名称	事件动作	动作说明
窗体	OnLoad	窗体加载时发生事件
	OnUnLoad	窗体卸载时发生事件
	OnOpen	窗体打开时发生事件
	OnClose	窗体关闭时发生事件
	OnClick	窗体单击时发生事件
	OnDblClick	窗体双击时发生事件
	OnMouseDown	窗体鼠标按下时发生事件
	OnKeyPress	窗体上键盘击键时发生事件
	OnKeyDown	窗体上键盘键按下时发生事件
报表	OnOpen	报表打开时发生事件
	OnClose	报表关闭时发生事件
命令按钮控件	OnClick	按钮单击时发生事件
	OnDblClick	按钮双击时发生事件
	OnEnter	按钮获得输入焦点之前发生事件
	OnGetFoucs	按钮获得输入焦点时发生事件
	OnMouseDown	按钮上鼠标按下时发生事件
	OnKeyPress	按钮上键盘击键时发生事件
	OnKeyDown	按钮上键盘键按下时发生事件
标签控件	OnClick	标签单击时发生事件
	OnDblClick	标签双击时发生事件
	OnMouseDown	标签上鼠标按下时发生事件
文本框控件	BeforeUpdate	文本框内容更新前发生事件
	AfterUpdate	文本框内容更新后发生事件
	OnEnter	文本框输入焦点之前发生事件
	OnGetFoucs	文本框获得输入焦点时发生事件
	OnLostFoucs	文本框失去输入焦点时发生事件
	OnChange	文本框内容更新时发生事件
	OnKeyPress	文本框内键盘击键时发生事件
	OnMouseDown	文本框内鼠标键按下时发生事件

（续）

对象名称	事件动作	动作说明
组合框控件	BeforeUpdate	组合框内容更新前发生事件
	AfterUpdate	组合框内容更新后发生事件
	OnEnter	组合框获得输入焦点之前发生事件
	OnGetFoucs	组合框获得输入焦点时发生事件
	OnLostFoucs	组合框失去输入焦点时发生事件
	OnClick	组合框单击时发生事件
	OnDblClick	组合框双击时发生事件
	OnKeyPress	组合框内键盘击键时发生事件
选项组控件	BeforeUpdate	选项组内容更新前发生事件
	AfterUpdate	选项组内容更新后发生事件
	OnEnter	选项组获得输入焦点之前发生事件
	OnClick	选项组单击时发生事件
	OnDblClick	选项组双击时发生事件
单选按钮控件	OnKeyPress	单选按钮内击键时发生事件
	OnGetFoucs	单选按钮获得输入焦点时发生事件
	OnLostFoucs	单选按钮失去输入焦点时发生事件
复选框控件	BeforeUpdate	复选框更新前发生事件
	AfterUpdate	复选框更新后发生事件
	OnEnter	复选框获得输入焦点之前发生事件
	OnClick	复选框单击时发生事件
	OnDblClick	复选框双击时发生事件
	OnGetFoucs	复选框获得输入焦点时发生事件

例 7-6 新建窗体并在其上放置一个命令按钮，然后创建该命令按钮的"单击"事件处理过程。

其操作步骤如下：

1）在 Access 2010 中新建一个窗体，并在窗体中添加一个命令按钮且命名为"Test"，如图 7-22 所示。

2）选择"Test"命令按钮，单击右键弹出快捷菜单，选择"属性"，打开属性对话框，单击"事件"选项卡并设置"单击"属性为"[事件过程]"选项以便运行代码，如图 7-23 所示。

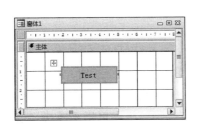

图 7-22　新建窗体

图 7-23　设置"单击"事件属性

3）单击属性栏右侧的"…"按钮，即进入新建窗体的类模块代码编辑区，如图 7-24 所示。在打开的代码编辑区里，可以发现系统已经为该命令按钮的"单击"事件自动创建了事件过程的模板：

```
Private Sub test_Click( )

End Sub
```

此时，只需在模板中添加 VBA 程序代码，这个事件过程即作为命令按钮的"单击"事件响应代码，如图 7-25 所示。

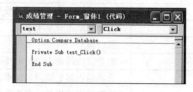

图 7-24   事件过程代码编辑区

图 7-25   事件过程代码

这里，仅给出了一条语句，这条语句的功能是弹出一个"测试完毕！"的消息框。

4）关闭窗体类模块编辑区回到窗体设计视图，单击"文件"选项卡中"视图"组的"窗体视图"运行窗体，如图 7-26 所示，选择其上"Test"命令按钮并单击激活命令按钮"单击"事件，系统会调用设计好的事件过程以响应"单击"事件的发生。其运行结果如图 7-27 所示。

图 7-26   窗体视图

图 7-27   事件代码运行结果

需要说明的是，上述事件过程的创建方法适合于所有 Access 窗体、报表和控件的事件代码处理。其间，Access 会自动为每一个事件声明事件过程模板，并使用保留字 Private（私有的）指明该事件过程只能被本模块中的其他过程所访问。

7.4.3   VBA 编程环境

Access 提供了一个编程界面 VBE（Visual Basic Editor，VB 编辑器）。

1. 进入 VBE

（1）直接进入 VBE

单击"数据库工具"选项卡，单击"宏"组中的 Visual Basic 按钮，进入 VBA 的编程环境。

（2）新建一个模块，进入 VBE

在数据库中单击"创建"选项卡，在"宏与代码"组中单击"模块"按钮，新建一个 VBA 模块，并进入 VBE。

（3）新建用于响应窗体、报表或控件的事件过程进入 VBE

在控件的属性表窗格中，进入"事件"选项卡，在任一事件的下拉列表框中选择"事件过程"选项，再单击属性栏右侧的"…"按钮，即可进入。

Access 模块的类模块和标准模块进入 VBE 的方式有所不同。

对于类模块，可以直接定位到窗体或报表上，然后单击工具栏上的"代码"进入；或定位到窗体、报表和控件上通过指定对象事件处理过程进入。方法有两种：一是单击属性表窗格的"事件"选项卡，选中某个事件并设置属性为"事件过程"选项，再单击属性栏右侧的"…"按钮即可进入；二是单击属性表窗格的"事件"选项卡，选中某个事件直接单击属性栏右侧的"…"按钮，打开如图 7-28 所示的对话框，选择其中的"代码生成器"，单击"确定"按钮即可进入。

图 7-28 "选择生成器"对话框

对于标准模块，有 3 种进入方法：一是对于已存在的标准模块，只需从数据库窗体对象列表上选择"模块"，双击要查看的模块对象即可进入；二是要创建新的标准模块，须从数据库窗体对象列表上选择"模块"，单击工具栏上的"新建"按钮即可进入；三是在数据库对象窗体中，单击"工具"菜单中"宏"级联菜单的"Visual Basic 编辑器"选项即可进入。

类模块或标准模块利用上述方法，均可以进入到 VBE 窗口，如图 7-29 所示。使用 Alt+F11 组合键，可以方便地在数据库窗口和 VBE 之间进行切换。

图 7-29 VBE 窗口

2. VBE 窗口

VBE 窗口如图 7-29 所示，主要由标准工具栏、工程窗口、属性窗口、立即窗口和代码窗口组成。

（1）标准工具栏

VBE 窗口中的标准工具栏如图 7-30 所示。

图 7-30 标准工具栏

- Access 视图：切换 Access 数据库窗口。
- 插入模块：用于插入新模块。

- ▶ 运行子过程 / 用户窗体：运行模块程序。
- ▐▌▌中断运行：中断正在运行的程序。
- ▇ 终止运行 / 重新设计：结束正在运行的程序，重新进入模块设计状态。
- ▨ 设计模式：设计模式和非设计模式切换。
- ▨ 工程项目管理器：打开工程项目管理器窗口。
- ▨ 属性窗体：打开属性窗体。
- ▨ 对象浏览器：打开对象浏览器窗口。

（2）工程窗口

工程窗口又称工程项目管理器。在其中的列表框中列出应用程序的所有模块文件。单击"查看代码"按钮▨可以打开相应的代码窗口。单击"查看对象"按钮▨可以打开相应的对象窗口。单击"切换文件夹"按钮▨可以隐藏或显示对象分类文件夹。双击工程窗口上的一个模块或类，相应的代码窗口就会显示出来。

（3）属性窗口

属性窗口列出了所选对象的各个属性，分"按字母序"和"按分类序"两种查看形式。可以直接在属性窗口中编辑对象的属性，这属于对象属性的"静态"设置方法；也可以在代码窗口内用 VBA 代码编辑对象的属性，这属于对象属性的"动态"设置方法。

注意：为了在属性窗口中列出 Access 类对象，应首先打开这些类对象的"设计"视图。

（4）代码窗口

在代码窗口中可以输入和编辑 VBA 代码。实际操作时，可以打开多个代码窗口查看各个模块的代码，且代码窗口之间可以进行复制和粘贴。

（5）立即窗口

立即窗口是进行快速的表达式计算、简单方法的操作及进行程序测试的工作窗口。在代码窗口编写代码时，要在立即窗口打印变量或表达式的值，可使用 debug.print 语句。在 Access 中，按 Ctrl+G 键显示"立即窗口"。

3. 在 VBE 环境中编写 VBA 代码

Access 的 VBE 编辑环境提供了完整的开发和调试工具。其中的代码窗口顶部包含两个组合框，左侧为对象列表，右侧为过程列表。操作时，从左侧组合框选定一个对象后，右侧过程组合框中会列出该对象的所有事件过程，再从该对象事件过程列表选项中选择某个事件名称，系统会自动生成相应的事件过程模板，用户添加代码即可。

双击工程窗口中任何类或对象都可以在代码窗口中打开相应代码并进行编辑处理。

在使用代码窗口时，VBE 提供了一些便利的功能，主要有：

1）对象浏览器：使用对象浏览器可以快速对所操作对象的属性及方法进行检索。

2）快速访问子过程：利用代码窗口顶部右边的过程列表可以快速定位到所需的子过程位置。

3）自动显示提示信息：在代码窗口内输入代码时，系统会自动显示保留字列表、保留字属性列表及过程参数列表等提示信息，极大地方便了初学者的使用。

7.4.4 VBA 基础知识

本节介绍 Visual Basic 编程语言的基础知识。

1. 数据类型

在 Access 中可用的数据类型可以分为三种：标准数据类型、用户自定义数据类型和对象数据类型。

（1）标准数据类型

VBA 使用类型说明字符或类型符号来定义数据类型，表 7-3 列出了 VBA 类型标识、符号及取值范围等。在使用 VBA 代码中的字节、整数、长整数、自动编号、单精度和双精度数等的常量和变量与 Access 的其他对象进行数据交换时，必须符合数据表、查询、窗体和报表中相应的字段属性。

表 7-3　VBA 中的标准数据类型

数据类型	类型名称	类型符号	占用字节	取值范围
Integer	整型	%	2	–32 768~32 767
Long	长整型	&	4	–2 147 483 648~2 147 483 647
Single	单精度型	!	4	1.401 298E–45~3.040 2823E38(绝对值)
Double	双精度型	#	8	4.940 656 458 412 47E–324~1.797 693 134 862 32E308
String	字符型	$	不定	根据字符串长度而定
Currency	货币型	@	8	–922 337 203 685 477.580 8~922 337 203 685 477.580 7
Boolean	布尔型	无	2	True 或 False
Date	日期型	无	8	100 年 1 月 1 日～ 9999 年 12 月 31 日
Variant	变体型	无	不定	由最终的数据类型而定

1）数值型数据。数值型数据根据取值范围的大小，分为整型、长整型、单精度型和双精度型。在 VBA 中，数值型数据都有一个有效的取值范围，程序中数据的取值如果超出该类型数据所规定的取值上限，则出现"溢出"错误，程序将终止执行；若小于取值下限，系统则按 0 处理。在使用时，需要根据具体情况，选择合适的数据类型。

2）字符型数据（string）。字符型数据是用 "" 定界的符号串。例如："a"、"ABC"、"123"。注意，字符是区分大小写的，"A" 和 "a" 是不同的字符。字符型变量可分为变长字符型（string）和定长字符型（string * 长度）。

3）布尔型数据（Boolean）。布尔型数据只有两个值：True 和 False。布尔型数据转换为其他类型数据时，True 转换为 –1，False 转换为 0；其他类型数据转换为布尔型数据时，0 转换为 False，非 0 转换为 True。

4）日期型数据（Date）。任何可以识别的日期数据都可以赋给日期变量。"时间 / 日期"类型数据必须前后用 "#" 号定界，例如：#2003/11/12#，否则成了除法表达式。

5）变体型数据（Variant）。变体型是一种特殊的数据类型，除了定长字符串类型及用户自定义类型外，可以包含其他任何类型的数据。变体类型还可以包含 Empty、Error、Nothing 和 Null 特殊值。使用时，可以用 VarType 与 TypeName 两个函数来检查 Variant 中的数据。VBA 中规定，如果没有显式声明或使用符号来定义变量的数据类型，则默认为变体类型。Variant 数据类型十分灵活，但使用这种数据类型最大的缺点在于缺乏可读性，即无法通过查看代码来明确其数据类型。

（2）用户自定义数据类型

Visual Basic 允许用户使用已有的基本数据类型并根据需要自定义复合数据类型，这种数据类型定义后，可以用来声明该类型的数据变量，用以存放表数据记录。

自定义数据类型的语句格式如下：

```
Type 数据类型名
    数据元素名 [（下标）]  As 类型名
    数据元素名 [（下标）]  As 类型名
    …
End Type
```

例如，在数据库中定义学生基本情况的数据类型如下：

```
Public  Type 学生
学号 As  String * 12
姓名 As  String * 8
End Type
```

定义完自定义类型后，就可以声明该类型的变量了，例如，可以这样使用：

```
Dim student  As  学生
student.学号 ="200520403128"
student.姓名 =" 胡广飞 "
```

（3）对象数据类型

Access 中有 17 种对象数据类型，是在程序中操作数据库的方式，操作数据库都是通过操作各种数据库对象的属性和方法来实现的。它们分别为：Database、Workspace、Document、Container、User、Group、Form、Report、Control、TableDef、QueryDef、Recordset、Field、Index、Relation、Parameter、Property。

2. 常量

常量在程序运行过程中其值保持不变。在编程过程中，对程序中经常出现的常数值，以及难以记忆且无明确意义的数值，通过声明常量可使代码更容易读取与维护。常量在声明之后，不能加以更改或赋予新值。

常量可以分为系统常量和符号常量。系统常量是在 Access 启动时就建立的常量，如 True、False、Yes、No、On、Off、Null 等。系统常量可以直接使用。符号常量是用户使用保留字 Const 自定义的常量，格式如下：

```
Const 符号常量名＝常量值
```

符号常量在使用前必须予以声明。书写时，符号常量名一般用大写字母表示，以便与变量区分。例如：

```
Const PI ＝ 3.1415926
```

3. 变量

变量在程序运行过程中其值可以改变。每个变量都有一个名字。在对变量命名时，要定义变量的类型，变量的类型决定了变量存取数据的类型，也决定了变量能参与哪些运算。

（1）变量的命名原则

在 VBA 的代码中，过程、变量及常量的名称有如下规定：

1）最长只能有 255 个字符。

2）必须用字母开头，可以包含字母、数字或下划线字符。不能包含标点符号或空格。

3）不能是 Visual Basic 的保留字，不能与函数过程、语句以及方法同名。

4）变量名在同一作用域内不能相同。

（2）变量声明

变量的声明就是定义变量名称及类型，是系统为变量分配存储空间。

声明一个变量用 Dim 语句，语法格式如下：

```
Dim 变量名 [As 数据类型]
```

如果在声明变量时，没有指定变量的类型，称为隐性声明，则此变量默认为 Variant 类型。这种声明方式不但增加了程序运行的负担，而且极容易出现数据运算问题，造成程序出错。因此建议初学者不要用此方法。

如果在声明变量时指定变量的数据类型，称为显性声明。

例如：

```
Dim x                                 '隐性声明，x 为 Variant 类型变量
Dim w As Integer                      '显性声明，w 为整型变量
Dim a As String,b As Currency, c As Integer
Rem   上一行中声明了 3 个不同类型的变量
Dim   x1,  y,  z  As  Integer    '变量 x1，y 为 Variant 类型，z 为整型变量。
```

（3）强制声明

在默认情况下，VBA 允许在代码中使用未声明的变量。如果不希望在代码中使用未声明的变量，即所有的变量都要先声明再使用，则可以在模块设计窗口的顶部"通用–声明"区域中，加入语句：

```
Option Explicit
```

4. 数组

数组是具有相同数据类型的元素的集合，数组中各元素有先后顺序，它们在内存中按排列顺序连续存储在一起，所有的数组元素是用一个变量名命名的集合体，使用数组时必须对数组先声明后使用。

（1）静态数组

声明静态数组的形式如下：

```
Dim 数组名（下标范围 1[,下标范围 2…]）[As 类型]
```

其中：

- 下标必须为常数，不可以为表达式或变量。
- 下标的形式：[下界 To] 上界。下界默认为 0。

下面的语句声明了两个数组，其中，a1 是大小为 11 的数组，b2 是一个 10×20 的二维数组。

```
Dim a1(10) As Integer
Dim b2(1 To 10,1 To 20) As string
```

（2）动态数组

动态数组是在声明数组时未给出数组的大小（括号中的下标值为空），当要使用它时，随时用 ReDim 语句重新指出大小。

例如：

```
Dim c3( )            '定义动态数组 c3
…
ReDim c3(5)          '使用 ReDim 语句指明 c3 数组的大小为 6 个元素
```

5. 对象变量

Access 建立的数据库对象及其属性，均可被看成 VBA 程序中的变量加以引用。例如，Access 中窗体与报表对象的引用格式为：

```
Forms（或 Reports)!窗体（或报表）名称!控件名称[.属性名称]
```

保留字 Forms、Reports 分别表示窗体或报表对象集合。感叹号"!"分隔开对象名称和控件名称。"属性名称"默认为控件基本属性。

如果对象名称中含有空格或标点符号，就要用方括号把名称括起来。

6. 常用标准函数

在 VBA 中，除模块创建中可以定义子过程与函数过程完成特定功能外，又提供了近百个内置的标准函数。可以方便地完成许多操作。

标准函数一般用于表达式中，有的能像语句一样使用。其使用形式如下：

```
函数名（<参数 1>[,参数 2[,参数 3][,参数 4][,参数 5]… ])
```

其中，函数名必不可少，函数的参数放在函数名后的圆括号中，参数可以是常量、变量或表达式，可以有一个或多个，少数函数为无参函数。每个函数被调用时，都会返回一个返回值。需要注意的是：函数的参数和返回值都有特定的数据类型对应。

（1）算术函数

算术函数完成数学计算功能。常用的算术函数有 Abs()、Int()、Fix()、Round()、Sqr()、Rnd() 等，算术函数的参数为数值型表达式，函数的返回值也为数值型数据。

1）绝对值函数 Abs(<表达式>)：返回数值表达式的绝对值。例如，Abs(−3)=3，Abs(10−3*5)=5。

2）向下取整函数 Int(<数值表达式>)：返回数值表达式的向下取整数的结果，参数为负值时返回不大于参数值的最大负数。例如，Int(3.5)=3，Int(−3.5)= −4。

3）取整函数 Fix(<数值表达式>)：返回数值表达式的整数部分，参数为负值时返回大于等于参数值的最小负数。

当 Int 和 Fix 函数参数为正值时，结果相同；当参数为负时结果可能不同。例如：

Int(3.5)=3，Fix(3.5)=3

Int(−3.5)= −4，Fix(−3.5)= −3

4）四舍五入函数 Round(<数值表达式>[,<表达式>])：按照指定的小数位数四舍五入保留。[<表达式>]是进入四舍五入运算小数点右边应保留的位数。例如：

Round(123.255,1)= 123.3

Round(123.254,2)=123.25

5）开平方函数 Sqr(<数值表达式>)：计算数值表达式的平方根。例如，Sqr(9)=3。

6）产生随机数函数 Rnd(<数值表达式>)：产生一个 0～1 之间的随机数，为单精度类型。数值表达式参数为随机数种子，决定产生随机数的方式。如果数值表达式值小于 0，每次产生相同的随机数；如果数值表达式值大于 0，每次产生新的随机数；如果数值表达式值等于 0，产生最近生成的随机数，且生成的随机数序列相同；如果省略数值表达式参数，则默认参数为大于 0。

实际操作时，先要使用无参数的 Randomize 语句初始化随机数生成器。以产生不同的随机数序列。

例如：

```
Int(100*Rnd)              '产生 [0，99] 的随机整数
Int(101*Rnd)              '产生 [0，100] 的随机整数
Int(100*Rnd+l)            '产生 [1，100] 的随机整数
Int(100+200*Rnd)          '产生 [100，299] 的随机整数
Int(100 +201*Rnd)         '产生 [100，300] 的随机整数
```

（2）字符串函数

字符串函数主要是对字符串进行检索、处理、转换等。常用的字符串函数有 Instr()、Len()、Left()、Right()、Mid() 等。一个字符串函数的参数往往不止一个，每个参数有其固定的含义，学习时应牢记每个参数的含义。

1）字符串检索函数 InStr([Start,] <Strl>,<Str2> [,Compare])：检索子字符串 Str2 在字符串 Strl 中最早出现的位置，返回一整型数。Start 为可选参数，为数值型，设置检索的起始位置。如省略，从第一个字符开始检索；如包含 Null 值，发生错误。Compare 也为可选参数，指定字符串比较的方法。值可以为 1、2 和 0（默认）。指定 0（默认）做二进制比较，指定 1 做不区分大小写的文本比较，指定 2 做基于数据库中包含信息的比较。如指定了 Compare 参数，则一定要有 Start 参数。

注意，如果 Strl 的串长度为零，或 Str2 表示的串检索不到，则 InStr 返回 0；如果 Str2 的串长度为零，InStr 返回 Start 的值。

例如：

```
strl ="98765"
str2 ="65"
s = InStr(strl , str2)     '返回值为 4
s = InStr(3,"aSsiAB","a",1)  '返回值为 5。从字符 s 开始，检索出字符 a
```

2）字符串长度检测函数 Len(<字符串表达式>或<变量名>)：返回字符串所含字符个数。注意，定长字符其长度是定义时的长度，与字符串实际值无关。

例如：

```
Dim str As String * 10
Dim  i
str = "123"
i = 12
lenl = Len("12345")        '返回值为 5
len2 = Len(12)             '出错
len3 = Len(i)             '返回值为 2
len4 = Len(" 等级考试 ")     '返回值为 4
len4 = Len(str)            '返回值为 10
```

3）字符串截取函数：

Left(<字符串表达式>,<N>)：字符串左边起截取 N 个字符。

Right(<字符串表达式>,<N>)：字符串右边起截取 N 个字符。

Mid(<字符串表达式>,<N1>,[N2])：从字符串左边第 N1 个字符起截取 N2 个字符。

注意，对于 Left 函数和 Right 函数，如果 N 值为 0，返回零长度字符串；如果大于等于
字符串的字符数，则返回整个字符串。对于 Mid 函数，如果 N1 值大于字符串的字符数，返
回零长度字符串；如果省略 N2，返回字符串中左边起 N1 个字符开始的所有字符。

例如：

```
str ="opqrst"
str2 =" 数据库管理系统 "
str = Left(str, 3)            ' 返回 "opq"
str = Left(str2, 5)           ' 返回 " 数据库管理 "
str = Right(str, 2)           ' 返回 "st"
str = Right(str2, 2)          ' 返回 " 系统 "
str = Mid(str, 4, 2)          ' 返回 "rs"
str = Mid(str2, 1, 3)         ' 返回 " 数据库 "
str = Mid(str2, 4, )          ' 返回 " 管理系统 "
```

4）生成空格字符函数 Space(< 数值表达式 >)：返回数值表达式的值指定的空格字符数。

例如：

```
str3 = Space(3)     ' 返回 3 个空格字符
```

5）大小写转换函数：

Ucase(< 字符串表达式 >)：将字符串中小写字母转换成大写字母。

Lcase(< 字符串表达式 >)：将字符串中大写字母转换成小写字母。

例如：

```
str4 = Ucase("fHkrYt")              ' 返回 "FHKRYT"
Str5 = Lcase("fHKrYt")              ' 返回 "fhkryt"
```

6）删除空格函数：

Ltrim(< 字符串表达式 >)：删除字符串的开始空格。

Rtrim(< 字符串表达式 >)：删除字符串的尾部空格。

Trim(< 字符串表达式 >)：删除字符串的开始和尾部空格。

例如：

```
str = "abcde"
str1 = Ltrim(str)       ' 返回 "abcde"
str2 = Rtrim(str)       ' 返回 "abcde"
str3 = Trim(str)        ' 返回 "abcde"
```

（3）日期 / 时间函数

日期 / 时间函数的功能是处理日期和时间。主要包括以下函数。

1）获取系统日期和时间函数：

Date()：返回当前系统日期。

Time()：返回当前系统时间。

Now()：返回当前系统日期和时间。

以上 3 个函数是无参函数，即括号中没有参数，但是括号不能省略。

例如：

```
D = Date()              ' 返回系统日期，如 2013-08-08
T = Time()              ' 返回系统时间，如 9:45:00
DT = Now()              ' 返回系统日期和时间，如 2013-08-08 9:45:00
```

2）截取日期分量函数：

Year(< 表达式 >)：返回日期表达式年份的整数。

Month(< 表达式 >)：返回日期表达式月份的整数。

Day(< 表达式 >)：返回日期表达式日期的整数。

Weekday(< 表达式 >［，W］)：返回 1 ～ 7 的整数，表示星期几。Weekday 函数中，返回的星期值见表 7-4。

表 7-4　星期常量

值	1	2	3	4	5	6	7
星期	星期天	星期一	星期二	星期三	星期四	星期五	星期六
常量	vbSunday	vbMonday	vbTuesday	vbWednesday	vbthursday	vbFriday	vbSaturday

例如：

```
D = #2012-8-18#
YY = Year(D)          '返回 2012
MM = Month(D)         '返回 8
DD = Day(D)           '返回 18
WD = Weekday(D)       '返回 7，因 2012-8-18 为星期六
```

3）截取时间分量函数：

Hour(< 表达式 >)：返回时间表达式的小时数（0 ～ 23）。

Minute(< 表达式 >)：返回时间表达式的分钟数（0 ～ 58）

Second(< 表达式 >)：返回时间表达式的秒数（0 ～ 59）。

例如：

```
T = #10:40:11#
HH = Hours(T)     '返回 10
MM = Minute(T)    '返回 40
SS = Second(T)    '返回 11
```

4）日期 / 时间增加或减少一个时间间隔 DateAdd(< 间隔类型 >,< 间隔值 >,< 表达式 >)：对表达式表示的日期按照间隔类型加上或减去指定的时间间隔值。

注意：间隔类型参数表示时间间隔，为一个字符串，其设定值见表 7-5；间隔值参数表示时间间隔的数目，数值可以为正数（得到未来的日期）或负数（得到过去的日期）。

表 7-5　"间隔类型" 参数设定值

设　置	含　义	设　置	含　义
yyyy	年	w	一周的日数
q	季	ww	周
m	月	h	小时
y	一年的日数	n	分钟
d	日	s	秒

例如：

```
Day = #2012-7-12 10:40:11#
D1= DateAdd( " yyyy ", 3, Day)    '返回 #2015-7-12 10:40:11#，日期加 3 年
D2= DateAdd( " q ", 1, Day)       '返回 #2012-10-12 10:40:11#，日期加 1 季度
```

```
D3= DateAdd( " m ", -3, Day)          '返回 #2012-4-12 10:40:11#，日期减 3 月
D4= DateAdd( " d ", 3, Day)           '返回 #2012-7-15 10:40:11#，日期加 3 日
D5= DateAdd( " ww ", 2, Day)          '返回 #2012-7-26 10:40:11#，日期加 2 周
D6= DateAdd( " h ", -5, Day)          '返回 #2012-7-12 5:10:11#，日期减 5 小时
```

（4）类型转换函数

类型转换函数的功能是将数据类型转换成指定数据类型。例如，窗体文本框中显示的数值数据为字符串型，要想作为数值处理就应进行数据类型转换。

1）字符串转换字符代码函数 Asc(< 字符串表达式 >)：返回字符串首字符的 ASCII 值。例如：s=Asc(" abcdef ")，返回 97。

2）字符代码转换字符函数 Chr(< 字符代码 >)：返回与字符代码相关的字符。例如：s=Chr(70)，返回 f；s=Chr(13)，返回回车符。

3）数字转换成字符串函数 Str(< 数值表达式 >)：将数值表达式值转换成字符串。注意，当一数字转成字符串时，总会在前头保留一空格来表示正负。表达式值为正，返回的字符串包含一前导空格表示有一正号。

例如：

```
s1 = Str(99)                   '返回 "99"，有一前导空格
s2 = Len(Str(99))              '返回 3
s3= Str(-6)                    '返回 "-6"
```

4）字符串转换成数字函数 Val(< 字符串表达式 >)：将数字字符串转换成数值型数字。注意，数字串转换时可自动将字符串中的空格、制表符和换行符去掉，当遇到它不能识别为数字的第一个字符时，停止读入字符串。

例如：

```
s = Val( " 25 " )             '返回 25
s = Val( " 6  08 " )          '返回 608
s = Val( " 12abc34 " )        '返回 12
```

5）字符串转换日期函数 DateValue(< 字符串表达式 >)：将字符串转换为日期值。

例如：

```
D = DateValue( " February 29, 2012 " )    '返回 #2012- 2-29#
```

6）Nz 函数 Nz(表达式或字段属性值［，规定值］)：当一个表达式或字段属性值为 Null 时，函数可返回 0、零长度字符串（""）或其他指定位。例如，可以使用该函数将 Null 值转换为其他值。

当省略"规定值"参数时，如果"表达式或字段属性值"为数值型且值为 Null，Nz 函数返回 0；如果"表达式或字段属性值"为字符型且值为 Null，Nz 函数返回空字符串 ("")。当"规定值"参数存在时，该参数能够返回一个除 0 或零长度字符串以外的其他值。

（5）输入输出函数

为了能与用户进行交互，VBA 还提供了一些输入输出函数，利用这些函数，可以实现接收用户键盘输入的数据，将 VBA 程序的运行结果显示出来。

1）InputBox() 函数：InputBox() 函数可以弹出一个对话框，在对话框中显示提示信息，等待用户输入正文并按下按钮，返回包含文本框内容的字符串数据信息。其使用格式

如下：

```
InputBox(prompt[,title][,default][,xpos][,ypos][,helpfile,context])
```

说明：

- prompt：必需的。作为对话框消息出现的字符串表达式。
- title：可选的。显示对话框标题栏中的字符串表达式。如果省略 title，则把应用程序名 "Microsoft office Access" 放入标题栏中。
- default：可选的。显示文本框中的字符串表达式，在没有其他输入时作为默认值。如果省略 default，则文本框为空。
- xpos：可选的。数值表达式，成对出现，指定对话框的左边与屏幕左边的水平距离。如果省略 xpos，则对话框会在水平方向居中。
- ypos：可选的。数值表达式，成对出现，指定对话框的上边与屏幕上边的距离。如果省略 ypos，则对话框被放置在屏幕垂直方向距下边大约三分之一的位置。
- helpfile：可选的。字符串表达式，识别帮助文件，用该文件为对话框提供上下文相关的帮助。如果已提供 helpfile，则也必须提供 context。
- context：可选的。数值表达式，由帮助文件的作者指定给某个帮助主题的帮助上下文编号。如果已提供 context，则也必须要提供 helpfile。

图 7-31 显示的是打开输入（InputBox) 对话框的一个例子。

调用语句是：Name=InputBox(" 请输入姓名：", " 对话框 ")。

图 7-31 InputBox 对话框

2）MsgBox() 函数：MsgBox() 函数用于在对话框中显示消息，等待用户单击按钮，并返回一个整型值告诉用户单击了哪一个按钮。其使用格式如下：

```
MsgBox(prompt[,buttons][,title][,helpfile][,context])
```

说明：

- prompt：必需的。字符串表达式，作为显示在对话框中的消息。
- buttons：可选的。数值表达式是值的总和，指定显示按钮的数目及形式、使用的图标样式、默认按钮是什么及消息框的强制回应等。如果省略，则 buttons 的默认值为 0。具体取值如表 7-6 所示或其组合。

表 7-6 buttons 具体取值

常　　量	值	说　　明
VbOKOnly	0	只显示 "确定" 按钮（默认值）
VbOKCancel	1	显示 "确定" 和 "取消" 按钮
VbAbortRetryIgnore	2	显示 "终止"、"重试" 和 "忽略" 按钮
VbYesNoCancel	3	显示 "是"、"否" 和 "取消" 按钮
VbYesNo	4	显示 "是" 和 "否" 按钮
VbRetryCancel	5	显示 "重试" 和 "取消" 按钮
VbCritical	16	显示 "关键信息" 图标
VbQuestion	32	显示 "问号" 图标
VbExclamation	48	显示 "警告消息" 图标
VbInformation	64	显示 "通知消息" 图标

buttons 的组合值可以是上面单项常量（或值）的和。如消息框显示 Yes 和 No 两个按钮及问号图标，其 buttons 参数取值为：VbYesNo+Vbuuestion 或 4+32 或 36。

- Title、helpfile、context 参数的含义同 InputBox() 函数。

例如：若要显示如图 7-32a 和 b 两个消息框，调用语句应该如何书写？

a)   b)

图 7-32　消息对话框

图 7-32a 显示的消息框的调用语句是：

```
MsgBox" 处理数据结束！ ",VbInformation," 消息 "
```

图 7-32b 显示的消息框的调用语句是：

```
MsgBox"AAAA！ ",VbOKcancel + VBquestion," 消息 "
```

7. 表达式

表达式是一个或多个标识符（变量、字段名称、控件名称、属性名称）、运算符、函数、常量和值的组合。表达式可以执行计算、检索控件值、提供查询条件、定义规则、创建计算控件和计算字段，以及定义报表的分组级别。

根据运算规则的不同，运算符分为：算术运算符、关系运算符、逻辑运算符和连接运算符。

（1）算术运算符

算术运算符用于算术运算，主要有乘幂（^）、乘法（*）、除法（/）、整数除法（\）、求模（Mod）、加法（+）、减法（-）等运算符。

其中整数除法（\）运算符用来对两个数做除法并返回一个整数，如果操作数有小数部分，系统会舍小数部分后再运算，如果结果有小数也要舍去。求模（Mod）运算符用来对两个数做除法并返回余数，如果操作数是小数，系统会四舍五入变成整数后再运算；如果被除数是负数，余数也是负数，反之，如果被除数是正数，余数也是正数。

例如：

```
Dim  Num    As  Integer       '变量定义
Num = 10 Mod 4                '返回2
Num = 10 Mod 2                '返回0
Num = 12 Mod -5.1            '返回2
Num = -12.7 Mod -5           '返回-3
Num = (-2)^3                 '返回-8
Num = 10.20\4.9              '返回2
Num = 10\3                   '返回3
```

（2）关系运算符

关系运算符用来表示两个或多个值或表达式之间的大小关系，主要有等于（=）、不等于（<>）、小于（<）、大于（>）、小于等于（<=）、大于等于（>=）等运算符。

比较运算的结果为逻辑值 True（真）或 False（假）。

例如：

```
Dim str1 As Boolean                '变量定义
str1 =(10 > 4)                     '返回 True
str1 =(1 >= 2)                     '返回 False
str1 =( " 10 ">=" 4 " )            '返回 False
str1 =( " ab "<" aaa " )           '返回 False
str1 =(False < True )              '返回 False
str1 =(#2003/12/25# <= #2004/2/28#) '返回 True
```

（3）逻辑运算符

逻辑运算符用于逻辑运算，主要有与（AND）、或（OR）、非（NOT）等运算符。逻辑运算的结果仍为逻辑值。逻辑运算法则参见表 7-7。

表 7-7　逻辑运算法则表

A	B	A AND B	A OR B	NOT A
True	True	True	True	False
True	False	False	True	False
False	True	False	True	True
False	False	False	False	True

例如：

```
Dim  BValue   As  boolean                  '变量定义
BValue =(10 > 4 AND 1 >= 2)                '返回 False
BValue =(10 > 4  OR " 1 ">=" 2 " )         '返回 True
BValue = NOT(#2012-3-12# + 30 <= #2012-3-30#) '返回 True
```

（4）连接运算符

连接运算符具有连接字符串的功能，有 (&) 和（+）两个运算符。"&"用来强制两个表达式做字符串连接；"+"运算符是当两个表达式均为字符串数据时，才将两个字符串连接成一个新字符串。

例如：

```
Dim  StrValue   As  string         '变量定义
StrValue = " abc " & " 123 "        '返回结果为字符串 "abc123"
StrValue = " abc " + " 123 "        '返回结果为字符串 "abc123"
StrValue = " 2+3= " & (2+3)         '返回结果为字符串 "2+3=5"
StrValue = " 2+3= " + (2+3)         '系统会提示出错信息 " 类型不匹配 "
```

（5）运算符的优先级

对于包含多种运算符的表达式，在计算时将按预先确定的顺序计算，称为运算符的优先级。

各种运算符的优先级顺序为从函数运算符、算术运算符、连接运算符、关系运算符、逻辑运算符逐级降低。如果在运算表达式中出现了括号，则先执行括号内的运算，在括号内部仍按运算符的优先顺序计算。

VBA 中常用运算符的优先级划分见表 7-8。

表 7-8　运算符的优先级

运算符类型	运算符	优先级
算术运算符	指数运算（^）	高
	负数（−）	
	乘法（*）、除法（/）	
	整数除法（\）	
	求模（mod）	
	加法（+）、减法（−）	
连接运算符	字符串连接（+、&）	
关系运算符	等于（=）、不等于（<>）、小于（<）、大于（>）、小于等于（<=）、大于等于（>=）、Like、is	
逻辑运算符	非运算（NOT）	
	与运算（AND）	
	或运算（OR）	低

7.4.5　程序控制语句

VBA 程序语句按照其功能的不同，可以分为两大类型：一是声明语句，用于给变量、常量或过程定义命名；二是执行语句，用于执行赋值操作、调用过程、实现各种流程控制。而执行语句又分为顺序结构、选择结构和循环结构。

1. 顺序结构控制

简单的程序大多为顺序结构，整个程序按书写顺序依次执行。

（1）注释语句

注释语句以 Rem 开头，但一般用撇号 "'" 引导注释内容，用撇号引导的注释可以直接出现在语句后面。

（2）声明语句

声明语句用于命名和定义常量、变量、数组和过程。

（3）赋值语句

赋值语句是任何程序设计中最基本的语句。赋值语句为变量指定一个值或表达式。赋值语句的形式如下：

```
[Let] 变量名 = 值或表达式
```

这里，Let 为可选项，即可以省略。表达式：可以是任何类型的表达式，一般其类型应与变量名的类型一致。

赋值语句的作用是：先计算右边表达式的值，然后将值赋给左边的变量。

例如：

```
Dim Age As Integer          '声明了一个整型变量 Age
Dim  count = 21             '声明了一个 variant 变量 count，并赋值为 21
Dim a%,sum!,ch1$
Rem  声明了一个整型变量 a、一个单精度型变量 sum 和一个不定长字符串 ch1
a=123
sum = 65.32
sum=sum+a
ch1="Li Ming"
command1.caption=" 退出 "
```

在一段代码中，如果声明了变量，但是没有用赋值语句定义变量的值，VBA 将自动为该变量赋值，称为变量的初始化。在初始化变量时，将数值变量初始化为 0，变长字符串初始化为零长度字符串 ("")，对定长字符串都填上空值，将 variant 变量初始化为 Empty，将每个用户定义的类型变量的元素都当成个别的变量来初始化。

顺序结构的语句还有输出语句（Print）、清除语句（Cls）、终止语句（End）等。

2. 选择结构控制

VBA 中有多种形式的条件语句来实现选择结构。即对条件进行判断，根据判断结果选择执行不同的分支。

（1）简单分支语句

语法形式如下：

```
If <条件>Then
     <语句序列>
End If
```

或

```
If <条件>Then <语句>
```

其中,<条件>可以是关系表达式或逻辑表达式，其运算结果为 True（真）或 False（假）。若"条件"为 True（真），则执行 Then 后面的语句序列，否则执行 End If 语句之后的语句。

流程图如图 7-33a 所示。

（2）选择分支语句

语法形式如下：

```
If <条件>Then
     <语句序列 1>
Else
     <语句序列 2>
End If
```

程序执行时，先判断<条件>是否成立，当<条件>成立时，执行<语句序列 1>中的语句；否则，执行<语句序列 2>中的语句；执行完<语句序列 1>或<语句序列 2>中的语句后，都将执行 End If 后的语句。

流程图如图 7-33b 所示。

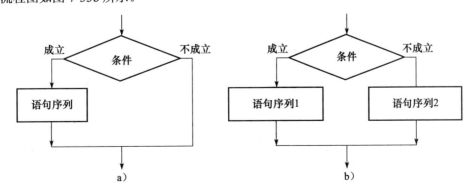

图 7-33　选择结构

例 7-7 让计算机随机出一道 100 以内的加法题，用户输入答案后，如果答案错误，给出正确答案。

```
Dim A As Integer, B As Integer, Sum As Integer
Randomize Timer
A = Rnd * 100
B = 100*Rnd
Sum = InputBox(A & "+" & B & "=?", "两位数加法")
If Sum <> A + B Then MsgBox "答错了！正确答案是 " & A + B
```

上例中使用了一个简单的 if 语句，只在回答错误时给出了提示信息，想想如果希望在回答正确时也给出提示信息，如"恭喜你，回答正确"，上例中的语句应该如何修改？

（3）多重选择分支语句

语法形式如下：

```
If <条件 1>Then
  <语句序列 1>
[ElseIf  <条件 2>Then
  <语句序列 2>]
…
[ElseIf  <条件 n>Then
  <语句序列 n>]
[Else
  <语句序列 n+1>]
End If
```

程序执行时，首先判断"条件 1"，若"条件 1"成立，则执行<语句序列 1>，执行完毕后转到 End If 语句之后；若"条件 1"不成立，则继续判断"条件 2"，若"条件 2"成立，则执行<语句序列 2>，执行完毕后转到 End If 语句之后；否则继续判断下一个条件。如此下去，若前面的条件均不成立，则检查有无 Else 语句，如有 Else 语句，则无条件执行 Else 语句之后的<语句序列 n+1>；若无 Else 语句，则什么也不执行，程序直接跳转到 End If 语句之后。

例 7-8 计算：

$$y=\begin{cases} x-7 & (x>0) \\ 2 & (x=0) \\ 3x^2 & (x<0) \end{cases}$$

```
Dim x As Integer,y As Integer
x=Inputbox("请输入 x 的值：")
If x > 0 Then '一定要如此换行
 y = x-7
ElseIf  x=0 Then
 y = 2
Else
 y = 3*x*x
End If
MsgBox "y=" &y
```

请读者分别用两种方法，即分别在"模块"和"窗体"的"加载"事件过程里创建上列计算过程。然后，分别在"窗体"的"加载"事件过程里执行或调用上列计算过程。

（4）多重分支语句

语法形式如下：

```
Select Case <测试条件>
  Case <值列表 1>
  <语句序列 1>
  Case <值列表 2>
  <语句序列 2>
...
  Case <值列表 n>
  <语句序列 n>
  Case Else
  <语句序列 n+1>
End Select
```

Select Case 语句又称多重分支语句，它根据一个测试条件并只计算一次。然后，VBA 将测试条件的值与结构中的每个 Case 的值进行比较，如果相等，就执行与该 Case 相关联的语句。如果不止一个 Case 的值与测试条件的值相匹配，则执行第一个相匹配的 Case 下的语句序列；若没有一个 Case 的值与测试条件的值相匹配，则执行 Case Else 子句中的语句。

测试条件的值可以是数值型或字符型，通常测试条件为一个数值型或字符型的变量。

多重分支语句的流程如图 7-34 所示。

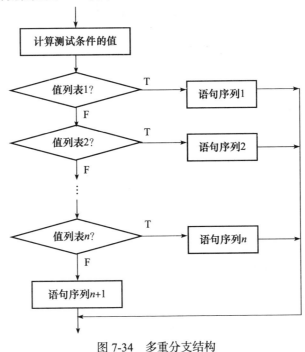

图 7-34　多重分支结构

说明：

1）测试表达式不一定是关系表达式或逻辑表达式，可以是任意类型，但 Case 子句中的表达式类型必须与之一致。

2）如果 Case 子句中的表达式是一个常量，则该常量直接写在 Case 之后，如 Case 100。

3）如果 Case 子句后的表达式是一个范围，可用 To 从小到大指定，如 Case 90 To 99、Case " A" To " Z"；或者使用 Is <关系运算符 ><表达式 >，如 Case　Is > 3 And Is<8。

4）在 Case 子句中可以使用多重表达式，如 Case 10 to 15，20，30。

例 7-9　编程实现输入分数，根据输入的分数判别分数的等级，等级的划分标准为：90 ～ 100 优秀、80 ～ 89 良好、70 ～ 79 中、60 ～ 69 合格、低于 60 不合格，如果是其他数据则提示"数据错误"。

```
Dim Grade As Integer, Evalu As String
Grade = InputBox("请输入考试分数: ")
Select Case Grade
      Case 90 To 100: Evalu = "优秀"
      Case 80 To 89: Evalu = "良好"
      Case 70 To 79: Evalu = "中"
      Case 60 To 69: Evalu = "合格"
      Case Is < 60:  Evalu = "不合格"
      Case Else:     Evalu = "数据错误"
End Select
   MsgBox Grade & "分的等级为" & Evalu
```

（5）条件函数

除上述条件语句结构外，VBA 还提供 3 个条件函数。

1）IIf 函数：IIf(条件表达式，表达式 1，表达式 2)。

该函数是根据"条件表达式"的值来决定函数返回值。"条件表达式"值为"真（True）"，函数返回"表达式 1"的值；"条件表达式"值为"假（False）"，函数返回"表达式 2"的值。

例如：将变量 a 和 b 中，值大的量存放在变量 Max 中。

```
Max = IIf(a>b,a,b)
```

2）Switch 函数：Switch(条件表达式 1，表达式 1[，条件表达式 2，表达式 2[，条件式 n，表达式 n]])。

该函数是根据"条件表达式 1"、"条件表达式 2"直至"条件表达式 n"的值来决定函数返回值。条件式是由左至右进行计算判断的，而表达式则会在第一个相关的条件式为 True 时作为函数返回值返回。如果其中有部分不成对，则会产生一个运行错误。

例如：根据变量 x 的值来为变量 y 赋值。

```
y=Switch(x>0,1,x=0,0,x<0,-1)
```

3）Choose 函数：Choose(索引表达式，选项 1 [，选项 2，… [，选项 n]])。

该函数是根据"索引表达式"的值来返回选项列表中的某个值。"索引表达式"值为 1，函数返回"选项 1"值；"索引表达式"值为 2，函数返回"选项 2"值；依此类推。这里，只有在"索引表达式"的值界于 1 和可选择的项目之间，函数才返回其后的选项值；当"索引表达式"的值小于 1 或大于列出的选择项数目时，函数返回无效值(Null)。

例如：根据变量 x 的值来为变量 y 赋值。

```
y=Choose(x,5,m+1,n)
```

3. 循环结构控制

顺序、选择结构在程序执行时，每条语句只能执行一次，循环结构可以控制程序重复执行某段语句。

（1）For 语句

语法形式如下：

```
For <循环变量>=<初值>to <终值>[Step <步长>]
   <循环体>
   [Exit For]
Next <循环变量>
```

执行该语句时，首先将<初值>赋给<循环变量>，然后，判断<循环变量>是否"超过"<终值>，若结果为 True，结束循环，执行 Next 语句后的下一条语句；否则，执行<循环体>内的语句后，让当前的<循环变量>增加一个步长值，再重新判断当前的<循环变量>值是否"超过"<终值>。若结果为 True，结束循环；否则，重复上述过程，直到结果为 True。

这里所说的<循环变量>"超过"<终值>，是指当步长为正值时，大于<终值>；当步长为负值时，小于<终值>。

For 语句的流程如图 7-35 所示。

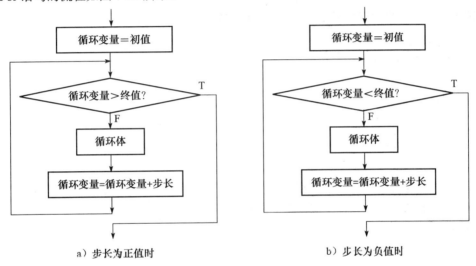

a）步长为正值时　　　　　　　b）步长为负值时

图 7-35　For 语句的流程图

例 7-10　求 1+2+3+4+…50 的和。

```
Dim s As Integer , i As Integer
s=0
For i=1 To 50
    s=s+i
Next i
Debug.Print  s              '在立即窗口中输出 s 的值
```

分析下列程序段的循环结构：

```
For k=5 To 10 Step 2
   k=2*k
Next k
```

按照公式计算，循环次数为：（10-5+1)/2=3 次。但这是错误的。实际上，该循环的循环次数只有 1 次（循环变量先后取值 5 和 12，循环执行一次后，循环变量值为 12，超过终值 10，循环结束）。

步长为 1 时，保留字 Step 可以省略。步长一般是整数取值，用实数也可以，但不常见。

如果终值小于初值，步长要取负值；否则，For-Next 语句会被忽略，循环体一次也不执行。

如果在 For-Next 循环中，步长为 0，该循环便会重复执行无数次，造成"死循环"。

选择性的 Exit For 语句可以组织在循环体中的 If-Then-End If 条件语句结构中，用来提前中断并退出循环。

For-Next 循环结束，则程序从 Next 的下一行语句继续执行。

在实际应用中，For-Next 循环还经常与数组配合来操作数组元素。

例 7-11   将 A 到 Z 的大写字母赋予字符数组 strMYM()。

```
Dim str(1 to 26) As String
Dim i As Integer
For i=1 To 26
 Str(i)=Chr(i+64)      '大写字母"A"的 ASCII 码值为 65
Next i
```

例 7-12   在立即窗口中显示有星号 (*) 组成的 5×5 的正方形。

```
Const MAX=5
Dim Str As String
Str=""
For n=1 To MAX
 Str=Str+"*"
Next n
For n=1 To MAX
 Debug.Printstr
Next n
```

Const 语句定义了一个常量 MAX，使用这个语句好处是什么？如果希望用星号 (*) 组成一个 10×10 的正方形，上述程序应该怎样修改？

例 7-13   使用 For 循环语句给数组赋值。

```
Dim s(1 to 10) As Integer , i(3, 4) As Integer
For m=1 To 10
 s(m)=m
 Debug.Print s(m)
Next m
For m=0 To 3
 For n=0 To 4
  i(m,n)=m*n
 Next n
Next m
```

例 7-14   通过键盘输入一个自然数，判断它是否为质数。

只能被 1 和自身（n）整除的、大于 2 的数称为质数或素数。因此判断一个数是不是质数最简单的方法就是：n/2、n/3、……、n/n-1，都不能被整除，这个数就是质数。如果在这个过程中，有一个能被整除，n 就不是质数。

```
Sub prime( )
    Dim n As Integer, x As Integer
    X = Inputbox(请输入一个自然数")
    For n =2 To x-1
        If x Mod n =0 Then
          Exit For
```

```
        End If
      Next   n
      If x=n Then
          Msgbox x &" 是质数 "
      Else
          Msgbox x &" 不是质数 ”
      End If
End Sub
```

（2）Do…Loop 语句

用 Do…Loop 语句可以定义要多次执行的语句序列；也可以定义一个条件，当这个条件为 False 时，就结束这个循环。Do…Loop 语句有以下两种形式。

形式 1：

```
Do [{While | Until} < 条件 >]
[< 语句序列 1>]
[Exit Do]
[< 语句序列 2>]
Loop
```

形式 2：

```
Do
[< 语句序列 1>]
[Exit Do]
[< 语句序列 2>]
Loop [{While | Until} < 条件 >]
```

其中，"条件"是可选参数，是数值表达式或字符串表达式，其值为 True 或 False。如果条件为 Null(无条件)，则被当作 False。While 子句和 Until 子句的作用正好相反。如果指定了前者，则当 < 条件 > 是真时继续执行；如果指定了后者，则当 < 条件 > 为真时循环结束。如果把 While 或 Until 子句放在 Do 子句中，则必须满足条件才执行循环中的语句。如果把 While 或 Until 子句放在 Loop 子句中，则在检测条件前先执行循环中的语句。

例 7-15　某家庭现有存款 10 万元，按年利息 15% 计算，多少年后这笔存款能超过 100 万？

```
Sub abc()
   Dim n As Integer
   Dim x As Single
   x=10
   n=0
   Do While x<100
      x=x*1.15
      n=n+1
   Loop
   MsgBox  n & " 年后 , 存款将达到 " & x & " 万元 "
End Sub
```

例 7-16　设计一个用户登录窗体，实现用户登录功能。如果输入正确的"用户名"和"密码"，系统弹出"欢迎使用本系统！"对话框。否则，系统将弹出"对不起，您不能使用本系统！"对话框。

具体操作步骤如下:

1) 设计一个数据表,其中包含下列两个字段:

username(字符型,长度为 12,存放用户名)

userpass(字符型,长度为 12,存放用户密码)

表设计视图如图 7-36 所示。

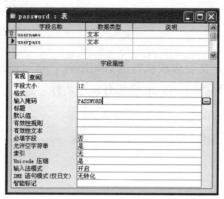

图 7-36 表 password 的设计视图

2) 选中字段 userpass 行,在"常规"选项卡的"输入掩码"行中,单击右侧的省略号按钮，打开"输入掩码向导"对话框。在"输入掩码"列表框中选择"密码"选项,如图 7-37a 所示。单击"输入掩码向导"对话框中的"编辑列表"按钮,系统弹出自定义"输入掩码向导"对话框,如图 7-37b 所示,在"输入掩码"文本框处,输入若干个星号"*"。当用户输入密码时,系统用星号代替密码的显示。

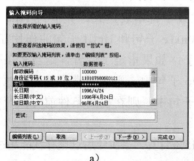   

a)   b)

图 7-37 "输入掩码向导"对话框

3) 设计一个 Password 窗体,其设计视图如图 7-38 所示,其中的两个文本框分别为 Text1 和 Text2,两个命令按钮分别为 Command1(确定)和 Command2(取消)。

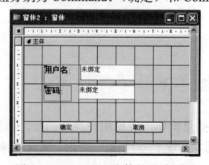

图 7-38 Password 窗体的设计视图

4）单击"确定"按钮，再单击工具栏中的"属性"按钮，打开该控件的属性对话框，将对话框切换到"事件"选项卡。

5）在"单击"事件选项中选择"事件过程"，然后单击右侧的省略号按钮，从打开的"选择生成器"对话框中选择"代码生成器"选项。在打开的 VBA 代码编辑窗口中，为"确定"按钮添加如下代码：

```
Private Sub Command1_Click()
    Dim cond As String
    Dim ps As String
    If IsNull([Forms]![Password]![Text1]) Or IsNull([Forms]![Password]![Text2]) Then
        MsgBox "请输入正确的用户名或密码", vbOKOnly, "信息提示"
        Exit Sub
    End If
    cond = "username='" + [forms]![Password]![Text1] + "'"
    ps = DLookup("userpass", "password", cond)
    ' DLookup 是标准函数：能从上述 password 表中按条件查找该用户名的用户密码
    If (ps <> [forms]![Password]![Text2]) Then
        MsgBox "对不起，您不能使用本系统！", vbOKOnly, "信息提示"
    Else
        MsgBox "欢迎使用本系统！", vbOKOnly, "信息提示"
    End If
End sub
```

6）当单击"取消"按钮时，将关闭当前窗体。为"取消"按钮添加如下代码：

```
Private Sub Command2_Click()
    DoCmd.Close
End Sub
```

7）保存代码并退出 VBA 环境。

切换到窗体的窗体视图，在用户名文本框中输入用户名，在密码框中输入密码。如图 7-39 所示。

图 7-39　Password 窗体的窗体视图

根据用户输入的"用户名"和"密码"正确与否，显示如图 7-40 所示的信息提示消息框。

a)

b)

图 7-40　"信息提示"对话框

7.4.6 VBA 过程调用和参数传递

下面结合实例，分别介绍两种 VBA 过程的调用和 VBA 过程的参数传递。

1. 子过程的定义和调用

可以用 Sub 语句声明一个子过程、接收的参数即形参、子过程代码。其定义格式如下：

```
[Public|Private|Static] Sub 子过程名 ([<形参>])
[<子过程语句>]
[Exit Sub]
[<子过程语句>]
End Sub
```

使用保留字 Public（公有的）能让所有模块中的所有其他过程调用该过程，默认时为 Public。使用保留字 Private（私有的）只允许本模块中的其他过程调用该过程。很少使用 Static（静态的），若要使某一过程或函数中所有的局部变量都成为 Static 变量，则把 Static 放在该过程或函数头的前面。

子过程的调用形式有两种：

```
Call 子过程名 ([<实参>])
```

或

```
子过程名 [<实参>]
```

例 7-17 用子过程编写程序求 7！+6！。

```
Sub ab( )                              '主调过程 ab
    Dim n As Integer, x As Single
    Dim j As Single, w As Single
    x = 0: j=1: w=1
    Call fact(6, j)                    '调用 fact 子过程
    Call fact(7, w)
    x=j+w
    MsgBox "7！+6！的阶乘是：" & x
  End Sub
  Sub fact(m As Integer,  p As Single) '定义 fact 子过程
    Dim i As Integer
    For i = 1 To m
    p = p * i
      Next i
  End Sub
```

2. 函数过程的定义和调用

执行一系列操作，有返回值，定义格式如下：

```
[Public|Private|Static] Function 函数过程名 ([<形参>])
    [<函数过程语句>]
    [Exit Sub]
    [<函数过程语句>]
    [ 函数过程名 =<表达式>]
End Function
```

函数过程不能使用 Call 来调用执行，要直接引用函数过程名，并且在表达式中调用，函数值必须赋给函数过程名，以便返回到主调过程后使用函数值。

例 7-18   用函数过程编写程序求 7！+6！。

```
Sub abc()
  Dim n As Integer, x As Single
  Dim j As Single, w As Single
  x = 0: j=1: w=1
  x=fact(6, j)+fact(7, w)  '在表达式中调用函数过程 fact
  MsgBox "7!+6！的阶乘是:" & x
End Sub
Function fact(m As Integer, p As Single) As Single
  Dim i As Integer
  For i = 1 To m
   p = p * i
  Next i
  fact = p                    '函数值 p 必须赋给函数过程名 fact。
End Function
```

注意子过程和函数过程在定义和调用时的异同。

3. 参数传递

过程定义时可以设置一个或多个形参（即形式参数），多个形参之间用逗号分隔。每个形参的常见定义格式为：

```
[ByVal|ByRef] [形参名称] [()] [As 数据类型] [= 默认值]
```

各选项含义如下：

- ByVal：按值传递，表示该参数按值传递。
- ByRef：按地址传递，表示该参数按地址传递。默认为 ByRef。
- 默认值：任何常数或常数表达式。如果类型为 Object，则显式的默认值只能是 Nothing。

在过程被调用之前，形参未被分配内存，只是说明形参的类型和在过程中的作用。

有参数的过程被调用时，主调过程中的调用式必须提供相应的实参（即实际参数）。实参可以是常量、变量或表达式。实参的个数和类型必须与形参的个数和类型相匹配。

过程调用时，通过"形参与实参的结合"实现数据传递，数据传递可分为按值传递和按地址传递两种方式。

（1）按地址传递参数

在过程定义时，如果没有保留字 ByVal，或者形式参数被声明为 ByRcf，都表明是按地址传递参数。

按地址传递参数是在过程调用时，把实参变量的内存地址传递给被调过程中的形参，实参和形参具有相同的地址，因此被调用过程内部对形参的任何操作引起的形参值的变化都会影响实参的值。

（2）按值传递参数

在过程定义时，按值传递参数用保留字 ByVal 声明变量。调用过程时，VBA 给形参分配一个临时的内存单元，将实参的值传递给这个临时单元，而被调用过程内部对形参的任何操作引起的形参值的变化均不会影响实参的值，故称为"传值调用"。

值得指出的是：实参可以是常量、变量或表达式 3 种形式之一。常量与表达式在传递时，形参即便是传址（ByRef），实际传递的也只是常量或表达式的值。但实参是变量、形参是传址（ByRef）时，可以将实参变量的地址传递给形参。

例 7-19 举例说明有参过程的应用，其中主调过程 test_Click()，被调过程 Addnum()。

```
          ' 所调过程
   Private Sub test_Click()
     Dim J As Integer, m As Integer
     J=5 : M=8                    ' 赋值变量 J 的初始值为 5，M 的初始值为 8
     Call Addnum(J,M) ' 调用过程，传递实参 J，M 的值
     MsgBox "J=" & J & ", M=" & m          ' 注意：& 的前后均须空格
          ' 测试观察实参 J,M 的值的变化（消息框显示 J,M 值）
        End Sub
     ' 被调过程
          Private Sub Addnum(ByRef f As Integer , ByVal h As Integer)
     ' f 被声明为 ByRef 传址形式的整型形参
     ' h 被声明为 ByVal 传值形式的整型形参
     MsgBox "f=" & f & " , h=" & h
        ' 测试观察形参 f，h 的值（消息框显示 f,m 值）
     f=f+2     ' f 是传址形参（ByRef），表达式改变形参 f 即实参 J 的值
     h=h+2         ' h 是传值形参（ByVal），表达式仅改变形参 h 的值
   End Sub
```

当运行 test_Click() 过程和调用 Addnum() 时，将实参 J 的地址传递给形参 f，实参 M 的值传递给形参 h，被调过程中的 MsgBox 语句，显示变量 f 和 h 的值。变量 f 和 h 经过变换后，被调函数运行结束（End Sub），返回主调过程，主调过程中的 MsgBox 语句会显示实参变量 J 的值已经变化为 7，即被调过程 Addnum() 中形参 f 变化到最后的值 7(=5+2)。而实参变量 M 的值还是 8，没有发生变化，即被调过程 Addnum() 中形参 h 的变化不能反向传递给实参 M。表明变量的过程参数"传值调用"的只具有"单向"作用。

如果将主调过程 teat_Click() 中的调用过程语句 Call Addnum(J,M) 换成常量 Call Addnum(5,M)，经运行和测试会发现：在执行"MsgBox"J="& J & ",M="& m"语句后，显示实参变量 J 的值依旧是 5。表明常量或表达式的过程参数"传址调用"的"双向"作用无效。

总之，在有参过程的定义和调用中，形参的形式及实参的组织有很多的变化。如果充分了解不同的使用方式，就可以极大地提高模块化编程能力。

4. 变量的作用域和生存周期

在 VBA 编程中，变量定义的位置和方式不同，变量起作用的范围和存在的时间也不同，这就是变量的作用域和生存周期。VBA 变量的作用域有 3 个层次：局部变量、模块级变量和全局变量。

（1）局部变量

局部变量只在定义它的过程中才可以使用，也称为过程级变量。用户可以用保留字 Dim 或 Static 来声明这些变量。在一个窗体中，不同过程中定义的局部变量可以同名。例如，在一个窗体中有两个命令按钮，两个命令按钮的 Click 事件分别为：

```
Private Sub Command1_Click()
  Dim id As string
  …
End Sub
Private Sub Command2_Click()
  Dim id As string
  …
End Sub
```

在不同过程中定义的这两个同名变量 id 没有任何关系，应该看成两个不同的变量。

（2）模块级变量

譬如，在窗体模块的"通用"部分，用保留字 Dim、Static、Private 等声明变量，变量的作用域是本模块范围内，即对同一窗体模块的所有过程都可用，对其他窗体模块的代码不可用。如图 7-41 所示。

（3）全局变量

全局变量是公有模块级变量，用保留字 Public 或 Global 声明，如图 7-42 所示。可以从它声明的位置开始，在应用程序的所有过程和其他模块中引用。

图 7-41 模块级变量的声明　　图 7-42 全局变量的声明

（4）变量的生存周期

在给变量声明了作用范围后，变量就有了一个生存周期，即变量保留数值的时间。具体地说，就是变量第一次（声明时）出现到消失时的持续时间。

Dim 语句声明的过程级别变量将把数值保留到退出此过程为止。如果该过程调用了其他过程，则在这些过程运行的同时，该变量仍保留它的值。

如果用户希望在退出局部变量所在的过程后，仍保存该局部变量的值，可以用 Static 声明。如果过程级别的变量是用保留字 Static 声明的，则只要有代码正在运行，此变量就会保留它的值；而当所有代码都完成运行后，变量将不再起作用。所以，它的生存周期和全局变量是一样的。

例 7-20　创建一个窗体，并在窗体上添加一个文本框 text1，一个命令按钮 command1，该按钮的标题为"请单击"。如图 7-43 所示。

命令按钮 command1 的单击事件代码如下：

图 7-43 窗体界面

```
Private Sub Command1_Click()
    Dim m AsInteger
    m = m | 1
    Text1.Value = CStr(m)
End Sub
```

编写事件代码后，在窗体视图下，反复单击命令按钮，观察文本框中数值的变化：文本框中的数字始终为"1"。这是因为变量 m 是用 Dim 声明的，因此，当 m 所在的过程结束时（End Sub），变量 m 的生存周期也就结束了。

若将上述代码中的"Dim"换成"Static"，在窗体视图下，单击命令按钮，观察文本框中数值的变化，则每单击一次命令按钮，事件代码就会执行一次，文本框中的数字就会增加 1，因为用 Static 声明的变量的生存周期是全局的。也就是说，在本例中，窗口不关闭，变量 m 的生存周期就不会结束。当每次单击，上一次运行后 m 的存储单元及值仍然存在且能够沿用，每次执行"m=m+1"都会使 m 的值继续增加 1。

本章小结

本章介绍了 Access 数据库对象宏与模块的定义和功能，详细介绍了宏与模块的创建和运行过程。宏对象可包含 Access 的宏命令。模块对象可建立多个窗体公用的程序模块和类模块。

还介绍了面向对象、面向过程和事件驱动程序设计方法、宏与模块之间的转换，VBA 的编程环境、数据类型、基本语句、函数和过程。这些知识是程序设计的重要基础。

Access 数据库应用系统可以是桌面数据库（Windows 应用程序）或者 Web 数据库（Web 应用程序）。通常，它由零到多个公用的程序模块、类模块和一到多个窗体或者 Web 窗体，以及表、查询和报表对象构成。所以，Access 有两种模块对象：

1）模块：也称为标准模块。它是 Access 数据库对象，由用户在"模块（代码）"窗口里编写，用作多个窗体或报表的公用程序模块，包含一些公用变量声明和通用过程。

2）类模块：它是 Access 数据库对象，由用户在"类（代码）"窗口里编写，用于扩充功能，包含用户自定义的类模块。

此外，可在"窗体（代码）"窗口里编写事件处理过程和一般过程。

思考题

1. 什么是宏？

2. 宏与宏组的区别是什么？

3. 简述宏组的作用。

4. 运行宏有哪几种方法？

5. 什么是模块？

6. 如何创建模块？

7. 在窗体上添加一个命令按钮（名称为 Command1），然后编写如下程序：

```
Function m(x As Integer, y As Integer) As Integer
  m=IIf(x>y, x, y)
End Function
Private Sub Command1_Click()
  Dim a As Integer, b As Integer
  a=1
  b=2
  MsgBox m(a,b)
End Sub
```

打开窗体运行后，单击命令按钮，消息框的输出结果是什么？该程序有哪些 VBA 语句？分别是什么意思？

自测题

一、单项选择题（每题 1 分，共 40 分）

1. 下面关于宏的说法错误的是_____。

　A. 宏能够一次完成多个操作

　B. 每一个宏命令都是由操作和操作参数组成的

　C. 宏可以是很多宏命令组成在一起的宏

　D. 宏是用编辑的方法来实现的

2. 下面关于宏和宏操作的说法错误的是_____。

　　A. 可以使用宏组管理相关的一系列宏

　　B. 使用宏可以启动其他应用程序

　　C. 所有宏操作都可以转化为相应的模块代码

　　D. 宏的关系表达式中不能应用窗体或报表的控件值

3. 用于执行指定的外部应用程序的宏命令是_____。

　　A. RunSQL　　　　　　B. RunApp　　　　　　C. Requery　　　　　　D. Quit

4. 用于打开报表的宏命令是_____。

　　A. OpenForm　　　　　B. OpenQuery　　　　　C. OpenReport　　　　D. RunSQL

5. 某个宏要先打开一个窗体，而后再关闭该窗体的两个宏操作是_____。

　　A. OpenForm,Close　　B. Openform,Quit　　　C. OpenQuery,Close　　D. OpenQuery,Quit

6. 用于最大化窗口的宏操作是_____。

　　A. Minimize　　　　　B. Requery　　　　　　C. Maximize　　　　　D. Restore

7. 在宏操作的表达式中要引用报表 exam 上控件 Name 的值，可以使用引用式_____。

　　A. Reports!Name　　　　　　　　　　　B. Reports!exam!Name

　　C. exam!Name　　　　　　　　　　　　D. Reports exam Name

8. 若要限制宏命令的操作范围，可以在创建宏时定义_____。

　　A. 宏操作对象　　　　　　　　　　　　B. 宏条件表达式

　　C. 窗体或报表控件属性　　　　　　　　D. 宏操作目标

9. 在设计条件宏时，对于连续重复的条件，要替代重复条件式可以使用下面的符号_____。

　　A. …　　　　　　　　B. =　　　　　　　　C. ,　　　　　　　　D. ;

10. 以下数据库对象_____可以一次执行多个操作。

　　A. 数据访问页　　　　B. 菜单　　　　　　　C. 宏　　　　　　　　D. 报表

11. 宏是指一个或多个_____。

　　A. 命令集合　　　　　　　　　　　　　B. 操作集合

　　C. 对象集合　　　　　　　　　　　　　D. 条件表达式集合

12. 要限制宏命令的操作范围，可以在创建宏时定义_____。

　　A. 宏操作对象　　　　　　　　　　　　B. 宏条件表达式

　　C. 窗体或报表空间属性　　　　　　　　D. 宏操作目标

13. VBA 的自动运行宏，应当命名为_____。

　　A. AutoExec　　　　　B. Autoexe　　　　　　C. Auto　　　　　　　D. AutoExec.bat

14. 在 Access 数据库系统中，不是数据库对象的是_____。

　　A. 数据库　　　　　　B. 报表　　　　　　　C. 宏　　　　　　　　D. 查询

15. 创建宏时不用定义_____。

　　A. 宏名　　　　　　　　　　　　　　　B. 窗体或报表控件属性

　　C. 宏操作目标　　　　　　　　　　　　D. 宏操作对象

16. 能执行宏操作的是_____。

　　A. 创建宏　　　　　　B. 编辑宏　　　　　　C. 运行宏　　　　　　D. 创建宏组

17. 关于宏叙述错误的是_____。

　　A. 宏是 Access 的一个对象

B. 宏的主要功能是使操作自动进行

C. 使用宏可以完成一些重复的人工操作

D. 只有熟悉各种语法、函数，才能写出功能强大的宏命令

18. 宏组中宏的调用格式是_____。

A. 宏组名 . 宏名　　　　　　　　　　　B. 宏组名！宏名

C. 宏组名［宏名］　　　　　　　　　　D. 宏组名（宏名）

19. 宏中的每一个操作都有名称，用户_____。

A. 能够更改操作名　　　　　　　　　　B. 不能更改操作名

C. 能对有些宏名进行更改　　　　　　　D. 能够调用外部命令更改操作名

20. 对于一个非条件宏，运行时系统会_____。

A. 执行部分操作　　　　　　　　　　　B. 执行全部宏操作

C. 执行设置了参数的宏操作　　　　　　D. 等待用户选择执行每个操作宏

21. 下列操作适合使用 VBA 而非宏的是_____。

A. 数据库的复杂操作和维护

B. 建立自定义菜单栏

C. 从工具栏上的按钮执行自己的宏或者程序

D. 将筛选程序加到各个记录中，从而提高记录的查找速度

22. CloseWindows 不可以关闭_____。

A. 表　　　　　B. 窗体　　　　　C. 当前窗口　　　　　D. 数据库

23. 在操作参数中输入表达式时，不能用"="开头的是_____表达式。

A. OpenForm　　　B. OpenReport　　　C. SetValue　　　D. RunApp

24. 表达式 IsNull(［名字］) 的含义是_____。

A. 没有"名字"字段　　　　　　　　　B. "名字"字段值是空值

C. "名字"字段值是空字符串　　　　　　D. 检查"名字"字段名的有效性

25. 用于打开窗体的宏命令是_____。

A. OpenForm　　　B. OpenReport　　　C. OpenQuery　　　D. OpenTable

26. 用于打开查询的宏命令是_____。

A. OpenForm　　　B. OpenReport　　　C. OpenQuery　　　D. OpenTable

27. 模块是 Access 数据库对象，由用户在"模块（代码）"窗口编写，用作多个窗体或报表的全局程序模块，包含一些_____变量声明和通用过程。

A. 宏　　　　　B. 公用　　　　　C. 窗体或报表　　　　　D. 私有

28. 从 VBA 代码过程中直接运行宏，可以使用 DoCmd 对象的_____。

A. RunMacro 方法　　　　　　　　　　B. AutoExec 方法

C. RunCommand 方法　　　　　　　　　D. SendObject 方法

29. 属于运行和控制流程的宏操作是_____。

A. Close　　　B. Quit　　　C. RunCommand　　　D. Restore

30. 下列给出的选项中，_____是非法的变量名。

A. sum　　　B. rem　　　C. integer_2　　　D. form1

31. 在 VBA 中，系统能自动检查出来的语句错误是_____。

A. 语法错误　　　B. 逻辑错误　　　C. 运行错误　　　D. 注释错误

32. 如果在被调用的过程中改变了形参变量的值；但又不影响实参变量本身，这种参数传递方式称为__

_____。

    A. 按值传递   B. ByRef 传递

    C. 按地址传递   D. 按形参传递设置属性值

33. 若窗体 Frm1 中有命令按钮 Cmd1，则窗体和命令按钮的 Click 事件过程名分别为_____。

    A. Form_Click()、Command1_Click()

    B. Frm1_Click()、Command1_Click()

    C. Form_Click()、Cmd1_Click()

    D. Frm1_Click()、Cmd1_Click()

34. 关于类模块的说法不正确的是_____。

    A. 窗体模块和报表模块都属于类模块，它们从属于各自的窗体或报表

    B. 窗体模块和报表模块具有局部特性，其作用范围局限在所属窗体或报表

    C. 窗体模块和报表模块中的过程可以调用标准模块中已经定义好的过程

    D. 窗体模块和报表模块生命周期是伴随着应用程序的打开而开始、关闭结束

35. 在模块中执行宏"macro1"的格式为_____。

    A. Function. RunMacro MacroName

    B. DoCmd. RunMacro macro1

    C. Sub.RunMacro macro1

    D. RunMacro macro1

36. VBA 中定义符号常量可以用保留字_____。

    A. Const   B.Dim   C. Public   D.Static

37. 如果 X 是一个正的实数，保留两位小数、将千分位四舍五入的表达式是_____。

    A. 0.01* Int(X+0.05)   B. 0.01* Int((X+0.005)*100)

    C. 0.01* Int(X|0.005)   D. 0.01* Int((X+0.05)*100)

38. VBA 的逻辑值进行算术运算时，True 值被当作_____。

    A. 0   B. −1   C. 1   D. 任意值

39. 下面过程运行之后，变量 J 的值为_____。

```
Private Sub Fun()
 Dim J As Integer
 J=5
 Do
  J=J+2
 Loop While J>10
End Sub
```

    A. 5   B. 7   C. 9   D. 11

40. 下列程序段的运行结果是_____。

```
Dim i As Integer, s As Integer
s=0
For i=1 To 10 Step 1
 s=s+i
Next i
```

    A. s=0   B. s=10   C.死循环   D. s=55

二、填空题（每空 1.5 分，共 30 分）

1. 如果要建立一个宏，希望执行该宏后，首先打开一个表，然后打开一个窗体，那么在该宏中应该使用 OpenTable 和_____两个操作命令。

2. 定义_____有利于数据库中宏对象的管理。

3. VBA 的自动运行宏必须命名为_____。

4. 宏以操作为基本单位，一个宏命令能够完成一个操作，宏命令是由_____组成的。

5. 宏组事实上是包含有多个_____的集合。

6. _____命令用于显示消息框。

7. 经常使用的宏运行方法是：将宏赋予某一窗体或报表控件的_____，通过触发事件运行宏或宏组。

8. 运行宏有两种选择：一是依照宏命令的排列顺序连续执行宏操作，二是依照宏命令的排列顺序_____。

9. 在模块的声明部分使用"Option Base 1"语句，然后定义数组 B(2 to 5,5)，则该数组的元素个数为_____。

10. 在窗体上有一个命令按钮 Command1 和一个文本框 Text1，编写事件代码如下：

```
Private Sub Command1_Click( )
  Dim i , j, k
  For i = 1 to 10 Step 2
     k=0
     For j = i To 10 Step 3
      k=k+1
     Next j
  Next i
  Text1.Value =str(k)
End Sub
```

打开窗体运行后，单击命令按钮，文本框中显示的结果是_____。

11. 在窗体上有一个命令按钮 Command2，编写事件代码如下：

```
Private Sub Command2_Click( )
  Dim x As Integer
  x=0
  Do
   x=inputbox("x=")
   If (x Mod 10 )+Int(x/10)=10 Then Debug.Print x
  Loop Until x =0
End Sub
```

打开窗体运行后，单击命令按钮，依次输入"10 37 55 23 64 48 0"，立即窗口中输出的结果是_____。（在 Access 中，按 Ctrl+G 键显示"立即窗口"。）

12. 在窗体上有一个命令按钮 Command3，编写事件代码如下：

```
Private Sub Command3_Click( )
  Dim d1 As Date,d2 As Date
  D1=#2012/12/5#
  D2=#2012/12/25#
  Msgbox DateDiff("ww",d1,d2)
End Sub
```

打开窗体运行后，单击命令按钮，消息框中输出的结果是_____。

13. 在窗体中有一个文本框 Text1，在文本框中输入"456Abc"后，立即窗口中输出的结果是_____。

```
Private Sub Text1_KeyPress(KeyAscii As Integer)
  Select Case KeyAscii
        Case 97 To 122
         Debug.Print Ucase (Chr(KeyAscii));
        Case 65 To 90
         Debug.Print Lcase (Chr(KeyAscii));
        Case 48 To 57
         Debug.Print Chr(KeyAscii);
        Case Else
         KeyAscii=0
  End Select
End Sub
```

14. 下列程序的功能是找出能被 5、7 除，且余数为 1 的最小的 5 个正整数。请在程序空白处填写适当的内容，使程序能实现指定的功能。

```
Private Sub Form_Click( )
  Dim x As Integer, n%
  x=0 : n=1
  Do
   n=n+1
   If ___ Then
    Debug.Print n
    x=x+1
    End If
  Loop Until x =5
  End Sub
```

15. 在窗体上添加一个命令按钮 command1，然后编写如下程序，打开窗体运行后，单击命令按钮，消息框的输出结果为_____。

```
Private Sub Command1_Click( )
  Dim s As Integer
    s=2
    For i=3.2 To 4.9 Step 0.8
     s=s+1
    Next i
    MsgBox ("i="&i & " , s="&s)
  End Sub
```

16. 运行下列程序，结果是_____。

```
Private Sub Command3_Click( )
    f0=1 : f1=1: k=1
    Do While k<=5
    f=f0+f1
       f0=f1
       f1=f
      k=k+1
    Loop
    MsgBox "f="&f
  End Sub
```

17. 有如下事件程序，运行该程序后输出结果是_____。

```
Private Sub Command33_Click()
```

```
Dim x As Integer , y As Integer
    x=1:y=0
    Do Until y>=25
      y=y+x*x
      x=x+1
    Loop
    MsgBox "x="& x & ", y=" &y
End Sub
```

18. 下列程序的功能是计算 sum=1+(1+3)+(1+3+5)+…+(1+3+5+…+39)。

```
Private Sub Command34_Click( )
   t=0: m=1: sum=0
   Do
    t=t+m
    sum=sum+t
    m=_____
   Loop While m<=39
   MsgBox "Sum=" & sum
End Sub
```

为了保证程序正确完成上述功能，空白处应填入的语句是_____。

19. 有如下程序段：

```
Dim Number,Digits,MyString
Number=53
If Number<10 Then
        Digits=2
Else
        Digits=3
End If
```

将该程序段中的 If 语句用单行的格式，应该写成_____。

20. 已知如下程序段：

```
Dim Mychar
MyChar=Char(97)
```

执行以上程序段后，MyChar 的值为_____。

三、判断题（每题 1 分，共 10 分，正确的写"T"，错误的写"F"）

（   ）1. 定义宏组有利于数据库中宏对象的管理。

（   ）2. 如果要在 Visual Basic 中运行 OpenTable 操作，可以使用 DoCmd 对象的 OpenTable 方法。

（   ）3. 任何宏都可以转换为等价的 VBA 代码。

（   ）4. 当使用 Static 语句取代 Dim 语句时，所声明的变量在调用时不沿用上次调用后的值。

（   ）5. 条件宏的条件项的返回值总是"真"。

（   ）6. Dim New Array(10) As Integer 定义了 10 个整型数构成的数组，数组元素为 NewArray(1) 至 NewArray(10)。

（   ）7. 当在变量名称后没有附加类型说明字符来指明隐含类型变量的数据类型时，默认为 Variant 数据类型。

（   ）8. 宏的条件表达式中不能引用窗体或报表的控件值。

（   ）9. 宏操作 GoToRecord 的参数类型是对象类型。

(   ) 10. 窗体模块和报表模块都属于标准模块。

四、简答题（每题 4 分，共 20 分）

1. 简述什么是宏。

2. 运行宏有几种方法？各有什么不同？

3. 在 VBA 中，变量类型有哪些？类型符分别是什么？

4. 变量定义语句有哪几个？功能有什么不同？

5. 在窗体上添加一个命令按钮（名为 Command1），然后编写如下程序：

```
Function m(x As Integer, y As Integer) As Integer
    m=IIf (x>y, x ,y)
End Function
Private Sub Command1_Click()
    Dim a As Integer, b As Integer
    a=1
    b=2
    MsgBox m(a, b)
End Sub
```

打开窗体运行后，单击命令按钮，消息框的输出结果为_____。请解释每个语句的含义。

第 8 章　Web 数据库及数据库管理

Access 数据库程序设计就是创建"桌面数据库"或"Web 数据库"。若对桌面数据库执行"拆分数据库"之类的操作，则可以建立多用户共享的网络数据库。也就是说，应用 Access 2010 可以设计 3 种数据库：单用户桌面数据库、Web 数据库和多用户网络数据库。第一种为单机版，第二、三种为网络版。第二种采用 B/S（浏览器 / 服务器）工作模式，第三种采用 C/S（客户端 / 服务器）工作模式。

在第 1 ～ 7 章，介绍了如何应用 Access 2010 创建单用户桌面数据库，包含 Windows 数据库应用程序。类似地，可以创建 Web 数据库，包含 Web 数据库应用程序。

本章首先介绍 Web 数据库的基本概念，接着介绍如何应用 Access 2010 创建 Web 数据库和发布 Web 数据库。然后介绍数据库管理，包括设置独占或共享数据库、拆分数据库、设置数据库密码、压缩和修复数据库、备份和恢复数据库。

8.1　Web 数据库

基于 Web 的数据库应用是将数据库技术和 Web 技术有机地结合在一起，构成通过浏览器访问数据库的 Internet 或 Intranet 信息服务系统。

构建 Web 数据库应用系统的技术方法不尽相同。本节只介绍如何应用 Access 2010 建立和发布 Web 数据库到 Microsoft SharePoint Server 2010（微软办公软件共享服务器）以供用户浏览。

8.1.1　概述

World Wide Web（万维网）简称为 WWW 或 Web，它是欧洲粒子物理实验室（CERN）开发的主从结构分布式（客户机 / 服务器模式）超文本系统，起源于 1989 年 3 月。1992 年 1 月，Web 的第一个版本在瑞士日内瓦问世。

Web 是一个全球性的信息系统，使计算机能够在 Internet 上相互传送基于超媒体的数据信息。网页、数据库及其应用程序文件存放在称为 Web 服务器的计算机上，等待用户访问。

目前，人们越来越多地在 Internet 或 Intranet 上发布、交换和获取信息。在 Internet 或 Intranet（企业内部网）上分布着大量的 Web 服务器和网站，只要用户在客户机的浏览器中输入网站的 URL（统一资源定位器，俗称为网址），就可以浏览该网站的主页（首页）和其余网页。

网页分为静态网页和动态网页两种类型。静态网页保存为 .htm 或 .html 文件，它仅包含其运行之前即制作网页时就确定的不变的内容。动态网页保存为 .asp 等文件，它包含应用程序完成计算或数据库查询的结果，需要为其设计应用程序甚至数据库，还需要应用程序服务器和数据库服务器，或者 SharePoint 服务器。

基于 Web 的数据库称为 Web 数据库。Web 数据库应用系统采用 B/S（浏览器 / 服务器）工作模式，其系统结构为三层结构，包括浏览器、Web 服务器和数据库服务器，由多系统集成，如图 8-1 和图 8-2 所示。

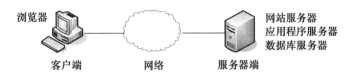

图 8-1 用 IIS 构建的 Web 数据库应用系统

在如图 8-1 的服务器端，需要安装与配置 Windows 操作系统包含的组件 IIS（Internet Information Server，Internet 信息服务器）、Access 2010 数据库管理系统，以及用 Access 2010 建立的桌面数据库。IIS 用于建立与管理"网站服务器"和"应用程序服务器"，二者一起称为 Web 服务器，在安装 IIS 时一并安装。本节不介绍这种方法。

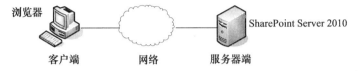

图 8-2 用 Microsoft SharePoint Server 2010 构建的 Web 数据库应用系统

在如图 8-2 的服务器端，需要下载、安装和配置 Microsoft SharePoint Server 2010；用 Access 2010 建立 Web 数据库，并且发布到 SharePoint 服务器供用户浏览。本节将介绍这种方法。

Internet 上的资源都是存放在 Internet 服务器上的。当用户上网时，可能访问的是一台大洋彼岸美国计算机上的信息，也可能就是隔壁邻居计算机上的信息。用户要做的只是在浏览器地址栏里输入网址并按下 Enter 键。那么浏览者访问的信息是如何到达自己的计算机上的呢？

动态网页的浏览过程如图 8-3 所示。

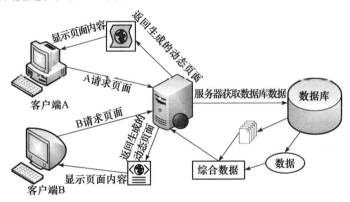

图 8-3 动态网页的浏览过程

动态网页的主要特点归纳如下：

1）动态网页以应用程序和数据库技术为基础。

2）动态网页实际上并不是已经存在于服务器上的网页文件。当用户请求时，服务器会执行其应用程序，返回一个生成的动态页面。

3）采用动态网页技术的网站可以实现更多的功能，如用户注册、用户登录和在线购物等。

8.1.2 创建 Web 数据库

SharePoint Server 2010（微软办公软件共享服务器）软件包含的新组件 Access Services 提供了可在 Web 上使用的数据库平台。Web 数据库设计者可以使用 Access 2010 和 SharePoint

设计和发布 Web 数据库，以便用户在 Web 浏览器中使用 Web 数据库。

桌面数据库和 Web 数据库的设计有些差异。在桌面数据库中可以使用的某些数据库功能在 Web 数据库和 Access Services 中不可用。

1. 在创建 Web 数据库之前要完成的任务

1）确定数据库的用途。制定明确计划，以便在创建详细信息时做出明智的决策。

2）查找和组织所需的数据。由于在 Web 数据库中不能使用链接表，所以必须确定哪些外部数据是在创建 Web 数据库时（发布之前）要导入的。

3）安装或确定用于发布的 SharePoint 网站服务器。若希望设计 Web 数据库时能在浏览器中测试它，则首先必须能够发布它。若没有 SharePoint 服务器、网址（URL），及其用户名和密码，则不能发布任何内容。

4）规划安全性。利用 SharePoint 服务器安全性，可以控制对 Web 数据库的访问。应在早期规划安全性，以便将其融入到设计中。

在确定应用程序必须执行的操作时，考虑数据库模板是否有用。数据库模板是 Access 预建的应用程序，可以按原样使用，也可以进行修改以满足特定需求。在"文件"（Backstage 视图：后台窗口）的"新建"选项卡里，可以查看和选择数据库模板。

2. 从空白 Web 数据库开始

1）如图 8-4 所示，在"文件"选项卡上，单击"新建"|"空白 Web 数据库"。

图 8-4 创建"空白 Web 数据库"

2）查看"文件名"框中建议的文件名以及下面列出的数据库文件的路径。单击"文件名"框旁边的文件夹图标，浏览和选择 Web 数据库文件的存放位置；在"文件名"框中键入相应内容可以更改文件名，例如命名为 WebDB1.accdb。

3）单击"创建"。此时将打开新的 Web 数据库，并显示一个新的空表。

3. 设计和创建 Web 表

使用"数据表"视图可以设计或修改 Web 表。首次创建空白 Web 数据库时，Access 会创建一个新表，并在"数据表"视图中打开它。

可以使用"字段"选项卡和"表"选项卡上的命令添加字段、索引、验证规则和数据宏，数据宏是一个新功能，允许基于事件更改数据。

首次创建表时，它包含一个字段：自动编号，如图 8-5 所示。"自动编号" ID 字段是 Access 数据库中的一种字段数据类型，当向表中添加一条新记录时，这种数据类型会自动从 1 开始，为每条记录依次存储一个唯一的编号。

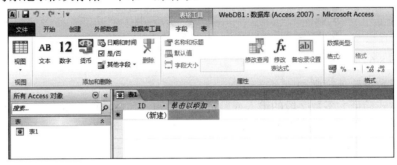

图 8-5　ID 字段

（1）对表添加新字段

例如，添加"学号"字段。可以采用下述方法之一。

方法一：从字段库添加字段。在"字段"选项卡上的"添加和删除"组中，单击所需的字段类型，如"文本"、"数字"等。

方法二：单击表头上的"单击以添加"添加字段。操作如下：

1）在打开表后，单击"单击以添加"，见图 8-6，可选择所需的字段类型。

2）双击"单击以添加"，给该字段重命名一个反映其内容的名称，如"学号"。

3）对要创建的每个字段重复步骤 1）和 2）。

此后，若要删除字段，则在表中用鼠标右键单击要删除的列，选择"删除字段"命令。

（2）更改字段属性

例如，更改字段的数据类型、格式等属性。操作如下：

1）选择要更改格式和属性的字段。

2）在功能区上，单击"字段"选项卡。

3）使用"属性"、"格式"或"字段验证"组中的命令更改设置。

（3）添加计算字段

计算字段用于显示利用本表中其他列的数据计算的值。但是，其他表中的数据不能用作计算数据的来源，计算字段不支持某些表达式。操作如下：

1）在打开表后，单击"单击以添加"。

2）指向"计算字段"，单击该字段所需的数据类型，见图 8-6。

3）此时，会打开"表达式生成器"对话框，见图 8-7。在"表达式生成器"对话框里，按需单击某个"表达式元素"或双击"表达式类别"、"表达式值"，即可快捷地创建计算字段的计算公式。

图 8-6   添加计算字段

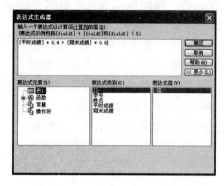

图 8-7   "表达式生成器"对话框

（4）设置数据验证规则

使用表达式验证大多数字段的输入或验证记录的输入，此功能非常有用，见图 8-8。

其中，可以指定在验证规则阻止输入时所显示的消息，称为验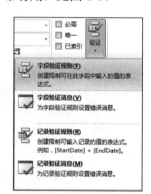
证消息。设置字段验证规则和消息的具体操作如下：

1）选择要添加验证规则的字段。

2）在功能区上单击"字段"选项卡。

3）在"字段验证"组中，单击"验证" | "字段验证规则"。

4）此时会打开表达式生成器。使用表达式生成器创建验证规则。

类似地，在"字段验证"组中，单击"验证" | "字段验证消息"；
键入希望在输入数据无效时显示的消息，然后单击"确定"按钮。

使用记录验证规则可以防止记录重复，也可以要求记录满足某个组
合条件，例如，［开始日期］大于 2010 年 1 月 1 日并小于［结束日期］。

图 8-8   设置数据验证

设置记录验证规则和消息的具体操作如下：

1）打开要添加验证规则的表。

2）在功能区上单击"字段"选项卡。

3）在"字段验证"组中，单击"验证" | "记录验证规则"。

4）此时会打开表达式生成器。使用表达式生成器创建验证规则。

类似地，在"字段验证"组中，单击"验证" | "记录验证消息"；键入希望在输入数据
无效时显示的消息，然后单击"确定"按钮。

（5）创建两个 Web 表之间的关系

若要在 Web 数据库中创建关系，，可以使用查阅向导创建一个查阅字段。查阅字段转至
位于此关系的"多"端的表，并指向位于此关系的"一"端的表。

在"数据表"视图中创建查阅字段的具体操作如下：

1）打开要将其置于此关系的"多"端的表。

2）单击"单击以添加"旁边的箭头，然后单击"查阅和关系"。

3）按照查阅向导的步骤，进行操作以创建查阅字段。

在"数据表"视图中修改查阅字段的具体操作如下：

1）打开包含要修改的查阅字段的表。

2）在"字段"选项卡上的"属性"组中，单击"修改查阅"。或者右键单击该查阅字段，然后单击"修改查阅"。

3）按照查阅向导的步骤进行操作。

（6）使用数据宏维护数据完整性

使用数据宏可以实现级联更新和删除。使用"表"选项卡上的命令，可以创建用来修改数据的嵌入宏，见图 8-9。读者可以进一步查阅 Access 2010 的"帮助"信息。

（7）创建新的 Web 表

在"创建"选项卡上的"表"组中，单击"表"；其余操作如上所述。

图 8-9 "表"选项卡

4. 创建 Web 查询

对于 Web 数据库，同样可以使用查询作为窗体和报表的数据源。Web 查询在服务器上运行，从而有助于最大程度减少网络流量。

具体操作如下：

1）在"创建"选项卡上的"其他"组中，单击"查询"。

2）在"显示表"对话框中，双击要包含的每个表，然后单击"关闭"。

3）在查询设计窗口中，将字段从一个对象拖至另一个对象，照此方法创建任何需要的联接。例如，将一个表的"学号"，拖到另一个表的"学号"上。

4）添加要使用的字段。可将字段拖至网格，也可以双击字段来添加。

5）添加要使用的查询条件。

5. 创建 Web 窗体

Web 窗体是 Web 数据库中输入和编辑数据的主要方式，而且对于审核数据也很有用。Web 窗体在浏览器中运行，从而有助于优化性能。打开窗体时，浏览器将从 SharePoint 服务器检索所需的数据。可以对窗体中的数据进行筛选和排序，而不必再次从服务器检索数据。为实现最佳性能，须限制主窗体检索的记录数。

具体操作如下：

1）选择要用作数据源的对象：表或查询。如果要创建未绑定窗体，可跳过此步骤。

2）在"创建"选项卡上的"窗体"组中，单击以下某个按钮：

● 窗体：利用所选择的数据源对象，创建一次显示一条记录的简单窗体。如果正在创建未绑定窗体，此按钮不可用。

● 多个项目：利用所选择的数据源对象，创建一次显示多条记录的窗体。如果正在创建未绑定窗体，此按钮不可用。

● 空白窗体：创建没有任何内容的窗体。

● 数据表：利用所选择的数据源对象，创建外观和行为与数据表相似的窗体。如果正在创建未绑定窗体，此按钮不可用。

6. 创建 Web 报表

Web 报表是审核或打印 Web 数据库中数据的主要方式。Web 报表在浏览器中运行，从而有助于优化性能。打开报表时，浏览器将从 SharePoint 服务器检索所需的数据。可以对报表中的数据进行筛选和排序，而不必再次从服务器检索数据。为实现最佳性能，须限制报表检索的记录数。

具体操作如下：

1）选择要用作数据源的对象：表或查询。

2）在"创建"选项卡上的"报表"组中，单击以下某个按钮：

- 报表：利用所选择的数据源对象，创建基本报表。
- 空报表：创建没有任何内容的报表。

7. 创建导航窗体

用户需要一种集成或导航 Web 数据库应用程序的方式。请记住，导航窗格在 Web 浏览器中不可用。为了能够让用户使用数据库对象，必须为他们提供一种方法——创建导航窗体。并且，在 Access 2010 中单击"文件"选项卡｜"选项"｜"当前数据库"，指定"Web 显示窗体"为此导航窗体，以便 Web 浏览器打开应用程序时显示它。

往往要等到最后才能创建导航窗体，以便创建此窗体时向其添加所有对象。

具体操作如下：

1）在功能区上，单击"创建"选项卡。在"窗体"组中，单击"导航"，然后从列表中选择导航布局。若要添加项目，将其从导航窗格中拖至导航控件。只能向导航控件添加窗体和报表。

2）往导航窗体添加所需的其他合法控件。

见图 8-10，显示了 Web 数据库模板"联系人"所创建的导航窗体"主要"，它是 Web 数据库"联系人"的主界面，将导航窗格中的其他对象集成到了一个导航窗体中，"导航"为"水平标签，2 级"结构。

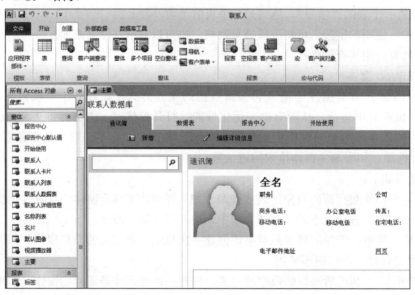

图 8-10　Web 数据库"联系人"的主界面"主要"

8.1.3 发布 Web 数据库

用 Access 2010 建立的 Web 数据库不能发布到 IIS 的 Web 服务器。Access Services 提供了可在 Web 上使用的数据库平台。程序员可以应用 Access 2010 设计 Web 数据库，使用在 Intranet 或 Internet 上安装的 SharePoint 服务器发布 Web 数据库。然后，用户就可以在 Web 浏览器中浏览 Access 2010 建立的 Web 数据库。

1. SharePoint 服务器的硬／软件要求、下载、安装和配置

SharePoint 服务器的硬／软件要求较高。譬如要求计算机的 CPU（中央处理器）字长为

64 位，主频为 2.5 GHz 以上，内存为 2 GB 以上；操作系统为 Windows Server 2003 Service Pack 1 以上，还需要装有 Microsoft .NET Framework 3.0 等。

"64 位计算机"指的是 CPU 一次能处理的最大位数为二进制 64 位。在 Windows 附件的 "命令提示符"窗口中，可输入 systeminfo 命令，显示"系统类型"为 x86 则是 32 位计算机，x64 则是 64 位计算机。32 位计算机的 CPU 一次最多能处理 32 位数据，例如其通用寄存器是 32 位。32 位计算机通常也可以处理 16 位和 8 位数据。64 位操作系统只能安装在 64 位计算机上。32 位操作系统安装在 64 位计算机上，其硬件恰似"大牛拉小车"，64 位效能就会大打折扣。

可免费下载、安装和配置 SharePoint Server 2010。在安装 SharePoint Server 2010 后，可用本机的管理员名称及密码设置 SharePoint 网站的网址和权限，以便按照网址发布和根据权限使用 Web 数据库。各种权限及其含义如下：

1）完全控制：允许更改数据和设计。

2）参与：允许进行数据更改，但不允许进行设计更改。

3）读取：允许读取数据，但不能进行任何更改。

2. 发布 Web 数据库

将 Web 数据库发布到 SharePoint 网站时，可能某些桌面数据库功能不受支持。所以，首先要使用兼容性检查器对数据库进行检查。

通过兼容性检查器检查数据库对象，查找可能阻止正确发布数据库的问题。如果没有问题出现，兼容性检查器会报告数据库与 Web 兼容。具体操作如下：

1）打开用 Access 2010 建立的 Web 数据库，例如："联系人 .accdb"文件，如图 8-11 所示。

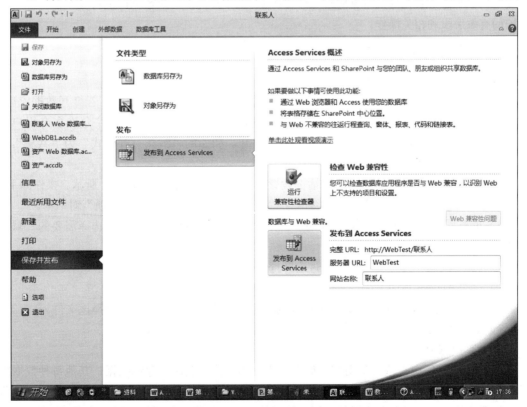

图 8-11　发布 Web 数据库

2）单击"文件"选项卡｜"保存并发布"。

3）在"发布到 Access Services"下面，单击"运行兼容性检查器"按钮。

4）在"发布到 Access Services"下面，填写以下内容：

①在"服务器 URL"框中，键入要在其中发布数据库的 SharePoint 服务器的网址。例如，http：//WebTest/。

②在"网站名称"框中，键入 Web 数据库的名称。此名称将附加在服务器 URL 后面，以生成应用程序的 URL。例如，如果"服务器 URL"为 http：//WebTest/，"网站名称"为 WebDB1，那么应用程序的完整 URL 为 http：//WebTest/WebDB1。

5）单击"发布到 Access Services"按钮。

发布 Web 数据库时，Access Services 将创建包含此数据库的 SharePoint 网站。所有数据库对象和数据均移至该网站中的 SharePoint 列表。

3. 同步 Web 数据库

在更改 Web 数据库设计或者数据库脱机后，需要进行同步。同步可弥补计算机上的数据库文件与 SharePoint 网站上的数据库文件之间的差异。具体操作如下：

1）在 Access 2010 中打开 Web 数据库。

2）单击"文件"选项卡，然后单击"全部同步"按钮。

8.2 数据库管理

在创建数据库以后，为了保证数据库应用系统的安全可靠地正常运行，必须对数据库施行安全保护和做好数据库的日常管理工作。Access 2010 提供了对数据库进行安全保护和管理维护的有效手段和相关操作。

8.2.1 设置独占或共享数据库

1. 设置数据库的"打开模式"

若打开数据库后，只允许一个用户使用数据库，则称为独占数据库。若打开数据库后，允许多个用户同时使用数据库，则称为共享数据库。在网络应用中，往往允许多个用户同时使用一个数据库的表，应当以"共享"模式打开。初始的"默认打开模式"为"共享"。

有两种方法设置数据库的"打开模式"：

方法一：使用"Access 选项"对话框设置"默认打开模式"，如图 8-12 所示。操作如下：

1）在 Access 2010 中，单击"文件"｜"选项"后，显示"Access 选项"对话框。

2）单击"客户端设置"，向下拖动垂直滚动条，在"高级"栏里可以选择需要的"默认打开模式"。

方法二：使用"打开"对话框临时选择打开模式，如图 8-13 所示。操作如下：

1）启动 Access 2010，在"文件"选项卡里单击"打开"按钮。

2）在"打开"对话框中，通过浏览找到要打开的数据库文件，然后选择该文件。

3）单击"打开"按钮旁边的箭头，然后单击"以独占方式打开"。

2. 共享数据库

Access 数据库由一些对象组成，如表、查询和窗体。表用于存储数据，其他每种数据库对象可使用存储在表中的数据。当要共享数据库时，通常是要共享表，因为这些表中包含所需的数据。共享表时，务必确保每个用户使用的是相同的表，以便每个用户使用相同的数据。

其他数据库对象（查询、窗体、报表等）不包含数据。因此，每个用户使用相同的这类对象就不那么重要。实际上，使用此类对象的不同副本可以提高效率。根据应用的需求和资源，可以有 4 种方法共享数据库，分别介绍如下。

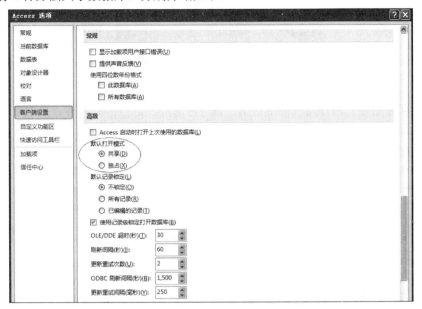

图 8-12　设置"默认打开模式"

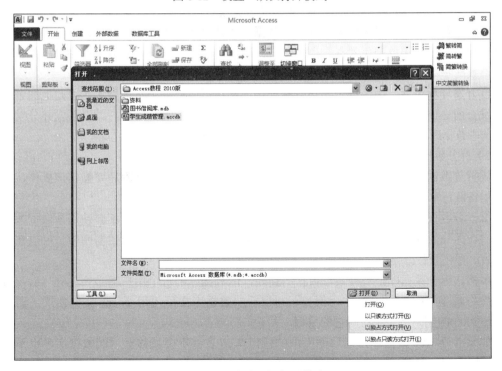

图 8-13　临时选择打开模式

（1）拆分数据库

如果没有 SharePoint 网站或数据库服务器产品，则这是一个好的选择。将表放置在一个称为"后端数据库"的 Access 文件中，将其他任何对象放置在另一个称为"前端数据库"的 Access 文件中。前端数据库包含指向"后端数据库"文件中的表的链接。每个用户都将获得自己的前端数据库副本，大家仅仅共享表，如图 8-14 所示。

图 8-14　拆分数据库

如果数据库由多个用户通过网络共享，则应考虑对其进行拆分。拆分数据库不仅有助于提高数据库的性能，还能降低数据库文件损坏的风险。

1）拆分数据库的优点。

①性能提高。由于只需通过网络发送数据，数据库的性能通常会得到显著提高。如果在未进行拆分但通过使用网络文件夹共享的数据库中，则需要通过网络发送数据库对象本身（表、查询、窗体、报表、宏和模块），而不仅仅是数据。

②可用性更好。由于只有数据在网络上传输，因此可以迅速完成记录编辑等数据库事务，从而提高了数据的可编辑性。

③安全性增强。如果将后端数据库存储在使用 NTFS 文件系统的计算机上，则可以使用 NTFS 安全功能来帮助保护数据。由于用户使用链接表访问后端数据库，因此，入侵者不太可能通过窃取前端数据库或佯装授权用户，对数据进行未经授权的访问。默认情况下，Windows XP、Windows 7 或 Windows 8 均使用 NTFS 文件系统。

④可靠性提高。如果用户遇到问题且数据库意外关闭，则数据库文件损坏范围通常仅限于该用户打开的前端数据库副本。由于用户只通过使用链接表访问后端数据库中的数据，因此后端数据库不太容易损坏。

⑤开发环境灵活。由于每个用户分别处理前端数据库的一个本地副本，因此他们可以独立开发查询、窗体、报表及其他数据库对象，而不会相互影响。同理，可以开发并分发新版本的前端数据库，而不会影响对存储在后端数据库中数据的访问。

2）拆分数据库之前应考虑的事项。

①拆分数据库之前，应当备份数据库。这样，如果在拆分数据库后要撤销该操作，则可以使用备份副本还原原始数据库。

②拆分数据库可能需要很长时间。拆分数据库时，应该通知用户不要使用该数据库。如果用户在拆分数据库时更改了数据，其所做的更改将不会反映在后端数据库中，可以在拆分完毕后，再将新数据导入后端数据库。

虽然，拆分数据库是一种共享数据的途径，但数据库的每个用户都必须具有与后端数据库文件格式兼容的 Access 版本。例如，如果后端数据库文件使用 .accdb 文件格式，则使用 Access 2003 的用户将无法访问它的数据。

如果拆分 Web 数据库，则数据库中的任何 Web 表都不会被移至后端数据库，也不能从前端数据库访问它们。

3）数据库拆分。

若要拆分数据库，可使用拆分数据库向导。拆分数据库后，将前端数据库分发给用户。具体操作如下：

①在计算机上，为要拆分的数据库创建一个副本。须在本地硬盘驱动器而不是网络共享上处理数据库文件。如果数据库文件的当前共享位置是本地硬盘驱动器，则可以将其保留在原来的位置。

②打开本地硬盘驱动器上的数据库副本。

③在"数据库工具"选项卡上的"移动数据"组中，单击"访问数据库"。随即启动数据库拆分器向导。

④单击"拆分数据库"按钮。

⑤在"创建后端数据库"对话框中，指定后端数据库文件的名称、文件类型和位置。可考虑使用 Access 建议的名称。它保留了原始文件名，并在文件扩展名之前插入了 _be，用以指示该数据库为后端数据库。除非某些用户要使用 Access 的早期版本访问数据，否则不要更改文件类型。可以在"文件名"框中输入网络位置的路径，并且放在文件名之前。例如，如果后端数据库的网络位置为 \\server1\share1\，且文件名为 MyDB_be.accdb，则可以在"文件名"框中输入 \\server1\share1\MyDB_be.accdb。由于驱动器映射可能不同，因此不要使用映射的驱动器号。从而，使用户在从网络上任何其他计算机访问一台计算机上的文件时，都可以使用相同的路径。选择的位置必须能让数据库的每个用户访问到。

⑥该向导完成后将显示确认消息。

至此，数据库拆分完毕。前端数据库是你开始时处理的文件（原始共享数据库的副本），后端数据库则位于你在上述过程的步骤⑤中指定的网络位置。

4）限制更改前端数据库的设计。

要限制对分发的前端数据库进行更改，可考虑将其另存为二进制编译文件（即 .accde 文件）。在 Access 2010 中，二进制编译文件是在保存时对所有 Visual Basic Access (VBA) 代码进行了编译的数据库应用程序文件。在 Access 二进制编译文件中不存在 VBA 源代码。用户无法在 .accde 文件中更改对象的设计。具体操作如下：

①打开要另存为二进制编译文件 (.accde) 的前端数据库文件 (.accdb)。

②在"数据库工具"选项卡上的"数据库工具"组中，单击"生成 ACCDE"按钮。

③在"另存为"对话框中，浏览至要保存该文件的文件夹，在"文件名"框中为该文件键入一个名称，然后单击"保存"按钮。

5）分发前端数据库。

拆分数据库后，应将前端数据库分发给各个用户，以使他们可以开始使用该数据库。

请执行下列操作之一：

①向数据库用户发送电子邮件，并将前端数据库文件添加为附件。可以在邮件中添加各种说明，以帮助用户立即开始使用前端数据库。

②将前端数据库文件保存到所有数据库用户都可以访问的网络位置，然后向各个用户发送电子邮件，并在邮件中指定该网络位置，以及访问数据库可能需要的任何其他说明。

③使用 CD-ROM 或优盘等可移动介质分发前端数据库文件。如果自行安装该文件，则可以对它进行测试，以确保它能够正常运行。如果用户必须安装该文件，则应包括一个文档，并在其中说明安装该文件必须执行的操作，以及用户遇到难题时可以求助的联系人。

6）链接后端数据库。

利用链接表管理器，可以链接、移动后端数据库或使用其他后端数据库。若要移动后端数据库，首先需要在新位置创建后端数据库的副本，然后按照以下步骤进行操作。

①在"数据库工具"选项卡上的"数据库工具"组中，单击"链接表管理器"按钮。

②在链接表管理器中，选择当前的后端数据库中包含的表。若未链接到任何其他数据库，请单击"全部选定"按钮。

③选中"始终检查新位置"复选框，然后单击"确定"按钮。

④通过浏览找到新的后端数据库并将其选定。

（2）网络文件夹

这是一种最为简单的方法，而且要求也最低，但提供的功能也最少。数据库文件存储在共享网络驱动器上并可供用户同时使用。当有多个用户同时更改数据时，可靠性和可用性就会成为问题。用户可以共享所有数据库对象。

（3）SharePoint 网站

如果具有运行 SharePoint 的服务器，特别是运行 Access Services（SharePoint Server 的一个新组件）的服务器，则有多个不错的选择。一些与 SharePoint 集成的方法有助于更方便地访问数据库。

SharePoint 网站共享方法有 3 种：

1）使用 Access Services 发布数据库。

发布数据库时，是将其移至网站。可以创建在浏览器窗口中运行的 Web 窗体和报表，还可以创建标准的 Access 对象（有时称之为"客户端"对象，以便将其与 Web 对象区分开来）。虽然必须安装 Access 才能使用标准的 Access 对象，但由于数据库文件存储在 SharePoint 网站上，因此所有数据库对象都可以进行共享。

当在网站上共享某个数据库，并且其包含客户端对象时，该数据库称为混合数据库。未安装 Access 的用户只能使用 Web 数据库对象，而安装 Access 的用户则可以使用所有数据库对象。

2）将数据库保存到文档库。

此方法与将数据库保存到网络文件夹类似。应该考虑仍然使用 SharePoint 列表存储数据，而不使用 Access 表，以便进一步提高数据可用性。

3）链接到列表。

当应用程序链接到 SharePoint 列表时，将共享数据，但不会共享数据库对象。每个用户都使用自己的数据库副本。

（4）数据库服务器

此方法类似于在网络上拆分存储表的数据库，并且每个用户都具有 Access 数据库文件的本地副本，其中包含指向这些表的链接，以及查询、窗体、报表和其他数据库对象。如果具有可用的数据库服务器，并且所有用户都安装了 Access，则应使用此方法。

此方法的好处将会根据所使用的数据库服务器软件而有所不同。由于大部分数据库服务器软件都与 Access 的早期版本兼容。因此，并不需要所有用户都必须使用同一版本，仅仅表处于共享状态。

8.2.2 设置数据库密码

实现数据库系统安全最简单的方法是为数据库设置打开密码，以禁止非法用户进入数据库。应当使用由大写字母、小写字母、数字和符号组合而成的强密码，弱密码不混合使用这些元素。例如，"Y6dh!et5"是强密码；"House27"是弱密码。密码长度应大于或等于 8 个字符。最好使用包括 14 个或更多个字符的密码。

如果知道数据库的密码，则可以使用该密码打开数据库或删除密码。如果设置了 Web 数据库的密码，Access 会在数据库发布时解除数据库密码。因此，设置密码不能确保 Web 数据库的安全。

1. 设置 Access 数据库的密码

为了设置一个 Access 数据库的密码，必须以"独占"模式打开数据库。操作步骤如下：

1）在独占模式下打开要加密的数据库。

①在"文件"选项卡上，单击"打开"按钮。

②在"打开"对话框中，通过浏览找到要打开的数据库文件，选择该数据库文件。

③单击"打开"按钮旁边的箭头，然后单击"以独占方式打开"。

2）如图 8-15 所示，在"文件"选项卡上，单击"信息"按钮，再单击"用密码进行加密"按钮，随即出现"设置数据库密码"对话框。

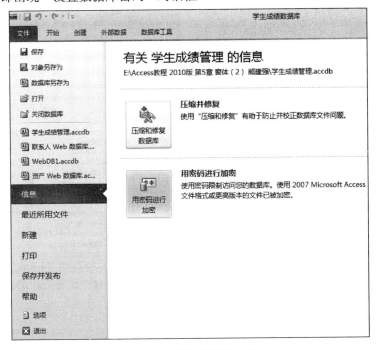

图 8-15 用密码进行加密

3）在"密码"框中键入密码，然后在"验证"字段中再次键入该密码。单击"确定"按钮。

2. 使用密码打开数据库

1）双击设置了密码的数据库，随即出现"要求输入密码"对话框。

2）在"输入数据库密码"框中键入密码，然后单击"确定"按钮。

3. 删除数据库密码

1）在"文件"选项卡上，单击"信息"按钮，再单击"解密数据库"按钮，随即出现"撤消数据库密码"对话框。

2）在"密码"框中键入密码，然后单击"确定"按钮。

8.2.3 压缩和修复数据库

在使用 Access 数据库的过程中，经常会进行删除数据的操作；在修改 Access 数据库的设计时也会经常进行删除对象的操作。由于 Access 系统文件自身结构的特点，删除操作会使 Access 文件变得支离破碎。当删除一个记录或一个对象时，Access 并不能自动地把该记录或对象所占据的硬盘空间释放出来。这样，既造成数据库文件大小的不断增长，又造成计算机硬盘空间使用效率的降低，数据库的性能下降，甚至还会出现打不开数据库的严重问题。对 Access 数据库进行压缩，可以避免此类情况发生。

压缩 Access 文件将重新组织文件在硬盘上的存储，消除 Access 文件支离破碎的状况，释放那些由于删除记录和对象所造成的空置硬盘空间。这样，使得 Access 文件本身变小。因此，压缩可以优化 Access 数据库的性能。压缩数据库有两种方式：关闭时自动压缩方式和手动压缩和修复方式。

1. 关闭时自动压缩数据库

Access 提供了文件选项，可以设置"关闭时压缩"，以便自动压缩数据库文件。操作如下：

1）打开 Access 数据库。

2）单击"文件"选项卡，单击"选项"按钮。

3）如图 8-16 所示，单击"当前数据库"命令，勾选"关闭时压缩"，单击"确定"按钮。

2. 手动压缩和修复 Access 文件

数据库在使用中可能由于以下情况导致损坏：在向数据库文件执行写操作时出现问题；没有正常地关闭 Access 数据库，例如在 Access 数据库打开的情况下，突然重新启动计算机，严重时会造成 Access 数据库无法启动。

修复数据库就是为了解决 Access 文件出现损坏的情况。修复 Access 文件是与压缩 Access 文件同时完成的。因此，压缩数据库可以同时修复 Access 数据库的一般错误。操作如下：

图 8-16　设置"关闭时压缩"

1）打开 Access 数据库。

2）单击"文件"选项卡 | 信息，单击"压缩和修复数据库"按钮。在状态栏上会显示正在压缩的提示，直到完成。

8.2.4　备份和还原数据库

修复数据库的功能可以解决 Access 数据库损坏的一般问题，但是如果发生严重的损坏，修复数据库的功能就无能为力了。因此，保证数据库应用系统不因意外情况遭到破坏的最有效的方法就是对数据库进行备份，以便进行还原。

1. 备份数据库

使用 Access 2010 提供的数据库备份功能可以完成数据库备份工作。操作如下：打开 Access 数据库；单击"文件"选项卡 | "保存并发布"按钮；单击"备份数据库"按钮；在"另存为"对话框里，Access 会自动给出默认的备份文件名：数据库名称＋当前日期，通常采用默认的备份文件名，在其"保存位置"文本框里选择文件夹，单击"保存"按钮，等待备份完成。

此外，Access 2010 的"文件"选项卡中提供的"另存为"命令也能实现数据库备份，但是需要手工输入数据库备份的文件名。

2. 还原数据库

Access 2010 没有提供"还原数据库"的命令。在数据库应用系统遭到破坏后，可以使用 Windows 复制、粘贴的命令，把数据库备份的文件，复制到数据库所在的文件夹中。

本章小结

本章介绍了 Web 数据库的基本概念，以及如何运用 Access 2010 创建 Web 数据库和发布 Web 数据库。最后介绍了数据库管理，主要包括设置独占或共享数据库、设置数据库密码、压缩和修复数据库、备份和恢复数据库。

基于 Web 的数据库称为 Web 数据库。Web 数据库应用系统的工作模式为 B/S（浏览器 / 服务器）模式，其系统结构为三层结构，包括浏览器、Web 服务器和数据库服务器，由多系统集成。Web 数据库设计者可以使用 Access 2010 和 SharePoint 设计和发布 Web 数据库，以便用户在 Web 浏览器中使用 Web 数据库。在桌面数据库中可以使用的某些数据库功能在 Web 数据库和 Access Services 中不可用。用 Access 2010 建立的 Web 数据库不能发布到 IIS 的 Web 服务器。

在网络应用中，往往允许多个用户同时使用一个数据库的表，应当以"共享"模式打开，并且有 4 种方法共享数据库。

实现数据库系统安全最简单的方法是为数据库设置打开密码，以禁止非法用户进入数据库。压缩 Access 文件将重新组织文件在硬盘上的存储，消除 Access 文件支离破碎的状况，释放那些由于删除记录和对象所造成的空置硬盘空间。压缩数据库可以同时修复 Access 数据库的一般错误。

为了保证数据库应用系统不因意外情况遭到破坏的最有效的方法就是对数据库进行备份，以便进行还原。

思考题

1. 桌面数据库和 Web 数据库有什么不同？
2. 桌面数据库和 Web 数据库分别如何创建？
3. 桌面数据库和 Web 数据库分别如何发布？
4. 独占和共享数据库有什么不同？如何设置？
5. 如何设置数据库密码？

自测题

一、单项选择题（每题 2 分，共 40 分）

1. Access 2010 可以设计_____数据库。

    A. 一种　　　　　　　B. 两种　　　　　　　C. 三种　　　　　　　D. 四种

2. _____用于集成通过浏览器访问数据库的 Internet 或 Intranet 信息服务系统。

    A. 桌面数据库　　　　B. Web 数据库　　　　C. 单机版数据库　　　D. 网络版数据库

3. Web 是一个全球性的信息系统，使计算机能够在 Internet 上相互传送基于_____的数据信息。

    A. 窗体　　　　　　　B. 报表　　　　　　　C. 文件　　　　　　　D. 超媒体

4. 基于_____的数据库称为 Web 数据库。

    A. Web   B. 查询   C. 窗体   D. 图文

5. Web 数据库应用系统的工作模式为 B/S（浏览器 / 服务器）模式，其系统结构为三层结构，包括浏览器、Web 服务器和数据库服务器，由_____集成。

    A. 超媒体   B. 硬件   C. 软件   D. 多系统

6. 采用_____技术的网站可以实现更多的功能，如用户注册、用户登录和在线购物等。

    A. 动态网页   B. 静态网页   C. 图形   D. 图像

7. 用 Access 2010 建立的 Web 数据库不能发布到 IIS 的 Web 服务器。SharePoint Server 2010 软件包含的新组件 Access Services 提供了可在 Web 上使用的_____的平台。

    A. 操作系统   B. 数据库   C. 多媒体   D. 导航

8. 数据库模板是 Access 预建的_____。

    A. 选项卡   B. 导航窗体   C. 应用程序   D. 空白 Web 数据库

9. 在新建 Access 数据库时，单击"空白 Web 数据库"打开新的 Web 数据库，并显示一个新的_____。

    A. 网页   B. 拆分数据库   C. 窗体   D. 空表

10. 使用_____规则就是使用表达式验证大多数字段的输入或验证记录的输入。

    A. 数据验证   B. 身份验证   C. 密码验证   D. 字段验证

11. 在验证规则_____输入时所显示的消息，称为验证消息。

    A. 阻止   B. 通过   C. 允许   D. 默认

12. 窗体是在 Web 数据库中_____和编辑数据的主要方式，而且对于审核数据也很有用。

    A. 输出   B. 打印   C. 输入   D. 计算

13. 浏览器打开窗体时，从 SharePoint 服务器_____所需的数据。

    A. 打印   B. 检索   C. 输入   D. 编辑

14. 报表是审核或_____Web 数据库中数据的主要方式。窗体和报表在浏览器中运行，从而有助于优化性能。

    A. 打印   B. 检索   C. 输入   D. 编辑

15. Access 导航窗格在 Web 浏览器中不可用。为了能让用户使用数据库对象，必须为他们提供一种方法——创建_____。

    A. 空白窗体   B. 窗体   C. 网页   D. 导航窗体

16. 在 Access 中"创建"导航窗体时，若要添加项目，请将其从_____中拖至导航控件。只能向导航控件添加窗体和报表。

    A. 导航窗格   B. 文件   C. 外部数据   D. 数据库工具

17. 在创建 Web 数据库之前，必须确定哪些_____数据是在发布之前要导入的。

    A. 二进制   B. 外部   C. 十进制   D. 十六进制

18. 如果桌面数据库由多个用户通过网络共享，则应考虑对其进行_____。

    A. 合并   B. 拆分   C. 导入   D. 导出

19. 如果没有 SharePoint 网站或数据库服务器产品，则_____是一个好的选择。

    A. 独占数据库   B. 共享数据库   C. 拆分数据库   D. Web 数据库

20. 压缩 Access 文件将_____文件在硬盘上的存储，消除 Access 文件支离破碎的状况，释放那些由删除记录和对象所造成的空置硬盘空间。

    A. 重新组织   B. 加密   C. 数字签名   D. 审计

二、填空题（每题 2 分，共 20 分）

1. 可以对桌面数据库执行拆分数据库操作，从而建立多用户共享的_____数据库。

2. World Wide Web（万维网）简称为 WWW 或_____。

3. 在 Internet 或 Intranet（企业内部网）上分布着大量的 Web 服务器和_____。

4. 静态网页保存为 .htm 或_____文件，它仅包含其运行之前即制作网页时就确定的不变的内容。

5. _____实际上并不是已经存在于服务器上的网页文件。当用户请求时，服务器会执行其应用程序，返回一个生成的动态页面。

6. Web 数据库设计者可以使用 Access 2010 和 SharePoint 设计和发布 Web 数据库，以便用户在 Web_____中使用 Web 数据库。

7. 查询可以获取多个表的数据，并且作为窗体或_____的数据源。

8. 可以使用"字段"选项卡和"表"选项卡上的命令添加字段、索引、验证规则和数据宏。数据宏是一个新功能，允许基于_____更改数据。

9. 使用记录验证规则可以防止记录_____，也可以要求记录满足某个组合条件。

10. _____数据库可以同时修复 Access 数据库的一般错误。

三、判断题（每题 2 分，共 20 分，在括号中正确的写"T"，错误的写"F"）

（   ）1. 基于 Web 的数据库应用是将数据库技术和 Web 技术有机地结合在一起。

（   ）2. 网页不能分为静态网页和动态网页两种类型。

（   ）3. 动态网页保存为 .htm 文件，它包含应用程序计算或数据库查询的结果，是可变的，需要为其设计应用程序甚至数据库。

（   ）4. C/S 三层结构包括浏览器、Web 服务器和数据库服务器。

（   ）5. 可以用 Microsoft SharePoint Server 2010 构建 Web 数据库服务器。

（   ）6. 首次创建表时，它包含一个字段：自动编号。

（   ）7. 在打开表后，单击"单击以添加"，选择所需的字段类型。然后单击"单击以添加"，给该字段重命名一个反映其内容的名称，如"学号"。

（   ）8. 若要在 Web 数据库中创建关系，可以使用查阅向导创建一个查阅字段。查阅字段转至位于此关系的"多"端的表，并指向位于此关系的"一"端的表。

（   ）9. 使用数据宏可以实现级联更新和删除，以便维护数据完整性。

（   ）10. 对于 Web 数据库，同样可以使用查询作为窗体和报表的数据源。Web 查询在客户端运行，从而有助于最大程度减少网络流量。

四、简答题（每题 5 分，共 20 分）

1. 桌面数据库和 Web 数据库有何异同？

2. 网络数据库和 Web 数据库有何异同？

3. 如何通过拆分数据库，构建网络数据库？

4. 对于 Access 数据库可以采取哪些安全保护措施？

实验指导

实验 1　图书借阅管理系统需求分析

［实验案例］

某学校的图书馆用图书档案卡、图书证等卡片对图书、借书行为等进行管理。包括：

1）图书证：记录每位读者的信息，包括图书证号、学号、姓名和所在院系等。

2）图书档案卡：记录每种图书的信息，包括图书类别、书名、作者、出版社、出版时间、价格和入库时间等。

3）同一种书有多本，每本书上标记不同的编号（用条形码表示），每本书后有一张卡，用于记录借阅该书的读者图书证号和借阅日期。

为了提高工作效率，图书馆决定设计一套计算机软件来管理图书借阅信息。首先，让小王对数据进行分析并设计出合理的数据库结构。

［实验步骤］

1. 概念结构设计

通过案例分析知道该系统数据包括：

- 读者信息：对应每个读者，有一条记录。
- 图书档案信息：对应每一种书，有一条记录。
- 书目编码信息：对应每一本书即一个条形码，有一条记录。
- 借阅信息：对应每一次借 / 还，有一条记录。

（1）读者信息

读者信息一般用来记录读者的静态信息，如读者的图书证号、学号、姓名、性别和院系。由于一个读者只办一个图书证，在用计算机管理时可以将读者信息和图书证信息合二为一，因此在此信息中加入图书证是否挂失。其实体属性图如实验图 1-1 所示。

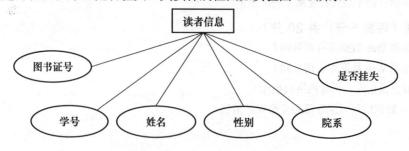

实验图 1-1　读者信息的实体属性图

（2）图书档案信息

图书档案信息一般用来记录图书的静态信息，包括每种书的类别、书名、作者、出版社、出版时间、单价、页数、简介和备注等。为了便于管理，每种书设有相应的书目编号即分类号，由于入库时间和图书档案信息联系比较紧密，与图书档案信息归在一起。因此，图书档案的实体属性图如实验图 1-2 所示。

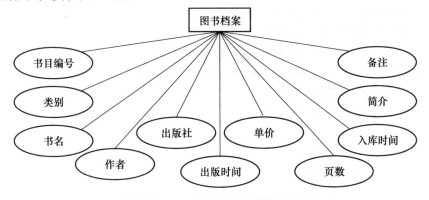

实验图 1-2 图书档案的实体属性图

（3）书目编码信息

书目编码信息用来记录每一本书的编码和借出信息。同一种书可能会购买多本，每一本书可以利用条形码作为该书编号，方便数据录入。由于同一种书的图书档案信息是相同的，所以在此只需记录其在图书档案信息中的书目编号，以避免重复。为了便于统计和查询，此处还可记录该书借出次数以及当前是否在库中。于是书目编码的实体属性图如实验图 1-3 所示。

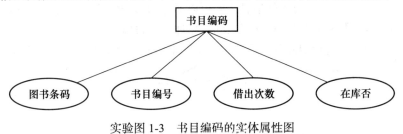

实验图 1-3 书目编码的实体属性图

（4）借阅信息

借阅信息用来记录读者借阅书目的有关信息，是一种动态信息。每位读者每借阅一本书都会有相应的记录，内容至少包括图书证号、图书条码、借阅时间和归还时间。实际上借阅信息是表示读者信息和书目编码信息关系的一种信息，在关系型数据库中表示两实体之间关系的信息也是一种关系，也可以把它看成一种实体，同样拥有自己的属性，在本案例中借阅信息中除了表示读者信息和书目编码信息关系的两个属性外，还有自己的属性：借阅时间和归还时间。因此借阅信息的实体属性图如实验图 1-4 所示。

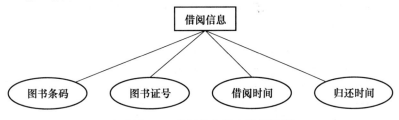

实验图 1-4 借阅信息的实体属性图

（5）实体之间的关系

通过以上分析，小王对这些数据之间的关系有了较深的了解。一方面，每位读者有一张图书证，可有多次借阅，每位读者每借一本书要产生一条借书记录。另一方面，每种书有一张图书档案信息卡，具有一个书目编号，一种书可能有多本，每本书通过唯一的条形码区别。

可见，这些数据之间存在一定的联系，即：

1）图书档案与书目编码之间通过入库形成一对多联系。

2）读者信息与书目编码之间通过借阅形成多对多联系。

它们之间的 E-R 关系如实验图 1-5 所示（其中，1 表示"一"，m、n、p 均表示"多"之意）。

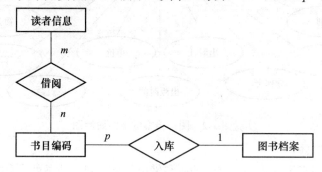

实验图 1-5　图书借阅系统 E-R 图（1）

多对多联系可以分解为一对多联系，即：

1）在借阅时，读者信息与借阅信息之间可以通过图书证号建立一对多联系。

2）在借阅时，书目编码与借阅信息之间可以通过图书条码建立一对多联系。

3）在入库时，图书档案与书目编码之间可以通过书目编号建立一对多联系。

对它们之间的联系进行如此分解后，可得出图书借阅系统 E-R 图，如实验图 1-6 所示。

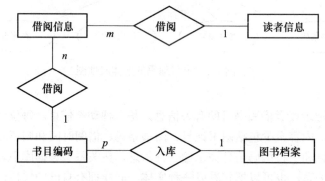

实验图 1-6　图书借阅系统 E-R 图（2）

（6）数据字典

汇集各个实体的各不相同的属性名，确定其数据类型、数据长度和所属实体，即可得到数据字典，如实验表 1-1 所示。

实验表 1-1　图书借阅系统数据字典

属 性 名	数 据 类 型	数 据 长 度	所 属 实 体
图书证号	文本	6	读者、借阅
学号	文本	12	读者
姓名	文本	8	读者
性别	文本	2	读者
院系	文本	20	读者

（续）

属 性 名	数 据 类 型	数 据 长 度	所 属 实 体
是否挂失	是 / 否	—	读者
书目编号	文本	7	图书档案、书目编码
类别	文本	20	图书档案
书名	文本	30	图书档案
作者	文本	16	图书档案
出版社	文本	30	图书档案
出版时间	日期 / 时间	—	图书档案
单价	单精度型	—	图书档案
页数	单精度型	—	图书档案
入库时间	日期 / 时间	—	图书档案
简介	备注型	—	图书档案
备注	备注型	—	图书档案
图书条码	文本	9	书目编码、借阅
借出次数	短整型	—	书目编码
在库否	是 / 否	—	书目编码
借阅时间	日期时间	—	借阅
归还时间	日期时间	—	借阅

2. 逻辑结构设计

根据实体 – 属性图、实体 – 联系图以及数据字典，设计图书借阅系统数据库及其表结构如实验表 1-2 ～表 1-5。包括 4 个表：读者信息表、图书档案表、书目编码表和借阅信息表。

实验表 1-2 读者信息表结构

字 段 名	字 段 类 型	字 段 长 度	说 明
图书证号	文本	6	数据在表中唯一，设为该表的主关键字
学号	文本	12	
姓名	文本	8	
性别	文本	2	男 / 女
院系	文本	20	
是否挂失	是 / 否	—	是 / 否

实验表 1-3 图书档案表结构

字 段 名	宁 段 类 型	字 段 长 度	说 明
书目编号	文本	7	数据在表中唯一，设为该表的主关键字
类别	文本	20	
书名	文本	30	
作者	文本	16	
出版社	文本	30	
出版时间	日期 / 时间	—	
单价	单精度型	—	
页数	单精度型	—	
入库时间	日期 / 时间	—	
简介	备注型	—	
备注	备注型	—	

实验表 1-4　书目编码表结构

字 段 名	字段类型	字段长度	说　明
图书条码	文本	9	数据在表中唯一，设为该表的主关键字
书目编号	文本	7	外部键，即图书档案表的主关键字。可建立这两个表的一对多关系
借出次数	短整型	—	
在库否	是/否	—	是/否

实验表 1-5　借阅信息表结构

字 段 名	字段类型	字段长度	说　明
图书条码	文本	9	外部键，即书目编码表的主关键字。可建立这两个表的一对多关系
图书证号	文本	6	外部键，即读者信息表的主关键字。可建立这两个表的一对多关系
借阅时间	日期时间	—	
归还时间	日期时间	—	

由于允许一位读者借阅多本书，并且允许一位读者多次借阅同一本书，在实验表 1-5 中图书条码、图书证号、图书条码和图书证号组合的值都不唯一，不能做该表的主关键字，而图书条码、图书证号、借阅时间三个字段组合唯一。因此，必要时可以选定图书条码、图书证号和借阅时间合起来做多字段主关键字。

[实验拓展]

1. 实验题目

1）根据以上数据分析，在字处理软件中绘制图书借阅管理系统中的实体 – 属性图及实体 – 联系图。

2）利用电子表格软件 Excel 新建 "读者信息"、"图书档案"、"书目编码"、"借阅信息" 4 个表格，并输入数据，观察数据之间的联系。

2. 实验目的和要求

1）了解数据库结构设计的过程与方法。

2）体验表间关系和数据完整性。

实验 2　创建 Access 数据库和数据表

[实验案例]

在学习了数据库设计的基础知识后，小王找到图书管理员小张，了解和分析了图书借阅系统的基本需求，通过实验 1 完成了其数据库逻辑设计。于是，可以在 Access 2010 环境下，创建图书借阅系统——桌面数据库。

首先，小王在 Access 2010 下创建空数据库，命名为 "图书借阅库"。在该数据库下创建 "读者信息" 表和 "图书档案" 表。然后，修改表结构，输入和编辑表记录以及设置字段属性。

[实验步骤]

1. 启动 Access 2010

1）单击任务栏的 "开始" 按钮，打开 "开始" 菜单。

2）假定操作系统是 Windows XP，选择菜单"开始"|"所有程序"|"Microsoft Office"|"Microsoft Office Access 2010"选项，启动 Access 2010。

2. 创建空数据库，库名为"图书借阅库"

1）在 Access 2010 窗口下，单击功能区"文件"选项卡，如实验图 2-1 所示。

实验图 2-1 新建文件

2）在"文件"选项卡下单击"新建"栏的"空数据库"选项；或者单击"样本模板"选项，在弹出的"样本模板"窗格中，单击选择所需要的"模板"数据库类型。

3）在 Backstage 视图右侧"保存位置"文件夹图标中，指定数据库将存放的位置，在"文件名"文本框中输入数据库名称，这里将数据库命名为"图书借阅库 .accdb"。Access 2010 数据库文件的默认扩展名为 .accdb。

4）单击"创建"按钮，"图书借阅库"作为一个空数据库创建完毕，并打开数据库窗口，如实验图 2-2 所示。

实验图 2-2 "图书借阅库"数据库窗口

5）单击功能区"文件"选项卡，单击"关闭数据库"按钮，退出 Access。

3. 打开数据库

1）启动 Access。

2）在"文件"选项卡下单击"最近所用文件"命令，主界面工作区将显示最近使用过的文件"图书借阅库 .accdb"。如果主界面工作区没有列举出要使用的文件名，则单击"文件"选项卡"打开"按钮　；在弹出的"打开"对话框中，选择该库的存放位置和数据库名；单击"打开"按钮　打开　旁边的小三角符号表示可以选择数据库的打开方式，譬如只读等。

3）弹出"图书借阅库"数据库窗口，参见实验图 2-2。下面在该数据库窗口下，使用设计器创建读者信息表。

4. 使用设计器创建"读者信息"表结构并输入表记录

"读者信息"表结构，如实验表 2-1 所示。

实验表 2-1　"读者信息"表结构

字 段 名 称	数 据 类 型	字 段 大 小	字 段 名 称	数 据 类 型	字 段 大 小
图书证号	文本	6	院系	文本	10
学号	文本	12	是否挂失	是 / 否	—
姓名	文本	4	照片	OLE 对象	—
性别	文本	1			

输入"读者信息"表数据，如实验图 2-3 所示。使用设计器创建"读者信息"表结构，具体步骤如下：

1）启动设计视图。在"图书借阅库"数据库窗口下单击"创建"选项卡，选择"表格"组中"表设计"按钮，弹出表 1"设计视图"选项，如实验图 2-4 所示。

实验图 2-3　"读者信息"表数据

2）表的设计视图窗格上方，第一行的"字段名称"列中输入"图书证号"，然后在"数据类型"列处单击，弹出的下拉菜单中选择"文本"，在下方窗格的"常规"选项卡"字段大小"文本框中输入"6"。

3）在表的设计视图中，依照实验表 2-1 分别定义"学号"、"姓名"、"性别"、"院系"、"是否挂失"和"照片"的字段名称、数据类型和字段大小。

4）单击"图书证号"字段行的任意位置，单击"表设计"工具栏上的"主键"按钮；或者右击鼠标，在弹出的快捷菜单中选择"主键"命令，这时字段行左侧会出现一个钥匙状的图标。设计完成后的表设计视图，如实验图 2-5 所示。

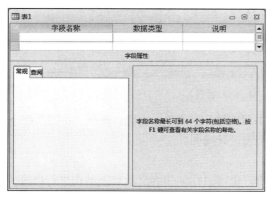
实验图 2-4　表的设计视图

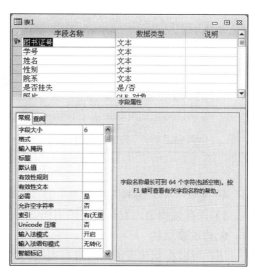
实验图 2-5　"读者信息"表设计视图

5）执行菜单"文件"|"保存"命令，弹出"另存为"对话框，输入表名"读者信息"，如实验图 2-6 所示。

6）单击"确定"按钮。关闭表设计视图，回到数据库窗口，在图书借阅库窗口中列出了新建的表：读者信息。至此，读者信息表结构创建结束。

实验图 2-6　"另存为"对话框

7）如果需要输入表记录，可在导航窗格双击表名"读者信息"，打开"数据表视图"窗口。

8）"读者信息"表数据，如实验图 2-3 所示。按照图中显示的数据，在数据表视图中做相应输入。

9）输入完数据后，单击"数据表视图"窗口右上角的"关闭"按钮，数据自动保存，并返回到数据库窗口。至此，"读者信息"表创建结束。

5. 通过输入数据创建"图书档案"表

"图书档案"表结构，如实验表 2-2 所示。"图书档案"表数据，如实验图 2-7 所示。通过输入数据创建"图书档案"表，具体步骤如下：

1）在图书借阅数据库窗口，选择"表"方式创建新表，打开表设计视图。

2）依照实验表 2-2 或实验图 2-7 中"图书档案"表的字段名称，在表设计视图中依次单击"单击以添加"，选择数据类型；依次双击"字段 1"、"字段 2"等，输入其字段名称。

实验表 2-2　"图书档案"表结构

字 段 名 称	数 据 类 型	字 段 大 小	字 段 名 称	数 据 类 型	字 段 大 小
书目编号	文本	7	出版时间	日期 / 时间	—
类别	文本	10	单价	数字	单精度型
图书名称	文本	30	页数	数字	整型
作者	文本	16	入库时间	日期 / 时间	—
出版社	文本	10	简介	备注	—

3）按照实验图 2-7 中显示的记录，输入数据。Access 会自动确定字段大小。

实验图 2-7 "图书档案"表数据

4）定义"书目编号"字段为主键，即对"书目编号"字段单击右键，选择"主键"命令。

5）保存数据表，取名为"图书档案"；关闭表设计视图。

6. 修改表结构

用户可以在创建表的同时进行表结构的修改，也可以在创建表之后对表结构进行修改。

修改表结构的操作在表设计视图中完成。仍以修改"图书档案"表结构为例。首先，在图书借阅库导航窗格中，选择表名"图书档案"，单击鼠标右键选择"设计视图"命令，打开"图书档案"表的设计视图。

（1）增加字段

将光标插入到末字段"简介"下方，输入字段名"备注"，选择数据类型"备注"。如果需要在中间插入新字段，则将光标置于要插入新字段的位置上，单击鼠标右键选择"插入行"命令，或者执行上下文选项卡"表格工具"|"工具"组|"插入行"命令按钮，在当前位置会产生一个新的空白行（原有的字段向下移动），再输入新字段信息。

（2）修改字段

选择"书目编号"字段行，在下方字段属性窗格的"字段大小"框中，将系统默认的"50"更改为"7"。依照实验表 2-2 中的"图书档案"表结构，更改其他字段默认的字段数据类型和字段大小。

（3）删除字段

将光标置于要删除字段所在行的任意单元格上，单击鼠标右键选择"删除行"命令，或者执行上下文选项卡"表格工具"|"工具"组|"删除行"命令按钮，可以将该字段删除。也可以将鼠标移到字段左边的行选定器上（可以选一行或多个相邻行），再执行上述的删除操作或者按 Delete 键。

Access 会弹出对话框，要求用户确认是否永久删除，单击"是"按钮。

（4）移动字段

如果要移动"图书名称"字段至"类别"字段前，通过两步完成。第一步：单击"图书名称"字段左边的行选定器，；第二步：按住该行选定器，用鼠标左键拖至"类别"字段前即可。

（5）删除主键

选定要删除主键的字段，如"书目编号"，执行上下文选项卡"表格工具"|"工具"组|"主键"命令按钮；或者在该字段行右击鼠标，在弹出的快捷菜单中选择"主键"命令，主键标志将消失，从而删除主键。

（6）定义主键

要使字段成为该表的主键，如"书目编号"，可单击字段行的任意位置，执行上下文选项卡"表格工具"|"工具"组|"主键"命令按钮；或者在字段行处右击鼠标，在弹出的快捷

菜单中选择"主键"命令。如果一个表以多字段的组合作为主键，则按住 Ctrl 键，依次选择这多个字段，再单击"主键"按钮。

7. 编辑表记录

编辑表记录的操作在数据表视图中完成。下面以编辑"读者信息"表记录为例。首先，打开图书借阅数据库，在导航窗格"表"对象下，直接双击表名"读者信息"，打开数据表视图窗口。

（1）输入和编辑 OLE 对象

修改表中的数据，可以在数据表视图中将原数据删除，再输入新数据。但对于数据类型为"OLE 对象"的字段，则有所不同。下面介绍"读者信息"表中输入和编辑"照片"字段的方法，具体步骤如下：

1）在数据表视图窗口，光标定位于第一条记录的"照片"字段值的空白处。

2）单击鼠标右键，在弹出的快捷菜单中选择"插入对象"命令，出现插入 OLE 对象的对话框，在弹出的"Microsoft Office Access"对话框中选择"由文件创建"选项，出现插入 OLE 对象的对话框，如实验图 2-8 所示。

3）单击"浏览"按钮，弹出"浏览"对话框，从中选择选择一张 BMP 格式的照片文件并单击"确定"按钮。

4）选中"链接"复选框，则对对象所做的修改会反映到对象的源文件中。单击"确定"按钮。

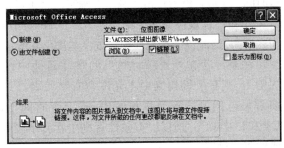

实验图 2-8   插入 OLE 对象的对话框

5）系统返回到数据表视图，此时，第一条记录的照片字段值处显示"位图图像"字样。

6）双击"位图图像"字样，可以查看到该读者的照片。

7）如果要编辑该照片，则在图片编辑程序（如画图程序）下修改该照片文件后，保存退出即可。

8）如果要删除该照片，光标定位在"位图图像"所在单元格，按 Delete 键或执行选项卡"开始"|"记录"组|"删除"命令按钮即可。

（2）添加记录

执行选项卡"开始"|"记录"组|"新建"命令按钮；或者将光标直接定位在最末端的空白记录上（其记录选定器上显示为一个星号图标＊），然后输入数据，可以在表的末尾添加若干条记录。

（3）删除记录

首先选择要删除的记录，如果同时删除多条相邻记录，则先选择要删除的第一条记录，再按"Shift+↓"键至要删除的最后一条记录，然后按 Delete 键或执行选项卡"开始"|"记录"组|"删除"命令按钮，系统将弹出对话框，要求用户确认是否删除，单击"是"按钮。

8. 字段的属性设置

打开"图书档案"表的设计视图。在设计视图中做如下属性设置：

1）设置"书目编号"字段的标题为"馆内编号"。方法如下：单击"书目编号"字段行，在设计视图下方的"常规"选项卡下的"标题"属性框中输入"馆内编号"。切换到数据表视图可查看到，"书目编号"字段名处显示标题为"馆内编号"。

2）设置"单价"字段的数据类型为"数字"或"货币"，保留 2 位小数，使用人民币符号和千位分隔符；当单价值为 0 时，显示为"赠书"；当单价值为空时，显示为"不详"。方法如下：单击"单价"字段行，在设计视图下方的"常规"选项卡下的"格式"属性框中输入"￥#,##0.00;(￥#,##0.00);"赠书";"不详""。

注意：上式中的标点符号均使用英文标点符号。

3）设置表的有效性规则为：[入库时间]>[出版时间]，如果添加的记录违反了这个规则，系统将提示："入库时间应该在出版时间之后"。具体步骤如下：

①在"图书档案"表的设计视图中，单击某个字段，执行上下文选项卡"表格工具"|"显示/隐藏"组|"属性表"命令按钮。

②出现"属性表"窗口，单击"有效性规则"框后的"生成器"按钮 ⎡⋯⎤。

③在弹出的"表达式生成器"对话框中依次选择"入库时间"字段、比较操作符">"、"出版时间"字段，然后单击"确定"按钮，返回到表属性窗口。

④在"有效性文本"框中输入"入库时间应该在出版时间之后"。这时"属性表"窗口如实验图 2-9 所示。

注意，若在"入库时间"的字段属性中设置"有效性规则"，则有效性规则中不允许含有字段名，只允许含有日期常量。例如，不允许设置">[出版时间]"，允许设置">#2013-1-1#"。所以，有效性规则中含有字段名时，就要在属性表中设置。

实验图 2-9　表的"属性表"窗口

⑤关闭"属性表"窗口，保存表的修改，关闭表的设计视图。

[实验拓展]

1. 实验题目

（1）在上面已创建的"图书借阅"数据库中，创建"书目编码"表和"借阅信息"表

"书目编码"表结构和表数据，如实验表 2-3 和实验图 2-10 所示。"借阅信息"表结构和表数据，如实验表 2-4 和实验图 2-11 所示。

实验图 2-10　"书目编码"表数据　　　　　实验图 2-11　"借阅信息"表数据

要求："书目编码"表使用"表设计"按钮创建；"借阅信息"表使用"表"按钮，并且通过输入数据创建。

实验表 2-3 "书目编码"表结构

字 段 名 称	数 据 类 型	字 段 大 小
图书条码	文本	9
书目编号	文本	7
借出次数	数字	整型
在库否	是 / 否	—

实验表 2-4 "借阅信息"表结构

字 段 名 称	数 据 类 型	字 段 大 小
图书条码	文本	9
图书证号	文本	6
借阅时间	日期 / 时间	—
归还时间	日期 / 时间	—

其主要操作步骤分别如下：

1）创建"书目编码"表，然后输入数据：

①启动 Access 2010。

②打开数据库"图书借阅"。

③在"图书借阅"数据库窗口，选择"表设计"方式创建新表，打开表设计视图。

④在表设计视图中依次输入：实验表 2-3 中"书目编码"表的字段名称、数据类型和字段大小。

⑤定义字段"图书条码"为该表的主键。

⑥保存数据表，取名为"书目编码"；关闭表设计视图。

⑦打开已创建的"书目编码"表，按照实验图 2-10 中显示的数据，在数据表视图中逐一输入。

2）在创建"借阅信息"表的同时输入数据：

①在"借阅信息"数据库窗口，选择"表"方式创建新表，打开表设计视图。

②依照实验表 2-4 或实验图 2-11 中"借阅信息"表的字段名称，在表设计视图中依次单击"单击以添加"，选择数据类型；依次双击"字段 1"、"字段 2"等，输入其字段名称。

③按照实验图 2-11 中显示的记录，输入数据。Access 会自动确定字段大小。

④定义主键为"图书证号"和"借阅时间"字段的组合，即按住 Shift 或 Ctrl 键，单击"图书证号"和"借阅时间"，然后单击右键，选择"主键"命令。

⑤依照实验表 2-4 中"图书证号"字段大小，改变系统的默认值。

⑥保存数据表，取名为"借阅信息"；关闭表设计视图。

（2）设置字段属性

1）设置"借阅信息"表的"借阅时间"字段的显示格式为"长日期"（如 2012 年 5 月 1 日），输入掩码属性为"短日期"（如 2012-5-1），且年、月、日间的占位符用"-"符号表示。

2）设置"书目编码"表的"在库否"字段的"格式"属性，使数据表视图中的"在库否"字段值显示为"是"或"否"。

3）设置"书目编码"表的"图书条码"字段值必须为 9 个英文字母或阿拉伯数字字符，否则显示错误提示信息："图书条码必须用 9 位表示"。

2. 实验目的和要求

1）熟悉 Access 2010 的工作环境，掌握启动和关闭 Access 的方法。

2）掌握创建和打开数据库的方法。

3）掌握使用"表设计"按钮创建表，以及通过"表"按钮输入数据创建表的操作。

4）掌握表结构的修改方法、表记录的输入和编辑方法。

5）掌握字段属性的设置。

实验 3 数据表的常用操作

[实验案例]

小张常常使用"图书借阅库"中已创建的四个表查看数据。小王觉得有必要让管理员小张掌握一些数据表的常用操作。他为小张演示了表的外观定制、表文件复制、数据查找和替换、记录排序和记录筛选等操作。下面，回顾一下小王的操作过程。

[实验步骤]

1. 表外观定制

在数据表视图下，修改"图书档案"表中文本的字体、数据表的格式和行高等。"图书档案"表的外观定制，例如改变数据表文本的字体，如实验图 3-1 所示。

实验图 3-1 "图书档案"表的外观定制之改变数据表文本的字体

（1）改变数据表文本的字体

打开"图书档案"表，在数据表视图中，单击"开始"选项卡 |"文本格式"组中的按钮，可调整数据表字体设置。选择字体"隶书"，字号"12"。

（2）改变数据表格式

在数据表视图中，单击"开始"选项卡 |"文本格式"组右下角箭头图标，即弹出"设置数据表格式"对话框，在单元格效果选项区中选择"凹陷"。单击"确定"按钮，返回到数据表视图。

（3）调整行高和列宽

在数据表视图中，单击右键数据表中某一条记录左端的"记录选定器"（方块），会弹出快捷菜单，单击"行高"命令，在打开的"行高"对话框中输入行高数值，如 15；单击"确定"按钮，返回到数据表视图，所有行的行高均匀调整为 15 磅。

或者将鼠标移到记录选定器行与行之间的分割线上，当鼠标指针变为分割形状时，按住鼠标上下拖动至合适高度为止。这时，所有行的行高均匀地调整为指定的高度。用类似方法设置数据表的列宽。

选中所有字段列，单击右键，会弹出快捷菜单，单击"字段宽度"命令，弹出"列宽"对话框，如实验图3-2所示。单击"最佳匹配"按钮，返回到数据表视图，每一列均以各自列字段的最大宽度为该列的列宽。

（4）隐藏列

选择数据表中"简介"和"备注"两列，单击右键会弹出快捷菜单，单击"隐藏字段"命令。这两列即在当前数据表视图中不可见。

（5）移动列

选择要移动的"图书名称"列，释放鼠标，再按住鼠标左键，拖至"类别"列的前面，再释放鼠标即可。

（6）冻结列

选定表左边的"书目编号"和"图书名称"两列，单击右键弹出快捷菜单，单击"冻结字段"命令。当数据表视图窗口不能完整显示所有字段列时，拖动水平滚动条向右移动，"书目编号"和"图书名称"两列总是固定显示在窗口的最左边，其他列均可滚动显示。

2. 表文件复制

可以在同一个数据库中进行表文件的复制，也可以将表文件从一个数据库复制到另一个数据库中。这里，假定已经创建了一个名为"READER"的空数据库，将"图书借阅库"中的"读者信息"表复制到"READER"数据库中。下面用三种方法实现表的复制：

方法一（复制）：

1）打开"图书借阅库"。

2）选择"表"对象下的"读者信息"表，单击右键弹出快捷菜单，单击"复制"命令。

3）关闭该数据库窗口，打开"READER"数据库。

4）在任何"表"对象上单击右键弹出快捷菜单，单击"粘贴"命令，出现"粘贴表方式"对话框，如实验图3-3。

实验图3-2 "列宽"对话框

实验图3-3 "粘贴表方式"对话框

5）可以修改"表名称"，选择"结构和数据"，单击"确定"按钮。

方法二（导出）：

1）打开"图书借阅库"。

2）选择"表"对象下的"读者信息"表，单击右键弹出快捷菜单，单击"导出"命令列表中的"Access"，选择"READER"数据库的路径和库名"READER"，单击"保存"|"确定"按钮。

3）弹出"导出"对话框，可修改表名等，单击"确定"按钮。

方法三（导入）：

1）打开"READER"数据库。

2）单击"外部数据"选项卡，单击"Access"按钮，选择"图书借阅库"数据库的路径和库名"图书借阅库"，单击"打开"|"确定"按钮。

3）弹出"导入对象"对话框，如实验图 3-4 所示。在"表"选项卡下选择"读者信息"，单击"确定"按钮。

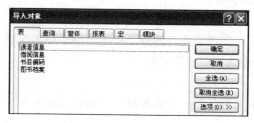

实验图 3-4 "导入对象"对话框

3. 表数据操作

针对"图书借阅库"下的"图书档案"表，对表数据进行查找、筛选和排序操作。

1）查找所有"商务印刷出版社"字段值，将其中的"印刷"二字删除。

①在"图书借阅库"中，双击打开"图书档案"表。光标定位在"出版社"字段列的任何地方。

②在"开始"选项卡中，单击"查找"按钮，弹出"查找和替换"对话框。单击"替换"选项卡，如实验图 3-5 所示。

③"查找内容"框中输入"商务印刷出版社"。"替换为"框中输入"商务出版社"，"查找范围"框中选择"当前字段"，"匹配"中选择"整个字段"等，单击"全部替换"按钮。

2）筛选出所有的"计算机"类别的图书记录。

实验图 3-5 "查找和替换"对话框

在数据表视图下，选择"类别"字段值"计算机"，单击"开始"选项卡中"排序和筛选"组的"选择"按钮，或者单击右键弹出快捷菜单，单击"等于"计算机""命令。或者筛选"类别"字段，单击"开始"选项卡中"排序和筛选"组的"筛选器"按钮，仅勾选"计算机"，会显示"计算机"类别的 3 条图书记录；若勾选"全部"，则显示全部记录。

3）筛选出在 2011 年以后出版的图书，按照"出版社"字段值升序排列，当出版社相同时，再按照"单价"字段降序排列。

在数据表视图下，单击"开始"选项卡中"排序和筛选"组的"高级筛选选项"按钮，选择"高级筛选/排序"命令，弹出高级筛选窗口，如实验图 3-6 所示。在"字段"行第 1 列中选择"出版时间"，下方"条件"框中输入："\>=#2011-1-1#"；"字段"行第 2 列中选择"出版社"，下方"排序"框中选择"升序"；"字段"行第 3 列中选择"单价"，下方"排序"框中选择"降序"。单击"排序和筛选"组的"应用筛选"或者"高级筛选选项"按钮（选择"应用筛选/排序"命令），筛选和排序结果如实验图 3-7 所示。

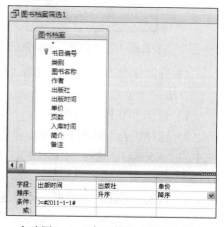

实验图 3-6 "高级筛选/排序"窗口

实验图 3-7   筛选和排序结果

[实验拓展]

1. 实验题目

1）为"图书借阅库"的"借阅信息"表定制外观，具体要求是：

①数据表文本的字体为楷体、五号字、黄色；

②数据表的单元格格式选择"平面"效果，背景色为蓝色，网格线为银白色，数据表边框为双实线。

③所有行的行高为 16 磅，所有列的列宽与"借阅时间"列的列宽相同。

④交换"图书条码"列和"图书证号"列的位置。

2）将"图书借阅库"中的"图书档案"表，复制到"图书借阅库"中，使用三种方法操作。

3）在"图书借阅库"的"读者信息"表中，查找姓名中带有"玉"字的读者记录。

4）在"图书借阅库"的"读者信息"表中，筛选出"计算机学院"或"遥感与测绘学院"的所有"男"性读者，按"图书证号"降序排列。

2. 实验目的和要求

1）熟悉数据表外观定制的方法。

2）掌握表文件的复制、删除等操作。

3）理解数据的导入和导出的功能。

4）熟练掌握数据的查找和替换的方法。

5）熟练掌握记录筛选和排序操作。

实验 4   创建表间关系

[实验案例]

在图书借阅库下，小张想查看每个读者的借阅信息，但在"借阅信息"表下只有读者的"图书证号"，没有读者姓名等其他信息。小王创建了"读者信息"和"借阅信息"的表间关系后，就可以方便地同时查看两个表的相关记录，如实验图 4-1 所示。并通过更改主表和相关表（也称为子表或从表）的数据，测试了参照完整性、级联更新和级联删除的功能。

[实验步骤]

1. 创建"读者信息"和"借阅信息"两个表之间的关系

操作步骤如下：

1）打开"图书借阅库"。

实验图 4-1   创建表间关系后的相关记录

2）单击"数据库工具"选项卡，单击"关系"按钮，打开"关系"窗口，并出现"显示表"对话框。

3）在"显示表"对话框中添加需要建立关系的表："读者信息"和"借阅信息"；单击"关闭"按钮，退出"显示表"对话框，返回到"关系"窗口，如实验图 4-2 所示。

4）在"关系"对话框中，右键单击表间的连线，选择"编辑关系"命令，弹出"编辑关系"对话框，如实验图 4-3 所示。

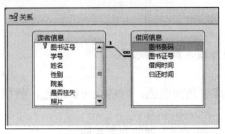

实验图 4-2　"关系"窗口

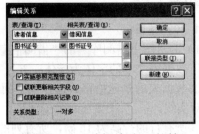

实验图 4-3　"编辑关系"对话框

5）勾选"级联更新"相关字段和"级联删除"相关记录复选框，单击"确定"按钮，保存。

6）打开"读者信息"表，单击每一条记录左边的"+"号，可见每一个读者信息相关的借阅信息，如实验图 4-1。

2. 修改主表和相关表的相关字段值，测试参照完整性的功能

1）在"图书借阅库"窗口下，打开"借阅信息"表。

2）如果修改相关表"借阅信息"中的图书证号，例如将"J00001"改为"读者信息"中没有的号"K00001"，将出现消息框，如实验图 4-4。单击"确定"|"是"按钮。

如果将图书证号从"J00001"改为"J00002"，则是可以的，因为"J00002"是主表"读者信息"中存在的图书证号。也就是说，"借阅信息"表的外键"图书证号"必须与"读者信息"的主键"图书证号"相等。

3. 删除主表的相关记录，测试级联删除功能

1）在"图书借阅库"窗口下，打开"读者信息"表。

2）选择图书证号为"J00002"记录，单击右键，执行"删除记录"命令。

3）出现级联删除的消息框，如实验图 4-5 所示。单击"是"按钮。

实验图 4-4　违反参照完整性的消息框

实验图 4-5　级联删除的消息框

4）"读者信息"表中的该条记录被删除。再打开"借阅信息"表，可见，图书证号为"J00002"的 3 条记录均被级联删除。

为了便于后续章节的实验，学生可撤销本章实验过程中对数据表的外观更改。

[实验拓展]

1. 实验题目

1）在"图书借阅库"下，创建"图书档案"表和"书目编码"表之间的一对多关系；设置两表之间的实施参照完整性。

2）创建"书目编码"表和"借阅信息"表之间的一对多关系；设置两表之间的实施参照完整性和级联更新。

3）修改"图书档案"表主键值，从"2900001"改为"9900001"，测试参照完整性的功能。

4）修改"书目编码"表的外键"书目编号"字段值，从"7300001"改为"7400001"，再比较，从"7300001"修改为"7300002"，测试参照完整性的功能。

5）定义"图书档案"表和"书目编码"表间关系为级联更新和级联删除。

6）更新"图书档案"表主键值，从"2900001"改为"9900001"，测试级联更新的功能。

7）删除"图书档案"表主键值为"7300003"的记录，测试级联删除的功能。

8）与（7）比较：删除"书目编码"表主键值为"TM1230001"的记录，测试未设置级联删除的效果。说明：允许存在这种情况，当某本书丢失时，应从"书目编码"表中删除相应记录，但该书在"借阅信息"表中的记录可以保留。

2. 实验目的和要求

1）掌握创建两个表之间关系的方法，学会编辑表间关系。

2）理解参照完整性的含义。

3）了解级联更新数据和级联删除数据的功能与作用。

实验 5　选择查询

［实验案例］

图书馆管理员小张要对图书借阅库中的各种表的信息进行查询，要求如下：

1）分别使用查询向导和查询设计视图两种方法实现单表查询：查询图书的基本信息，并显示图书的名称、作者、出版社。

2）分别使用查询向导和查询设计视图两种方法实现多表查询：查询读者的借书情况，并显示读者姓名、图书名称和借阅时间。

3）单表条件查询：查询单价在35元以上的图书名称、出版社及单价。

4）多表条件查询：查询在库图书的情况，并显示在库图书的名称和出版时间。

5）数据统计：统计各类别图书的总数。

6）查找重复项：查询出版时间相同的所有图书的基本信息，并显示图书的名称、作者、出版社和出版时间。

7）查找不匹配项：查询没有借阅图书的同学的基本信息，并显示姓名和院系。

［实验步骤］

1. 单表查询

问题：查询图书的基本信息，并显示图书的名称、作者、出版社。

分析：本查询数据来源仅为"图书档案"表，且无查询条件，故既可以使用查询向导也可以使用查询设计视图实现。

（1）使用向导创建查询

1）单击"创建"选项卡中"查询"组的"查询向导"按钮，屏幕显示"新建查询"对话框，如实验图5-1所示，在"新建查询"对话框中选择"简单查询向导"选项，然后单击"确定"按钮。屏幕显示"简单查询向导"对话框，如实验图5-2所示。

实验图 5-1 "新建查询"对话框

实验图 5-2 简单查询向导

2）在实验图 5-2 所示的界面中，单击"表 / 查询"下拉列表框右侧的下拉按钮，从下拉列表框中选择"表：图书档案"，然后分别双击"图书名称"、"作者"和"出版社"字段，或选定这些字段后，单击">"按钮，将它们添加到"选定字段"框中，如实验图 5-3 所示。

3）在选择了全部所需字段以后，单击"下一步"按钮，则弹出如实验图 5-4 所示对话框，在文本框内输入查询名称，即"图书基本信息查询 1"，然后单击"打开查询查看信息"选项按钮，最后单击"完成"按钮。这时，系统就开始建立查询，并将查询结果显示在屏幕上，如实验图 5-5 所示。

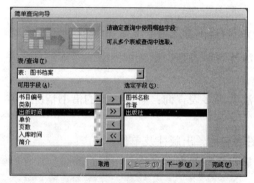

实验图 5-3 选择字段对话框

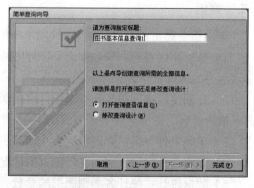

实验图 5-4 输入查询名称

（2）使用设计视图创建查询

1）单击"创建"选项卡"查询"组中的"查询设计"按钮，显示查询设计视图，并弹出"显示表"对话框，如实验图 5-6 所示。

实验图 5-5 图书基本信息查询结果

实验图 5-6 选择建立查询的表 / 查询

2) 在"显示表"对话框中，单击"表"选项卡，然后双击"图书档案"，这时"图书档案"表添加到查询设计视图上半部分的窗口中，单击"关闭"按钮关闭"显示表"，如实验图 5-7 所示。

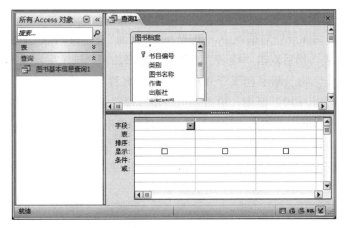

实验图 5-7 查询"设计"视图

3) 分别双击"图书档案"表中的"图书名称"、"作者"和"出版社"字段，或将相应字段直接拖到"字段"行上，如实验图 5-8 所示。

实验图 5-8 建立查询

4) 单击快速访问工具栏上的"保存"按钮，这时出现"另存为"对话框，在"查询名称"文本框中输入"图书基本信息查询 2"，然后单击"确定"按钮。

5) 单击"查询工具 – 设计"选项卡中"结果"组的"视图"按钮，或"运行"按钮切换到数据表视图，可以看到如实验图 5-5 所示的"图书基本信息查询 2"的运行结果。

2. 多表查询

问题：查询读者的借书情况，并显示读者姓名、图书名称和借阅时间。

分析：本查询需要的"读者姓名"来源于"读者信息"表、"图书名称"来源于"图书档案"表、"借阅时间"来源于"借阅信息"表，其中"读者信息"表和"借阅信息"表通过"图书证号"字段建立联系，"图书档案"表和前面的两个表之间无直接联系，但"图书档案"表与"书目编码"表通过"书目编号"字段建立联系，"借阅信息"表和"书目编码"表之间通过"图书条码"字段建立联系，故在本查询中还需使用"书目编码"表。由于本查询无查询条件，故既可以使用查询向导也可以使用查询设计视图实现。

（1）使用向导创建查询

1）单击"创建"选项卡中"查询"组的"查询向导"按钮启动查询向导，打开如实验图 5-2 所示的"简单查询向导"对话框。

2）在"简单查询向导"对话框中，单击"表/查询"右侧的下拉按钮，从下拉列表框中选择"读者信息"表，然后双击"姓名"字段，将它添加到"选定字段"框中。

3）重复上一步，将"图书档案"表中的"图书名称"和"借阅信息"表中的"借阅时间"字段添加到"选定字段"框中，单击"下一步"按钮。

4）在弹出的对话框中，单击"明细"选项，然后单击"下一步"按钮。

5）在文本框内输入"图书借阅查询1"，然后单击"打开查询查看信息"选项按钮，最后单击"完成"按钮。这时，Access 就开始建立查询，并将查询结果显示在屏幕上，如实验图 5-9 所示。

实验图 5-9　学生借书查询

（2）使用设计视图创建查询

1）单击"创建"选项卡中"查询"组的"查询设计"按钮，显示查询设计视图，并弹出"显示表"对话框。

2）该查询涉及所有 4 个表。在"显示表"对话框中，单击"表"选项卡，然后双击"读者信息"表，这时"图书档案"表添加到查询设计视图上半部分的窗口中；以同样方法将"借阅信息"表、"书目编码"表和"图书档案"表添加到查询设计视图上半部分的窗口中；最后单击"关闭"按钮关闭"显示表"，如实验图 5-10 所示。

3）双击"读者信息"表中的"姓名"字段，或将该字段直接拖到"字段"行上，这时在查询设计视图下半部分窗口的"字段"行上显示了字段的名称"姓名"，"表"行上显示了该字段对应的表名称"读者信息"。

4）重复上一步，将"图书档案"表中的"图书名称"字段和"借阅信息"表中的"借阅时间"字段放到设计网格的"字段"行上，如实验图 5-11 所示。

5）单击快速访问工具栏上的"保存"按钮，出现"另存为"对话框，在"查询名称"文本框中输入"图书借书查询2"，然后单击"确定"按钮。

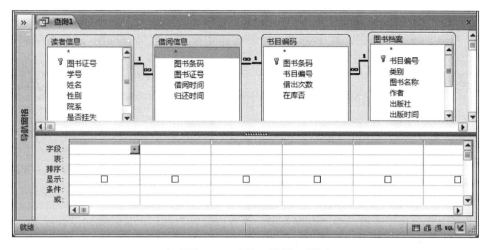

实验图 5-10　查询"设计"视图

6）单击"视图"按钮，或单击"运行"按钮切换到数据表视图，可以看到"图书借书查询2"的运行结果，如实验图 5-9 所示。

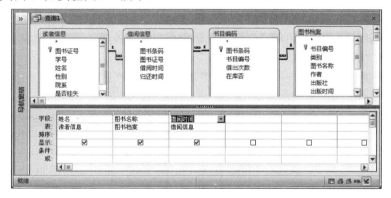

实验图 5-11　建立查询

3. 单表条件查询

问题：查询单价在 35 元以上的图书名称、出版社及单价。

分析：本查询数据来源仅为"图书档案"表。由于需要查询条件，故只能使用查询设计视图实现。

1）单击"创建"选项卡中"查询"组的"查询设计"按钮，显示查询设计视图，并弹出"显示表"对话框，双击"图书档案"后单击"关闭"按钮关闭"显示表"。

2）将"图书档案"表中的"图书名称"、"出版社"和"单价"字段添加到查询设计视图下半部分窗口的"字段"行上，在"单价"字段列的"条件"行单元格中输入条件表达式：>35，如实验图 5-12 所示。

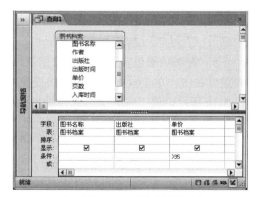

实验图 5-12　查询设计视图

3）单击工具栏上的"保存"按钮，在"查询名称"文本框中输入"单价超过 35 的图书查询",然后单击"确定"按钮。

4)单击"视图"按钮,或单击"运行"按钮切换到"数据表视图"。查询结果如实验图 5-13 所示。

4. 多表条件查询

问题:查询在库图书的情况,并显示在库图书的名称和出版时间。

分析:本查询结果中的"图书名称"和"出版时间"字段来源于"图书档案"表,而该书是否在库来源于"书目编码"表,所以本查询涉及两个表,又由于需要设置查询条件,故只能使用查询设计视图实现。

实验图 5-13 单价超过 35 的图书查询结果

1)单击"创建"选项卡中"查询"组的"查询设计"按钮,显示查询设计视图,并弹出"显示表"对话框,双击"图书档案"表和"书目编码"表后,单击"关闭"按钮关闭"显示表"。

2)将"图书档案"表中的"图书名称"和"出版时间"字段以及"书目编码"表中的"在库否"字段添加到查询设计视图下半部分窗口的"字段"行上;将"在库否"字段的"显示"行上的勾去掉,即查询结果中不显示该字段。在"在库否"字段列的"条件"行单元格中输入条件表达式:True,如实验图 5-14 所示。

3)单击快速访问工具栏上的"保存"按钮,在"查询名称"文本框中输入"在库图书查询",然后单击"确定"按钮。

4)单击"视图"按钮,或单击"运行"按钮切换到"数据表视图"。查询结果如实验图 5-15 所示。

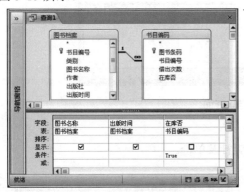

实验图 5-14 查询设计视图

实验图 5-15 在库图书查询结果 1

5)查询结果包含许多重复的记录,为了避免在查询结果中出现重复的记录,可以切换到设计视图,单击鼠标右键打开快捷菜单,选择"属性…",打开"属性表"窗口,如实验图 5-16 所示,将"唯一值"属性设置为"是",关闭"查询属性"窗口,再次切换到"数据表",显示查询结果如实验图 5-17 所示。

5. 数据统计

问题:统计各类别图书的总数。

分析:本查询希望能统计出各种图书的数量,由于每种图书有多册,相应信息在"书目编码"表中,而图书种类信息在"图书档案"表中,因此此次查询涉及两个表。而图书数量可以通过"书目编码"表中的记录数统计,同时希望按图书种类分别统计,故须按图书种类进行分组统计计数。

实验图 5-16 "查询属性"窗口

实验图 5-17 在库图书查询结果 2

1）单击"创建"选项卡中"查询"组的"查询设计"按钮，显示查询设计视图，并弹出"显示表"对话框，双击"图书档案"和"书目编码"表后单击"关闭"按钮关闭"显示表"。

2）将"图书档案"表中的"类别"字段和"书目编码"表中"图书条码"字段添加到查询设计网格的"字段"行，为了显示字段的合理性，将"图书条码"更名为"图书总数"。

3）单击"查询工具 – 设计"选项卡中"显示 / 隐藏"组的"汇总"按钮，在"总计"行上自动将所有字段的"总计"行单元格设置成"Group By"。单击"图书条码"字段的"总计"行单元格，单击右边的下拉按钮，从下拉列表框中选择"计数"函数，如实验图 5-18 所示。

4）单击快速访问工具栏上的"保存"按钮，在"查询名称"文本框中输入"各类图书总数查询"，然后单击"确定"按钮。

5）单击"视图"按钮，或单击"运行"按钮切换到"数据表视图"。显示查询结果如实验图 5-19 所示。

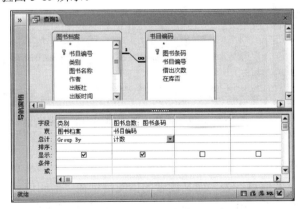

实验图 5-18 查询"设计"视图

实验图 5-19 各类图书总数查询结果

6. 查找重复项

问题：查询出版时间相同的所有图书的基本信息，并显示图书的名称、作者、出版社和出版时间。

分析："出版时间"字段在"图书档案"表中，本查询可以"图书档案"为数据源，"出版时间"为关键字，利用 Access 2010 提供的"查找重复项"查询向导实现。

1）单击"创建"选项卡的中"查询"组的"查询向导"按钮，出现如实验图 5-1 所示"新建查询"对话框。

2）选择"查找重复项查询向导"，单击"确定"按钮，弹出如实验图 5-20 所示对话框。

3）选择"图书档案"表，单击"下一步"按钮，弹出如实验图 5-21 所示对话框。

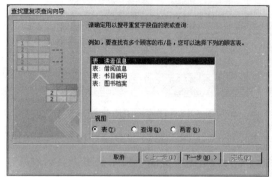 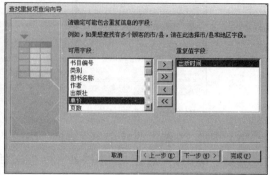

实验图 5-20　选择包含重复字段的表 / 查询对话框　　　　实验图 5-21　重复字段选择对话框

4）在"可用字段"列表框中选择包含重复值的一个或多个字段，这里选择"出版时间"，单击"下一步"按钮，弹出如实验图 5-22 所示对话框。

5）在"另外的查询字段"列表框中选择查询中要显示的除重复字段以外的其他字段，这里选择"图书名称"、"作者"和"出版社"，然后单击"下一步"按钮。

6）在弹出的对话框的"请指定查询的名称"文本框中输入"查找出版时间相同的图书"，然后单击"确定"按钮，查询结果如实验图 5-23 所示。

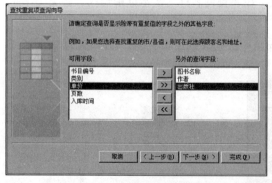 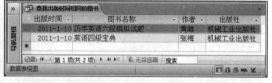

实验图 5-22　显示字段选择对话框　　　　　　实验图 5-23　查找出版时间相同的图书结果

7. 查找不匹配项

问题：查询没有借阅过图书的读者的基本信息，并显示姓名和院系。

分析：读者姓名和所在院系来源于"读者信息"表，而某读者的借阅信息在"借阅信息"表中，本问题可转换为查找那些在"读者信息"表中存在，而在"借阅信息"表中没有与之相关联的记录。可利用 Access 2010 提供的"查找不匹配项"查询向导实现。

1）单击"创建"选项卡中"查询"组的"查询向导"按钮，出现如实验图 5-1 所示"新建查询"对话框。

2）选择"查找不匹配项查询向导"，然后单击"确定"按钮，弹出如实验图 5-24 所示对话框。

3）选择"读者信息"表，单击"下一步"按钮，弹出如实验图 5-25 所示对话框。

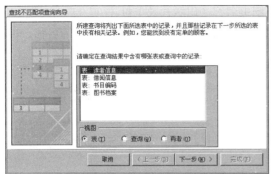

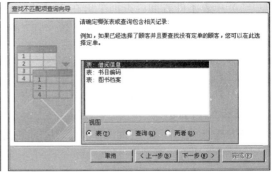

实验图 5-24 选择包含显示字段的表 / 查询对话框   实验图 5-25 选择相关的表 / 查询对话框

4）选择与"读者信息"表中的记录不匹配的"借阅信息"表，单击"下一步"按钮，弹出如实验图 5-26 所示对话框。

5）在字段列表框中选择在两张表中都有的字段信息，这里选择"图书证号"，单击"下一步"按钮，弹出如实验图 5-27 所示对话框。

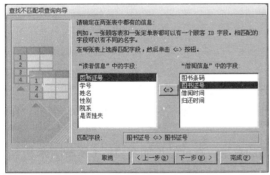

实验图 5-26 匹配字段选择对话框   实验图 5-27 选择显示字段对话框

6）选择查询结果中要显示的字段，这里选择"姓名"和"院系"，单击"下一步"按钮。

7）输入查询的名称"查询未借过图书的读者"，单击"完成"按钮，查询结果如实验图 5-28 所示。

实验图 5-28 "查找不匹配项的查询"结果

[实验拓展]

1. 实验题目

1）分别使用查询向导和查询设计视图两种方法实现单表查询：查询读者的基本信息，并显示读者的姓名、性别、院系。

2）分别使用查询向导和查询设计视图两种方法实现多表查询：查询图书的在库情况，并显示图书的名称、作者、出版社和在库否字段。

3）单表条件查询：查询单价在 30 元以下的图书名称、出版社及单价。

4）多表条件查询：查询 2012 年 5 月 1 日以后入库的图书情况，并显示图书的名称、出版时间和在库否字段。

5）数据统计：统计各类别图书的平均单价。

6）查找重复项：查询入库时间相同的所有图书的基本信息，并显示图书的名称、作者、出版社和入库时间。

7）查找不匹配项：查询没有被借阅过的图书的基本信息，并显示图书的名称、作者和出版社。

2. 实验目的和要求

1）掌握使用向导创建查询的方法。

2）掌握使用设计视图创建查询的方法。

3）熟练运行已创建的查询。

4）掌握条件查询的创建方法。

5）掌握查询中的数据统计方法。

6）掌握查找重复项和不匹配项的查询方法。

实验 6   参数查询和操作查询

[实验案例]

图书馆管理员小张要对图书借阅库中的表和查询的信息进一步查询，要求如下：

1）参数查询：根据所输入的作者姓名查询相应图书的基本信息，并显示图书的名称、作者、出版社。

2）交叉表查询：按出版社分别统计各类图书的数量。查询结果如实验图 6-1 所示。

3）生成表查询：将读者借书情况生成一个新表，包括学号、姓名和图书名称字段。

4）删除查询：删除读者信息表中挂失的读者记录。

5）更新查询：将所有图书的单价下调 10%。

6）追加查询：建立记录为"Y00003，201232200003，李三凤，男，遥感与测绘学院，否"的"新读者"表，并将其追加到"读者信息"表中。

7）SQL 视图切换：将上述追加查询切换到 SQL 视图下观察。

[实验步骤]

1. 参数查询

问题： 根据所输入的作者姓名查询相应图书的基本信息，并显示图书的名称、作者、出版社。

分析： 本查询实质是以作者姓名为条件进行查询，但由于作者姓名在建立查询时未设置，需在运行查询时输入，故建立以作者姓名为参数的查询。

1）单击"创建"选项卡中"查询"组的"查询设计"按钮，显示查询设计视图，并弹出"显示表"对话框，双击"图书档案"后单击"关闭"按钮关闭"显示表"。

2）将"图书档案"表中要显示的"图书名称"、"作者"和"出版社"字段添加到查询设计网格的"字段"行。

3）在"作者"字段的"条件"行单元格中，输入一个带方括号的文本"[请输入作者姓名：]"作为提示信息，如实验图 6-2 所示。

实验图 6-1　交叉表查询结果　　　　实验图 6-2　参数查询设计视图窗口

4）单击"保存"按钮，在"查询名称"文本框中输入"按作者姓名查询图书"，然后单击"确定"按钮。

5）单击"运行"按钮，弹出参数查询对话框，输入查询参数"俞敏洪"，如实验图 6-3 所示。

6）单击"确定"按钮，结果如实验图 6-4 所示。

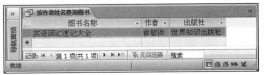

实验图 6-3　输入参数值对话框　　　　　实验图 6-4　参数查询结果

2. 交叉表查询

问题：按出版社分别统计各类图书的数量。

分析：查询结果可以看出，在其左侧显示了出版社名称，上面显示了各类别图书总数及图书类别，行、列交叉处显示了各类别的书在各出版社中的数量。由于该查询只涉及"图书档案"表，所以可以将其作为数据源，"出版社"作为行标题、"图书类别"作为类标题，利用，Access 2010 提供的"交叉表查询向导"实现。

1）单击"创建"选项卡中"查询"组的"查询向导"按钮，出现"新建查询"对话框。

2）在"新建查询"对话框中，双击"交叉表查询向导"，这时屏幕上显示"交叉表查询向导"对话框，如实验图 6-5 所示。

3）这里选择"图书档案"表后单击"下一步"按钮，这时屏幕上显示如实验图 6-6 所示的对话框。

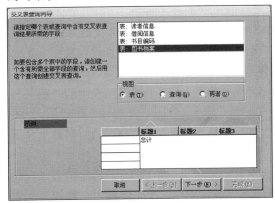

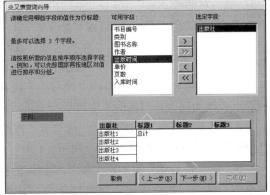

实验图 6-5　"交叉表查询向导"对话框　　　　实验图 6-6　选择行标题

4）选择作为行标题的字段。行标题最多可选择三个字段，为了在交叉表的每一行的前面显示出版社名称，这里应双击"可用字段"框中的"出版社"字段，将它添加到"选定字段"框中。然后单击"下一步"按钮，弹出如实验图6-7所示的对话框。

5）选择作为列标题的字段。列标题只能选择一个字段，为了在交叉表的每一列的上面显示类别情况，单击"类别"字段。然后单击"下一步"按钮。

6）确定行、列交叉处的显示内容的字段。为了让交叉表统计每个出版社的图书类别个数，应单击字段框中的"图书名称"字段，然后在"函数"框中选择"Count"函数。若要在交叉表的每行前面显示总计数，还应选中"是，包括各行小计"复选框，如实验图6-8所示，最后单击"下一步"按钮。

7）在弹出的对话框的"请指定查询的名称"文本框中输入所需的查询名称，这里输入"各出版社图书类别交叉表查询"，然后单击"查看查询"选项按钮，再单击"完成"按钮。

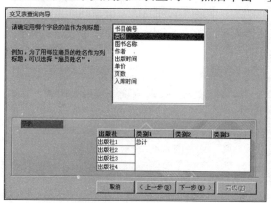
实验图 6-7　选择列标题

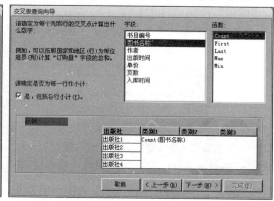
实验图 6-8　选择交叉点

3. 生成表查询

问题： 将读者借书情况生成一个新表，包括学号、姓名和图书名称字段。

分析： 新表中包括的"学号"、"姓名"字段来源于"读者信息"表、"图书名称"字段来源于"图书档案"表，而这两个表没有直接联系，须通过"借阅信息"表和"书目编码"表来建立它们之间的联系，同时希望将查询结果保存为一个新表，故可以利用 Access 2010 提供的"生成表查询"实现。

1）单击"创建"选项卡中"查询"组的"查询设计"按钮，显示查询设计视图，并弹出"显示表"对话框。

2）双击"图书档案"，这时"图书档案"表添加到查询设计视图上半部分的窗口中；以同样方法将"书目编码"表、"读者信息"表和"借阅信息"表也添加到查询设计视图上半部分的窗口中；最后单击"关闭"按钮关闭"显示表"。

3）将"读者信息"表中的"学号"字段和"姓名"字段，"图书档案"表中的"图书名称"字段添加到设计网格的"字段"行上。

4）单击"查询工具－设计"选项卡"查询类型"组中"生成表"按钮，这时屏幕上显示"生成表"对话框，如实验图6-9所示。

5）在"表名称"文本框中输入要创建的新表名称"读者借书生成表"，然后单击"当前数据库"选项，把新表放入当前打开的"图书借阅库"数据库中，单击"确定"按钮，如实验图6-10所示。

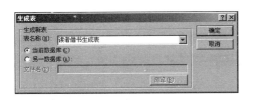

实验图 6-9　"生成表"对话框

实验图 6-10　查询设计视图

6）单击快速访问工具栏上的"保存"按钮，在查询名称文本框中输入"读者借书生成表查询"，然后单击"确定"按钮保存所建的查询。

7）单击"结果"组中的"运行"按钮，弹出如实验图 6-11 所示的提示框。

8）单击"是"按钮，Access 2010 将开始新建"读者借书生成表"，生成的新表如实验图 6-12 所示。

实验图 6-11　添加数据提示框

实验图 6-12　生成的新表

4. 删除查询

问题：删除"读者信息"表中挂失的读者记录。

分析：本查询实质是从"读者信息"表中找到"是否挂失"值为"是"的记录并删除。可以利用 Access 2010 提供的"删除查询"实现。

1）单击"创建"选项卡中"查询"组的"查询设计"按钮，显示查询设计视图，并弹出"显示表"对话框，双击"读者信息"后单击"关闭"按钮关闭"显示表"。

2）单击"查询工具 – 设计"选项卡中"查询类型"组的"删除"按钮，这时在查询设计网格中显示一个"删除"行。

3）把"读者信息"表的字段列表中的"*"号拖动到查询设计网格的"字段"行单元格中，这时系统将其"删除"单元格设定为"From"，表明要对哪一个表进行删除操作。

4）将要设置"条件"的字段"是否挂失"拖动到查询设计网格的"字段"行单元格中，这时系统将其"删除"单元格设定为"Where"，在"是否挂失"的"条件"单元格中键入表达式：True。查询设计如实验图 6-13 所示。

5）单击"结果"组中的"视图"按钮，预览即将删除的一组记录。如果预览到的一组记录不是要删除的记录，则可以再次单击"视图"按钮，返回到设计视图，对查询进行所需的更改，直到满意为止。

　　6）单击快速访问工具栏中的"保存"按钮，将查询保存为"删除挂失的图书"。

　　7）单击"结果"组中的"运行"按钮，弹出如实验图 6-14 所示的提示框。

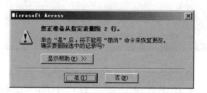

实验图 6-13　删除查询设计视图　　　　　　　　　　实验图 6-14　删除提示框

　　8）单击"是"按钮，Access 2010 将删除符合条件的记录。再次打开"读者信息"表时，就可以看到所有挂失的记录已被删除，共删除了两条记录。

5. 更新查询

　　问题：将所有图书的单价下调 10%。

　　分析：本查询实质是先查出所有图书的单价，然后计算"单价 *(1–0.1)"，最后将算出的结果替换原单价。可利用 Access 2010 提供的"更新查询"实现。

　　1）单击"创建"选项卡中"查询"组的"查询设计"按钮，显示查询设计视图，并弹出"显示表"对话框，双击"图书档案"表后单击"关闭"按钮关闭"显示表"。将"图书档案"表中的"单价"字段添加到查询设计网格的"字段"行上。

　　2）单击"查询类型"组中的"更新"按钮，这时在查询设计网格中显示一个"更新到"行。

　　3）在"单价"字段的"更新到"单元格中输入改变字段数值的表达式：[单价]*0.9，注意，字段名一定要加方括号（[]）。查询设计如实验图 6-15 所示。

　　4）单击工具栏上"视图"按钮，能够预览到要更新的一组记录。再次单击工具栏上的"视图"按钮，返回到设计视图，对查询进行所需的更改。

　　5）单击快速访问工具栏上的"保存"按钮，保存所建的查询为"修改单价查询"。

　　6）单击"结果"组中的"运行"按钮，弹出如实验图 6-16 所示的提示框。

实验图 6-15　更新查询"设计"视图　　　　　　　　实验图 6-16　更新提示框

　　7）单击"是"按钮，Access 2010 将更新属于指定的所有记录，再次打开"图书档案"

表时，单价已降 10%，如实验图 6-17 所示。

实验图 6-17　更新后的"图书档案"表

6. 追加查询

问题：建立记录为"Y00003，201232200003，李三凤，男，遥感与测绘学院，否"的"新读者"表，并将其追加到"读者信息"表中。

分析：本问题的实质是从一个表中查询出部分记录，并将查询结果存入一个已经存在的另一个表中。可以利用 Access 2010 提供的"追加查询"实现。

1）利用第 2 章的知识建立"新读者"表，其字段属性与"读者信息"表完全相同，建好的表如实验图 6-18 所示。

实验图 6-18　"新读者"表

2）单击"创建"选项卡中"查询"组的"查询设计"按钮，显示查询设计视图，并弹出"显示表"对话框，双击"新读者"表后单击"关闭"按钮关闭"显示表"。将"新读者"表中的全部字段添加到查询设计网格的"字段"行上。

3）单击"查询类型"组中的"追加"按钮，这时屏幕上显示"追加"对话框，如实验图 6-19 所示。

4）在"表名称"文本框中输入被添加记录的表的名称，即"读者信息"，表示将查询的记录追加到"读者信息"表中，然后选中"当前数据库"选项按钮，单击"确定"按钮。这时在查询设计网格中显示一个"追加到"行。

5）在设计网格的"追加到"行上自动填上了"读者信息"表中的相应字段，以便将"新读者"表中的信息追加到"读者信息"表相应的字段中，如实验图 6-20 所示。

实验图 6-19　"追加"对话框

实验图 6-20　追加查询设计视图

6）单击快速访问工具栏中的"保存"按钮，将查询保存为"追加新生查询"。

7）单击"结果"组中的"运行"按钮，弹出如实验图 6-21 所示的提示框。

8）单击"是"按钮，Access 2010 开始将符合条件的一组记录追加到指定的表中。打开"学生信息"表，可以查看到追加的记录。

实验图 6-21　追加提示框

7. SQL 视图切换

将上述追加查询切换到 SQL 视图下观察：

1）在导航窗格右键单击刚刚建立的"追加新生查询"，再在弹出的快捷菜单中选择"设计视图"选项，这时屏幕上显示该查询的设计视图。

2）单击"结果"组中"视图"选项按钮下边的下拉按钮，在弹出的下拉菜单中选择"SQL 视图"选项，切换到"SQL 视图"，如实验图 6-22 所示，可以查看到使用向导或设计视图创建的查询产生的 SQL 语句。

实验图 6-22　SQL 视图

[实验拓展]

1. 实验题目

1）参数查询：根据所输入的书目编号查询相应图书的基本信息，并显示图书的名称、作者、出版社。

2）交叉表查询：建立如实验图 6-23 所示的交叉表查询。

实验图 6-23　交叉表查询结果

3）生成表查询：将图书在库情况生成一个新表，包括"图书条码"、"图书名称"、"作者"和"在库否"字段。

4）删除查询：删除读者信息表中女生的读者记录。

5）更新查询：将所有图书的单价上调 10%。

6）追加查询：建立记录为"Y00004，201232200004，刘丽，女，遥感与测绘学院，否"的"新读者 2"表，并将其追加到"读者信息"表中。

7）SQL 视图切换：将上述交叉表查询切换到 SQL 视图下观察。

2. 实验目的和要求

1）掌握参数查询。

2）掌握交叉表查询。

3）掌握操作查询，包括生成表查询、删除查询、更新查询和追加查询。

4）掌握 SQL 视图的切换方法。

实验 7 SQL 查询语句

[实验案例]

"图书借阅库"已包含"读者信息"表、"书目编码"表、"借阅信息"表和"图书档案"表，现在小王信心百倍地使用 SQL 语言完成对该数据库的各种查询和统计。

[实验步骤]

1. 打开查询语句输入窗口

在数据库窗口中选择查询对象，单击"创建"选项卡中"查询设计"按钮，如实验图 7-1 所示，出现"显示表"对话框，如实验图 7-2 所示，选择"关闭"按钮，关闭"显示表"对话框。在"设计"选项卡左端，选择"SQL 视图"按钮，即切换到 SQL 视图，如实验图 7-3 所示。

实验图 7-1 "查询设计"按钮

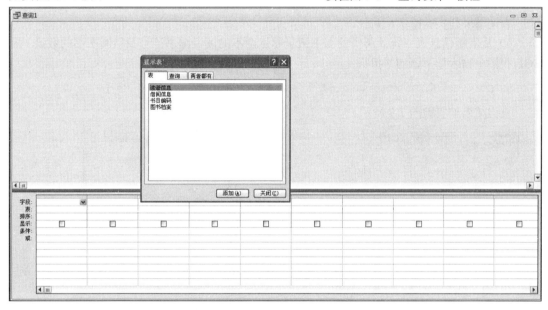

实验图 7-2 "显示表"对话框

实验图 7-3 SQL 视图

在 SQL 视图中单击鼠标，输入 SQL 语句，单击工具栏中执行按钮！即可执行相应的语句。

2. 单表查询

1）查询所有读者的信息。在 SQL 视图中输入如下语句并执行：

```
SELECT * FROM 读者信息；
```

查询结果如实验图 7-4 所示。

2）从读者信息表中查询计算机学院的读者的所有信息。在 SQL 视图中输入如下语句并执行：

SELECT * FROM 读者信息 WHERE 院系 =" 计算机学院 ";

查询结果如实验图 7-5 所示。

实验图 7-4　所有读者的信息　　　　　　实验图 7-5　计算机学院的读者信息

3）从图书档案表中统计所有图书的单价之和。在 SQL 视图中输入如下语句并执行：

SELECT SUM(单价) AS 单价之和 FROM 图书档案;

查询结果如实验图 7-6 所示。

4）从借阅信息表中统计所借的图书数量超过两本的读者图书证号及借阅图书的数量。在 SQL 视图中输入如下语句并执行：

SELECT 图书证号,COUNT(*)AS 图书数量 FROM 借阅信息 GROUP BY 图书证号 HAVING COUNT(*)>2;

查询结果如实验图 7-7 所示。

实验图 7-6　所有图书单价之和　　　　实验图 7-7　借阅图书数量超过两本的借阅信息

3. 多表查询

1）从书目编码表和图书档案表中查询每本书的图书条码、名称、作者以及出版社等信息。在 SQL 视图中输入如下语句并执行：

SELECT 图书条码,图书名称,作者,出版社 FROM 书目编码,图书档案 WHERE 书目编码 . 书目编号 = 图书档案 . 书目编号;

查询结果如实验图 7-8 所示。

2）从借阅信息表和读者信息表中查询借阅图书的读者的图书证号、学号和姓名，要求重复的信息只列一个。在 SQL 视图中输入如下语句并执行：

SELECT DISTINCT 读者信息 . 图书证号,学号,姓名 FROM 读者信息 INNER JOIN 借阅信息 ON 读者信息 . 图书证号 = 借阅信息 . 图书证号;

查询结果如实验图 7-9 所示。

3）统计每位读者借阅图书的数量，列出读者的借阅图书数量、学号和姓名。在 SQL 视图中输入如下语句并执行：

SELECT COUNT(*) AS 借阅图书数量,学号,姓名 FROM 读者信息 INNER JOIN 借阅信息 ON 读者信息 . 图书证号 = 借阅信息 . 图书证号 GROUP BY 学号,姓名;

实验图 7-8　图书的条码及书名等信息

查询结果如实验图 7-10 所示。

实验图 7-9　借阅图书的读者信息

实验图 7-10　每位读者借阅图书的数量统计

[实验拓展]

1. 实验题目

1）从图书档案表中查询所有图书的信息。

2）从图书档案表中查询"社会科学"类的图书名称、作者和出版时间等信息。

3）从图书档案表中统计所有图书的平均单价。

4）从书目编码表中统计每种图书的编号和数量。

5）从书目编码表和图书档案表中统计每种图书的名称和数量。

6）统计每种图书的借出数量，要求列出图书名称、作者和借出数量。

2. 实验目的和要求

1）巩固 SELECT 语句的语法规则。

2）掌握 SELECT 语句的使用方法。

实验 8　SQL 数据定义和数据操作语句

[实验案例]

　　大家已经学会了怎么利用命令从一个或多个表中查询和统计需要的数据。那么，能不能用命令完成创建和修改表等操作呢？能不能不打开输入界面，用命令将数据存入表中？进一步地，能不能用命令修改或删除表中已有的数据呢？回答是肯定的。

[实验步骤]

1. 创建表

1）建立读者表 dz，其表结构如实验表 8-1 所示。

实验表 8-1   读者表 dz 的表结构

字 段 名	中 文 名	字 段 类 型	字 段 长 度
tszh	图书证号	文本	6
xh	学号	文本	12
xm	姓名	文本	8
xb	性别	文本	2
yx	院系	文本	20
sfgs	是否挂失	是 / 否	

在 SQL 视图中输入如下语句并执行：

```
CREATE TABLE dz(tszh CHAR(6),xh CHAR(12),xm CHAR(8),xb CHAR(2),yx CHAR(20),sfgs YESNO);
```

2）建立书目编码表 smbm，其表结构如实验表 8-2 所示。同时，将图书条码设为主键。

实验表 8-2   书目编码表 smbm 的表结构

字 段 名	中 文 名	字 段 类 型	字 段 长 度
tstm	图书条码	文本	9
smbh	书目编码	文本	7
jccs	借出次数	短整型	
zkf	在库否	是 / 否	

在 SQL 视图中输入如下语句并执行：

```
CREATE TABLE smbm(tstm CHAR(9) PRIMARY KEY ,smbh CHAR(7),jccs SHORT,zkf YESNO);
```

3）建立借阅信息表 jy，其表结构如实验表 8-3 所示。

实验表 8-3   借阅信息表 jy 的表结构

字 段 名	中 文 名	字 段 类 型	字 段 长 度
tstm	图书条码	文本	9
tszh	图书证号	文本	6
jysj	借阅时间	日期时间	
ghsj	归还时间	日期时间	

在 SQL 视图中输入如下语句并执行：

```
CREATE TABLE jy(tstm CHAR(9) ,tszh CHAR(6),jysj TIME,ghsj TIME);
```

4）建立图书信息表 ts，其表结构如实验表 8-4 所示。

实验表 8-4   图书信息表 ts 的表结构

字 段 名	中 文 名	字 段 类 型	字 段 长 度
smbh	书目编号	文本	7
sm	书名	文本	40
zz	作者	文本	8
cbs	出版社	文本	20

在 SQL 视图中输入如下语句并执行：

```
CREATE TABLE ts(smbh CHAR(7) ,sm CHAR(40),zz CHAR(8),cbs CHAR(20));
```

5）建立图书档案表 tsda，其表结构如实验表 8-5 所示。

实验表 8-5 图书档案表 tsda 的表结构

字 段 名	中 文 名	字 段 类 型	字 段 长 度
smbh	书目编号	文本	7
lb	类别	文本	20
sm	书名	文本	30
zz	作者	文本	16
cbs	出版社	文本	30
cbsj	出版时间	日期 / 时间	
dj	单价	单精度型	
ys	页数	单精度型	
rksj	入库时间	日期 / 时间	
jj	简介	备注型	
bz	备注	备注型	

在 SQL 视图中输入如下语句并执行：

```
CREATE TABLE tsda(smbh CHAR(7) ,lb CHAR(20),sm CHAR(30),zz CHAR(16),cbs
CHAR(30),cbsj DATE,dj SINGLE,ye SINGLE,rksj DATE,jj MEMO,bz MEMO);
```

2. 修改表

1）将图书信息表 ts 中的作者字段 zz 的长度改为 20。在 SQL 视图中输入如下语句并执行：

```
ALTER TABLE ts ALTER zz CHAR(20);
```

2）在图书信息表 ts 原有字段后面添加字段单价 dj，字段数据类型为单精度浮点型。在 SQL 视图中输入如下语句并执行：

```
ALTER TABLE ts ADD dj SINGLE;
```

3）将图书信息表 ts 中书目编号字段 smbh 设为表的主键。在 SQL 视图中输入如下语句并执行：

```
ALTER TABLE ts ALTER smbh CHAR(7) PRIMARY KEY;
```

4）将书目编码表 smbm 中的书目编号字段 smbh 设为该表的外部键，并指定与图书信息表 ts 中书目编号字段 smbh 具有参照关系。在 SQL 视图中输入如下语句并执行：

```
ALTER TABLE smbm ADD CONSTRANT smbh FOREIGN KEY(smbh) REFERENCES ts;
```

5）删除图书信息表 ts 中的出版社字段 cbs。在 SQL 视图中输入如下语句并执行：

```
ALTER TABLE ts DROP cbs;
```

6）删除书目编码表 smbm 中的外键约束 smbh 对图书信息表 ts 的参照约束。在 SQL 视图中输入如下语句并执行：

```
ALTER TABLE smbm DROP CONSTRAINT smbh;
```

3. 删除表

删除图书信息表 ts。在 SQL 视图中输入如下语句并执行:

```
DROP TABLE ts;
```

4. 添加数据

1）在图书档案表 tsda 中插入数据，见实验表 8-6。

实验表 8-6　数据

smbh	lb	sm	zz	cbs	cbsj	dj	ys	rksj	jj	bz
2900001	社会科学	信息管理学	严佚名	商务印刷出版社	2012-10-1	25.5	260	2013-1-1		

在 SQL 视图中输入如下语句并执行:

```
INSERT INTO tsda VALUES ("2900001","社会科学","信息管理学","严佚名","商务印刷出版
社",#2012-1-1#,25.5,260,#2013-1-1#,"","");
```

2）在图书档案表 tsda 中插入数据，见实验表 8-7。

实验表 8-7　数据

smbh	lb	sm	zz	cbs	cbsj
7300003	计算机	OFFICE2007入门提高	杨杨	清华大学出版社	2013-2-1

在 SQL 视图中输入如下语句并执行:

```
INSERT INTO tsda (smbh,lb,sm,zz,cbs,cbsj) VALUES ("7300003","计算机","OFFICE2007
入门提高","杨杨","清华大学出版社",#2013-2-1#);
```

3）将读者信息表中的数据全部插入读者表 dz 中。

在 SQL 视图中输入如下语句并执行:

```
INSERT INTO dz(tszh,xh,xm,xb,yx,sfgs)SELECT 图书证号,学号,姓名,性别,院系,是否挂失
FROM 读者信息;
```

4）将书目编码表中书目编号为"2900001"的图书条码字段和书目编号字段的数据复制
到 smbm 表相应的字段中。

在 SQL 视图中输入如下语句并执行:

```
INSERT INTO smbm(tstm,smbh)SELECT 图书条码,书目编号 FROM 书目编码 WHERE 书目编号='2900001';
```

5）将借阅信息表中的所有数据复制到借阅表 jy 中。

在 SQL 视图中输入如下语句并执行:

```
INSERT INTO jy (tstm,tszh,jysj,ghsj)SELECT 图书条码,图书证号,借阅时间,归还时间 FROM
借阅信息;
```

5. 修改数据

1）将读者表 dz 中是否挂失字段 sfgs 的值全部改为"否"。

在 SQL 视图中输入如下语句并执行:

```
UPDATE dz SET sfgs=NO;
```

2）将读者表 dz 中图书证号 tszh 为"J00003"的是否挂失 sfgs 字段的值改为"是"。在 SQL 视图中输入如下语句并执行：

```
UPDATE dz SET sfgs=YES WHERE tszh="J00003";
```

6. 删除数据

1）从借阅表 jy 中删除图书条码 tstm 为"TM123001"并且图书证号 tszh 为"J00001"的借阅信息。

在 SQL 视图中输入如下语句并执行：

```
DELETE FROM jy WHERE tstm="TM1230001" AND tszh="J00001";
```

2）从借阅表 jy 中删除图书证号 tszh 为"S00001"的借阅信息。

在 SQL 视图中输入如下语句并执行：

```
DELETE FROM jy WHERE tszh="S00001";
```

3）从借阅表 jy 中删除所有借阅信息。

在 SQL 视图中输入如下语句并执行：

```
DELETE FROM jy;
```

［实验拓展］

1. 实验题目

1）根据实验表 8-8 的表结构信息，用命令建立历史图书档案表 tsda2。

实验表 8-8　历史图书档案表 tsda2 的表结构

字 段 名	中 文 名	字 段 类 型	字 段 长 度
smbh	书目编号	文本	7
lb	类别	文本	10
tsmc	图书名称	文本	30
zz	作者	文本	16
cbs	出版社	文本	30
cbsj	出版时间	日期 / 时间	
dj	单价	单精度浮点	
rksj	入库时间	日期 / 时间	
jj	简介	备注	
bz	备注	备注	

2）将历史图书档案表 tsda2 中的类别字段 lb 的长度改为 20。

3）将历史图书档案表 tsda2 中的书目编号字段 smbh 设为表的主键。

4）在历史图书档案表 tsda2 的原字段后，添加新字段页数 ys（字段数据类型为整型）。

5）在历史图书档案表 tsda2 中插入数据，如实验表 8-9。

实验表 8-9　数据

Smbh	lb	tsmc	zz	cbs	cbsj	dj	ys	rksj	jj	bz
9900001	社会科学	信息管理学	严佚名	商务印刷出版社	2012-10-1	25.5	260	2013-1-1		

6）将图书档案表中的所有数据一次性插入历史图书档案表 tsda2 中。

7）将历史图书档案表 tsda2 中备注字段 bz 的值改为"2013 年 3 月存档"。

8）将历史图书档案表 tsda2 中书目编号 smbh 为"9900001"的书名字段 tsmc 的值改为"心理学概论"。

9）将历史图书档案表 tsda2 中书目编号 smbh 为"9900001"的数据删除。

10）将历史图书档案表 tsda2 中的所有数据删除。

2. 实验目的和要求

1）掌握 CREATE TABLE 和 ALTER TABLE 语句的使用规则。

2）学会用命令创建和修改表。

3）掌握数据插入、修改和删除等命令的使用。

实验 9 创建窗体

［实验案例］

几乎所有基于 Windows 的应用程序都采用窗体（窗口或对话框），作为用户与应用程序的可视化或图形化交互界面。Access 也不例外。小王想自由地创建图书借阅系统中的窗体。如实验图 9-1，能否用窗体设计视图创建它呢？

实验图 9-1　编辑读者信息窗体

［实验步骤］

首先，以应用程序的用户需求为依据，逐步设计数据库、表、窗体和程序代码。然后，可以在 Access 的"创建"选项卡的"窗体"组中，使用向导快速创建窗体，并且打开设计视图进行修改；或者直接使用设计视图创建窗体。下面是直接使用设计视图创建窗体的步骤。

1）启动 Access 2010，打开前面已创建的数据库"图书借阅库 .accdb"，单击"创建"选项卡，如实验图 9-2 所示。

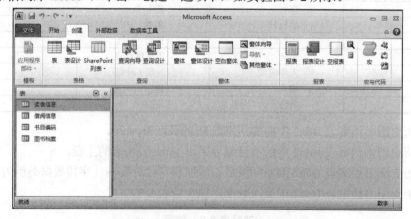

实验图 9-2　图书借阅库的"创建"界面

2）单击如实验图 9-2 中的"窗体设计"按钮，弹出窗体设计视图，如实验图 9-3 所示。

3）单击"窗体设计"工具栏中"工具"组的"属性表"按钮，打开窗体的属性表，并将"数据"选项卡的"记录源"设为"读者信息",如实验图9-4所示;单击"添加现有字段"按钮,打开字段列表,如实验图9-5所示。

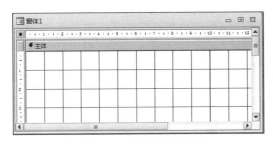

实验图9-3 "新建窗体"窗口

实验图9-4 窗体属性表

4)对如实验图9-3的窗体的高度和宽度做适当的调整,在窗体主体任意处单击右键,在弹出的快捷菜单中单击"窗体页眉/页脚"菜单项,为窗体添加"窗体页眉/页脚",如实验图9-6所示。

实验图9-5 字段列表

实验图9-6 添加窗体页眉/页脚

5)在窗体页眉部位添加一个标签控件"编辑读者信息",并打开该标签控件的属性窗口,设置该控件的相关属性,字体字号分别设为"隶书,24",如实验图9-7所示。

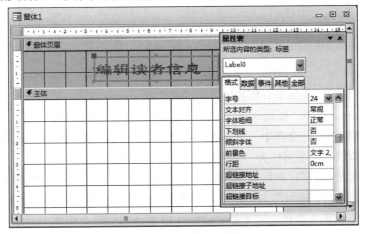

实验图9-7 添加标签控件

6）在该标签控件的左侧添加一图像控件，假如从文件 C:/Program Files/Microsoft Office/ OFFICE11/MSN.ICO 插入图像，如实验图 9-8 所示。

7）在窗体页面主体部分拖放一个"矩形"控件；将数据源窗口中的"图书证号、姓名、学号、性别、照片"字段逐一拖到该矩形控件里，形成多个标签和文本框控件及照片控件；打开每个文本框的属性表，将"特殊效果"设置为"凹陷"。

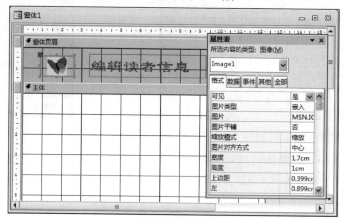

实验图 9-8　添加图像控件

接着，可对这些控件的位置及大小做适当的调整；用鼠标右键单击照片控件，在快捷菜单中选择"属性"命令，弹出"绑定对象框：照片"对话框，在该对话框中将它的"缩放模式"属性值改为"拉伸"，见实验图 9-9。

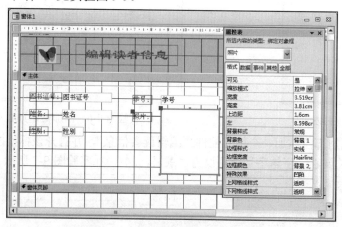

实验图 9-9　窗体主体节直接拖入的控件

8）关闭控件向导，添加组合框控件，会同时出现一个标签和一个组合框，设置组合框的控件来源为"院系"，标签"标题"设为"所属院系"，见实验图 9-10。

9）添加复选框控件，会产生一个标签和一个复选框，设置该标签的标题属性为"是否挂失："，设置复选框的数据源属性为"是否挂失"，如实验图 9-11 所示。

10）激活"控件向导"，在页脚部分添加一矩形控件；接着在矩形框内添加一命令按钮控件时，会弹出"命令按钮向导"对话框，可进行设置，如实验图 9-12 所示。

11）单击"下一步"按钮，进入如实验图 9-13 所示对话框，按图中所示设置在按钮上显示文本，完成后单击"下一步"按钮。

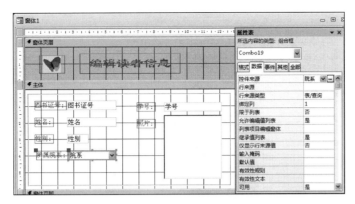

实验图 9-10　添加组合框控件

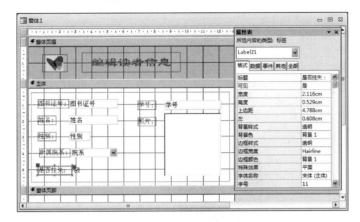

实验图 9-11　添加复选框控件

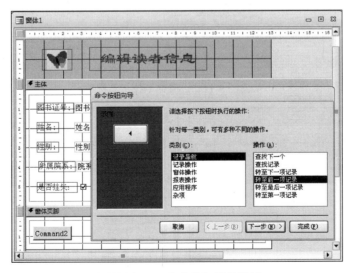

实验图 9-12　命令按钮导航设置

12）进入如实验图 9-14 所示对话框，按钮可使用默认名称，单击"完成"按钮。

13）该命令按钮添加完毕，效果如实验图 9-15 所示。

14）根据该命令按钮的添加步骤，依次添加窗体页脚部分其他命令按钮，如实验图 9-16 所示。

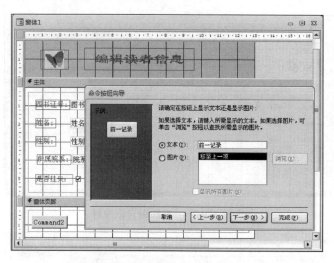

实验图 9-13　为命令按钮设置显示文本

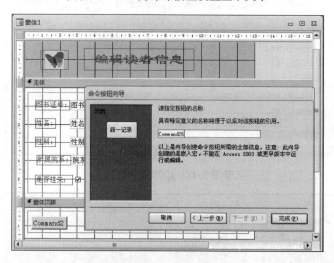

实验图 9-14　设置命令按钮名称

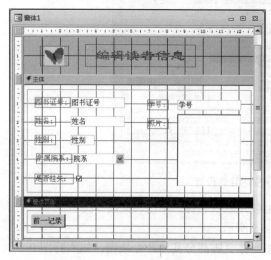

实验图 9-15　命令按钮设置完成

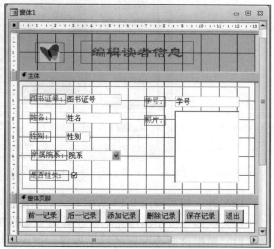

实验图 9-16　添加命令按钮

15）打开"窗体"属性表，如实验图 9-17 所示，将窗体的记录选择器、导航按钮、分隔线等属性设置为"否"。在该属性表中选择该窗体中的文本框对象，并将所有文本框的"特殊效果"设置为"凹陷"，如实验图 9-18 所示。

16）单击工具栏中的"保存"按钮，弹出如实验图 9-19 所示"另存为"对话框，保存该窗体为"编辑读者信息"，单击"确定"按钮，该窗体设计完成效果如实验图 9-1 所示。

实验图 9-17　窗体属性对话框　　　实验图 9-18　文本框属性设置　　　实验图 9-19　窗体"另存为"对话框

[实验拓展]

1. 实验题目

在"图书借阅库"中创建三个窗体："编辑读者借阅信息"、"编辑图书档案信息"和"编辑图书编码信息"。

2. 实验目的和要求

1）掌握窗体的各种创建过程。

2）掌握不同控件的创建方法。

实验 10　创建主 – 子窗体和切换面板窗体

[实验案例]

有了窗体，大家查看和处理数据视觉不再疲劳。图书管理员小张经常需要对照查看两个或多个表，例如，需要查看一个读者的借阅信息，不仅要清晰地显示读者的图书证号、学号、姓名，还要显示出读者借阅的图书名称、借阅时间和归还时间等信息，这些数据来源于三个表。

窗体能否提取某个读者的这些相关数据呢？小王为管理员创建了一个显示读者借阅信息的主 – 子窗体，如实验图 10-1 所示。当单击下方的图形化的浏览按钮时，可以查看其他读者的基本信息及该读者借阅的图书名称等信息。下面介绍主 – 子窗体的创建过程。

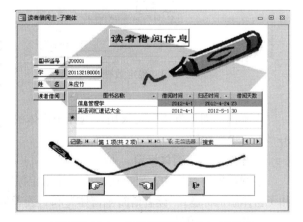

实验图 10-1　读者借阅信息主 – 子窗体

[实验步骤]

创建读者借阅信息主 – 子窗体可以用两种方法：一是在创建主窗体的同时创建子窗体；二是先建立子窗体，再将该子窗体插入创建的主窗体中。这里用前一种方法实现，先用窗体向导的方法同时创建主 – 子窗体，然后到设计视图中做进一步的修改。

1. 启动窗体向导

用 Access 2010 打开"图书借阅库"数据库，单击"创建"选项卡，单击"窗体向导"按钮。

2. 确定数据源

窗体向导的第一个对话框是确定数据源的对话框，如实验图 10-2 所示。窗体中数据来源于三张表，"图书证号"、"学号"和"姓名"来源于"读者信息"表；"图书名称"来源于"图书档案"表；"借阅时间"和"归还时间"来源于"借阅信息"表。

1）在"表 / 查询"下拉列表框中选择"表：读者信息"，并将"图书证号"、"学号"和"姓名"三个字段添加到"选定字段"框中。

2）再次在"表 / 查询"下拉列表框中选择"表：图书档案"，并将"图书名称"字段添加到"选定字段"框中。

3）再在"表 / 查询"下拉列表框中选择"表：借阅信息"，并将"借阅时间"和"归还时间"两个字段添加到"选定字段"框中。单击"下一步"按钮。

3. 选择查看数据的方式

如果两个表之间没有关系，则会出现一个提示对话框，要求建立两表之间的关系，确认后，可打开关系视图，同时退出窗体向导。

如果两表之间已经正确设置了关系，则会进入窗体向导的下一个对话框，确定查看数据的方式，如实验图 10-3 所示。有三种方式供选择：通过读者信息、通过借阅信息、通过图书档案。这里选择"通过读者信息"查看数据，并选择单选项"带有子窗体的窗体"，单击"下一步"按钮。

实验图 10-2　确定数据源　　　　　　　　实验图 10-3　查看数据的方式

4. 确定子窗体的布局

在弹出的对话框中，要求用户选择子窗体的布局，这里选择默认的"数据表"布局，单击"下一步"按钮。

5. 指定主 – 子窗体标题

在弹出的对话框中，要求用户为窗体指定标题，如实验图 10-4 所示，这里分别为主窗体和子窗体添加标题："读者借阅主窗体"和"读者借阅子窗体"。

6. 修改窗体设计

选择"修改窗体设计"单选项，单击"完成"按钮；窗体向导结束，系统弹出创建的主 – 子窗体的设计视图，如实验图 10-5 所示。

实验图 10-4　指定主 – 子窗体标题　　　　　　实验图 10-5　主 – 子窗体的设计视图

7. 添加"借阅天数"

1）在弹出的设计视图中选择标签"读者借阅"，双击"读者借阅子窗体"处，出现"读者借阅子窗体"设计视图。

2）单击窗体设计工具的"控件"按钮组右下的下拉按钮，使其中的"使用控件向导"处于未选中状态；选择"文本框"控件按钮 **abl**，在设计视图的主体节中的合适位置单击，则创建了一个标签和一个未绑定的文本框。

3）选择该标签，单击窗体设计工具栏中的"属性表"按钮 **◤**，在属性表窗口里，修改标签的标题为："借阅天数"。

4）选择未绑定的文本框，在其属性表窗口的"控件来源"框中设置："=[归还时间]–[借阅时间]"。

5）关闭并保存子窗体的设计，返回到主窗体的设计视图。

8. 设置窗体页眉页脚

1）在窗体页眉节中，添加标签控件。在"窗体设计工具"的"控件"组中，选择"标签"控件按钮 **Aa**，在窗体页眉节的合适位置单击，输入"读者借阅信息"。

2）在窗体页脚节中，创建命令按钮。单击"控件向导"按钮，使其处于选中状态。

①在窗体设计工具的"控件"组中，选择"命令按钮"控件按钮 **▬**，在窗体页脚节的合适位置单击。

②弹出命令按钮向导对话框之一，如实验图 10-6 所示。在"类别"框中选择"记录导航"，在"操作"框中选择"转至下一项记录"，单击"下一步"按钮。

③弹出命令按钮向导对话框之二，如实验图 10-7 所示。选择"图片"选项，并在其列表框中选择"移至下一项"，单击"下一步"按钮。

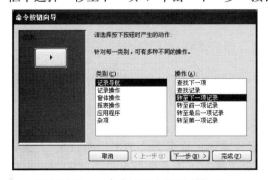

实验图 10-6　命令按钮向导对话框之一

实验图 10-7　命令按钮向导对话框之二

④在弹出的对话框中，为命令按钮指定名称：next，单击"完成"按钮。

⑤重复步骤①～④，创建又一命令按钮，设置其动作为"转至前一项记录"，选择"移至前一项"图片，为按钮命名为：previous。

⑥重复步骤①～④，创建关闭按钮，在"类别"框中选择"窗体操作"，在"操作"框中选择"关闭窗体"，选择"退出入门"图片，为按钮命名为：close。

9. 调整控件

切换到窗体视图查看主–子窗体的效果，当返回到设计视图时，子窗体中显示出具体控件，然后做进一步的细节调整。

1）修改标签"读者借阅信息"的属性："字体名称"为"隶书"，"字号"为"22"，"特殊效果"为"凸起"；在窗体设计工具的"排列"工具栏中，单击"大小/空格"的下拉按钮，执行"正好容纳"命令，使标签正好符合字体的大小。

2）调整主体节中各控件为适当位置和适当大小。可先将左上角的一个控件拖拽到合适位置，再按住鼠标左键框选，或者按住 Shift 键，选择各个控件；在窗体设计工具的"格式"工具栏中，单击"对齐"的下拉按钮，按需执行"靠左"等命令；或者单击"大小/空格"的下拉按钮，按需执行"对齐网格"、"水平相等"或"垂直相等"等命令。

3）选择"借阅天数"文本框；在窗体设计的"属性表"里，设置"格式"方面的属性："文本对齐"为"居中"方式。

4）按住 Shift 键，选择主体节中所有控件，设置其格式属性"特殊效果"为"凸起"。

5）在窗体页脚节中，调整命令按钮到合适大小；可先将左边的一个命令按钮拖曳到合适位置，再按住 Shift 键，选择窗体页脚节中的三个命令按钮；在窗体设计工具的"排列"工具栏中，单击"对齐"的下拉按钮，按需执行"靠左"等命令；或者单击"大小/空格"的下拉按钮，按需执行"对齐网格"、"水平相等"或"垂直相等"等命令。

10. 美化窗体

1）添加矩形控件。在窗体设计工具的"设计"工具栏中，单击其下拉按钮，选择"矩形"控件按钮，框住窗体页脚节中的三个命令按钮。

2）设置窗体属性。单击主窗体设计视图左上角的窗体选定器，在窗体设计的"属性表"里，设置"记录选择器"、"导航按钮"和"分隔线"的属性均为"否"，即不被显示。

3）创建背景图片。单击主窗体设计视图左上角的窗体选定器，在窗体设计的"属性表"里，设置"图片类型"属性为"链接"；单击"图片"框右侧按钮，在弹出的"插入图片"对话框中，选择图片文件的位置和文件名；设置"图片缩放模式"为"缩放"，"图片对齐方式"为"窗体中心"。

11. 查看主–子窗体

保存并退出窗体设计。查看创建的主–子窗体，如实验图 10-1 所示。

[**实验拓展**]

1. 实验题目

1）创建"图书编码信息"主–子窗体，如实验图 10-8 所示。

2）参照教材示例创建图书借阅系统的切换面板窗体，取名为"图书借阅系统"。该切换面板中包含 5 个项目："读者信息"、"图书档案信息"、"读者借阅信息"、"图书编码信息"和"退出系统"。

运行时，单击前 4 个项目可打开相应的窗体，这些窗体依次是：编辑读者信息、编辑图书档案信息、读者借阅主窗体、图书编码主窗体；单击"退出系统"时关闭"图书借阅系统"。

其主要操作过程如下：

1）启用窗体向导，准备创建图书编码信息主－子窗体。

2）在窗体向导对话框中确定主－子窗体的数据源。

3）按照向导提示选择查看数据的方式、子窗体的布局样式，并为主窗体和子窗体分别定义标题："图书编码主窗体"和"图书编码子窗体"。

4）切换到窗体设计视图。

5）创建窗体页眉页脚。在窗体页眉节中添加"图书编码信息"标签。在窗体页脚节中创建 5 个

实验图 10-8 图书编码信息主－子窗体

命令按钮，起到记录导航的作用，这 5 个按钮上显示文字标题分别是："下一图书"、"上一图书"、"最后一本"、"第一本"和"关闭"。

6）调整控件：

①修改标签"图书编码信息"属性，使其格式为隶书、22 号，标签大小正好容纳标签标题。

②调整主体节中控件为合适位置和大小。

③调整窗体页脚中的 5 个命令按钮的大小、对齐方式、水平间距等格式。

7）美化窗体：

①设置主窗体属性。在主窗体的属性窗口，设置"记录选择器"、"导航按钮"和"分隔线"属性均设置为"否"，即不被显示。

②设置子窗体属性。在子窗体的属性窗口，设置"导航按钮"属性为"否"。

③创建两个矩形框控件，分别框住主体节中所有控件和窗体页脚中的 5 个命令按钮。

8）保存并退出。图书编码信息主－子窗体创建结束，如实验图 10-8 所示。

9）打开切换面板管理器，准备创建切换面板窗体。在 Access 2010 中，单击"数据库工具"选项卡，单击"切换面板管理器"命令按钮。

10）在切换面板管理器中创建切换面板"图书借阅系统"。

11）在切换面板管理器中设置"图书借阅系统"为默认窗体，关闭退出。

12）切换到切换面板的设计视图，进行修改：

①将标签标题由默认的"图书借阅库"改为"图书借阅系统"。

②插入图像控件。创建图像控件，在弹出的"插入图片"对话框中选择一个图片文件（"Microsoft Office"文件夹下有许多图片文件可供选择），并设置其"缩放模式"属性为"缩放"。

13）保存退出。图书借阅系统切换面板创建结束。

2. 实验目的和要求

1）掌握主－子窗体的创建过程。

2）掌握切换面板窗体的创建方法。

3）熟悉窗体在数据库应用系统中的实现过程。

实验 11　创建导航窗体

[实验案例]

数据库管理系统 Access 2010 适于创建中小型数据库应用程序。为了集成（集中控制）"图书借阅系统"的其他窗体和报表对象，程序主界面宜采用导航窗体，以选项卡方式显示和选择程序的各个功能，如实验图 11-1 和实验图 11-2，以便用户选择打开各个对话框（数据输入/输出窗体）、报表。

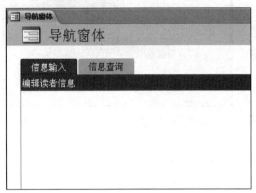

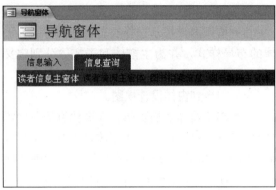

实验图 11-1　"图书借阅系统"导航窗体的　　　　实验图 11-2　"图书借阅系统"导航窗体的
　　　　　　　"信息输入"选项卡　　　　　　　　　　　　　　　　"信息查询"选项卡

小王将在前面创建了一些窗体的基础上，用 Access 2010 创建一个主界面——导航窗体。

[实验步骤]

假若读者已经按照前面的"图书借阅系统"设计与实验，从单击 Access 2010 的"文件"选项卡 |"新建"|"空数据库"开始，创建了数据库文件"图书借阅系统 .accdb"，包括创建了各个表和窗体。

这里，按照应用程序的功能要求和总体设计，规划导航窗体及其选项卡，如实验图 11-1 和实验图 11-2。其主要操作步骤如下：

1）单击"创建"选项卡；在上边的"窗体"组中，单击"导航"下拉列表里的"水平标签：2 级（E）"。

2）创建导航窗体及其两个选项卡和各个项目，如实验图 11-1 和实验图 11-2，注意随时保存 .accdb 文件。在该导航窗体中，"信息输入"选项卡仅包含"编辑读者信息"项目；"信息查询"选项卡包含"读者信息主窗体"、"读者借阅主窗体"、"图书档案信息"和"图书编码主窗体"项目。

3）保存与发布数据库应用程序，即生成 ACCDE 文件。打开 .accde 文件。

[实验拓展]

1. 实验题目

1）参照实验 9，在"图书借阅库"中创建三个窗体："编辑读者借阅信息"、"编辑图书档案信息"和"编辑图书编码信息"。

2）按照实验 11 的实验指导，自己动手创建如实验图 11-1 的导航窗体，并且在"信息输入"选项卡下，增加"编辑读者借阅信息"、"编辑图书档案信息"和"编辑图书编码信息"

的项目，用以打开其窗体。

3）保存与发布数据库应用程序"图书借阅系统"，即生成 ACCDE 文件。

2.实验目的和要求

1）了解用导航窗体集成其他窗体或报表。

2）掌握导航窗体的创建过程。

3）掌握发布与生成 ACCDE 文件。

实验 12 自动创建与修改报表

［实验案例］

图书馆要为馆藏图书建立图书档案，需要制作图书信息卡，如实验图 12-1 所示。由于图书信息表已经存储于数据库中。所以，小王要求用 Access 创建报表，批量输出图书信息卡。

［实验步骤］

本实验的基本思想是先使用"自动创建报表"功能创建纵栏式的"图书信息卡"报表，然后在报表"设计视图"中进行修改，达到设计要求。具体步骤如下：

1.使用"报表向导"功能创建纵栏式图书信息卡

1）打开"图书借阅库"数据库，单击"创建"选项卡中"报表"组的"报表向导"按钮，弹出"报表向导"对话框。

2）单击"表/查询"下拉列表的下拉箭头，在弹出的下拉列表中选择"图书档案"表，将"图书档案"表的全部字段添加到右边的"选定字段"列表框中，如实验图 12-2 所示。

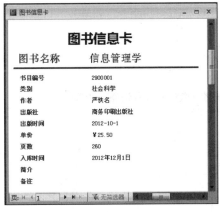

实验图 12-1　"图书信息卡"报表　　　　　实验图 12-2　选择"表和字段"

3）单击"下一步"按钮，弹出"是否添加分组级别"对话框，本例中采用默认设置。单击"下一步"按钮，弹出"请确定记录所用的排序次序"对话框，本例中选择"书目编号"升序排序，如实验图 12-3 所示。

4）单击"下一步"按钮，弹出"请确定报表的布局方式"对话框，本例中选择"布局"为"纵栏表"，"方向"为"纵向"，如实验图 12-4 所示。

5）单击"下一步"按钮，弹出"请确定所用样式"对话框，本例中采用默认设置。单击"下一步"按钮，弹出"请为报表指定标题"对话框，输入该报表的标题为"图书信息卡"，如实验图 12-5 所示。

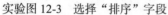

实验图 12-3　选择"排序"字段

实验图 12-4　选择"布局方式"

6）选择"修改报表设计"单选按钮，然后单击"完成"按钮，系统将打开报表的"设计视图"，方便用户进一步修改，如实验图 12-6 所示。

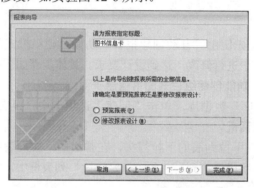

实验图 12-5　指定报表的标题

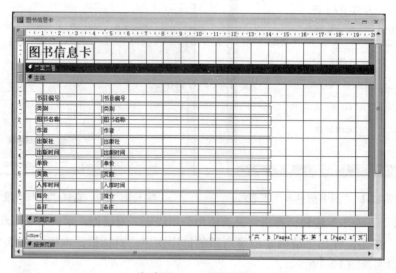

实验图 12-6　设计视图

2. 在"设计视图"中对报表进行修改

1）单击报表页眉节的图书信息卡标签，将该标签剪切，到页面页眉节中进行粘贴，然后调整至适当位置。

2）选中该标签控件，单击"设计"选项卡下"工具"组中"属性表"按钮，弹出标签的属性表对话框，设置其"字体名称"属性为"微软雅黑"、"学号"属性为"20"，如实验图 12-7 所示。关闭属性表对话框。

3）在主体节单击图书名称标签及文本框，将该标签及文本框剪切，到页面页眉节中进行粘贴，然后调整至适当位置。设置图书名称标签的"字号"属性为"16"；设置图书名称文本框的"边框样式"属性为"透明"、"字号"属性为"16"。

4）单击"单价"文本框，设置其格式属性为"货币"。单击"入库时间"文本框，设置其格式属性为"长日期"。

5）单击"控件"组中的分页符，在主体节的"备注"标签的下面插入一个分页符。使一页上只显示一本图书的信息。

6）调整标签、文本框的位置，设置所有文本框的"边框样式"属性为"透明"，在页面页眉最下边添加一条线段，调整后的效果如实验图 12-8 所示，可以单击"视图"组中的视图切换按钮，在"打印预览"下查看打印效果。如实验图 12-1 所示。

实验图 12-7　标签属性表对话框

实验图 12-8　调整后的图书信息报表

[实验拓展]

1. 实验题目

1）根据读者信息表中的院系字段，创建"各院系读者人数比"图表报表，如实验图 12-9 所示。

实验图 12-9　读者类别图表

2）以"图书档案"表为数据源建立图书分类报表，如实验图 12-10 所示。报表横向打印。报表以"类别"分组，在报表中添加分组页眉，同一类别的按照入库时间降序对记录进行排序。在设计视图中调整各控件的大小，合理布局。

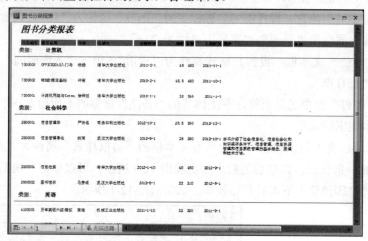

实验图 12-10　图书分类报表

2. 实验目的和要求

1）熟练掌握报表页眉、页脚、主体等各部分的作用。

2）掌握在报表中自定义数据的分组和排序的方法。

3）能够熟练使用向导创建报表，并能熟练使用报表设计视图。

实验 13　高级报表

［实验案例］

图书馆管理人员希望能对馆藏的图书数量，以及各类图书所占比重一目了然，输出如实验图 13-1 所示的报表。

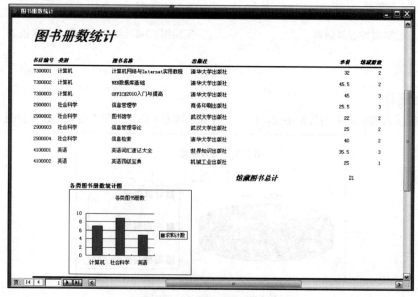

实验图 13-1　图书册数统计报表

[实验步骤]

1）对题目进行分析，实现上述报表涉及两个表：图书档案表和书目编码表。如果报表中的数据源来自多个表，需要先根据数据源建立查询。新建"图书册数统计"查询，查询的结果如实验图 13-2 所示。

图书册数统计					
书目编号	类别	图书名称	出版社	单价	书目编号之计算
7300003	计算机	OFFICE2010入门与提高	清华大学出版	45	3
7300002	计算机	WEB数据库基础	清华大学出版	45.5	2
7300001	计算机	计算机网络与Internet实用	清华大学出版	32	2
4100003	英语	历年英语六级模拟试题	机械工业出版	32	1
4100002	英语	英语四级宝典	机械工业出版	25	1
4100001	英语	英语词汇速记大全	世界知识出版	35.5	3
2900004	社会科学	信息检索	清华大学出版	40	2
2900003	社会科学	信息管理导论	武汉大学出版	25	2
2900002	社会科学	图书馆学	武汉大学出版	22	2
2900001	社会科学	信息管理学	商务印刷出版	25.5	3

记录：第1项(共10项) 无筛选器 搜索

实验图 13-2   图书册数统计查询结果

2）根据"图书册数统计"查询，使用图表向导，选择柱形图，创建图表报表"各类图书册数统计图表"，如实验图 13-3 所示。

3）根据"图书册数统计"查询，使用"报表"按钮快速创建"图书册数统计"报表，如实验图 13-4 所示。

4）在报表设计视图中打开"图书册数统计"报表，进行以下修改：

①将页面页眉中的"书目编号之计算"改为"馆藏册数"。

②在报表页脚节加入一个标签和一个文本框。设置标签的标题为：馆藏图书总计；单击文本框，再单击"工

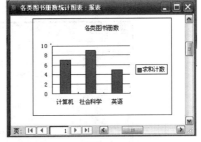

实验图 13-3   各类图书册数统计图表

具"组中的"属性表"按钮，打开文本框属性对话框，如实验图 13-5 所示。在"控件来源"输入"=sum（[书目编号之计算]）"或使用表达式生成器完成表达式的输入。

图书册数统计					
图书册数统计					
书目编号	类别	图书名称	出版社	单价	书目编号之计算
2900001	社会科学	信息管理学	商务印刷出版社	25.5	3
2900002	社会科学	图书馆学	武汉大学出版社	22	2
2900003	社会科学	信息管理导论	武汉大学出版社	25	2
2900004	社会科学	信息检索	清华大学出版社	40	2
4100001	英语	英语词汇速记大全	世界知识出版社	35.5	3
4100002	英语	英语四级宝典	机械工业出版社	25	1
4100003	英语	历年英语六级模拟试题	机械工业出版社	32	1
7300001	计算机	计算机网络与Internet实用教程	清华大学出版社	32	2
7300002	计算机	WEB数据库基础	清华大学出版社	45.5	2
7300003	计算机	OFFICE2010入门与提高	清华大学出版社	45	3

页：1 无筛选器

实验图 13-4   图书册数统计报表

5）用鼠标拖动报表页脚下方的边沿，增大报表页脚的编辑区。确认按下了"控件"组中的"控件向导"按钮，单击"控件"组中的"子窗体 / 子报表"，在报表页脚节中拖放鼠标，为报表添加一个子报表，会弹出"子报表向导"对话框，如实验图 13-6 所示，选择"使用现

有的报表和窗体"，并在列表框中选择"各类图书册数统计图表"报表。

实验图 13-5　文本框属性对话框

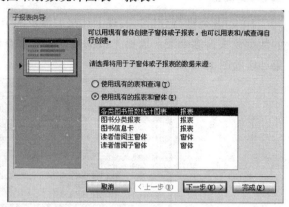

实验图 13-6　"子报表向导"对话框

6）单击"下一步"，子报表的名称为"各类图书册数统计图表"。主报表设计视图如实验图 13-7 所示。单击工具栏上的视图切换按钮转换到打印视图，观看报表的打印效果。如果不满意，可以在设计视图中继续调整。该报表的打印视图如实验图 13-1 所示。

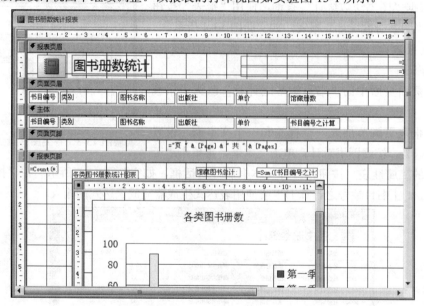

实验图 13-7　"各类图书册数统计图表"报表设计视图

[实验拓展]

1．实验题目

图书馆对读者群进行分析，以读者信息表为数据源，形成表格式报表。报表按照院系进行分组，组页眉为院系名称，组页脚为该院系人数。并在报表的报表页脚中添加一个各院系读者比例图表。报表打印视图如实验图 13-8 所示。

2．实验目的和要求

1）掌握在报表中添加子报表的方法。

2）了解计算控件的使用。

实验图 13-8　读者类别统计报表

实验 14　创建宏

[实验案例]

图书馆管理员小张经常要对图书借阅库中的读者信息进行查询。为此，他要创建一个读者信息查询宏。该宏包含"打开查询"和"打开窗体"两个操作。"打开查询"操作实现打开"学生借书查询 1"（该查询已在实验 5 中创建）；"打开窗体"操作实现打开"读者借阅主窗体"（该窗体已在实验 10 中创建），执行结果如实验图 14-1 所示。

a）"打开查询"操作结果　　　　　　　　　b）"打开窗体"操作结果

实验图 14-1　读者信息查询

[实验步骤]

1. 创建读者信息查询宏

读者信息查询宏通过"宏"窗口完成的操作步骤如下：

1）打开图书借阅库，在"创建"选项卡中"宏与代码"组单击"宏"，弹出如实验图 14-2 所示的新建宏窗口。

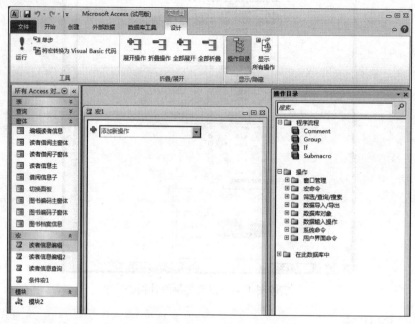

实验图 14-2　新建宏窗口

2）在"添加新操作"占位符右边单击下拉箭头，在下拉列表框中，选择要使用的操作"OpenQuery"（打开查询）。如实验图 14-3 所示。

3）在查询名称下拉列表框中，选择要打开的查询"学生借书查询 1"。在"视图"下拉列表框中选择一种视图"数据表"。在"数据模式"下拉列表框中选择"只读"模式，如实验图 14-4 所示。

4）单击"添加新操作"占位符右侧的下拉箭头，在下拉列表框中，选择操作"OpenForm"（打开窗体）。

5）在"窗体名称"下拉列表框中，选择要打开的窗体"读者借阅主窗体"。在"视图"下拉列表框中选择"窗体"。在"数据模式"下拉列表框中选择"只读"模式，如实验图 14-5 所示。

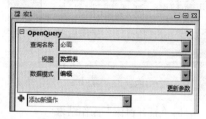

实验图 14-3　"打开查询"
宏操作

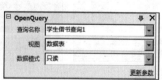

实验图 14-4　打开图书借阅
查询

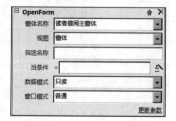

实验图 14-5　打开读者借阅主
窗体

2. 保存和运行宏

1）单击快速访问工具栏中的"保存"按钮，弹出如实验图 14-6 所示的"另存为"对话框，命名为"读者信息查询"宏，单击"确定"按钮，保存该宏。

2）单击"宏工具 – 设计"功能区中的"运行"按钮，"读者信息查询"宏的运行结果为打开"图书借阅查询 1"和打开"读者借阅主窗体"两个操作，操作结果如实验图 14-1 所示。

实验图 14-6　读者信息查询

[实验拓展]

1. 实验题目

创建一个图书借阅信息维护宏，该宏包含"打开查询"和"打开窗体"两个操作。"打开查询"操作，打开"在库图书查询"；"打开窗体"操作，打开"图书档案信息"窗体。

2. 实验目的和要求

1）掌握创建一个简单宏的方法。

2）掌握用宏打开查询的方法。

3）掌握用宏打开窗体的方法。

实验 15　创建条件宏

[实验案例]

图书馆管理员小张想为图书管理库创建一个登录界面如实验图 15-1 所示，如果输入密码错误，则出现消息框，提示密码输入错误，如实验图 15-2 所示，如果输入密码（tushuguanli）正确，则打开图书编码主窗体，如实验图 15-3 所示。

实验图 15-1　登录界面

实验图 15-2　消息框

为此，他设计了一个条件宏"登录验证"，并将这个条件宏设置为"登录"命令按钮的单击事件。

[实验步骤]

1. 创建登录窗体

1）创建一个新窗体，在窗体中添加一个标签，将标题名称改为"登录界面"；如实验图 15-4 所示。

2）在窗体中添加一个文本框，将文本框的标题名称改为"请输入登录密码"，文本框的名称为"text0"。

3）在窗体中添加一个命令按钮，将命令按钮的标题名改为"登录"，命令按钮的名称为"command1"。

4）保存窗体，窗体名为"登录界面"。

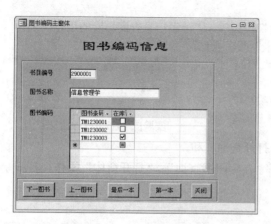

实验图 15-3　条件宏的运行结果

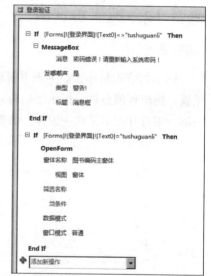

实验图 15-4　登录界面窗体设计

2. 创建条件宏

1）在"创建"选项卡的"宏与代码"组中，单击"宏"按钮，打开"宏设计器"。

2）在"添加新操作"占位符中，输入"IF"，单击条件表达式文本框右侧的按钮。

3）在"表达式生成器"对话框中输入"forms! [登录界面]! [Text0]<>"tushuguanli""。

4）在"添加新操作"占位符右侧单击下拉箭头，在列表中选择"MessageBox"，在"操作参数"窗格的"消息"中输入"密码错误！请重新输入系统密码！"，在类型组合框中，选择"警告"。标题中输入"消息框"。如实验图 15-5 所示。

5）重复 2）和 3）步骤，设置第 2 个"IF"，在 IF 的条件表达式中输入条件：forms! [登录界面]! [Text0]="tushuguanli"，在"添加新操作"占位符中，选择"OpenForm"，参数设置为"图书编码主窗体"，其余参数为默认，如实验图 15-5 所示。

6）保存，宏名称为"登录验证"。

3. 将宏加入窗体对象中

1）在设计视图中打开"登录界面"窗体，在"设计"选项卡的"控件"组中，右键单击"登录"命令按钮，在弹出的快捷菜单中选择"属性"。

2）在"属性表"中，选择"事件"选项卡，在"单击"的下拉列表中选择"登录验证"，如实验图 15-6 所示。

打开"登录"窗体，用户输入密码后，单击"登录"按钮验证密码，如果密码不是"tushuguanli"则弹出提示框，显示"密码错误！请重新输入系统密码！"。如果密码是"tushuguanli"则打开"图书编码主窗体"窗体。

实验图 15-5　登录验证宏的设计结果

实验图 15-6　命令按钮的属性表

［实验拓展］

1. 实验题目

创建一个宏，对图书借阅库中的图书信息进行编辑，为确保在图书档案窗体中的"作者"字段必须被填写，在条件宏中设置：如果用户没有输入该字段，出现一个警告信息"请输入作者姓名！"。

2. 实验目的和要求

1）掌握创建条件宏的方法。

2）掌握表达式生成器的操作。

实验 16　窗体模块及其事件过程

［实验案例］

在实验 9 中，小王设计出了"编辑读者信息"窗体，如实验图 9-1 所示，数据来源于"读者信息"表。为了便于操作，小王将"性别"设计为列表框，"所属院系"设计为组合框，还设计了若干命令按钮，方便记录的查阅、添加、删除等常用操作。

小王发现，在窗体视图中如果当前已经是首记录，再单击"前一记录"按钮时，系统将弹出"已到首记录！"的提示框，同样，如果当前已经是末记录，再单击"后一记录"按钮时，系统也弹出"已到末记录！"的提示框。为此，小王对窗体中相应命令按钮的事件过程模块进行了编辑，使系统的运行界面更清晰和友好。效果如实验图 16-1 所示。

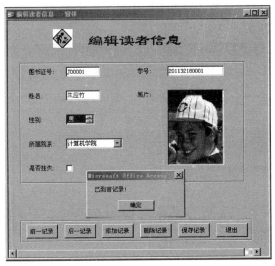

实验图 16-1　设置窗体中命令按钮的事件过程模块

［实验步骤］

1. 设置窗体中命令按钮的事件过程模块

1）打开图书借阅库，在"图书借阅库"数据库窗口中，以窗体设计视图方式打开"编辑读者信息"窗体。

2）在窗体的设计视图中，用鼠标单击窗体页脚处的"前一记录"按钮，再单击工具栏上的"属性"按钮，系统弹出对话框。打开"事件"选项卡，选择"单击"属性事件列表框右边的按钮⊡，如实验图 16-2 所示。此时系统弹出 VBA 代码编辑窗口，并将光标停留在 "前一记录" 按钮的单击事件内，如实验图 16-3 所示。

实验图 16-2 "前一记录" 按钮的单击事件

实验图 16-3 "前一记录" 按钮的 VBA 代码窗口

3）在 VBA 代码窗口输入以下代码。

```
Private Sub Command15_Click()
'自动生成的 "前一记录 "按钮的单击事件
On Error GoTo Err_Command15_Click
'自动生成代码，判断是否出错
    DoCmd.GoToRecord , , acPrevious
Exit_Command15_Click:
    Exit Sub
Err_Command15_Click:
    MsgBox "已到首记录!", vbOKOnly
    Resume Exit_Command15_Click
```

4）用鼠标单击代码窗口左下角的 "全模块视图" 按钮▤，编辑 "后一记录" 按钮的事件代码，如实验图 16-4 所示。

实验图 16-4 "全模块视图" 的代码编辑窗口

5）依次关闭代码编辑窗口和命令按钮的 "属性" 对话框。

2. 事件模块的调用保存

1）返回窗体视图，用鼠标反复单击 "前一记录" 按钮。

2）如果当前已经是首记录，再单击 "前一记录" 按钮时，系统将弹出 "已到首记录！" 的提示框。

3）保存对窗体的更改。

[**实验拓展**]

1. 实验题目

1）设计一个"编辑图书信息"窗体。数据来源于"图书档案"表，设计若干命令按钮："前一条"、"后一条"、"添加记录"、"删除记录"、"保存记录"和"退出"。当用户单击"保存记录"按钮后，系统弹出"保存记录成功！"提示框。

2）设计一个"welcome！"窗体。运行窗体时如实验图 16-5 所示，窗体标题为"welcome!"，窗体中不包括导航栏、滚动条、分割线等。窗体中包含一个文本框和 6 个命令按钮（显示、清除、红色、蓝色、黄色和黑色）。命令按钮要排列整齐。单击"显示"命令按钮时，如实验图 16-6，文本框中显示"hello！ welcome ！"。此时单击任何一个颜色按钮，文本框中的"hello！ welcome ！ "文本变为相应的颜色。单击"清除"命令按钮时，文本框中显示的文字消失。

实验图 16-5　窗体初始界面

实验图 16-6　单击"显示"按钮后的界面

3）在前几章及其实验的基础上，用 Access 创建一个完整的小型数据库应用系统：成绩管理数据库系统或者图书借阅数据库系统。其组成部分如下：

①一个包含功能选择的主界面导航窗口。

②多个由导航窗口打开的下一级窗体或报表。

③公用的标准模块。

其中，表、查询或视图作为窗体或报表的数据源。

2. 实验目的和要求

1）了解 VBA 面向对象程序（也称为代码）设计技术。

2）掌握窗体模块中事件过程的编写方法。

3）掌握标准模块（简称为模块）和通用过程（简称为过程）的编写方法。

参 考 文 献

［1］王珊 . 数据库系统概论［M］.4 版 . 北京：高等教育出版社，2012.

［2］何宁 . 数据库技术应用教程［M］. 北京：机械工业出版社，2007.

［3］何宁 . 数据库技术应用实验教程［M］. 北京：机械工业出版社，2007.

［4］教育部考试中心 . 全国计算机等级考试二级教程——Access 数据库程序设计（2010 年版）［M］. 北京：高等教育出版社，2008.

［5］龚沛曾 .Visual Basic 程序设计教程［M］. 北京：高等教育出版社，2007.

［6］2013 全国计算机等级考试二级 Access 考试大纲 .

推 荐 阅 读

C++程序设计教程 第2版
作者：王珊珊 等 ISBN：978-7-111-33022-6 定价：36.00元

数据库原理与应用教程 第3版
作者：何玉洁 等 ISBN：978-7-111-31204-8 定价：29.80元

Linux系统应用与开发教程 第2版
作者：刘海燕 等 ISBN：978-7-111-30474-6 定价：29.00元

Visual C++教程 第2版
作者：郑阿奇 ISBN：978-7-111-24509-4 定价：36.00元

Access数据库应用教程
作者：朱翠娥 等 ISBN：978-7-111-33023-3 定价：29.80元

ASP.NET程序设计教程 第2版
作者：郑阿奇 ISBN：978-7-111-33647-1 定价：39.00元

网络数据库技术应用
作者：周玲艳 等 ISBN：978-7-111-24609-1 定价：25.00元

Linux网络技术基础
作者：孙建华 ISBN：978-7-111-24610-7 定价：32.00元

Visual Basic 程序设计教程
作者：邹 晓 ISBN：978-7-111-25530-7 定价：32.00元

网页制作教程
作者：尤 克 等 ISBN：978-7-111-24608-4 定价：28.00元

C# 程序设计教程 第2版
作者：郑阿奇 等 ISBN：978-7-111-34942-6 定价：35.00元

Visual FoxPro 数据库与程序设计教程
作者：张 莹 ISBN：978-7-111-20561-6 定价：28.00元

计算机软件技术基础
作者：沈朝辉 ISBN：978-7-111-21554-7 定价：26.00元

教师服务登记表

尊敬的老师：

您好！感谢您购买我们出版的 _____ 教材。

机械工业出版社华章公司为了进一步加强与高校教师的联系与沟通，更好地为高校教师服务，特制此表，请您填妥后发回给我们，我们将定期向您寄送华章公司最新的图书出版信息！感谢合作！

个人资料（请用正楷完整填写）

教师姓名		□先生 □女士	出生年月		职务		职称：□教授 □副教授 □讲师 □助教 □其他
学校			学院			系别	
联系电话	办公： 宅电： 移动：			联系地址及邮编			
				E-mail			
学历		毕业院校		国外进修及讲学经历			
研究领域							

主讲课程	现用教材名	作者及出版社	共同授课教师	教材满意度
课程： □专 □本 □研 人数： 学期：□春□秋				□满意 □一般 □不满意 □希望更换
课程： □专 □本 □研 人数： 学期：□春□秋				□满意 □一般 □不满意 □希望更换

样书申请		
已出版著作	已出版译作	
是否愿意从事翻译/著作工作 □是 □否	方向	
意见和建议		

填妥后请选择以下任何一种方式将此表返回：（如方便请赐名片）
地　址：北京市西城区百万庄南街1号　华章公司营销中心　　邮编：100037
电　话：(010) 68353079 88378995　传真：(010)68995260
E-mail:hzedu@hzbook.com　marketing@hzbook.com　　图书详情可登录http://www.hzbook.com网站查询